● 高等学校水利类专业教学指导委员会
● 中国水利教育协会　　　　　　　　　共同组织编审
● 中国水利水电出版社

普通高等教育"十二五"规划教材
全国水利行业规划教材

水文水利计算

主　编　李继清　门宝辉
副主编　张　成　张验科　周　婷
主　审　梁忠民

中国水利水电出版社
www.waterpub.com.cn

内 容 提 要

本书为高等学校水利学科专业规范核心课程教材，高等学校水利学科教学指导委员会组织编审的系列教材，同时也是普通高等教育"十二五"规划教材。书中阐述了工程水文设计和水利计算的基本原理与方法，以水文现象、水文统计、洪水频率分析、设计洪水计算、设计暴雨计算、城市及小流域设计洪水计算、最大可能暴雨（洪水）为水文分析计算的主要内容，同时，以年径流分析计算、水库兴利计算、水能计算和防洪计算等方面的知识为水利计算的主要内容，共同构成水文水利计算的两大组成部分。

本书为高等院校水文与水资源工程专业本科核心课程教材，也可供从事水文、水利工程管理及其他水利类专业师生和水利工程技术人员参考，也可供交通工程和市政工程专业的技术人员使用参考。

图书在版编目（ＣＩＰ）数据

水文水利计算 / 李继清，门宝辉主编. -- 北京：
中国水利水电出版社，2015.8（2021.1重印）
　　普通高等教育"十二五"规划教材　全国水利行业规划教材
　　ISBN 978-7-5170-3464-3

　　Ⅰ. ①水… Ⅱ. ①李… ②门… Ⅲ. ①水文计算－高等学校－教材②水利计算－高等学校－教材 Ⅳ. ①P333 ②TV214

中国版本图书馆CIP数据核字(2015)第174652号

书　　名	普通高等教育"十二五"规划教材　全国水利行业规划教材 **水文水利计算**
作　　者	主　编　李继清　门宝辉 副主编　张　成　张验科　周　婷 主　审　梁忠民
出版发行	中国水利水电出版社 （北京市海淀区玉渊潭南路1号D座　100038） 网址：www.waterpub.com.cn E-mail：sales@waterpub.com.cn 电话：（010）68367658（发行部）
经　　售	北京科水图书销售中心（零售） 电话：（010）88383994、63202643、68545874 全国各地新华书店和相关出版物销售网点
排　　版	中国水利水电出版社微机排版中心
印　　刷	北京瑞斯通印务发展有限公司
规　　格	184mm×260mm　16开本　19.75印张　468千字
版　　次	2015年8月第1版　2021年1月第2次印刷
印　　数	2001—4000册
定　　价	**52.00元**

前　言

本书是根据普通高等教育"十二五"规划教材编制计划编写完成的，是高等院校水利工程类本科专业的通用教材，也是水文与水资源工程专业本科核心课程教材，同时也是高等学校水利学科教学指导委员会组织编审的系列教材。

本书以2011年编写的华北电力大学校内教材为基础，根据华北电力大学2008版人才培养方案编写完成的，同时也是水文与水资源工程本科专业核心课程试用教材。现根据高等学校水利学科专业规范核心课程教材的建设要求和国家普通高等教育"十二五"规划教材编制计划，结合2010—2014年4年来的实际应用和2013年新修订的专业人才培养方案，继续补充和完善校内教材的基础上编写而成。

本书以水文统计、洪水频率分析、设计洪水计算、设计暴雨计算、城市及小流域设计洪水计算、最大可能暴雨（洪水）为水文分析计算的主要内容，同时，以年径流分析计算、水利兴利计算、水能计算和防洪计算等方面的知识为水利计算的主要内容，共同构成水文水利计算的两大组成部分。教材取材丰富，涵盖了工程水文水利计算的主体内容，章节编排合理，体系完整，用例详实，适于本（专）科以上水利类相关专业教学使用，也可供工程技术人员参考。

本书由华北电力大学李继清、门宝辉主编，李继清主持编写了水文计算部分，门宝辉主持编写了水利计算部分。全书共分11章，各章的编写人员为：第一章由李继清编写；第二章由张成编写；第三章由李继清、海青编写；第四章、第五章、第六章由李继清编写；第七章、第八章由李继清、张验科编写；第九章、第十章、第十一章由门宝辉、张验科、周婷编写。

全书由河海大学梁忠民教授主审，主审人对书稿进行了认真细致的审查，并提出了许多建设性的修改意见，编者在此深表谢意。

本书编写中，主要引用和参考了由刘光文主编的《水文分析与计算》（水利电力出版社，1989年）、叶守泽主编的《水文水利计算》（水利电力出版社，1992年，2008年第9次印刷）、叶秉如主编的《水利计算及水资源规划》（中国水利水电出版社，1995 年）和梁忠民主编的《水文水利计算》，同时还参阅和引用了有关院校和科研单位编写的相关教材、著作和技术文献，并在书末列出了主要参考文献。本书的编写和出版，得到了华北电力大学教务处、中国水利水电出版社的大力支持，并得到了国家自然科学基金（41340022）和华北电力大学"教学名师培育"项目的资助，中国水利水电出版社朱双林编辑对书稿进行了认真仔细的编辑，编者在此一并致谢。

限于编者水平，书中有不妥之处，恳请读者批评指正。

编　者

2015 年 6 月

目 录

第一章 绪 论

第一节 水文水利计算的研究内容

兴利与除害是水利工作的主要任务，也是水利事业发展中的永恒主题。要达到兴利除害的目的，必然要修建各种水利工程。长期以来，由于水利工程建设的需求推动了水文学的发展，水文学的许多实用技术又为水利工程建设提供了有力的支撑。水文学是研究地球系统中水的存在、分布、运动和循环变化规律的科学，是地理学的一个重要分支。工程水文不仅对水利水电工程建设有巨大的作用，而且对国民经济的许多部门也是非常重要的。例如道路桥涵、船运码头、城市排水等，在规划设计和管理中都要用到由水文分析计算提供的数据，在防汛和洪水预报中也是不可缺少的。所以，水文学科在国民经济建设中的作用将越来越重要。

工程水文水利计算的最终目标就是为修建水利设施提供各种设计参数，因此，也可称为工程水文与水库水利计算，简称水文水利计算。水文水利计算包括两方面的内容，即水文计算和水利计算。

水文计算是为防洪排涝、水资源开发利用和桥涵建筑等工程或非工程措施的规划、设计、施工和运用，提供水文数据的各种水文分析和计算的总称。其主要任务是，估算工程在规划设计阶段和施工运行期间可能出现的水文设计特征值及其在时间和空间上的分布。

水利计算指的是水资源系统开发和治理中对河流等水体的水文情况、国民经济各部门用水需求、径流调节方式和经济论证等进行分析计算。通过水利计算获得的成果，可为建筑物的设计和设备工作状态的选择提供数据，以便确定建筑物的规模和设备的运行规程，同时也为各种水资源工程的投资和效益、用水部门正常工作的保证程度和工程修建后的后果等作经济分析、综合论证提供定量依据。水利计算分为灌溉工程的兴利计算、水电站的水能计算、水库防洪计算以及综合利用水库的水利计算。径流调节是指对河川径流在时间和空间上的再分配，使之适应国民经济等用水部门的需要。径流调节计算按服务对象分为防洪径流调节计算和兴利调节计算，它是各类水利计算的基础工作。

第二节 水文现象基本规律与研究方法

一、水文现象的基本规律

地球上的水在太阳辐射和重力的作用下，以蒸发、降水和径流等方式周而复始地循环，这些现象称为水文现象。自然界水文现象的发生和发展过程，由于受气象要素和地质、地貌、植被等下垫面因素以及人类活动的影响，情况是十分复杂的。但是，人们可以从中寻求出一些规律和特性认识这些规律和特性,有利于开展水文研究和业务工作。总体说来,这些水文现象具有时间变化和空间分布上的规律。

1. 时间变化规律

水文现象在时间变化上与其他自然现象一样,具有必然性和偶然性,在水文学中通常称前者为确定性,后者为随机性。

(1)水文现象的确定性规律。河流每年都具有丰水期和枯水期的周期性交替规律,冰雪水源的河流则具有以日为周期的流量变化规律,产生这些现象的根本原因是地球公转、自转和周期性变化。再如,在流域上降落一场暴雨,相应地就会出现一次洪水。如果暴雨强度大、历时长、笼罩面积广,产生的洪水就大;反之,则小。显然,暴雨与洪水之间存在着因果关系。由此说明水文现象都具有客观发生的原因和具体的形成条件,从而存在确定性的规律,也称为成因规律。它具体又包含了周期性成分和非周期性成分。周期成分:是以一定时间间隔重复出现的成分。如河流每年都有一个汛期和一个非汛期,在冰雪水源的河流上水文现象具有日周期变化,有些河流还具有连续干旱或洪涝多年变化的周期;非周期性:趋势、跳跃成分是连续或突然上升或下降的一种成分。如水库下游的年径流量在水库修建前后有一个突然下降的成分,有些湖泊由于泥沙淤积水位有逐年上升的趋势。

(2)水文现象的随机性规律。影响水文现象的因素错综复杂,其确定性规律常常不能完全用严密的数理方程表达出来,于是,在一定程度上又表现出非确定性,称随机性。例如根据暴雨洪水的成因规律进行洪水预报,尽管能取得较好的效果,但由于计算中忽略了一些次要的偶然因素的干扰,从而使预报成果表现出某种程度的随机误差。河流某断面每年出现最大洪峰流量的大小和它们出现的具体时间各年不同,也具有随机性,即未来的某一年份到底出现多大洪水是不确定的。但通过长期观测可以发现,特大洪水和特小洪水出现的机会很少,中等洪水出现的机会多,多年平均值则是一个趋于稳定的数值,洪水大小和出现机会形成一个确定的概率分布,这就是所说的随机性规律,因为要掌握这种规律,常常需要统计学的知识,由大量的资料分析出来,故又称统计规律。它具体包含了独立随机成分和相依随机成分。独立随机成分(纯随机):现象之间互不影响,完全独立。如河流中每年最大洪峰流量年年不同,汛期出现的时间有前有后、有长有短;相依随机成分(自相关):现象之间按照顺序不是独立的,具有一定的相关关系。如持续丰水年组或枯水年组。

2. 空间分布规律

水文现象在空间变化上,还具有相似性和特殊性规律。

(1)相似性。不同流域所处的地理位置(经纬度、距海远近等)相似,气候条件与下垫面条件也相似,那么由相类似的气候及地理条件综合影响而产生的水文现象,在一定程度上就具有相似性。如湿润地区河流的径流年内分配比较均匀,而干旱地区河流的径流年内分配就很不均匀。

(2)特殊性。不同流域虽然所处的地理位置与气候条件相似,但由于下垫面条件的差异,也会有不同的水文现象,这就是水文现象的特殊性。如在同一气候区,山区河流与平原河流的洪水运动规律就不相同;岩溶地区与非岩溶地区河流的水文规律也不相同。

总之，水文现象的相似性是相对的，而水文现象的特殊性是绝对的。

从上述水文现象的基本特性可以看出，水文现象的变化规律是错综复杂的。为了寻找它们的变化规律，做出定性的和定量的描述，首要的工作是进行长期的、系统的观测工作，收集和掌握充分的水文资料。根据不同的研究对象和资料条件，采取各种有效的分析研究和计算方法。在水文计算中经常采用的方法有成因分析法、数理统计法以及地区综合法等，这些方法是相辅相成，互为补充的。当今水文模型的应用，包括物理模型和数学模型，特别是水文数学模型引起了人们的重视，丰富了现有的水文计算方法。

二、水文研究方法

根据水文现象的基本规律，其研究方法相应地也分为以下几种：

（1）成因分析法。水文现象与其影响因素之间存在着成因上的确定性关系，通过对实测资料和实验资料加以分析研究，可以从水文过程形成的机理上建立某一水文现象与其影响因素之间确定性的定量关系，这样，就可以根据过去和当前影响因素的状况，预测未来的水文现象。这种利用水文现象确定性规律来解决水文问题的方法，称为成因分析法，它在水文分析计算中得到广泛应用。

（2）数理统计法。根据水文现象的随机性，以概率理论为基础，运用频率计算方法，可以求得某水文要素的概率分布，从而得出工程规划设计所需要的设计水文特征值。利用两个或多个变量之间的统计关系（相关关系），进行相关分析，以展延水文系列使其更具有代表性。

（3）地区综合法。根据气候要素和其他地理要素的地区性规律，可以按地区研究受其影响的某些水文特征值的地区变化规律。这些研究成果可以用等值线图或地区经验公式表示出来，如多年平均径流深等值线图、洪水地区经验公式等，称为地区综合法。利用这些等值线或经验公式，可以求出资料短缺地区的水文特征值。

（4）耦合法。将成因分析法、数理统计法、地理综合法等进行组合而产生的研究方法，称为耦合法。如实时洪水预报方法就是用成因分析法进行产汇流预报，用数理统计法进行误差实时校正；单位线的地区综合公式就是用成因分析法推求单位线的参数，用地理综合法进行参数的地区综合。

第三节　主要计算方法及进展

水文计算的根本任务是分析水文要素变化规律，为水利工程的建设提供未来水文情势预估。动态规律与统计规律是自然现象中客观存在的两种基本规律，反映着事物的必然性和偶然性两类范畴的存在与作用。对动态规律可采用确定性的方法进行描述，如水文科学中采用圣维南方程组描述水流运动；对统计规律可采用随机性的方法进行描述，如根据水文观测样本估计某一水文事件发生的可能性（概率）大小。由于自然水文过程的极端复杂性，确定性和不确定性表象的多样性，动态规律和统计规律的共存和交互作用，决定了对水文现象的认识既要采用确定性的方法，也要采用随机性的方法。在研究水文水利计算的具体问题时，一般联合采用基于质量守恒、动量守恒、能量守恒的确定性数学物理方法和基于概率论与数理统计原理的统计方法，共同解决水文要素预估、工程水文设计、调度方案确定中的科学问题。

一、水文计算方法

在我国水利水电工程设计中，目前是由规范统一规定工程的设计标准，再根据这个标准确定相应的水文事件作为设计条件。为此，国家和有关部门曾颁发相关的国家和行业标准，以及相应的设计规范，如 GB 50201—94《防洪标准》、SL 44—2006《水利水电工程设计洪水计算规范》、SDJ 10—77《水利水电工程水利动能设计规范》等。在进行具体工程设计时，根据水利工程的规模、重要性及效益情况，按其中的规定即可确定其等级和相应的设计标准，再采用相应方法进行工程设计计算。因此，对水文计算的具体要求是：推求在工程运用期间，当地可能出现的符合设计标准的水文变量或水文过程。

应该指出，现行水文计算方法在解决水文极值数量大小和时、空分配等问题上，理论还很不完善，在面临实际设计时又受到资料条件的限制，因此在实用上就往往不够可靠（缺乏实测资料时更甚）。鉴于这种情况，目前在水文计算的实际工作中，当计算成果可能偏大或偏小，而根据又不很充分时，往往适当地考虑安全因素，如在设计值上增加安全修正值等来确定最后选用的计算成果。

水文计算方法的发展在国内外都经历了从早期的经验估算，过渡到近代基于数理统计理论的水文频率分析和基于水文气象成因分析的 PMP/PMF 计算，至目前侧重各种方法融合、随机性与确定性方法平行发展的过程。近几十年来，气候变化和人类活动对自然水文过程的影响不断加剧，给依靠历史资料推断水文极值变化规律的水文计算带来了新的挑战，但同时，新问题的出现和理论的进步也推动了水文计算方法的不断发展。除了传统的水文频率分析和 PMP/PMF 方法仍在不断完善外，水文计算还在如下诸多方面逐渐形成研究热点并取得进展：

（1）基于风险分析理论的防洪标准研究。现代意义的风险是事故发生概率和其后果的度量（通常定义为两者的乘积），因此其既具有自然属性也具有社会属性。以水利水电工程为例，工程失事后的风险不仅取决于工程失事的可能性（事故风险率）大小，而且也取决于失事后造成洪灾损失的大小（包括生命、经济和环境损失），前者是工程风险的自然属性，后者是其社会属性。现行防洪工程的建设是以防御设计洪水作为其设计依据，在确定设计标准时根据的是工程的重要性和规模，并不直接考虑工程失事后引起损失的大小，认为工程失事的风险就是设计洪水被超过的可能性。按照这样的观点，两个具有相同设计标准的工程，不管其建于失事后引起损失较大的地区还是损失较小的地区，其承担的风险都是一样的，这显然不甚合理。另外，工程是否失事不仅与洪水有关，而且与工程的防洪能力或承载能力有关。随着工程使用年限的增加、材料的老化等因素，承载能力是变化的（如可能会降低），所以工程的事故风险率并不就等于洪水的发生频率，而目前采用的方法中是将两者等同。由于上述原因，现行防洪工程的设计标准并不能确切反映工程所应承担的实际风险。因此，基于现代风险理念的防洪标准问题得到了广泛的关注和研究，有些研究成果已应用于国外的大坝安全评价中。

（2）气候变化和人类活动对设计成果的影响。现行的水文计算方法假设水文事件的规律在过去、现在和未来都是不变的，即假设研究的水文过程是平稳的。要满足这一假设，意味着形成水文过程的气象气候条件在很大的时间尺度上也必须是平稳的，人类活动对水文过程的影响也必须是始终相同的，显然这极难满足。虽然通过水文资料的一致性分析可以一定程度地考虑迄今为止的人类活动影响，但却很难考虑气候条件可能改变的影响，而且也无法考虑未来人类活动可能产生的影响。全球范围的观测表明，百余年来地球的气候发生了较明显的变化（如全球变暖），这种变化是否改变了水文规律？未来的人类活动对下垫面及气候条件可能产生的影响，进而影响到水文过程，也是很难预测的。变化环境下，如何提高设计成果的可靠性，或者如何定量评价变化条件对设计成果的影响？这些都是目前水文计算研究中的热点，也是难点。

（3）不确定性新理论、新方法的应用研究。水文过程是复杂的自然过程，蕴涵着随机性、模糊性、混沌等多种不确定性特征，现行的水文计算主要是采用统计方法描述其中的随机性特征。近年来，很多新的理论和方法被应用于研究水文计算问题。譬如，采用模糊数学方法进行水文极值的聚类和评估分析，采用混沌、分形理论研究降雨径流时空变化、设计洪水地区综合等问题。这些研究为揭示水文规律、丰富水文计算方法提供了新的途径。

二、水利计算方法

除了与水文计算一样，需要采用概率预估的思想方法来解决水利计算的问题外，基于水量平衡原理的调节计算方法是水利计算的主要研究方法。按照研究的对象和重点，调节计算可分为洪水调节和枯水调节，洪水调节主要解决防洪问题，枯水调节重点解决兴利问题。调节计算过程中必须兼顾工程或规划方案的经济性、安全性和可靠性要求，在研究方法上有传统方法与近代系统分析方法之分。

对于综合利用水利工程，传统调节计算方法在处理多目标问题时往往选择一个主要目标，如发电为主、灌溉为主、城镇供水为主等，其他次要目标在兴利调节过程中则简化处理，又如对于水量不大但很重要的部门需水，可选择在来水中扣除的方法处理（百分之百地满足）。

兴利调节计算，需要供需两方面的信息，径流系列（来水）资料由水文计算提供，需水量必须结合国民经济、社会和生态环境保护规模与发展状况确定。在以需定供的水利系统中，一般水利工程建设在解决供需矛盾时，都要求有一定的预见性，需水量不以现状实际需水为基础，而是采用设计水平年的需水为基础。需水预测精度是影响工程经济性和可靠性的重要因素，预测结果偏小，工程很快达到设计供水能力，很快就不能满足受水区域的需水要求，供水保证率下降，丧失供水可靠性；反之，预测结果偏大，工程长时间达不到设计效益，建设资金积压，造成经济损失，经济性下降甚至丧失。需水预测是一项十分复杂和困难的工作，目前大都分类预测，根据不同用户的用水特点和需水影响因素采用不同的预测方法，常用的方法有：趋势预测、指标（定额）预测、重复利用率提高法、弹性系数法等。

灌溉、城镇供水等只要求水利工程在特定的时间提供特定数量的水量，属于水量调节的范畴。水量调节计算方法可分为时历法和数理统计法两大类。时历法是先根据实测流量过程逐年逐时段进行调节计算，然后将各年调节后的水利要素值（如调节流量、水位或库容等）绘制成频率曲线，最后根据设计保证率得出设计参数，时历法是一种先调节计算后频率统计的方法。时历法根据资料情况和计算深度要求又有长系列与典型年法之分，长系列对计算结果作频率分析，得到设计值，其保证率概念明确，在条件许可时，是首选方法；典型年法以来水的频率代替设计保证率，忽略了供需平衡中的"过程"组合，由于来水年内分配影响，往往来水的频率与设计保证率不完全一致。数理统计法则先对原始流量系列进行数理统计分析，将其概化为几个统计特征值，然后再通过数学分析法或图解法进行调节计算，求得设计保证率与水利要素值之间的关系，也就是先频率统计后调节计算的方法。对于多年调节水库设计，数理统计法可以一定程度上克服径流系列不够长，或即使有较长期的水文资料，多年调节中水库蓄满、放空的次数也不够多的缺陷。根据概率组合理论推求水库的供水保证率、水库多年蓄水量变化和弃水情况等，理论上较为完善；数理统计方法采用相对值计算，便于计算成果处理和概括，以及在不同河流上、不同水库间的计算成果的综合推广应用。为了得到多年调节所必需的连续枯水年的不同组合，实用中常根据历史资料建立随机模型，通过随机模拟的方法人工生成足够长的水文系列，供调节计算使用。

水电站水能计算属于水能调节的范畴。水能调节计算比水量调节计算复杂，水能的大小同时受到水量与水头两个因素的共同影响，水能开发的效益还与开发方式以及设备的效率等密切相关。水能计算全过程围绕水量平衡、电力平衡和电量平衡展开，计算方法上，由于水量平衡方程与出力方程组成的方程组无法得到解析解，所以，试算是水能计算中常用的求解方法。在保证出力计算、调度图绘制、多年平均电能计算等许多方面都需要试算，而且根据问题的性质还有顺时序与逆时序的差别。

洪水调节本质上属于水量调节，与兴利水量调节相比，有两点差别：①计算时段变小，洪水调节时段长一般以小时为量级；②在特定的时段调节计算时必须考虑泄流能力的影响，具体求解方法以水量平衡计算和试算为基础，与兴利计算基本相同。

三、研究进展

（一）水文学进展

水文学是研究地球上各种水体的起源、存在、分布、循环和运动规律，探讨水体的物理和化学特性以及它们对环境作用的一门科学。

水文学是地球科学的组成部分，同时，也是现代技术科学的一个领域。它有许多实际用途。人类在争取生存和改善生活的生产实践中，特别是在与水灾、旱灾作斗争的过程中，对经常出现的水文现象进行探索，在不断认识和积累经验的基础上，并吸取其他基础科学的新思想、新理论、新方法，才逐步形成现代水文学。可以说，水文学的发展经历了由萌芽到成熟、由定性到定量、由经验到理论的过程。

1. 萌芽阶段（16 世纪末以前）

该时期为了生活和生产的需要，开始了原始的水位、雨量观测，对水流特性进行观察，并对水文现象进行定性描述、经验积累、推理解释。世界上最早的水文观测出现在中国和埃及，比如《吕氏春秋》《水经注》等古代著作系统记载了我国各大河流的源流、水情，并记载了水文循环的初步概念及其他水文知识。公元前 3000—前 300 年，古埃及人就开始了在尼罗河的水位观测；公元前 450—前 350 年，希腊人初次提出了水文循环的臆说；公元前 250 年，我国在四川的都江堰设立石人观测水位。公元 100—200 年，东汉王充在

《论衡》一书中论述了水文循环的概念；1425 年我国颁布了测雨器制度；1452 年意大利人采用了浮标法测流速，并通过观测数据论证了水循环。当然，该时期由于人们的认识能力有限，对自然界水文现象了解不够，也不可能上升到水文学理论高度上，因此这一漫长的发展阶段仅仅称得上是水文学的发展起源或萌芽阶段。这一时期，被认为是水文学的萌芽时期，中国的水文知识居于世界领先的地位。

2. 形成阶段（17 世纪初至 19 世纪末）

该时期随着自然科学技术的迅速发展，水文观测实验仪器不断被发明和使用，特别是在 19 世纪以来，各国普遍建立水文站网和制定统一的观测规范，使实测的水文数据成为科学分析的依据，是实验水文学的快速发展阶段。并在此基础上，发现了一些水文学的基本原理，从而奠定了水文学的基础，逐步形成了水文学体系。该阶段的特点是：水文现象由定性描述到定量表达，水文学基本理论初步形成。1400—1900 年期间，水文实验兴起，一些水文观测仪器制造成功并开始使用，如毕托管、流速仪等，这一时期，科学家们提出了伯努利方程、谢才公式、达西定律等。这一时期，基本形成了以水文水利计算为主的新的分支学科，即应用水文学，但中国的水文科学在这一时期的进展比较缓慢。

3. 兴起阶段（20 世纪初至 20 世纪 50 年代）

该时期由于社会经济迅速发展，水利、交通、动力等急需大量开发，迫切需要解决工程建设中的许多水文问题，又由于实测水文资料的增长，水文站网的扩展，促进了水文预报和计算工作的发展。1900—1950 年各国逐渐建立起雨量站、水文站，以便更深入地了解和探讨水文规律，水文理论有了长足的进步，并开始应用于生产实践，应用水文学得到了很大发展。随着水文站网的发展及实测水文资料的逐年增加，促进了水文分析计算工作。进入 20 世纪，特别是经过两次世界大战的破坏后，各国都致力于经济的恢复与发展，迫切需要解决城市建设、交通运输、工农业用水和防洪等工程中的一系列水文问题，进而促进了水文科学的迅速发展。在该时期，除了许多经验公式和预报方法外，还出现了许多结合成因分析的推理公式、合理化公式以及相关因素预报方法等，如 1932 年谢尔曼提出单位线法、1935 年麦卡锡建立了马斯京根河道洪水演算法、1924 年福斯特完整地建立了 P-Ⅲ 型水文频率曲线计算方法等。与此同时，数理统计理论也开始应用于水文分析计算，这一时期被称为水文学的实践时期。该阶段的特点是：水文观测理论进一步成熟，应用水文学进一步发展，理论体系逐步完善。这一时期我国则比较落后。这一时期，许多应用水文学著作出版，标志着水文学进入了成熟期。

4. 现代阶段（20 世纪 50 年代以后）

1950 年以后，水文科学的深度和广度又得到发展。一是表现在水文科学理论的深入研究向相关学科的渗透，促使水文分析计算和预报出现了许多新方法；二是表现在计算机的普及、应用和 3S 技术大大改善均推动了水文学的发展，如水文系统的自动测报、实时水文预报方法等。一方面，随着计算机技术的发展和遥感遥测技术的引用，一些新理论和边缘学科的不断渗透，使得水文学发展增添许多新的技术手段、理论与方法；另一方面，由于人类改造世界的能力不断增强，活动范围不断扩大，再加上人口膨胀，出现了水资源短缺、环境污染、气候变化等一系列问题，使水文学面临着机遇与挑战，调查、考证和分析历史洪水资料，以弥补资料系列的不足和代表性差的问题，也是这一时期的新特点。除了广泛调查历史洪水外，20 世纪 90 年代又发展了古洪水研究，利用放射性同位素碳 14 获得全新世（约距今 1 万年）以来的古洪水信息，为我国大型水利工程的洪水设计提供了有重大意义的成果，特别是需要开展水资源及人类活动水文效应的研究。这也促进水文学进入了现代水文学的新阶段。本阶段的特点是：引进计算机技术和遥感遥测技术，一些新理论、新方法和边缘学科不断渗透，分支学科不断派生，研究方法趋于综合，重点开展水资源及人类活动水文效应的研究。

（二）我国水文事业的发展

1. 水文信息技术方面

在 1949 年新中国刚成立时，全国仅有 148 个水文站，203 个水位站，2 个雨量站。而到了 1978 年，全国水文站发展到 2922 个，水位站发展到了 1320 个，雨量站发展到 13309 个，水质站 800 个，各种水文实验站 33 个。到 2008 年，全国已有水文测站 37436 个，水位站 1244 个，雨量站 14602 个，水质站 5668 个，地下水监测站 12683 个，蒸发实验站 17 个，径流实验站 51 个。在测站现代化建设方面也取得新成就，如建成测流缆道 2162 座，水文测船 849 艘，专用测车近 300 辆，配备多普勒测流仪 341 台，全站仪 481 个，卫星全球定位系统 486 套，水文自动测报系统 300 余处，自记水位站 2000 余处（其中能够遥测的水位站有 1000 多处），固态储存雨量设备有 7000 多个。目前，全国已建成了覆盖主要江河水系、布局合理、功能比较完善、项目比较齐全的水文站网体系。

水文观测资料也已按流域进行了整编刊印，1999 年，《水文资料整编规范》发布后对原卷册划分作了个别修改，现为 10 卷 75 册。至 1986 年止，刊出历史水文资料及水文年鉴共 2277 册。1987 年后，一些单位继续刊布水文年鉴，另一些单位将整编成果存入计算机，用打印或复印方式供应，没有刊布水文年鉴，至 1990 年后全国全面停刊水文年鉴。1979 年，水利部水文局颁布《地下水观测试行规定》，地下水资料按省、直辖市、自治区或地区单独刊印，不再列入水文年鉴。1985 年，水利电力部颁布《水质监测规范》，将水质资料单独编为《中华人民共和国水文年鉴水质专册》。此外，调查整理了 6000 多个河段的历史特大洪水资料并由各省汇编成册出版，较好地满足了水利建设和经济社会发展对水文信息的需求。

2. 水文实用技术方面

多年来，水文、规划设计及科学研究等多部门共同协作，进行了大量的水文统计分析工作，全国各地都编制出了水文特征值统计表、水文手册或水文图集等。1981 年颁布了《水利水电工程设计洪水计算规范》，1983 年颁布了《水利电力工程水利动能设计规范》，1975 年 8 月河南驻马店大暴雨（简称"75·8 大暴雨"）发生后，全国范围内开展了可能最大暴雨的普查研究，编制了《全国 24h 可能最大暴雨等值线图》及《暴雨洪水查算图表》等。1980 年开始，开展了全国水资源综合评价与合理利用研究，分别于 1987 年和 1989 年出版了《中国水资源评价》及《中国水资源利用》。在此基础上，2000 年又开始了第二次全国范围的水资源调查与评价工作。2005 年起，为解决水库防洪与兴利的矛盾，实现洪水资源化，在许多大型水库又开始了汛限水位的设置与控制运用研究，在确保水库安全的条件下，大大提高了已建成水库的综合利用效益。

新中国成立以来，水文预报工作从无到有，也已经逐步发展起来。目前，全国建立了水情中心 125 个、自动测报站 6385 个，占报汛站总数的 80%。全国七大流域机构和各省市的水雨情信息均可通过宽带传达到国家防汛抗旱总指挥部办公室，极大地提高了水文信息的时效性，实现了防洪抗旱异地会商、洪水预报的自动测报和优化决策。水文预报理论和方法也有很大发展，基本形成了符合我国国情的一整套水文预报方法，1985 年颁发、2000 年修订的《水文情报预报规范》，有力地促进了我国水文预报工作向着国际先进水平发展。

在水利计算方面，我国也相应地提出了设计规范，如 1995 年水利部颁布的 SL 104—95《水利工程水利计算规范》，另外，在技术手段上，从过去的手工绘图、解算发展到目前的编程电算化。

2011 年中央一号文件《中共中央　国务院关于加快水利改革发展的决定》中指出"水是生命之源、生产之要、生态之基。兴水利、除水害，事关人类生存、经济发展、社会进步，历来是治国安邦的大事。"由此可见，我国的水利建设事业在未来将会有一个较大的发展，水文水利计算也将在水利建设中发挥着越来越重要的作用。

（三）水资源开发利用研究进展

目前水资源的利用越来越趋向多单元、多目标发展，规模、范围日益增大。但水资源又不能无限制地满足需求，许多矛盾需要协调，需要整体、综合地考虑。现代意义的水资源规划与管理，已经牵涉到社会和环境问题，故已经不是作为纯粹工程性质的所谓技术科学的一部分，而是在一定程度上已经从工程技术的水平过渡和提高到了环境规划的水平。因此，现代意义的水资源的开发、利用或水利系统的规划、设计和管理运用，其内容、意义、目标都比传统更为广泛。

近代水资源开发利用综合、整体的观点和策略，引起了水资源研究方法的三个重要进展：

（1）产生了多目标优化、矛盾决策的思想原则和求解技术。

（2）流域水库群系统整体优化的原则和方法。

（3）大系统分层和分解协调优化技术。

水资源的综合利用，即如何处理在规划和管理的优化决策中多个目标或多个优化非常有利和必要的。

一个流域或地区水资源开发利用的整体性的概念和特性，导致了最新发展起来的系统工程和系统分析方法逐渐在水资源领域得到应用和发展。系统分析是一种组织管理各种类型的系统的规划、研制和使用具有普遍意义的科学方法。它能更全面深入地进行水资源利用的分析研究，提高水利系统规划、管理的水平和效益。

随着大型水利系统的形成，水质、土地资源、环境质量等问题越来越重要，规划水利系统时不仅要着眼工程和水利经济效益，还要考虑对社会和环境的影响，在决策时应充分顾及或协调各方面的合理要求和意见，因此，应用系统分析的方法来研究水资源成为水资源开发利用课题的新方向。

第四节 水文水利计算的任务与工程应用

水文水利计算是工程水文的重要组成部分，总体上可以分为水文计算和水利计算两个主体内容。水文计算的根本任务是分析水文要素变化规律，为水利工程的建设提供未来水文情势预估；水利计算的根本任务是拟定并选择经济合理和安全可靠的工程设计方案、规划设计参数和调度运行方式。

任何一个流域的开发与水利工程建设过程中，都必须经历规划设计、施工及运行管理三个阶段（见图1-1），不同阶段水文水利计算承担不同的服务内容，各有侧重点。

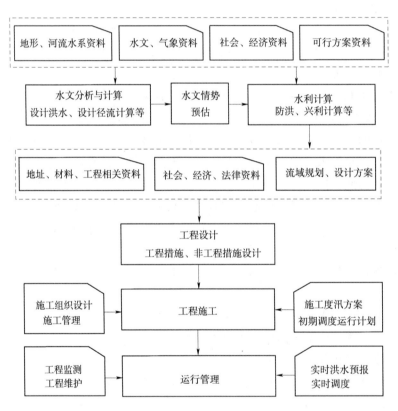

图1-1 流域综合开发规划设计实施工作流程图

规划设计阶段水文水利计算的主要任务是要提出作为工程设计依据的水文特征数值（如设计年径流、设计洪水等），在此基础上再通过调节计算确定工程位置、规模。例如一条河流，在何处布设工程合适？工程的规模（库容、装机容量等）选择多大为宜？要使它们确定得经济合理，关键在于正确预计将来工程运行期间可能出现的各种水文情况，例如设计水库时，若把河流和洪水估算过大，据此设计的库容就会偏大，规模也过大，将会造成投资上的浪费；反之，洪水估计过小，设计的库容量小了，将来危及工程本身和下游的安全，还会使水利资源不能得到充分地利用，造成资源浪费，或需水量得不到保证，影响社会经济发展；对于防洪措施，还可能造成工程失事，甚至对人民的生命财产造成巨大的损失。由于水利工程的使用年限一般为几十年甚至百年以上，因此在规划设计时，必须知道工程所控制的水体在未来整个使用期间可能出现的水文情势，以及根据可能的水文情势所确定的开发方式、工程规模和主要设计参数等。严格来说，规划设计方案实施后，所在流域的天然水文情势必将有相应的改变，因此，在规划设计阶段中还需要预计这部分变化。

施工阶段的任务是为了确定临时性水工建筑物（如施工围堰、导流隧洞和导流渠等）的规模提供施工期设计洪水。由于水利工程施工期限一般较长，往往需要一个季度以上，甚至长达几年之久，所以需要修建一些临时性建筑物，必须通过水文计算途径预先估计整个施工期间可能出现的来水情势，在此基础上确定这些临时性工程的规模和尺寸。同时，在这一阶段，需要根据未来施工期间的水情变化和工程进度计划，通过水利计算确定水利工程枢纽的初期运行计划和调度方案。在具体施工期间，再结合短期的（如几天甚至几小时）水文预报，实时进行施工安排和组织调度。在编制施工详图阶段，水利计算的任务一般是制定枢纽运行计划，主要是编制枢纽初期运转的调度图。另外随着枢纽主体工程的逐步完成，还需研究多年调节水库的初期充蓄问题。

运行管理阶段的主要任务在于充分发挥已成水利措施的作用。为此就需要知道未来一定时期内的来水情况，以便确定最经济合理的调度运用方案。这一阶段对于水文工作的要求，就是根据水文分析计算获得未来长期内可能出现的平均情势，再考虑到水文预报所提供的较短期内的实时预报，通过水利计算拟定出实时的最佳调度运用方案，保证获得最大的社会效益和经济效益。如汛前根据洪水预报信息，在洪水来临之前，预先腾出库容拦蓄洪水，使水库安全度汛，下游也免遭洪水灾害。到汛末时，又及时拦蓄尾部洪水，以保证灌溉、发电等方面的需求。此外，在工程运用期间，随着水文资料的积累，还要经常地复核和修正原设计的水文数据，通过调节计算检验工程是否达到设计标准，以便改进调度方案或对工程实行扩建、改建和除险加固等必要的改造。

国民经济还有许多部门，诸如工矿企业、城市建设、交通运输，尤其是农林水利建设，都需要了解有关的水情变化状况并确定合理的规划设计和调度运行方案。譬如工矿企业必须解决工业用水的水源问题；城市建设必须解决供水、排洪及排污等问题；在交通运输方面，由于铁路、公路往往需要跨越江河，因而必须研究这些江河的水情变化规律，并合理确定有关建筑物的尺寸，如桥梁的高度、涵洞的大小等；在农、林、水利建设方面，诸如灌溉、排水、防洪、发电等，更需要了解和掌握水情变化规律，并在此基础上正确拟定经济合理的工程措施。此外，对于已建成的水利工程的调度运用，同样有必要了解水情的未来变化情况，拟定调度运行策略，能使现有工程发挥较大的效用。总而言之，国民经济建设从多方面对水文水利计算学科提出了任务和要求。

第五节 本课程主要内容

本课程的主要内容有两部分：一是水文计算；二是水利计算。

一、水文计算的主要内容

水文计算的主要内容，是在了解水文现象相关知识及水文频率分析计算的基础上，重点阐述进行"两个设计"的分析计算，即洪水设计与年径流设计。而洪水设计又分为由洪水资料直接推求设计洪水与由暴雨资料间接推求设计洪水。在"两个设计"中，又涉及水文资料的来源、流域产流、流域汇流及河段汇流计算等内容。

二、水利计算的主要内容

水利计算主要介绍基本知识。主要内容是在了解水库基本特性与水文计算提供的年径流与洪水设计成果的基础上，阐述了水库的"两个计算"，即水库的兴利调节计算与水库的防洪调节计算。在兴利调节计算中，既阐述了径流的兴利调节计算，也简要叙述了水电站的水能兴利调节计算。

本书根据水文水利计算的基本任务，并结合学科发展趋势，精选出一些主要内容，共分 11 章进行编写。第一章主要对水文水利计算的任务、研究方法、进展及应用进行介绍；第二至七章介绍水文计算的相关内容，重点包括水文频率分析计算的原理与方法、设计洪水计算、设计暴雨计算、推理公式及城市区设计洪水计算、可能最大暴雨（洪水）计算，以及整体内容组成及逻辑关系大致如图 1-2 所示。

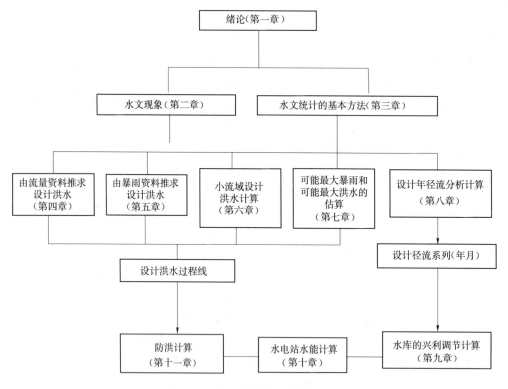

图 1-2 水文水利计算内容组成图

第八至第十一章介绍水利计算的相关内容，重点包括设计年径流和枯水径流调节计算、径流调节原理的应用、兴利调节计算、防洪计算以及水能计算等问题。

第二章 水 文 现 象

第一节 水文循环及水量平衡

地球上的一切生命存在都与水息息相关，水是人类社会存在和发展不可或缺的基础资源。水在地球上分布范围十分广泛，其存在的主要形态为气态、液态和固态，正是由于水能够在自然界以这三种形态存在，才使得水能够在太阳辐射和地球引力的作用下，通过蒸发、降水、径流和入渗等水文现象，在地球上的不同地方做周而复始的循环运动。水循环使得不同类型的水互相转化，成为可以持续利用的可再生能源。同时，水的总量在地球上基本上是保持不变的，这也是物质不灭定律在水文学中的体现。水量平衡原理建立在上述理论和实践基础上，并成为了定量研究水文现象的基本工具。

一、水文循环现象及分类

海洋、陆地、大气以及生物体内存在着以固态、液态和气态形式分布的水，由这些水构成的系统可称之为地球的水圈。依靠太阳辐射和地球引力的作用，水圈中的水在海洋、陆地、大气间不断地循环运动，具体的表现形式主要有降水、蒸发、径流和下渗四种类型。上述表现形式统称为水文循环现象。水文循环之所以能够发生，有两个原因：一是内因，即水能够实现固态、液态和气态的"三态"变化；二是外因，即太阳辐射和地球引力提供了动力。这两者为水文循环提供了基础，密不可分。降水是指大气水凝结后降落到地球表面的现象；蒸发则是指从水面、冰面或其他含水物质表面逸出水汽的现象。径流是指降水在重力作用下在地表或地下按一定方向和路径流动的水流。而下渗则是指水在分子力、毛细管引力和重力的作用下透过地表渗入土壤的现象，是地下径流形成的重要环节。

图 2-1 给出了水文循环的一般过程。海洋、江河湖泊、陆地表面和植被中的水在太阳辐射的驱动下，通过蒸散发作用以水汽形式进入大气层。大气层中的水汽会在一定的条件下凝结成小水滴，小水滴随气流运动不断碰撞形成大水滴，当水滴自身重量大于空气阻力时，便从空中落下，形成降水。大部分降水会落在海洋等水面上，另一部分降水则落在陆面上。落在陆面上的水一部分入渗到地下，有的吸附在土壤颗粒周围成为土壤水，有的又蒸散发到大气中，还有的以地下径流的形式汇入江河湖泊，然后回到海洋；一部分形成地表径流，进入江河湖泊，最终流入海洋；还有一部通过蒸散发作用又回到大气层。上述过程是循环往复不断进行的。通常把水圈中这些水体在太阳辐射和地球引力作用下不断蒸散发、随大气输移、凝结、降落、下渗和径流的这种往复循环过程成为水文循环，也叫水循环，其空间范围上达地面以上平均 11km 的对流层，下至地面以下 1km 深处。太阳辐射热中的 23% 消耗与海洋和陆地的水分蒸发作用，平均每年有 $57.7 \times 10^4 km^3$ 的水在这种蒸发作用中进入大气，然后又在重力作用下以降水的形式返回陆地和海洋。

根据水文循环的规模大小,一般把水文循环分为大循环和小循环。大循环是指水分从海洋上蒸发,随气流运动到陆地上空以降水的形式落下,这些降水的一部分以径流的方式通过河流重新回到海洋;另一部分降水则重新蒸发回到大气中,大循环也称为外循环。在大循环运动中,既存在地面和大气间的纵向水分交换,主要以降水和蒸散发的形式进行,也存在海洋和陆地间的横向水分交换,主要是径流的形式进行。海洋与陆地之间互有水分输送,但陆地向海洋输送的水分只占海洋向陆地输送水分的8%,由此可见,海洋是陆地水分的主要来源。小循环是指从海洋蒸发到大气中的水汽凝结后,以降水的形式又回到海洋,也称之为海洋小循环,或陆地上的水分蒸散发到大气中又降落在陆地上,也称为陆地小循环。

水文循环尺度由大到小可分为全球水循环、流域或区域水循环和水-土壤-植物系统水循环。全球水循环是空间尺度最大的水文循环,涉及地球上的海洋、大气、陆地之间的水分交换过程;流域或区域水循环则指水分在流域上通过降水、蒸发、下渗和径流发生的循环现象,其空间尺度约在 $1 \sim 1$ 万 km^2 之间,同时还与流域外或区域外存在水分的交换,因此是开放式水循环;水-土壤-植物系统则是尺度最小的水循环系统,通过入渗和植物的生理作用实现水分在三者之间的循环,利用蒸散发与外界保持水分交换,也是开放式水循环系统。

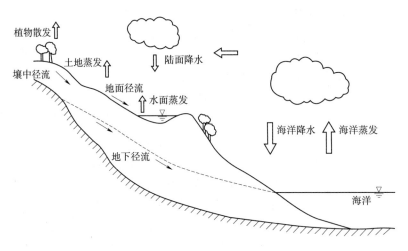

图 2-1 水文循环示意图

水文循环对于人类来说是最重要的物质循环之一。它对全球气候变化、地表形态的形成均起着至关重要的作用,它为人类和其他一切生物提供了可再生的水资源,对自然环境产生深刻的影响;与此同时,洪涝和干旱等自然灾害也与水文循环密切相关。因此,研究水文循环的客观规律,揭示其内在机理,这对于合理有效开发利用水资源、抵御水灾害造福人类有着十分重要的意义。

二、影响水文循环的因素

水文循环范围广,影响其过程的因素很多,主要有气象因素、自然地理条件、地理位置和人类活动四大类:

(1)气象因素。温度因素、风力因素和湿度因素等都属于气象因素。气象条件对蒸发、水分随大气的输移和降水起着决定性的作用，在整个水文循环过程中处于主导地位。

（2）自然地理条件。土壤、地质、地形和植被等都属于自然地理条件。蒸发和径流环节都受到自然地理条件的影响。

（3）地理位置。通常离海洋越远，水文循环越弱；反之则越强。

（4）人类活动。人类社会的工业、农业和生活等各类经济活动在改变自然环境的同时也对水文循环产生不同程度的影响。如修建水库、调水工程会直接影响水文循环的过程，农业活动通常会改变流域的下垫面而间接影响水文循环的蒸发、入渗和径流等过程。

水文循环通常具有以下特点：从蒸发和径流的比例上看，活跃的地区蒸发比重大，而水文循环平稳的地区径流比重大。从地理条件上看，低纬度地区一般气温较高，降水较多且集中，蒸发量大，因此水文循环活跃，而高纬度地区一般气温较低，降水较少且多冰雪封冻期，水文循环较弱。另外同一区域不同时节的水文循环也存在差异，使得当地水文现象多变，如洪涝和干旱在同一区域均有发生的可能。

三、我国的主要水文循环系统

我国受大气环流和季风的影响，形成了以下水文循环系统：

（1）太平洋水文循环系统。我国东部及南部沿太平洋有着漫长的海岸线，因而太平洋暖流携带大量的水汽，在东南季风和台风的作用下，从我国东南部登陆，向内陆移动。太平洋暖湿空气达到内陆后，与来自北方的西伯利亚冷空气相遇，在我国的华东、华北地区形成降水。降水沿东南至西北逐渐减弱。我国的长江、黄河、珠江等主要流域的水源均来自太平洋水文循环，而这些河流最终又汇入太平洋。

（2）印度洋水文循环系统。印度洋是世界第三大洋，位于我国西南方向，也是我国大陆降水的主要来源之一。冬季印度洋的湿润空气从孟加拉湾进入我国西南部，形成了冬季降水；夏季则借助西南季风将大量水汽输送到我国西南、中南、华东及河套以北地区，形成夏季主要降水。由印度洋输送的水汽所形成的这些降水，一部分经雅鲁藏布江、怒江等西南流域河流又重新汇入印度洋，一部分则参与到太平洋的水文循环中。

（3）内陆水文循环。我国幅员辽阔，除了靠近海洋的平原地区外，还有西北内陆这样远离海洋的地区。这一地区距离太平洋较远，但由于风力作用，大西洋的部分水汽能够向东输运进来，为其内陆水文循环提供了水分来源。

（4）北冰洋水文循环。我国西北部由于西伯利亚冷气团的运动而带来降水，然后部分降水又形成径流汇入北冰洋，如新疆北部降水汇入额尔齐斯河并最终流入北冰洋，成为北冰洋水文循环的一部分。

（5）鄂霍次克海水文循环。每年的春夏之交，东北季风将鄂霍次克海和日本海的冷湿气团输送到我国东北部地区形成降水，降水后形成的径流经黑龙江注入鄂霍次克海的循环过程。

多年平均统计的结果显示，我国陆地上空总的水汽输出量为 12363km³，总输入量为 15023km³，多年平均净输入量为 2660km³，接近全国多年平均入海径流量。

四、水量平衡

地球上的水的总储量约为 $13.86 \times 10^8 \text{km}^3$，其中地表水约为 $13.62 \times 10^8 \text{km}^3$，占地球

总水量的 98.27%；地下水约为 $0.24 \times 10^8 \mathrm{km}^3$，占地球总水量的 1.73%；生物水约为 $0.11 \times 10^4 \mathrm{km}^3$，占地球总水量的 0.0001%；大气水约为 $1.29 \times 10^4 \mathrm{km}^3$，占地球总水量的 0.001%，不过却是地球上最活跃的水体。水文循环使上述四类水体互相不断转换，保持着地球水量的动态平衡。

上述水体的循环过程中，水分本身并没有消失，仍然遵守物质不灭定律。因此可以应用水量平衡原理来定量研究水文循环过程，计算降水、蒸发、径流和下渗之间的定量关系，从而为水资源评价、水文水利计算以及水文预报提供分析依据。

由物质不灭定律可以知道，水文循环过程中水的质量应该是守恒的，也即在一个确定的空间和时间范围内，某一水体输入的水量与输出水量之差应等于其蓄水量的变化量。则任一水体在任一时段 Δt 内有如下水量平衡方程：

$$I - O = \Delta W = W_2 - W_1 \tag{2-1}$$

式中：I 为 Δt 时段内的输入水量；O 为 Δt 时段内的输出水量；W_1、W_2 分别为 Δt 时段始末阶段蓄水量；ΔW 为 Δt 时段内蓄水变化量。

在使用式（2-1）时需要明确空间和时间范围：第一要有具体的研究对象，即是哪一个流域、海洋或水库需要明确；第二是要明确计算的时间长度，是以年、月还是日为计算时段。式（2-1）也是进行河道洪水演进、水库调洪兴利计算的基础。

依据水量平衡原理，在式（2-1）的基础上可以分别建立 Δt 时段内海洋和陆地的水量平衡方程。

海洋：
$$P_o + R - E_o = \Delta W_o \tag{2-2}$$

陆地：
$$P_l - R - E_l = \Delta W_l \tag{2-3}$$

式中：P_o 为 Δt 时段内海洋上的降水量；R 为 Δt 时段内流入海洋的径流量；E_o 为 Δt 时段内海洋蒸发量；ΔW_o 为 Δt 时段内海洋蓄水量变化；P_l 为 Δt 时段内陆地上的降水量；E_l 为 Δt 时段内的陆地蒸发量；ΔW_l 为 Δt 时段内陆地蓄水量变化。

合并式（2-2）和式（2-3）则为 Δt 时段内的全球水量平衡方程：

$$P - E = \Delta W_e \tag{2-4}$$

式中：P 为 Δt 时段内全球降水量；E 为 Δt 时段内全球蒸发量；ΔW_e 为 Δt 时段内全球蓄水量变化。

短期内的蓄水量量变化可能为正也可能为负，长期来看，多年平均蓄水量变化接近为零。因此海洋和陆地的水量平衡方程可以改写为：

海洋：
$$\overline{P}_o + \overline{R} = \overline{E}_o \tag{2-5}$$

陆地：
$$\overline{P}_l = \overline{R} + \overline{E}_l \tag{2-6}$$

式中：$\overline{P}_o$ 为海洋多年平均降水量；$\overline{R}$ 为流入海洋的多年平均径流量；$\overline{E}_o$ 为海洋多年平均蒸发量；$\overline{P}_l$ 为陆地多年平均降水量；$\overline{E}_l$ 为陆地多年平均蒸发量。

合并式（2-5）和式（2-6）则得到全球多年平均水量平衡方程：

$$\overline{P} - \overline{E} = 0 \tag{2-7}$$

式中：$\overline{P}$ 为全球多年平均降水量；$\overline{E}$ 为全球多年平均蒸发量。

式（2-7）表明，全球多年平均降水量与全球多年平均蒸发量相等，两者都约为 1130mm。

五、人类活动与水文循环

现代人类经济社会的工业、农业和生活等各类活动无时无刻不影响并改变着自然环境，而自然环境的改变又会对水文循环产生影响，改变水文循环的过程。人类活动对水文循环的影响既有直接的也有间接的：对于地表或地下径流是直接影响，而对于大气中水汽的输移则是间接影响。

1. 工农业生产及生活用水的影响

人类活动会明显改变下垫面条件，从而影响水文循环过程。农田面积的增大会改变原始植被状况，使蒸发条件发生改变，进而影响当地的蒸散发量；城市面积的扩大则使不透水面积增加，影响降水后的产流量和径流过程；工业废气的排放改变原有大气的构成，影响大气热量的传递，使海洋陆地的表面温度发生变化，进而影响水汽的输送，使降水量发生变化。而农业生产中农药的使用、工业污水和废水的排放则污染了水体，使水质变差。

工农业生产和生活需要从地表水或地下水直接取水使用，使用后的水一部分通过排水或下渗重新回到地表或地下，一部分蒸散发成为大气水，剩下部分返回当地水文循环系统，因而会改变当地水文循环要素的时空变化。像干旱季节农作物需大量引水灌溉，可能会使部分河流断流，如我国新疆的某些降水稀少、气候干旱的地区；有些地区因为农田引水灌溉使得陆面蒸发显著增大、下游流量明显小于上游流量，甚至河流年径流量有逐年下降的趋势，如黄河。

近年来，人们已经着手采用退耕还林还草、地下水回灌、节水器具等各种手段来缓解人类活动对水文循环的影响。

2. 水利工程的影响

为开发利用水资源，人们很早就开始修建各种水利工程。像我国先秦时代修建的都江堰、郑国渠等大型水利工程无不为当时社会生产的发展起到了极大的促进作用。到了现代各种水电站、水库和调水工程不断兴建起来，既大大提高了水资源的有效利用，同时也对区域内的水文循环起到了深刻的影响。如水库蓄水增大了河道的水面面积，必然使当地的蒸发量增大，蒸发量的增大必然又会改变内陆水文循环中的水汽含量，进而影响降水量的多寡；调水工程，尤其是跨流域调水工程，直接改变了水文循环的路径，使原有水文循环各要素之间的平衡被打破。例如我国的南水北调工程，减少了长江流域的水量，增加了黄河、淮河和海河流域的水量。调出水量的长江流域，当地的生态系统是否受到影响，入海口处是否会产生海水入侵都需要研究；而水量调入区会缓解当地的用水紧张局面，同时有利于补充地下水。

总之，人类活动范围和强度不断扩大，其对水文循环的影响也在不断增大。到底这种影响会使自然环境更有利于人类生存发展还是不利于人类生存发展，还需要进一步研究。

第二节 河 流 和 流 域

一、河流与河网

地面水和地下水聚集一起而形成输移水的通道称为河流。河流有干流和支流之分，干流只有一条，一般汇入海洋或湖泊；而汇入另一条河流的是支流。支流可以分为多级：一级支流直接汇入干流，二级支流直接汇入一级支流，三级支流及以上，以此类推，如图2-2所示。

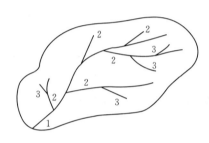

图2-2 河流干支流示意图
1—干流；2——级支流；3—二级支流

一条河流顺水流方向，从高处向低处可分为河源、上游、中游、下游和河口五个部分。河源是河流的源头，多为冰川、沼泽和湖泊等。紧接河源的是上游，一般在山区和峡谷地区，具有落差大、水流急、冲刷剧烈的特点。上游之后为中游，中游河段落差减小，水流变缓，冲淤变化减弱，河床形态比较稳定。下游通常位于平原地区，河槽较宽，河道比降进一步减小，水流更为缓慢，多发生淤积。河口位于河流的末端，是其汇入海洋或湖泊的地方。河口地方流速显著减小，使得大量泥沙淤积在河口，从而形成三角洲。根据河流最终汇入或消失的地点可以将河流分为外流河和内陆河。汇入海洋的河流称为外流河，我国的长江、黄河和珠江等均为外流河；汇入内陆湖泊或消失于沙漠的河流称为内陆河，也称内流河，例如我国新疆的塔里木河、青海的格尔木河等。

由河流的干流及其全部支流所构成的网状河道系统称为河网，也称水系或河系。河网通常为树枝状或网状，树枝状河网多见于自然形成的河网，网状结构河网多为人工开挖形成。河网的形态可大致分为三种：羽毛状河网、平行状河网和混合河网，如图2-3所示。羽毛状河网的支流从上游往下游在干流不同地方汇入；平行状河网的支流与干流大体成平行趋势交汇；混合河网的支流与干流的关系介于两者之间。

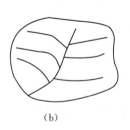

(a)   (b)   (c)

图2-3 河网特征示意图
(a) 羽毛状河网；(b) 平行状河网；(c) 混合河网

河流长度和河网密度用来描述河网的特征。河流长度简称河长，定义为河流从河源处开始具有地表水流形态的地点到河口的河道水面中心线的距离。河网密度则是指流域内河流总长度与流域面积的比值。

$$K_D = \frac{\sum L}{F} \tag{2-8}$$

式中：K_D 为河网密度，km/km^2；$\sum L$ 为河网的总长度，km；F 为流域面积，km^2。

河网密度越大，说明流域切割程度越大，径流汇集越快。反之，则表明流域排水不畅，径流汇集较慢。

二、流域及其特征

降水沿地形上一条脊线分别汇集到两条不同的河流中时，这条起着分水作用的脊线就是相邻两流域的分界线。分隔相邻两个流域的高地称为分水岭，可以是高原、山地或者丘陵等。分水岭上最高点的连线称为分水线。分水线包围形成地面水和地下水汇集的集水区称为流域。流域集水区分为地上和地下两种。地上分水线包围形成的集水区为地上集水区；地下分水线包围的集水区为地下集水区。通常所指的流域一般是地上集水区。地上集水区和地下集水区如果在水平投影面上相重合，称之为闭合流域，反之，则为非闭合流域，如图 2-4 所示。

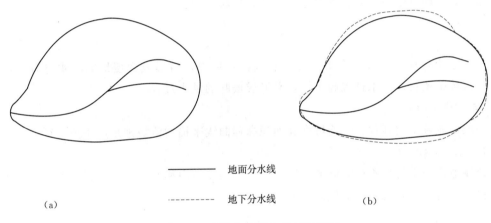

———————— 地面分水线

-------- 地下分水线

(a)   (b)

图 2-4 闭合与非闭合流域示意图

(a) 闭合流域；(b) 非闭合流域

自然界中地上分水线和地下分水线不可能完全重合，因此严格意义上的闭合流域是不存在的。由于地上地下分水线不重合，所以非闭合流域与邻近流域间存在水量交换。除具有喀斯特地质特征的情况外，通常的大、中型流域因为地上和地下集水区不一致而产生的水量交换相对于流域的总水量非常小，可以看作闭合流域。不同类型的河网其流域形状有明显差异：羽毛状河网流域多为狭长形，平行状河网流域形状多为扇形，混合河网流域形状介于狭长形和扇形之间。

流域的特征主要分为形状特征、地形特征和自然特征三类。

（一）形状特征

流域面积、长度、平均宽度和形状系数是描述流域形状的主要特征参数。

1. 流域面积

一般用地上分水线所包围区域的平面投影面积称为流域面积，以符号 F 表示，单位 km^2。在其他自然条件相似的情况下，一般流域面积越大，该流域河流的水量越丰富。

2. 流域长度

流域长度以符号 L 表示，单位 km。有三种常用计算方法：①从流域末端出口断面沿主河道到流域最远端的距离为流域长度；②从流域末端出口断面到分水线的最大直线距离为流域长度；③以流域末端出口断面为圆心，画不同半径的同心圆，每个圆与流域边界的两个交点连一割线，将各割线中点顺序连接得到流域平面图形几何中心轴的长度作为流域长度。

3. 流域平均宽度

用流域面积除以流域长度即为流域平均宽度：

$$B = \frac{F}{L} \qquad (2-9)$$

B 值越小则流域越狭长，水流汇流过程分散，洪峰小，洪水过程也越平缓；若 B 值越大，则流域形状越方正，水流汇流过程集中，洪峰大，洪水过程也越集中。

4. 流域形状系数

用流域平均宽度与流域长度之比即为流域形状系数：

$$K = \frac{B}{L} = \frac{F}{L^2} \qquad (2-10)$$

K 值越大，流域越接近扇形，则洪水过程越集中，易形成尖瘦形的洪水过程；K 值越小，流域越狭长，洪水过程越平缓，易形成矮胖的洪水过程。

（二）地形特征

一般用流域平均高程、平均坡度和面积高程曲线来描述流域地形的主要特征。

1. 流域平均高程

流域地表的平均高程称为流域平均高程，可用流域内相邻等高线间的面积乘以其相应平均高程所得乘积之和除以流域面积来表示：

$$\overline{Z} = \frac{\sum_{i=1}^{n} f_i Z_i}{F} \qquad (2-11)$$

式中：$\overline{Z}$ 为流域平均高程，m；f_i 为相邻两条等高线之间的面积，km^2；Z_i 为相邻两条等高线的平均值，m；F 为流域面积，km^2。

2. 流域平均坡度

流域平均坡度也可称为地面平均坡度，一般用下式计算：

$$\overline{S} = \frac{\Delta Z}{F}(0.5L_1 + L_2 + L_3 + \cdots + L_{n-1} + 0.5L_n) \qquad (2-12)$$

式中：$\overline{S}$ 为流域平均坡度；ΔZ 为相邻两条等高线的高差，m；L_i（$i=1$，$\cdots$，n）为流域内各条等高线的长度，m；其他符号意义同前。

3. 面积高程曲线

用大于等于流域某一高程的部分面积与流域总面积之比为横坐标，以相应的流域高程为纵坐标，绘制出的曲线即为面积高程曲线。这一曲线反映了流域面积随高程的变化情况，用来了解高程对某些水文特征值的影响，如降水、蒸发等。

（三）自然特征

流域所在的地理位置、气候及下垫面条件是其主要的自然特征。

1. 流域地理位置

通常用流域中心或者流域边界的经纬度来表示流域的地理位置。流域的地理位置不同其水文特征也有所不同。如海洋和山脉能够影响水汽的输送，因此海洋和山脉与流域的距离远近会使得降雨量的大小和时空分布不同。

2. 流域气候条件

降水、蒸发、气压、湿度、气温和风速等是构成流域气候条件的主要因素。这些气候因素对流域的形成和发展起着重要的控制作用。降水和蒸发直接影响河流径流量的大小，而气压、湿度、气温和风速等则是通过改变降水和蒸发来间接影响流域的径流量。

3. 流域下垫面条件

下垫面指与大气下层直接接触的地球表面。它包括地形、地质、土壤、河流、湖泊、沼泽和植被等，对流域和河流的发展变化起着十分显著的作用，也是影响气候的重要因素之一。长期以来，受人类活动的影响，流域的下垫面条件也在发生改变，进而引起流域水文特征的变化。

第三节 降 水

水以固态或液态的形式从大气降落到地面的现象称为降水，雨、雪、霜、露等都是降水的具体表现形式。降水是影响水文循环最重要的因素之一，是水文学中不可或缺的研究对象。

一、降水要素

通常用降水量、降水历时、降水强度、降水面积和暴雨中心来描述降水的特征。而降水量、降水历时和降水强度又被称为降水三要素。

1. 降水量

一定时间内从天空降落到地面上的液态或固态（经融化后）水，未经蒸发、渗透、流失，而在水平面上积聚的深度称为降水量，单位为 mm。其中根据降落地点大小可分为点降水量和面降水量：降落在某一点上，如雨量站上的降水量可称为点降水量；而降落在某一面积上，如流域上的水量可称为面降水量。根据时间长短不同又可分为时段降水量、日降水量、次降水量、月降水量、年降水量和多年平均降水量。上述概念中的次降水量是指某次降水过程的总降水量。我国气象标准将降水量分为 7 级，见表 2-1。

表 2-1   降 水 量 分 级

等级	微雨	小雨	中雨	大雨	暴雨	大暴雨	特大暴雨
12h 雨量/mm	<0.2	0.2～5	5～15	15～30	30～70	70～140	>140
24h 雨量/mm	<0.1	0.1～10	10～25	25～50	50～100	100～200	>200

2. 降水历时

一次降水过程中从某一时刻到另一时刻所经历的降水时间称为降水历时。一次降水从降水开始到降水结束的时间称为次降水历时，单位为 min、h 或 d。

3. 降水强度

降水强度是指单位时间内的降水量，也称雨率或雨强，单位为 mm/min、mm/h 或 mm/d。降水强度可分为时段平均降水强度和瞬时降水强度两种。时段平均降水强度用式（2-13）表示

$$\bar{i} = \frac{\Delta P}{\Delta t} \tag{2-13}$$

式中：$\bar{i}$ 为 Δt 时间内的平均降水强度，mm/min 或 mm/h；Δt 为时间，mm 或 h；ΔP 为 Δt 时间内的降水量，mm。

当式（2-13）中的 $\Delta t \to 0$，则可以得到瞬时降水强度：

$$i = \lim_{\Delta t \to 0} \frac{\Delta P}{\Delta t} = \frac{dP}{dt} \tag{2-14}$$

式中：i 为瞬时降水强度，mm/min；其他符号意义同前。

4. 降水面积

降水时所覆盖区域的水平投影面积即为降水面积（km^2）。

5. 暴雨中心

暴雨集中在某一较小的局部地区，这一区域称为暴雨中心。

二、降水描述方法

为研究降水的时空分布与变化规律，一般用降水过程线、降水累积曲线、等雨量线和降水特性综合曲线来描述降水现象。

1. 降水过程线

降水过程线反映的是降水量在时间上的变化过程，通常为柱状图。一般横坐标为时间，可以用时、日、月或年作单位；纵坐标为时段降水量或时段平均雨强。如图 2-5 中的柱状图所示。当横坐标的时段很小并趋向于零时，柱状图就变为光滑曲线，即为瞬时雨强过程线，如图 2-5 中的虚线所示。由于降水过程线没有反映降水面积的影响，且时段内降水可能不连续，因此仅仅用降水过程线来描述降水现象有一定的局限性。

2. 降水累积曲线

从降水开始到某一时刻降水量的累积值称为累积降水量。降水累积曲线即为累积降水量随时间变化曲线。该曲线如图 2-5 中实线所示。

3. 等雨量线

将流域内降水量相等的点连接起来便是等雨量线，如图 2-6 所示。等雨量能够综合反映一定时间内降水量在空间上的分布特征。绘制等雨量线需要相当数量且控制性良好的雨量站，否则不能真实地反映降水的空间分布。

4. 降水特性综合曲线

降水特性综合曲线通常有雨强-历时曲线、降雨深-面积关系曲线和降雨深与面积和历时关系曲线三种。

（1）雨强-历时曲线。对于一场降雨，选择不同的降水历时，如 1h、2h、3h 等，分别统计各选定的降水历时内的最大平均雨强，然后以雨强为纵坐标，选定的不同降水历时为

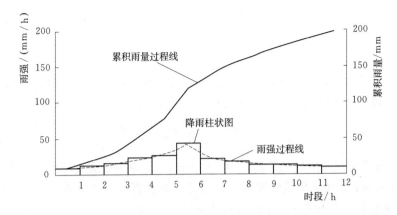

图 2-5　不同降水曲线示意图

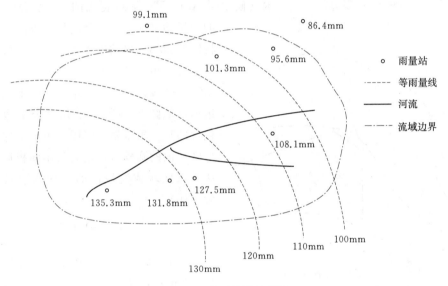

图 2-6　等雨量线示意图

横坐标点绘雨强-历时曲线。一般同一场降雨中的雨强随历时增加而减小。

（2）降雨深-面积关系。在某一历时降雨量的等雨量线图上，从暴雨中心出发，分别计算每一条等雨量线所包围的面积及该面积的平均降雨深，然后以平均降雨深为纵坐标，对应的面积为横坐标，点绘曲线称之为降雨深-面积关系曲线。一般面积越大，对应的降雨深越小。

（3）降雨深与面积和历时关系曲线。分别对不同历时的等雨量线图点绘降雨深-面积关系曲线，则得到一组以历时为参数的降雨深与面积关系曲线，称之为降雨深与面积和历时关系曲线，可简称为时-面-深关系曲线。当历时一定时，面积越大，平均降雨深越小；当面积一定时，历时越长，平均降雨深越大。

三、降水量的计算

实际测量的降水量是通过雨量站观测得到的，属于点降水量。而在水文预报和分析计算时所用的降水量通常是面降水量，因此需要通过计算将点降水量转换为面降水量。主要的计算方法包括算术平均法、泰森多边形法、等雨量线法以及距离平方倒数法等。

1. 算术平均法

将区域或流域内各雨量站同时期测得的降雨量求和，然后再除以雨量站的个数得到的平均值作为流域的平均降雨量。这种方法称之为算术平均法。具体计算公式

$$\overline{P} = \frac{1}{n} \sum_{i=1}^{n} P_i \tag{2-15}$$

式中：$\overline{P}$ 为区域或流域某时段的平均降雨量，mm；P_i 为区域或流域内第 i 个雨量站该时段的降雨量，mm；n 为区域或流域内雨量站的个数。算术平均法适用于区域或流域面积较小，地形变化不大，雨量站分布均匀的情况。

2. 泰森多边形法

泰森（Thiessen）多边形法是美国气候学家 A. H. Thiessen 提出的一种根据离散分布的雨量站来计算平均降雨量的方法。该方法将所有相邻气象站用直线连成三角形，然后作这些三角形各边的垂直平分线，利用这些垂直平分线将每个气象站的周围围成一个多边形，如图 2-7 所示。用这个多边形内所包含的唯一雨量站的降雨量来表示这个多边形区域内的降雨量，最后采用面积加权的方法推求区域或流域内的平均降雨量，见式（2-16）

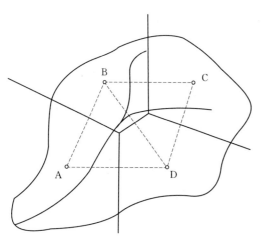

图 2-7 泰森多边形法示意图

$$\overline{P} = \sum_{i=1}^{n} P_i \frac{f_i}{F} \tag{2-16}$$

式中：f_i 为第 i 个雨量站所在的多边形面积，km^2；F 为区域或流域面积，km^2；其他符号意义同前。

3. 等雨量线法

等雨量线法是根据等雨量线图确定各相邻等雨量线之间的面积 f_i，再根据式（2-17）计算出区域或流域内的平均降雨量。

$$\overline{P} = \frac{1}{F} \sum_{i=1}^{n} P_i f_i \tag{2-17}$$

式中：f_i 为相邻两等雨量线之间的面积，km^2；P_i 为相应于 f_i 上的平均雨深，可以用相邻两条等雨量线的平均值表示，mm；其他符号意义同前。

4. 距离平方倒数法

距离平方倒数法是美国国家气象局于 20 世纪 60 年代末提出。其基本思想是将区域或流域划分成若干个网格，利用区域或流域内的雨量站的雨量资料计算确定各网格节点（交点）的雨量，然后再计算出这些网格节点雨量的算术平均值，将其作为区域或流域的平均降雨量。如图 2-8 所示。

实际应用中，网格节点的雨量计算见式（2 - 18），利用 P_j 即可算出区域或流域内的平均降雨量：

$$P_j = \sum_{i=1}^{n_j} W_i P_i \qquad (2-18)$$

式中：j 为网格节点的序号；P_j 为第 j 个网格节点的雨量，mm；n_j 为计算第 j 个网格节点雨量所用到的雨量站个数；P_i 为参与第 j 个网格节点雨量计算的雨量站雨量，mm；W_i 为各雨量站雨量在计算时的权重，其值为该雨量站到第 j 个网格节点距离（设为 d）的平方的倒数，即 $W_i = 1/d^2$。

利用 P_j 即可算出区域或流域内的平均降雨量：

$$\overline{P} = \frac{1}{N} \sum_{j=1}^{N} P_j \qquad (2-19)$$

式中：N 为区域或流域内网格节点的个数；其他符号意义同前。

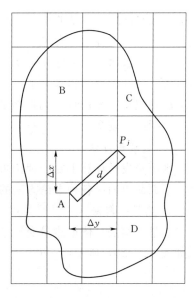

图 2 - 8　距离平方倒数法示意图

第四节　蒸　　发

水文中的蒸发现象指的是水体、土壤和植被等物体中的水分在太阳辐射的作用下以水汽的形式进入到大气中，也即是水从液态转化为气态的过程。蒸发是水文循环中十分重要的环节，是水量平衡计算、水利工程规划设计中不可或缺的部分。

一、蒸发类型

按照水分蒸发时逸出物体的不同，可以将蒸发分为水面蒸发、土壤蒸发和植物散发三类。发生在江河湖泊等水体表面的蒸发称为水面蒸发；发生在土壤表面的蒸发称为土壤蒸发；发生在植物叶面的蒸发称为植物散发。单位面积上的土壤蒸发量一般小于单位面积上的水面蒸发量，但由于流域中陆地面积要远大于水面面积，因此土壤蒸发总量通常都大于水面蒸发量。而植物蒸发和土壤蒸发在实际研究中很难区分开来，一般将两者统称为蒸散发。可以用蒸发强度和累计蒸发量来定量分析蒸散发量的大小。蒸发强度定义为单位时间内从单位面积的土壤表面、植物表面或水面因蒸发而消耗掉的水量，单位为 mm/日、mm/月或 mm/年。累积蒸发量则为一段时间内从这些物体表面蒸发掉的总水量。若蒸发强度不随时变化称为稳定蒸发，反之则称为非稳定蒸发。流域的总蒸发量一般即为上述三类蒸发形式的总和。另外，还有植物截留、潜水蒸发等蒸发形式。

二、水面蒸发

一般而言，蒸发的发生需要两个条件：一是要有将水由液态转化为气态的能量；二是要有可供蒸发的水分，两者缺一不可。水面蒸发时，可以认为水分供应是充足的，因此热能的来源太阳辐射是制约水面蒸发的主要因素。水面蒸发主要发生在水面和空气之间，当空气与水面的水汽压差为零时蒸发停止。而实际上，由于空气对流、及紊动扩散作用，不可能出现水汽压差为零的情况。所以水面蒸发量的大小不仅与上述两个条件有关，还与风速、气压和湿度等因素有关。

已有的水面蒸发量计算主要是理论计算法和经验计算法两种。理论计算法主要依据热量平衡、空气动力学和水量平衡等具有物理基础的原理和理论来计算水面蒸发量；经验计算方法则根据实测资料，利用经验公式对水面蒸发量进行估算，这类方法所需观测资料少，实际应用较多。

（一）理论方法

水面蒸发量计算主要的理论方法有热量平衡法、空气动力学法、综合法和水量平衡法。下面简单列出各种理论方法的具体计算公式，具体推导过程可以参考相关文献。

1. 热量平衡法

热量平衡法是依据热量交换基础，根据能量守恒的基本原理构建起来的。具体计算公式如式（2-20）所示：

$$E_w = \frac{Q_n + Q_v - Q_w}{L(1+\beta)} \tag{2-20}$$

式中：E_w 为根据水面温度确定的水面蒸发强度，$g/(m^2 \cdot s)$；L 为蒸发潜热，J/g；Q_n 为水体所接收的太阳净辐射量，$J/(m^2 \cdot s)$；Q_v 为水量改变所引起的水体热量变化量，$J/(m^2 \cdot s)$；Q_w 为水体自身的热量变化量，$J/(m^2 \cdot s)$；β 为鲍文比（Bowen Ratio）。

2. 空气动力学法

依据气体扩散理论，考虑水面垂直方向上的水汽扩散现象，水体表面的水汽输送量与大气中垂直防线上水汽含量梯度相关。

$$E_w = -\rho K_w \frac{dq}{dz} \tag{2-21}$$

式中：E_w 为水面蒸发强度，$g/(m^2 \cdot s)$；ρ 为湿空气密度，g/cm^3；z 为距离水面的垂直高度，cm；q 为大气比湿，与水汽压 e 有关；K_w 为大气紊动扩散系数，与 z 有关，cm^2/s。

3. 综合法

热量平衡法和空气动力学法在考虑水面蒸发的过程中侧重点各不相同，一个侧重于热量条件的影响，一个侧重于风速和水汽扩散的影响。如能将两者方法结合起来考虑，则可以得到一个较为完备的水面蒸发计算公式。1948 年彭曼（Penman）首先提出了综合法确定水面蒸发的公式，如式（2-22）所示：

$$E_w = \frac{\Delta}{\Delta + \gamma} Q'_n + \frac{\gamma}{\Delta + \gamma} E_a \tag{2-22}$$

其中

$$Q'_n = \frac{Q_n}{L\rho_w}$$

式中：Δ 为当地气温（t_a）及水面温度（t_0）对应的饱和水汽压曲线斜率，见图 2-9；γ 为温度计常数，当温度单位为摄氏度，水汽压单位为 mbar（毫巴）时，其值等于 0.66；ρ_w 为水密度；E_a 为由气温求得的水面蒸发量，其余符号意义同前。

4. 水量平衡法

利用水量平衡原理可以得到如式（2-23）所示的计算公式：

$$E = P - \overline{I} \Delta t - \overline{O} \Delta t - (S_2 - S_1)$$

$$(2 - 23)$$

式中：E 为 Δt 时段内的水面蒸发量；Δt 为计算时段长；P 为 Δt 时段内水体水面上的降雨量；$\overline{I}$ 为 Δt 时段内从地面和地下进入水体的平均入流量；$\overline{O}$ 为 Δt 时段内经由地面和地下流出水体的平均出流量；S_1、S_2 分别为 Δt 时段始、末段水体蓄水量。

（二）经验法

上述理论方法虽然物理机理明确，但由于要求观测项目多，对观测仪器的要求较高，使用起来不太方便。因此在一定理论背

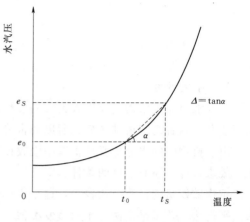

图 2 - 9　饱和水汽压曲线图

景下，通过对某一地区的水面蒸发观测资料进行分析而建立的水面蒸发的经验公式在实际中常常得到应用。如 1966 年华东水利学院提出的经验公式：

$$E = 0.22 \sqrt{1 + 0.31 u_{200}^2} \, (e_0 - e_{200})$$

$$(2 - 24)$$

式中：E 为水面蒸发，m/d；e_0 为对应水面温度的饱和水汽压，mbar；e_{200} 为水面以上 2m 处的实际水汽压，mbar；u_{200} 表示水面以上 2m 处的风速，m/s。

一般经验公式都有自己的适用地区和适用条件，公式中的各参数单位也是特定的，需要在使用时注意。

三、土壤蒸发

前述分析表明，气象条件和土壤供水能力是制约土壤蒸发的主要因素。气象条件决定大气的蒸发能力，其中主要的气象影响因素包括温度、湿度、风速和气压等。由于这些影响因素对土壤蒸发的影响与水面蒸发类似，不再赘述。

确定土壤蒸发量的计算方法主要有空气动力学法、热量平衡法、综合法、水量平衡法、经验公式法以及器测法等。前三种方法与水面蒸发法的计算相同，下面主要介绍水量平衡法、经验公式法和器测法。

1. 水量平衡法

基于水量平衡原理，可以得到某一时段某一区域内土壤蒸发的平衡关系式如下：

$$E_w = I - O + P + G - \Delta W$$

$$(2 - 25)$$

式中：E_w 为 Δt 时段内土壤的蒸发量，mm；I 为 Δt 时段内灌溉土壤的水量，mm；O 为 Δt 时段内土壤内发生的深层渗漏量，mm；P 为 Δt 时段内土壤的入渗量，mm；G 为 Δt 时段内地下水对土壤的补给量，mm。

2. 经验公式法

依据建立水面蒸发经验公式类似的基本原理，可以构建相似的土壤蒸发量经验公式如下：

$$E_s = A_s (e'_s - e_a)$$

$$(2 - 26)$$

式中：E_s 为土壤蒸发量，mm/d；A_s 为质量交换系数，与温度、湿度和风速等气象条件有

关；e'_s 为土壤表面水汽压，mbar；e_a 为大气水汽压，mbar。

3. 器测法

由于大面积土壤的蒸发量受植被、土壤特性等下垫面条件的影响，不太适合应用器测法确定，因此器测法多用于某一点土壤蒸发量的测定。相关仪器较多，如大型蒸渗仪。

四、植物散发

土壤水分通过植物茎叶进入大气的过程成为植物散发，也称植物蒸腾。由于同时也有土壤蒸发，两者之间很难区分，所以通常将植物散发和土壤蒸发统称为蒸散发。

由于植物中的水分主要从土壤中吸收得到，因此影响植物散发的不但有植物自身的特性、气象条件，还有土壤的条件。

植物散发量的计算方法较多，这里简单介绍器测法、气量计法和林冠模型法。其他如水量平衡法、热量平衡法与土面蒸发类似。

1. 器测法

在不透水的容器内种植上植物，按需灌水并记录灌水量，定期称重，即可依据水量平衡原理求出某一时段内植物的散发量。

2. 气量计法

在密闭的装有吸水物质的玻璃罩或冷却室中放置植物，测量吸水物质质量的变化，依据质量守恒原理即可计算植物的散发量。

3. 林冠模型法

林冠模型的基本思想是认为森林的散发量等于森林范围内所有植物总叶面上各部分水汽通量之和。根据这一基本思想可以得到林冠的综合散发率如下：

$$E_f = \overline{E}_f \frac{A'}{A} \tag{2-27}$$

式中：E_f 为林冠的综合散发速率，mm/d；$\overline{E}_f$ 为森林范围内全部树叶的平均散发速率，mm/d；A' 为森林中林冠的总叶面面积，km^2；A 为森林的水平投影面积，km^2。

五、流域蒸散发

流域蒸散发是其陆面蒸发和水面蒸发的总和，因此流域蒸发的形式包括了水面蒸发、土壤蒸发和植物散发。由于流域水面面积一般远小于陆面面积，所以土壤蒸发和植物散发是流域蒸散发的主要构成部分，能够占到总的蒸散发量的95%以上。除高寒地区外，可以说土壤蒸发和植物散发是流域蒸散发的决定性部分。

（一）流域蒸散发量的确定方法

若要精确的确定流域蒸散发量，理想的方法是通过实地调查和测量获得流域内各个蒸发面的蒸散发量，然后采用加权综合等方法来确定流域的蒸散发量。但流域不同蒸发面的蒸散发量受到气象条件和下垫面时空变换等因素的复杂影响，实际上进行测量确定十分困难。因而在实际中常将流域作为一个整体，分析其蒸发、降雨和径流的变化情况，依据水量平衡、热量平衡等方法确定流域的蒸散发。以下简单介绍水量平衡法、热量平衡法和模式计算法三种方法。

1. 水量平衡法

根据水量平衡原理，对于某一时间段任意非闭合流域的水量变化可以建立如下关系式：

$$\Delta W = P + R_{si} + R_{gi} - (E + R_{so} + R_{go} + q) \tag{2-28}$$

式中：ΔW 为流域水量变化，mm；P 为降雨量，mm；R_{si} 为一定时段内地表径流入流量，mm；R_{gi} 为一定时段内地下径流入流量，mm；E 为一定时段内的蒸发量，mm；R_{so} 为一定时段内地表径流输入量，mm；R_{go} 为一定时段内地下径流输出量，mm；q 为时段内取水量，mm。在其他量已知的情况下，利用式（2-28）可以求得非闭合流域的蒸发量。

若是闭合流域，地下水和地表水入流量均为零，即 $R_{si}=0$，$R_{gi}=0$；一般取水量 q 相对较小，可忽略不计；而对于多年平均的情况，水量变化 ΔW 近似为零。则可以得到多年平均情况下的闭合流域水量平衡方程：

$$\overline{P} = \overline{R} + \overline{E} \tag{2-29}$$

式中：$\overline{P}$ 为闭合流域多年平均降水量，mm；$\overline{R}$ 为闭合流域多年平均径流量，mm；$\overline{E}$ 为闭合流域多年平均蒸发量，mm。依据上式即可推出闭合流域多年平均蒸发量。

2. 热量平衡法

热量交换过程对于水量蒸发具有十分重要的影响，许多学者提出了基于热量平衡原理的蒸发计算公式。如史拉别尔建立了蒸发量与降水量、太阳辐射之间的关系：

$$E = P(1 - e^{-\frac{R}{LP}}) \tag{2-30}$$

式中：E 为蒸发量，mm；P 为降雨量，mm；R 为辐射平衡值；L 为蒸发潜热，J/g。

奥力杰克普则提出了式（2-31）所示的计算公式

$$E = E_{max} \text{th}\left(\frac{LP}{R}\right) \tag{2-31}$$

其中

$$E_{max} = \frac{R}{L}$$

式中：E_{max} 为大气蒸发能力，mm/d；其余符号意义同前。

布德科通过对式（2-30）和式（2-31）进行验证分析，提出了式（2-32）的计算公式：

$$E = \sqrt{\frac{RP}{L}\text{th}\frac{LP}{R}\left(1 - \text{ch}\frac{R}{LP} + \text{sh}\frac{R}{LP}\right)} \tag{2-32}$$

式中：th、sh、ch 分别表示双曲正切、双曲余弦、双曲正弦函数；其余符号意义同前。

3. 模式计算法

考虑到流域内水面面积相对较小，模式计算法在计算时将其忽略，同时将植物散发合并在土壤蒸发中一起考虑，最后根据土壤含水量在垂向上的分布情况，可以采用一层模式、二层模式或三层模式。

（1）一层模式。将整个流域土层看成一个整体，并认为蒸散发量与该层土壤含水量和流域蒸散发能力成正比，而与土壤的土壤蓄水量成反比，则可以得到下式：

$$E = E_n \frac{W}{W_m} \tag{2-33}$$

式中：E 为流域蒸散发量，mm/d；E_n 为流域蒸散发能力，mm/d；W 为土壤蒸发层实际蓄水量，mm；W_m 为土壤蒸发层的最大蓄水量，mm。

一层模式形式简单，使用方便，但适用范围有限。如当土壤含水率很低时，土壤蒸发可能会出现水汽扩散现象，这时依据式（2-33）计算误差较大。

（2）二层模式。二层模式将流域的蒸发层分成上下两部分，同时假设降雨对土壤中水分的补给和土壤中的蒸散发均是自上而下进行的，即：降雨时先补给上层，后补给下层；蒸发时上层水分先蒸发完后，下层水分才开始蒸发。上层土壤蒸散发量等于蒸发能力，下层土壤蒸发与一层模式类似，也与蒸发能力和土壤含水率成正比，但此时蒸散发能力为流域蒸散发能力与上层蒸散发量之差。式（2-34）给出了二层模式的计算方法。

$$\left. \begin{aligned} E_u &= E_n, \ W_u > E_n \\ E_u &= W_u, \ W_u \leqslant E_n \\ E_l &= (E_n - E_u)\frac{W_l}{W_{lm}}, \ W_u \leqslant E_n \end{aligned} \right\} \tag{2-34}$$

式中：E_u 为上层蒸散发量，mm/d；E_l 为下层蒸散发量，mm/d；W_u 为上层土壤蓄水量，mm；W_{lm} 为下层最大蓄水量，mm，其他符号意义同前。

（3）三层模式。三层模式在二层蒸发模式的基础上考虑了深层土壤对蒸散发量的影响，即将蒸发层分为上层、下层和深层三层。计算蒸发时，上层和下层仍按二层模式进行计算，深层蒸散发按

$$E_d = C(E_n - E_u) - E_l \tag{2-35}$$

式中：E_d 为深层蒸散发量，mm/d；C 为经验系数，取值范围一般在 $0.05 \sim 0.15$ 之间；其余符号意义同前。

（二）流域蒸散发能力的确定

应用模式计算法计算流域蒸散发量时必须先确定流域蒸散发能力，这里介绍水面蒸发折算法和经验公式法两种方法。

1. 水面蒸发折算法

由于相同条件下，单位面积的陆面蒸发一般小于单位面积的水面蒸发。因此流域蒸散发能力可以表示为水面蒸发量与折算系数 K_1 的乘积，即 $E_n = K_1 E_w$。水面蒸发 E_w 可以通过蒸发器皿测得，即 $E_w = K_2 E_器$，K_2 大小与蒸发器皿型号有关。另外，蒸发器皿进行观测时所在位置高程与流域中心位置高程一般不一致，须进行高程修正，则得到式（2-36）所示的计算公式：

$$E_n = K_1 K_2 K_3 E_器 = K E_器 \tag{2-36}$$

应用式（2-36）进行计算时，一般直接分析确定折算系数 K，K 值可以通过实测资料或经验确定。

2. 经验公式法

经验公式通过建立太阳辐射强度、日照时间、风速和温度等影响因素与流域蒸散发能力之间的经验关系来进行计算。下面介绍两个常用的经验公式。

（1）Hamon 公式。

$$E_n = 140 D_e^2 q_s \tag{2-37}$$

式中：E_n 为流域蒸散发能力，mm/d；D_e 为日照时间，h/d；q_s 为日平均气温对应的饱和绝对湿度，g/m。

（2）Thorntwaite 公式。

$$E_n = 16b \left(\frac{10T}{I}\right)^a \qquad (2-38)$$

其中
$$a = 6.7 \times 10^{-7} I^3 ; \quad I = \sum_{j=1}^{12} i_j ; \quad i = \left(\frac{T}{5}\right)^{1.514}$$

式中：E_n 为流域蒸散发能力，mm/d；T 为月平均气温，℃；I、i 分别为年、月的热能指数；b 为修正系数，等于最大可能日照小时数与常数（12h）的比值。

第五节　下　　渗

一、土壤水

（一）土壤水的存在形式

土壤水所受的力主要是分子引力，其次是毛管力和水分子自身的重力。根据土壤水分受力情况，可将土壤水分为束缚水和自由水两类。束缚水又可分为吸湿水和薄膜水，自由水则可分为毛管水和重力水。毛管水则又有毛管悬着水和毛管上升水之分，重力水则有渗透重力水和支持重力水之分。以下将对这些水分形态进行阐述。

1. 吸湿水

在空气中自然风干的土壤如果放在烘箱中烘干称重，其重量会减轻；相反当把烘干的土壤放回到空气中，将过一段时间后，其重量又会增加，显然重量的减少或者增加都是由于水分变化所致。烘干土的增重是由于土壤颗粒吸收空气中的水汽分子，这部分因分子引力而被吸附在土壤颗粒表面的水分称为吸湿水。吸湿水不能自由移动，也不能被植物吸收利用，对水循环的意义不大。

2. 薄膜水

当土壤颗粒周围吸收的水汽分子达到最大时，此时土壤颗粒的表面能减少，只能吸持周围环境中活动力相对较弱的液态水汽分子。此时因剩余分子引力吸附在土颗粒周围的液态水汽分子在吸湿水的外层形成一层连续的水膜，故称为薄膜水。土壤质地越细，有机质含量越高，膜状水含量就越高。溶液浓度增加，渗透压增大，土壤膜状水含量减小。

3. 毛管水

薄膜水达到最大后，多余的水分在毛管力的作用下保持在土壤细小的空隙中，称为毛管水。毛管水的特点是始终保持在土壤中，不能在重力作用下流走，但可以依靠毛管力进行上、下、左、右移动。一般是由吸力弱的粗毛管向细毛管移动，同种质地，由水多的地方向水少的地方移动。根据地下水与土壤毛管是否连接，将毛管水分为毛管上升水与毛管悬着水。

4. 重力水

毛管力随毛管直径的增大而减小，当土壤孔隙足够大时，毛管力已变得很小，此时的孔隙称为非毛管孔隙。当土壤水含水率继续增大，此时分子引力和毛管力已不能将更多的水分吸持或保持在土体中，在重力作用下水分沿土壤孔隙可自由移动的水称为重力水。重力水是地下水的重要来源。与毛管水相似，重力水又分为自由重力水和支持重力水。

（二）土壤含水率与水分常数

通常用土壤含水率反映土壤含水量随时间和空间的动态变化。所谓土壤含水率就是表示某一单位土体中所含水分的数量，有时又称土壤含水量或土壤湿度。土壤含水率有多种表示方法，以下介绍几种常见的类型。

1. 质量含水率

单位质量土壤中所含有的水分数量，通常用 θ_m 表示，计算公式为

$$\theta_m = \frac{m_{湿} - m_{干}}{m_{干}} \times 100\% \qquad (2-39)$$

式中：$m_{湿}$ 为湿土的质量，g 或 kg；$m_{干}$ 为干土的质量，一般指 105℃ 条件下，在烘干箱中烘干的土壤的质量，即不含吸湿水的干土重，g 或 kg。

2. 体积含水率

单位体积土壤中含有的水分数量，通常用 θ_v 表示，计算公式为

$$\theta_v = \frac{V_{水}}{V} \times 100\% \qquad (2-40)$$

式中：$V_{水}$ 为土壤水分所占的体积，m^3；V 为土壤的体积，m^3。根据体积含水率可以直接算出土壤中的所含水量的容积，便于不同土壤间进行比较，因此常用于水文计算中。

3. 饱和度

单位体积土壤中，水的体积与土壤孔隙的比值称为水的饱和度，表示孔隙被水充满的程度。

$$w = \frac{\Delta V_w}{\Delta V_v} \times 100\% \qquad (2-41)$$

式中：w 为饱和度；ΔV_w 为水的体积，cm^3 或 m^3；ΔV_v 为土壤孔隙的体积，cm^3 或 m^3。

4. 土壤水分常数

不同形态的土壤水分均存在一极限特征值，且对于一定质地和结构的土壤来说，这些特征值基本保持不变，因此将这些极值称为土壤水分常数。水文学中常见的水分常数有以下几种。

（1）最大吸湿量。在水汽饱和的空气中，土壤能够吸附的最大吸湿水量称为吸湿量，或称吸湿系数。

（2）最大水分子持水量。薄膜水达到最大时的土壤含水率称为最大分子持水量。最大分子持水量是吸湿水和薄膜水的总和。

（3）凋萎系数。植物从土壤中吸收水分需要力的作用，当植物根系吸收水分的作用力小于水分与土壤颗粒之间的作用力时，植物就无法从土壤中吸收水分，导致植物缺水并发生凋萎和死亡，此时土壤的含水率称为凋萎系数。

（4）田间持水量。毛管悬着水达到最大时的土壤含水率称为田间持水量。它是吸湿水、膜状水和毛管悬着水的极限值。

（5）毛管断裂含水率。毛管悬着水因作物吸收、土壤蒸发等原因，水分含量减少到一定程度时，毛管悬着水的连续状态开始断裂，此时的土壤含水率称为毛管断裂含水率。

（6）饱和含水率。土壤中所有孔隙全部被水充满时的含水率称为饱和含水率。此时的

体积饱和含水率也代表着土壤的孔隙率。

二、下渗

降雨或者灌溉后，人们会发现，一部分水沿地面流走，另一部分则进入土壤中。将水分从土表面进入土壤的过程称为下渗。下渗是将地表水与地下水、土壤水联系起来的纽带，是径流形成过程中、水循环过程中的重要环节。

（一）下渗有关基本概念

（1）供水强度。供水强度是指降雨或灌溉水喷洒的强度，表示单位时间、单位面积地表土壤截获的水量。

（2）下渗率。下渗率又称下渗强度，指单位时间从土表面进入单位面积土壤的水量，常以 mm/min 或 mm/h 计。

（3）下渗能力。当土壤表面水分供应充足时，此时的下渗率称为下渗能力，下渗能力也成为下渗容量。

（4）下渗曲线。在非饱和土壤中，水分的垂直渗透一般是在土壤的吸力梯度（机质势梯度）及水分重力梯度的联合作用下进行的。当土层原来是干土时，土壤吸力梯度比重力梯度大；土层湿润部分不断增厚，吸力梯度不断减低，最后只有重力梯度是水分下渗的动力。因此，在下渗开始时，下渗率随时间急速增加，土壤含水率较小，土壤吸持水分的能力较大，下渗率较大，一般将此下渗率称为初渗。随着下渗历时的延长，土壤含水率逐渐增加，土壤所能吸持的水量递减，因此下渗能力也会随之递减，并趋于一稳定值，递减的速率是先快后慢。将下渗能力 f 随时间 t 的变化过程线称为下渗曲线。这一变化过程如图 2-10 所示。

（5）累积下渗量。入渗开始后一定时段内，通过单位面积下渗到土壤中的总水量，称为累积下渗量，常简称为下渗量，以 mm 计。累积下渗量与下渗率的关系可用下式表示，即：

$$F = \int_0^t f(t)\mathrm{d}t \quad \text{或} f = \frac{\mathrm{d}F}{\mathrm{d}t} \qquad (2-42)$$

（6）累积下渗曲线。累积下渗量随时间的变化曲线称为累积下渗曲线。图 2-10 的累积下渗曲线 $F-t$ 是下渗量 F 随时间 t 的增长过程。累积曲线上任一点的斜率表示该时刻的下渗率。

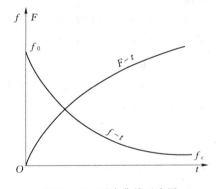

图 2-10　下渗曲线示意图

（7）实际下渗率。累积下渗曲线上任一点切线的斜率称为某一时刻的实际下渗率。

（8）稳定下渗率。随时间的推移下渗率逐渐减少，最后趋于一较稳定的数值，不在继续下降。此时的下渗率称为稳定下渗率。

（二）下渗过程

地表的水沿着土壤或岩石的孔隙下渗时，其所受的力有重力、分子力和毛管力，也就是说，水分的运动过程就是在这些力的综合作用下进行的，它是寻求各种作用力的综合平衡过程。整个下渗的物理过程按照作用力的组合变化及其运动特征，可划分为 3 个阶段。

（1）渗润阶段。降水初期，若土壤干燥，下渗水主要受分子力作用，被土粒所吸附形成吸湿水，进而形成薄膜水，通常将此阶段称为渗润阶段。当土壤含水率达到土壤的最大分子持水量时，此阶段结束。

（2）渗漏阶段。当土壤含水率开始大于最大分子持水量时，水分开始在毛管力的作用下充填土壤中细小孔隙。随着下渗的继续，土壤含水率继续增大，重力也开始起作用。此时水分在毛管力和重力作用下沿土壤孔隙作不稳定流动，将此阶段称为渗漏阶段。直至水分达到饱和时，此阶段才基本结束。

（3）渗透阶段。在土壤所有孔隙均被水充填时，土壤达到了饱和状态，水分主要受重力作用呈稳定流动，此阶段称为渗透阶段。渗透阶段属于饱和水流运动。而渗润阶段和渗漏阶段均属于非饱和水流运动，有时为了应用方便，也将渗润和渗漏阶段统称为渗漏。

上述 3 个阶段并无明显的分界，尤其是土层较厚的情况下，3 个阶段可能同时交错进行。

三、下渗基本理论及计算公式

下渗理论就是研究下渗规律及其影响因素的理论。下渗曲线不仅是下渗物理过程的定量描述，而且是下渗物理规律的体现。目前确定下渗曲线主要有三种途径，即非饱和下渗理论途径、饱和下渗理论途径和经验下渗曲线途径。以下主要介绍经验下渗曲线。

在实际应用中，经常采用的是经验公式，下面介绍一些有代表性的经验下渗曲线公式。

1. Kostiakov 公式

1931 年，苏联学者 Kostiakov 提出了如下经验公式：

$$f_p = At^{-b} \tag{2-43}$$

式中：f_p 为实际下渗率；t 为下渗时间；A，b 为经验常数，与土壤质地有关，可通过实验确定。

从式（2-43）可以看出，下渗过程中，随着下渗时间的延长，下渗率逐渐减小，且呈幂函数曲线关系，这与实际情况一致，但当 $t \to \infty$ 时，$f_p \to 0$，则与实际情况不符。

2. Horton 公式

1940 年，Horton 提出了反映降雨过程中，下渗率与初渗率、稳渗率以及时间 t 之间关系的经验公式，即：

$$f_p = f_c + (f_0 - f_c)e^{-\beta t} \tag{2-44}$$

式中：f_c 为稳定下渗率；f_0 为初始下渗率；β 为经验参数，反映了入渗率由 f_0 减小到 f_c 过程中的快慢程度；其他符号意义同前。

根据式（2-44），当 $t \to 0$ 时，$f_p \to f_0$，因此 f_0 称为初渗率；当 $t \to \infty$ 时，$f_p \to f_c$，故 f_c 为稳渗率。Horton 公式的这一特点使其适用范围较为广泛，既适用于一个点的下渗，也适用于流域面上的下渗。

3. Holtan 公式

1961 年，Holtan 提出经验公式如下：

$$\left. \begin{array}{l} f_p = f_c + \alpha(W - F)^{\beta} \\ W = (\theta_s - \theta_0)d \end{array} \right\} \tag{2-45}$$

式中：W 为一定厚度土壤在下渗开始后所能容纳的下渗水量；F 为累积下渗量；d 为土层厚度；α、β 为经验参数；其他符号意义同前。Holtan 公式与其他公式的不同自傲与它只适用于流域范围内的下渗，而不适用于点的下渗。在应用时主要的困难自傲与控制土层的确定。

4. Smith 公式

Smith 根据土壤水分运动的基本方程，对不同质地的各类土壤，进行了降雨入渗模拟实验，在大量的实验的基础上，于 1972 年提出了如下的下渗公式：

$$\left.\begin{aligned} f_p &= R, \ t \leqslant t_p \\ f_p &= f_c + B(t-t_0)^{-\beta}, \ t > t_p \end{aligned}\right\} \quad (2-46)$$

式中：R 为降雨强度；t_p 为开始降雨时间；t_0 为下渗初始时间；B、β 为经验参数；其他符号意义同前。

Smith 公式表示在下渗初期，下渗主要由供水强度控制，实际下渗率等于降雨强度 R；在 t_p 时刻以后，即地面开始产生积水或出现径流以后，下渗主要由土壤决定。

5. 下渗曲线半理论、半经验公式

除了以上的纯理论和经验公式外，还有一些公式是在一定的理论基础上，结合实验资料推导得出，此类公式即为半理论半经验公式。如 Philip 公式和 Smith - Parlange 公式。

（1）Philip 公式。

1957 年，Philip 根据理论推导和经验估计，得出以下半经验公式：

$$f_p = At^{-1/2} + f_c \quad (2-47)$$

式中：f_p 为稳定下渗率；A 为经验参数；其他符号意义同前。

（2）Smith - Parlange 公式。

1978 年，Smith 和 Parlange 以 Richard 方程为基础，针对不同土壤，分别推导出土壤的水力传导度 $k(\theta)$ 在饱和含水率 θ_s 附近变化较慢和较快时，积水时间的计算公式：

$$\int_0^{t_p} R(t)dt = \frac{B(\theta_i)}{R_p - K_s} \approx \frac{s^2/2}{R_p - K_s} \quad (2-48)$$

$$\int_0^{t_p} R(t)dt = \frac{A}{K_s}\ln\frac{R_p}{R_p - K_s} \quad (2-49)$$

式中：K_s 为饱和水力传导度；R_p 为开始积水时的降雨强度；$B(\theta_i)$ 为参数，与土壤及其初始含水率有关，近似等于 $s^2/2$；s 为吸渗率，可根据试验确定；A 为参数，近似等于 $s^2/2$。

第六节 径 流

一般将由降水形成、受重力作用而具有一定流动方向和路径的水流称之为径流。按照径流所处位置的不同又可以分为：在地面流动的地表径流、在土壤中流动的壤中流和在饱和含水层中流动的地下水流；按照径流的形成的来源可以分为降雨径流和融雪径流。

一、径流的形成

径流的形成包括从降雨开始到最终水流汇集到流域出口断面的整个过程。图 2-11 给出了径流形成的基本过程。从图中我们可以把径流的形成概括成产流和汇流两个过程。

（一）产流过程

降落到流域内的雨水一部分流失，一部分形成径流。降雨扣除损失后的雨量称为净

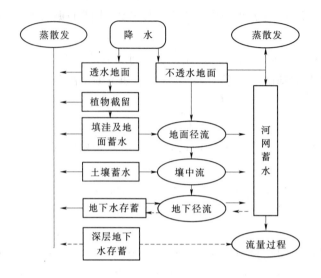

图 2-11 径流形成示意图

雨。在分析流域径流形成过程中可以将流域下垫面分为三类：一是与河网连通的水面；二是不透水地面，如屋顶、水泥路面等；三是透水地面，如草地、森林等。降雨开始后，降落在与河网相连通的水面上的雨水，除少量消耗于蒸发外，直接形成径流。降落在不透水地面上的雨水，一部分消耗于蒸发，还有少部分用于湿润地面，被地面吸收损失掉，剩余雨水形成地表径流。降落在透水面上的雨水，一部分滞留在植物枝叶上，称为植物截留，截留量最终消耗于蒸发，剩余部分将向土中下渗。

（二）汇流过程

汇流过程指净雨沿坡面从地面和地下汇入河网，然后再沿着河网汇集到流域出口断面的整个过程；前者称为坡地汇流，后者称为河网汇流。两部分过程合称为流域汇流过程。

1. 坡地汇流过程

坡地汇流分为三种情况：一是超渗雨满足了填洼后产生的地面净雨沿坡面流到附近的河网的过程，称为坡面漫流。二是表层流、径流沿坡面侧向表层土壤孔隙流入河网，形成表层径流。三是地下净雨向下渗透到地下潜水面或浅层地下水体后，沿水力坡度最大的方向流入河网，称为坡地地下汇流。

径流形成过程中，坡地汇流过程是对净雨在时程上进行的第一次再分配。降雨结束后，坡地汇流仍将持续很长一段时间。

2. 河网汇流

各种径流成分经坡地汇流注入河网，从支流到干流，从上游到下游，最后流出流域出口断面，这个过程称为河网汇流或河槽集流过程。经历了流域产流、汇流在时间上的两次再分配后，河川径流过程与降雨过程就大不相同了，如图 2-12 绘出了一次降雨径流过程，由于坡面漫流、壤中流和地下径流汇集到出口断面所需时间不同，因而洪水过程线的退水段上，各类径流终止时间不同；直接降落在河槽水面上的雨水所形成的径流最先终止，然后依次是地表径流、壤中流、浅层地下径流，最后是深层地下径流。

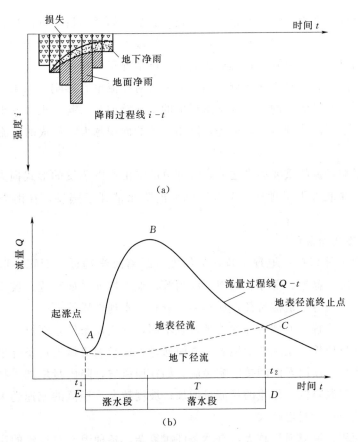

图 2-12　降雨径流过程示意图

（a）降雨过程；（b）径流过程

二、影响径流的因素

影响径流形成和变化的因素主要有三大类，即气候因素、流域下垫面条件以及人类活动。

（一）气候因素

气候因素包括降水、蒸发、气温、气压、风、湿度等。

1. 降水

降水是产生径流的重要因素，但不是决定径流过程的唯一因素。径流是降水的直接产物，因此降水的形式、总量、强度、降水过程及降水在流域空间上的分布对径流有直接影响。

（1）降水类型。不同的降水形式形成的径流过程完全不同，由降雨形成的径流主要发生在雨季，其过程一般陡涨陡落、历时短，而由融雪形成的径流一般发生在春季，其过程较为平缓，历时较长。

（2）降水量。河川径流的直接和间接水源都是大气降水，因此，径流量的多少决定于降水量的大小，即河川径流与降水量成正相关。

（3）降水强度。降水强度对径流的形成具有十分显著的作用，暴雨强度越大，植物截留、下渗损失越小，雨水能够在较短的时间内向河槽汇集形成较大的洪水。

（4）降水过程。降雨的过程对径流也有较大影响，如降雨过程（雨型）先小后大，则降雨开始时的小雨使流域蓄渗达到一定程度，后期较大的降雨几乎全部形成径流，易形成洪峰流量较大的洪水；如果降雨过程先大后小，则情况正好相反。

（5）降水空间分布。降雨在流域空间上的分布对径流也有影响，如果暴雨中心自上游向下游移动，由上游排泄出的洪水与下游形成的洪水叠加在一起，很容易形成较大的洪峰流量，反之，其洪峰流量则较小。另外，降雨笼罩的面积越大，形成的径流量也越大。

2. 蒸发

蒸发也是影响径流的重要因素之一，大部分的降雨都以蒸发的形式损失掉，而没能参与径流的形成，在北方干旱地区，80%～90%的降水消耗于蒸发，在南方湿润地区也有30%～50%。

（二）流域下垫面条件

流域下垫面条件包括：地理位置，如纬度、距离海洋远近、面积、形状等；地貌特征，如山地、丘陵、盆地、平原、河谷、湖沼等；地形特征，如高程、坡度、坡向；地质条件，如构造、岩性等；植被特征，如类型、分布、水理性质等。

（1）流域地理位置。流域所处的地理位置不同，其气候条件差别很大。

（2）流域地形地貌。流域地形地貌一方面通过直接影响流域汇流条件来影响径流，另一方面还通过影响气候因素而间接影响径流。如在迎风坡，降雨量增加，径流量也相应增加；高程增高，气温降低，相应的径流量增加；坡度越大，径流的流速越大，雨水下渗的机会就少，因此，径流量也越大。

（3）流域面积。流域面积越大，自然条件越复杂，各种因素对径流的影响有可能相互抵消，也有可能叠加。一般而言，较大的流域的径流量大，但变化较小。

（4）流域形状。流域的形状主要影响径流过程线的形状。流域的形状不同，汇流条件不同，如扇形流域的洪峰流量相对较大且流量过程线尖瘦，而羽状流域的洪峰流量相对较小而流量过程线变化平缓。

（5）流域地质与土壤条件。流域的地质条件和土壤特性决定着流域的入渗、蒸发和蓄水能力。若某一流域有着较为发达的断层、节理、裂隙，水分的下渗量就大，而径流量小；岩溶地区有着较大的地下蓄水库，因此，地下径流量较大。土壤性质主要通过直接影响下渗和蒸发来影响径流，渗透性能好的土壤，下渗量大而径流量小。

（6）流域植被状况。由于植物截留、枯枝落叶层对雨水的吸收以及森林土壤有很好的下渗能力，在径流形成过程中的降雨损失量大，因此森林有减少地表径流量的作用。正因为森林导致流域具有较强的下渗能力，使较多的雨水渗入地下，并以地下径流的方式缓慢补给河川径流。

（7）流域内湖泊水库状况。流域内的湖泊和水库通过蓄水量的变化调节和影响径流的年际和年内变化，在洪水季节大量洪水进入水库和湖泊，水库和湖泊的蓄水量增加，在枯水季节，水库和湖泊中蓄积的水量缓慢泻出，蓄水量减少。

上述流域因素在空间上的随机组合，构成了下垫面条件的差异，这种差异导致了流域产流方式（指各种径流成分产流机制的组合）及产流条件上的差异。

（三）人类活动

人类活动对径流的影响主要通过改变下垫面条件，直接或间接的影响径流的流量大小、水质好坏和径流过程线形状。人类活动对径流有正反两方面的影响。人类可以通过修建各种水利及水土保持工程，如水库、淤地坝、水窖等蓄水工程，拦蓄地表径流、消减洪峰流量、调节径流过程。平整土地措施通过减缓原来地面的坡度、截短坡长、增加地表糙率，而增加了下渗量，延长了汇流时间，削减了洪峰，使流量过程线变得平缓。人类还可以通过植树造林，增加森林覆盖，利用森林保持水土、涵养水源、增加枯水径流来对径流起到调节作用。

但是，不合理的人类活动，如过度地砍伐森林、陡坡开荒、没有任何保护措施的大面积开采地下各种资源等都会造成严重的水土流失；另外，工业生产的废弃物任意排放、农业生产中各种农药、化肥无节制的大量使用、生活垃圾的大量增加，不但破坏了土壤对径流的调节作用，还严重污染了水质。因此，必须提倡合理的人类活动，以保护人们的生存环境。

三、径流的主要特征参数

（一）径流深

径流深是指将径流量平铺在整个流域上形成的水层深度，用 R 表示，以 mm 表示，计算公式为：

$$R = \frac{W}{1000F} = \frac{\overline{Q}T}{1000F} \tag{2-50}$$

式中：F 为流域面积，km^2；T 为计算时段长度，s；W 为径流量，m^3；$\overline{Q}$ 为时段平均流量，m^3/s。

（二）径流系数

某一时段内径流深 R 与相应时段内的平均降雨深度 P 的比值称为径流系数，用 α 表示，无因次

$$\alpha = \frac{R}{P} \tag{2-51}$$

第三章　水文统计的基本方法

第一节　概　　述

在上一章中我们介绍了取得河川径流资料以及其他有关水文、气象资料的基本方法，但是取得这些资料并不是我们的最终目的，我们的目的是要通过对资料的分析，找出河川径流的变化规律，并利用这些规律为水利工程的规划、设计、施工和运行管理提供水文依据，那么用什么途径达到这个目的？如何达到？这正是本章所要回答的问题之一。

我们知道，水文现象是自然现象的一种，它具有必然性的特点，也具有偶然性的特点。

对于必然现象，一般而言，通过物理成因分析，将描述现象的数学物理方程列出并求解，即可预测以后任意时刻的状态。例如，依据流域上降落的雨量和流域前期湿润情况，通过对暴雨洪水的分析，便可做出洪水过程的预估。水文学中称水文现象的这种必然性为确定性。

对于偶然现象，表面看起来好像是无规律可循，但是观察了大量的同类随机现象之后还是可以看出其规律性的。例如，投掷一枚硬币，出现正面或反面是一种随机现象，但多次重复投掷，就可以发现出现正面和反面的次数接近相等。又如河流上任一断面的年径流量由于受到许多因素的影响，每年都不相同，所以是一种随机现象。但多年长期观测的结果却表明，年径流量的平均值是一个相当稳定的数值，并且特大或特小的年径流量出现的机会都较小，而中等大小的年径流量出现的机会较大。随机现象的这种规律需要从大量的随机现象中统计出来，所以称为统计规律。

研究随机现象统计规律的学科称为概率论，而由随机现象的一部分试验资料去研究总体现象的数字特征和规律的学科称做数理统计学。概率论与数理统计是密切相关的，数理统计学必须以概率论为基础。概率论往往把由数理统计所揭示的事实提高到理论的认识。

由于水文现象具有一定的随机性，且这种随机性规律需要由大量资料统计出来，因此，用数理统计方法来分析研究这些现象可以认为是符合实际的，也是合理的。通常在工程水文中将数理统计这个词改称为水文统计。

工程水文中使用水文统计方法，不仅合理，而且也是必要的。例如，河流水资源的开发利用需要考虑未来时期河流水量的多少；设计拦河坝、堤防需要知道未来时期河中洪水的大小，这些都要求对未来长期的径流情势做出预估。如果所建工程计划使用 100 年，就应该对未来 100 年中的径流情势做出估计。但是，由于影响径流的因素众多，在目前的科学技术水平下，我们还不能对径流做出长期的定量预报，甚至在定性预报上的可靠性也不大，因而只能基于统计规律，运用数理统计方法对径流情势做出概率预估，以满足工程的需要。

第二节 概率的基本概念

一、事件

事件是概率论中最基本的概念之一。所谓事件是指在一定的条件组合下，随机试验的结果。事件可以是数量性质的，如某河某断面处的最大洪峰流量的值；也可以是属性性质的，如天气的风、雨、晴等。事件可以分为三类：

（1）必然事件。在一定的条件组合下，不可避免地发生的事件。称为必然事件。例如，流域上降雨且产流的情况下，河中水位上升是必然事件。

（2）不可能事件。在一定的条件组合下肯定不会发生的事件，称为不可能事件。如天然河流上游无人为阻水，当洪水来临时，发生断流是不可能事件。

（3）随机事件。在一定的条件组合下，随机试验中可能发生也可能不发生的事件，称为随机事件。如在流域自然地理条件保持不变的情况下，某河某断面洪水期出现的年最大洪峰流量可能大于某一个数值，亦可能小于某一个数值，事先不能确定，因而它是随机事件。必然事件与不可能事件，本来没有随机性，但为了研究方便，我们把它看成是随机事件的特殊情形，通常把随机事件简称为事件，并用大写字母 A，B，C…表示。

二、概率

在等可能的条件下，随机事件在试验的结果中可能出现也可能不出现。但其出现（或不出现）的可能性大小则不相同。为了比较随机事件出现的可能性大小，必须要有个数量标准，这个数量标准就是随机事件的概率。

随机事件的概率可由下式计算：

$$P（A）=\frac{k}{n} \tag{3-1}$$

式中：$P（A）$ 为在一定的条件组合下，出现随机事件 A 的概率；k 为有利于随机事件 A 的结果数；n 为在试验中所有可能出现的结果数。

显然，必然事件的概率等于 1，不可能事件的概率等于 0，而任何随机事件的概率介于 0 与 1 之间。

上述计算概率的公式，只适用于古典概型事件。所谓古典概型是指试验的所有可能结果都是等可能的，且试验可能结果的总数是有限的。显然，水文事件一般不能归结为古典概型事件。在这种情况下，其概率如何计算呢？为了回答这一问题，下面将引出频率这一重要概念。

三、频率

设事件 A 在 n 次试验中出现了 m 次，则称为事件 A 在 n 次试验中出现的频率。

$$W(A)=\frac{m}{n} \tag{3-2}$$

当试验次数不大时，事件的频率是很不稳定的，具有明显的随机性。但当试验次数足够大时，事件的频率与概率之差会达到任意小的程度，即频率趋于概率。这一点不仅为大量的实验和人类的实践活动所证实，而且在数学理论上也得到了证明。

频率和概率之间的这种有机联系，给解决实际问题带来很大的方便。当事件（实际问题）不能归结为古典概型时，就可以通过多次试验，把事件的频率作为事件概率的近似值。一般数学上将这样估计而得的概率称为统计概率或经验概率。如对于水文现象，我们都是推求事件的频率以作为概率的近似值。

第三节　随机变量的概率分布及其统计参数

一、随机变量

概率论的重要基本概念，除事件、概率之外，还有随机变量。若随机事件的试验结果，可用一个数 X 来表示，X 因实验结果的不同而取得不同的数值，虽然在一次试验中，究竟会出现哪一个数值，事先无法知道，但取得某一数值却具有一定的概率，我们将这种随试验结果而发生变化的变量 X 称为随机变量。水文现象中的随机变量，一般是指某种水文特征值。如某站的年径流量、洪峰流量等。

随机变量可分为两大类型：

1. 离散型随机变量

若某随机变量仅能取得有限个或可列无穷多个离散数值，则称此随机变量为离散型随机变量。例如掷一颗骰子，出现的点数中只可能取得 1 点、2 点、3 点、4 点、5 点、6 点共六种可能值，而不能取得相邻两数间的任何中间值。

2. 连续型随机变量

若某随机变量可以取得一个有限区间的任何数值，则称此随机变量为连续型随机变量。水文现象大多属于连续型随机变量。例如某站流量，可以在 0 和极限值之间变化，因而它可以是 0 与极限流量之间的任何数值。

为叙述方便，通常用大写字母表示随机变量，它的种种可能取值用相应的小写字母表示。如某随机变量为 X，它的种种可能取值记为 x。若取一个值，则 $X = x_1$，$X = x_2$，$\cdots$，$X = x_n$。一般将 x_1，x_2，$\cdots$，x_n 称为系列。

二、随机变量的概率分布

如前所述，随机变量的取值与其概率是一一对应的，一般将这种对应关系称为随机变量的概率分布。对离散型随机变量，其概率分布一般以分布列表示：

X	x_1	x_2	$\cdots$	x_n	$\cdots$
$p\ (X=x)$	p_1	p_2	$\cdots$	p_n	$\cdots$

其中，A 为随机变量 X 取值 x_n（$n=1$，2，$\cdots$）的概率，它满足下列两个条件：

（1）$p_n \geqslant 0$（$n=1$，2，$\cdots$）。

（2）$\sum p_n = 1$。

对于连续型随机变量来说，由于它的所有可能取值完全充满某一区间，要编出一个表格把所有变量的可能取值都列出来是办不到的。另外，连续型随机变量与离散型随机变量还有一个重要的区别，就是离散型随机变量可以有取得个别值的概率，而连续型随机变量取得任何个别值的概率为零，因此，无法研究个别值的概率而只能研究某个区间的概率。例如，圆周长 1m 的轮子，在平板上滚动若将轮周分成许多等份，恰巧停在 0.7～0.8m 之间的概率为 1/10，停在 0.70～0.71m 之间的概率为而 1/100，但恰巧停在某一点，在 0.07m 处的概率则趋近于零（1/∞→0）。

设有连续型的随机变量 X，取值为 x，因 $X=x$ 的概率为零，所以在分析概率分布时，一般不用事件 $X=x$ 的概率，而是用事件 $X \geqslant x$ 的概率，此概率用 $P(X \geqslant x)$ 来表示。当然，同样可以研究概率 $P(X < x)$。但是，二者是可以相互转换的，只需研究一种就够了。水文学上习惯研究前者，而数学上则习惯研究后者。本书遵从水文学的习惯。显然，事件 $X \geqslant x$ 的概率 $P(X \geqslant x)$ 是随机变量取值 x 而变化的，所以 $P(X \geqslant x)$ 是 x 的函数，这个函数称为随机变量 x 的分布函数，记为 $F(x)$，即

$$F(x)=P(X \geqslant x)$$

它代表随机变量 X 大于等于某一取值 x 的概率。其几何图形如图 3－1（b）所示，图中纵坐标表示变量 x，横坐标表示概率分布函数值 $F(x)$，在数学上称此为分布曲线，而在水文学上通常称为随机变量的累积频率曲线，简称频率曲线。

在图 3－1（b）中，当 $x=x_p$ 时，由分布曲线上查得 $F(x)=P(X \geqslant x_p)=P$，这说明随机变量大于 x 的可能性是 $P\%$。

分布函数导数的负值我们称为密度函数，记为 $f(x)$，即

$$f(x)=-F'(x)=-\frac{\mathrm{d}F(x)}{\mathrm{d}x} \tag{3-3}$$

密度函数的几何曲线称密度曲线。水文中习惯以纵坐标表示变量 x，横坐标表示概率密度值 $f(x)$，如图 3－1（a）所示。

实际上，分布函数与密度函数是微分与积分的关系。因此，如果已知 $f(x)$，便可通过积分求出 $F(x)$，即

$$f(x)=P(X \geqslant x)=\int_x^\infty f(x)\mathrm{d}x \tag{3-4}$$

其对应关系如图 3－1 所示。

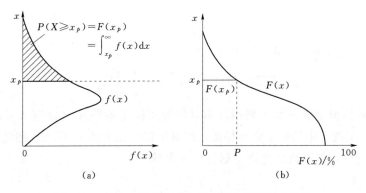

图 3－1　随机变量的概率密度函数和概率分布函数
(a) 概率密度函数；(b) 概率分布函数

三、随机变量的统计参数

从统计数学的观点来看，随机变量的概率分布曲线或分布函数，比较完整地描述了随机现象，然而在许多实际问题中，随机变量的分布函数不易确定，另外在很多实际问题中，有时不一定都需要用完整的形式来说明随机变量，而只要知道个别代表性的数值，能说明随机变量的主要特征就够了。例如，某地的年降水量是一个随机变量，各年不同，有一定的概率分布曲线，但有时只要了解该地年降水量的概括情况，那么，其多年平均降水量就是反映该地年降水量多寡的一个重要数量指标。这种能说明随机变量的统计规律的某些数字特征，称为随机变量的统计参数。

水文现象的统计参数能反映其基本的统计规律。而且用这些简明的数字来概括水文现象的基本特性，既具体又明确，便于对水文统计特性进行地区综合。这对计算成果的合理性分析以及解决缺乏资料地区中小河流的水文计算问题具有重要的实际意义。

统计参数有总体统计参数与样本统计参数之分。所谓总体是某随机变量所有取值的全体，样本则是从总体中任意抽取的一部分，而样本中所包括的项数则称为样本容量。水文现象的总体通常是无限的，它是指自古迄今以至未来长远岁月所有的水文系列。显然，水文随机变量的总体是不知道的，这就需要在总体不知道的情况下。靠有限的样本观测资料去估计总体统计参数或总体的分布规律，而这种估计的一个重要途径就是由样本统计参数来估计总体的统计参数。因此，有必要讲述水文随机变量的总体与样本统计参数。由于在水文分析计算中只知道样本。所以下面我们只讨论样本统计参数的计算。水文计算中常用的样本统计参数如下。

（一）均值

设某水文变量的观测系列（样本）为 x_1，x_2，$\cdots$，x_n，则其均值为

$$\overline{x} = \frac{x_1 + x_2 + \cdots + x_n}{n} = \frac{1}{n}\sum_{i=1}^{n}x_i \tag{3-5}$$

均值表示系列的平均情况，它可以说明这一系列总水平的高低。例如，甲河多年平均流量 $\overline{Q}_甲 = 2460 \mathrm{m^3/s}$，乙河多年平均流量 $\overline{Q}_乙 = 20.1 \mathrm{m^3/s}$，则说明甲河流域的水资源比乙河流域丰富。所以均值不但是频率曲线方程中的一个重要参数（见下节），而且还是水文现象的一个重要特征值。上式两边同除以 $\overline{x}$，则得

$$1 = \frac{1}{n}\sum_{i=1}^{n}\frac{x_i}{\overline{x}}$$

式中：$x_i/\overline{x}$ 为模比系数，常用 K_i 表示，由此可得

$$\overline{K} = \frac{K_1 + K_2 + \cdots + K_n}{n} = \frac{1}{n}\sum_{i=1}^{n}K_i = 1 \tag{3-6}$$

上式说明，当我们把变量 x 的系列用其相对值即用模比系数 K 的系列表示时，则其均值等于 1。这是水文统计中的一个重要特征，即对于以模比系数 K 所表示的随机变量，在其频率曲线的方程中，可以减少均值 $\overline{x}$ 这样一个参数。

（二）均方差

从以上分析可知，均值只能反映系列中各变量的平均情况，但并不能反映系列中各变量值集中或离散的程度。例如有两个系列：

第一系列 5，10，15。

第二系列 1，10，19。

这两个系列的均值相同，都等于 10，但其离散程度显然是很不相同的，直观地看，第一系列只变化于 5～15 之间，而第二系列的变化范围则增大到 1～19 之间。

研究离散程度，是以均值为中心来考查的，因此离散特征参数可用相对于分布中心的离差（差距）来计算。设以平均数 $\overline{x}$ 代表分布中心，由分布中心计量随机变量的离差为 $(x-\overline{x})$。因为随机变量的取值有些是大于 $\overline{x}$ 的，有些是小于 $\overline{x}$ 的，故离差有正有负，其平均值为零，以离差本身的平均值来说明系列的离散程度是无效的。为了使离差的正值和负值不致相互抵消，一般取 $(x-\overline{x})$ 的平方的平均值，然后开方作为离散程度的计量标准，并称为均方差，即

$$\sigma = \sqrt{\frac{\sum_{i=1}^{n}(x_i-\overline{x})^2}{n}} \tag{3-7}$$

均方差永远取正号，它的单位与 x 相同。不难看出，如果各变量取值 x_i 距离 $\overline{x}$ 较远，则 σ 大，即此变量分布较分散；如果 x_i 离 $\overline{x}$ 较近，则 σ 小，变量分布比较集中。

按公式（3-7）计算出上述两个系列的均方差为

$$\sigma_1 = \sqrt{\frac{(5-10)^2+(10-10)^2+(15-10)^2}{3}} = \sqrt{\frac{50}{3}} = 4.08$$

$$\sigma_2 = \sqrt{\frac{(1-10)^2+(10-10)^2+(19-10)^2}{3}} = \sqrt{\frac{162}{3}} = 7.35$$

显然，第一系列的离散程度小，第二系列的离散程度大。

（三）变差系数

均方差虽然能很好地说明一个系列的离散程度，但对于两系列，如果它们的均值不同，用均方差来比较这两个系列的离散程度就不合适了。例如有两个系列：

第一系列 5，10，15；$\overline{x}_1 = 10$。

第二系列 995，1000，1005；$\overline{x}_2 = 1000$。

按公式（3-7）计算它们的均方差 σ 都等于 4.08，说明这两个系列的绝对离散程度是相同的，但因其均值一个是 10，另一个是 1000。其离散情况的实际严重性却是很不相同的。第一系列中的最大值和最小值与均值之差都是 5。这相当于均值的 5/10＝1/2；而第二系列中最大值和最小值与均值之差虽然也都是 5，但只相当于均值的 5/1000＝1/200，在近似计算中，这种差别甚至可以忽略不计。

为了克服以均方差衡量系列离散程度的这种缺点，数理统计中用均方差与均值之比作为衡量系列相对离散程度的一个参数，称为变差系数（C_v），又称离差系数或离势系数。变差系数为一无因次的数，用小数表示。其计算式如下：

$$C_v = \frac{\sigma}{\overline{x}} = \sqrt{\frac{\sum_{i=1}^{n}(K_i-1)^2}{n}} \tag{3-8}$$

从上式可以看出，变差系数 C_v 可以理解为变量 x 换算成模比系数 K 以后的均方差。

在上述两系列中，第一系列的 $C_{v_1}=4.08/10=0.408$，第二系列的 $C_{v_2}=4.08/1000=0.00408$，这就说明第一系列的变化程度远比第二系列为大。

对水文现象来说。C_v 的大小反映了河川径流在多年中的变化情况。例如，由于南方河流水量充沛，丰水年和枯水年的年径流量相对来说变化较小，所以南方河流的 C_v 比北方河流一般要小。又如，大河的径流可以来自流域内几个不同的气候区。可以起到互相调节的作用，所以大流域年径流的 C_v 一般比小流域的小。

（四）偏态系数

变差系数只能反映系列的离散程度，它不能反映系列在均值两边的对称程度。在水文统计中主要采用偏态系数 C_s 作为衡量系列不对称（偏态）程度的参数，其计算式如下：

$$C_s=\frac{\frac{\sum_{i=1}^{n}(x_i-\overline{x})^3}{n}}{\sigma^3}=\frac{\sum_{i=1}^{n}(x_i-\overline{x})^3}{n\sigma^3} \tag{3-9}$$

上式右端的分子、分母同除以 $\overline{x}^3$，则得

$$C_s=\frac{\sum_{i=1}^{n}(K_i-1)^3}{nC_v^3} \tag{3-10}$$

偏态系数 C_s，也为一无因次数。当系列关于 $\overline{x}$ 对称时，$C_s=0$，此时随机变量大于均值与小于均值的出现机会相等，亦即均值所对应的频率为 50%。当系列关于 $\overline{x}$ 不对称时，$C_s\neq0$，其中，若正离差的立方占优时，$C_s>0$，称正偏；若负离差的立方占优时，$C_s<0$，称负偏。正偏情况下，随机变量大于均值比小于均值出现的机会小。亦即均值所对应的频率小于 50%；负偏情况下则刚好相反。

例如，有一个系列：300，200，185，165，150，其均值 $\overline{x}=200$，均方差 $\sigma=52.8$，按式（3-10）计算得 $C_s=1.59>0$，属正偏情况。从该系列可以看出，大于均值的只有 1 项，小于均值的则有 3 项，但 C_s 却大于 0，为什么大于均值的项数少，小于均值的项数多。反而会使 $C_s>0$ 呢？这是因为大于均值的项数虽少，但却比均值大得多，即 $(x_i-\overline{x})$ 很大，三次方后就更大；而小于均值的各项的 $(x_i-\overline{x})$ 的绝对值都比较小，三次方后所起的作用不大。

有关上述概念如从总体分布的密度曲线来看，就会显得更加清楚。如图 3-2 所示，曲线下的面积以均值 $\overline{x}$ 为界，对 $C_s=0$，左边等于右边；对 $C_s>0$，左边大于右边；对 $C_s<0$。左边则小于右边。

$C_s=0$ 的曲线在统计学中称为正态曲线或正态分布。自然界中的许多随机变量，如水文测量误差、抽样误差等，都服从或近似服从正态分布，这就是正态分布在概率统计中讨论得最多的原因。正态分布具有如下的密度函数：

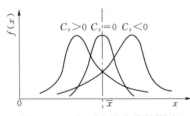

图 3-2 C_s 对密度曲线的影响

$$f(x)=\frac{1}{\sigma\sqrt{2\pi}}e^{\frac{-(x-\overline{x})^2}{2\sigma^2}}, \quad -\infty<x<+\infty \tag{3-11}$$

式（3-11）只包含两个参数即均值 $\overline{x}$
和均方差 σ。因此，若某个随机变量服从正
态分布，只要求出它的 $\overline{x}$ 和 σ，则其分布便
完全确定了。

正态分布的密度曲线（见图 3-3）有下
面几个特点：

（1）单峰。

（2）关于均值 $\overline{x}$ 对称，即 $C_s=0$。

（3）曲线两端趋于 $\pm\infty$，并以 x 轴为渐
近线。

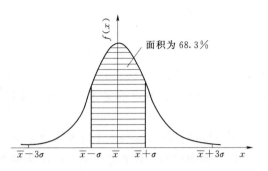

图 3-3 正态分布密度曲线

可以证明正态分布曲线在 $\overline{x}\pm\sigma$ 处出现拐点，并且

$$P_{\sigma}=\frac{1}{\sigma\sqrt{2\pi}}\int_{\overline{x}-\sigma}^{\overline{x}+\sigma}e^{\frac{-(x-\overline{x})^2}{2\sigma^2}}\mathrm{d}x=0.683$$

$$P_{3\sigma}=\frac{1}{\sigma\sqrt{2\pi}}\int_{\overline{x}-3\sigma}^{\overline{x}+3\sigma}e^{\frac{-(x-\overline{x})^2}{2\sigma^2}}\mathrm{d}x=0.997$$

正态分布的密度曲线与 x 轴所围成的全部面积显然等于 1。这就是说 $\overline{x}\pm\sigma$ 区间所对
应的面积占全面积的 68.3%，$\overline{x}\pm3\sigma$ 区间所对应的面积占全面积的 99.7%。正态分布的
这种特性，在后面误差估算时将会应用到。

正态频率曲线在普通格纸上是一条规则的 S 形曲线，它在 $P=50\%$ 前后的曲线方向虽
然相反，但形状完全一样。水文计算中常用的一种"频率格纸"其横坐标的分划就是按把
标准正态频率曲线拉成一条直线的原理计算出来的。这种频率格纸的纵坐标仍是普通分
格，但横坐标的分格是不相等的，中间分格较密，越往两端分格越稀，其间距关于 $P=$
50% 是对称的。现以横坐标轴的一半（0～50%）为例，说明频率格纸间距的确定。通过
积分或查有关表格，可在普通格纸上绘出标准正态频率曲线（见图 3-4 中①线）。由①线
知，$P=50\%$ 时，$x=0$；$P=0.01\%$ 时，$x=3.72$。根据前述概念，在普通格纸上通过

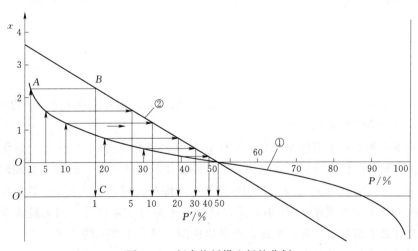

图 3-4 频率格纸横坐标的分划

（50%，0）和（0.01%，3.72）两点的直线即为频率格纸上对应的标准正态频率曲线（见图中②线）。由①线和②线即可确定频率格纸上横坐标的分格。为醒目起见，我们将它画在$O'P'$线上。例如，在普通分格（OP轴）的$P=1\%$处引垂线交 S 形曲线（①线）于A点，作水平线交直线（②线）于B点，再引垂线交$O'P'$轴于C点。C点即为频率格纸上$P=1\%$的位置。同理可确定频率格纸上其他横坐标分格（$P=5\%$，10%，20%，…）的位置。

不难证明，在频率格纸上，非标准正态频率曲线也为一条直线，其斜率随σ而变化。

把频率曲线画在普通方格纸上，因频率曲线的两端特别陡峭，又因图幅的限制，对于特小频率或特大频率，尤其是特大频率的点子很难点在图上。现在，有了这种频率格纸，就能较好地解决这个问题，所以在频率计算时，一般都是把频率曲线点绘在频率格纸上。

第四节　水文频率分布线型

水利水电工程的规划设计中，常常需要知道大于或等于某一特征值的频率是多少，也就是要提供一定频率的水文数值，这就需要绘制频率曲线。水文计算中习惯上把由实测资料（样本）所绘制的频率曲线称为经验频率曲线，而把由数学方程式所表示的频率曲线称为理论频率曲线。所谓水文频率分布线型是指所采用的理论频率曲线（频率函数）的型式，它的选择主要取决于与大多数水文资料的经验频率点据的配合情况。分布线型的选择与统计参数的估算，一起构成了频率计算的两大内容。由于经验频率的计算以及经验频率曲线的绘制是水文频率计算的基础，且经验频率曲线在实际应用中有一定的实用性，因此，在讲述理论分布线型之前，有必要先讲述经验频率曲线。

一、经验频率曲线

（一）经验频率计算公式

设某水文要素的系列（样本系列）共有n项，按由大到小的次序排列为：x_1，x_2，x_3，…，x_m，…，x_n。则在系列中大于及等于x_1的出现次数为 1。其频率为$1/n$；大于及等于x_2的出现次数为 2，其频率为$2/n$；大于及等于x_m的出现次数为m，其频率为m/n，等。

上述经验频率按下式计算：

$$P = \frac{m}{n} \times 100\% \qquad (3-12)$$

式中：P为等于和大于x_m的经验频率；m为x_m的序号，即等于和大于x_m的项数；n为样本容量，即观测资料的总项数。

如果n项实测资料本身就是总体，则上述计算经验频率公式（3-12）并无不合理之处。但水文资料都是样本资料，欲从这些资料来估计总体的规律，就有不合理的地方。例如，当$m=n$时，最末项x_n的频率为$P=100\%$，即是说样本的末项x_n就是总体中的最小值，样本之外不会出现比x_n更小的值，这显然不符合实际情况。因为随着观测年数的增多，总会有更小的数值出现。因此，有必要选用比较合乎实际的公式。

现行有代表性的经验频率公式主要有：

数学期望公式

$$P = \frac{m}{n+1} \times 100\% \qquad (3-13)$$

切哥达也夫公式

$$P = \frac{m-0.3}{n+0.4} \times 100\% \qquad (3-14)$$

海森公式

$$P = \frac{m-0.5}{n} \times 100\% \qquad (3-15)$$

前两个公式在统计学上都有一定的理论依据，但具体推导比较复杂。目前我国水文上广泛采用的是数学期望公式。

（二）经验频率曲线绘制方法及存在问题

现以某站 10 年的实测最大洪峰流量资料为例，说明经验频率曲线的绘制和使用方法。具体步骤如下：

（1）将逐年实测的年最大洪峰流量（水文变量）填入表 3-1 中第（1）、第（2）栏。

表 3-1　　　　　　　　　某站年最大洪峰流量经验频率计算表

年份	年最大洪峰流量 Q_m/（m³/s）	序号	由大到小排列的 Q_m/（m³/s）	经验频率
（1）	（2）	（3）	（4）	（5）
1961	720	1	2650	9.1
1962	1080	2	2060	18.2
1963	1030	3	1440	27.3
1964	1250	4	1420	36.4
1965	1440	5	1370	45.5
1966	1420	6	1250	54.5
1967	1120	7	1120	63.6
1968	2060	8	1080	72.7
1969	1370	9	1030	81.8
1970	2650	10	720	90.9

（2）将第（2）栏的年最大洪峰流量按大小递减次序重新排序，填入第（4）栏；第（3）栏为序号，自上而下为 1，2，…，n。

（3）按数学期望公式分别计算经验频率 $P = m/(n+1) \times 100\%$，填入第（5）栏。

（4）以第（4）栏的水文变量 Q_m 为纵坐标，以第（5）栏的 P 为横坐标，在频率格纸上点绘经验频率点，然后徒手目估通过点群中间连成一条光滑曲线，即为该站的年最大洪峰流量经验频率曲线。如图 3-5 所示。

（5）根据工程设计标准指定的频率值，在曲线上查出所需的水文数据。如设计频率为 10%，则从图 3-5 上可查得设计年最大洪峰流量为 2550m³/s。

经验频率曲线，完全是根据实测资料绘出的，当实测资料较长或设计标准要求较低时，经验频率曲线尚能解决一些实际问题。但是，工程设计时往往要推求稀遇的小频率洪

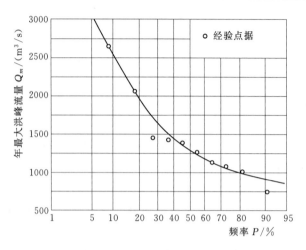

图 3-5 某站年最大洪峰流量经验频率曲线

水，如 $P=1\%$，0.1%，0.01%。而目前实测资料一般至多不过几十年，计算的经验频率点只有几个。因此，需要查用的经验频率曲线上端部分往往没有实测点据控制，即使采用频率格纸使经验频率曲线变直一些，但要进行曲线外延时仍有相当的主观成分，会使设计水文数据的可靠程度受到影响。另外，水文要素的统计规律有一定的地区性，但是我们很难直接利用经验频率曲线把这种地区性的规律综合出来，没有这种地区性规律，就无法解决无实测水文资料的小流域的水文计算问题。为解决这些问题，人们提出用数学方程式表示的频率曲线来配合经验点据，这就是理论频率曲线。

二、理论频率曲线

探求频率曲线的数学方程，即寻求水文频率分布线型，一直是水文分析计算中一个争论性很强的课题。水文随机变量究竟服从何种分布，目前还没有充足的论证，而只能以某种理论线型近似代替。这些理论线型并不是从水文现象的物理性质方面推导出来的，而是根据经验资料从数学的已知频率函数中选出来的。迄今为止，国内外采用的理论线型已有10余种，诸如皮尔逊-Ⅲ（P-Ⅲ）型曲线、对数皮尔逊-Ⅲ（LP-Ⅲ）型曲线、耿贝尔（EV-Ⅰ）型曲线以及克里茨基-闵凯里（K-M）型曲线等。不过，从现有资料来看，P-Ⅲ型曲线和LP-Ⅲ型曲线比较符合水文随机变量的分布。因此，这两种曲线（尤其是P-Ⅲ型曲线）用得最多，现简略介绍如下。

（一）皮尔逊-Ⅲ型曲线

英国生物学家皮尔逊注意到物理学、生物学以及经济学上的有些随机变量不具有正态分布，因此致力于探求各种非正态的分布曲线，最后提出13种分布曲线的类型。其中第Ⅲ型曲线被引入水文计算中。我国目前基本上都是采用皮尔逊-Ⅲ型曲线。

皮尔逊-Ⅲ型曲线是一条一端有限一端无限的不对称单峰、正偏曲线，数学上常称伽玛分布，其概率密度函数为

$$f(x)=\frac{\beta^{\alpha}}{\Gamma(\alpha)}(x-a_0)^{\alpha-1}e^{-\beta(x-a_0)} \tag{3-16}$$

式中：$\Gamma(\alpha)$ 为 α 的伽玛函数；a，β，a_0 分别为三个参数。

显然，三个参数确定以后，该密度函数随之确定。可以推证，这三个参数与总体的三

个统计参数 $\overline{x}$、C_v、C_s，具有下列关系：

$$\left.\begin{array}{l} \alpha = \dfrac{4}{C_s{}^2} \\[3mm] \beta = \dfrac{2}{\overline{x}C_vC_s} \\[3mm] a_0 = \overline{x}\left(1 - \dfrac{2C_v}{C_s}\right) \end{array}\right\} \qquad (3-17)$$

水文计算中，一般需求出指定频率 P 所相应的随机变量取值 x_p。即求出的 x_p 满足下述等式：

$$P = p(x \geqslant x_p) = \Gamma\frac{\beta^\alpha}{(\alpha)}\int_{x_p}^{\infty}(x - a_0)^{\alpha-1}e^{-\beta(x-a_0)}\mathrm{d}x \qquad (3-18)$$

显然，x_p 取决于 P、α、β 和 a_0 四个参数，并且当 α、β、a_0 三个参数为已知时，则 x_p 只取决于 P 了。我们知道 α、β、a_0 与分布曲线的 $\overline{x}$、C_v、C_s 有关，因此只要 $\overline{x}$、C_v 和 C_s 三个参数一经确定，x_p 仅与 P 有关，也就是说，可由 P 唯一地来计算 x_p。但是直接由积分式计算是非常繁杂的，实际做法是通过变量转换。根据拟定的 C_s 值进行积分，并将成果制成专用表格供查用，使计算工作大大简化。

令　　　　　　　　　　　　$$\Phi = \frac{x - \overline{x}}{\overline{x}C_v} \qquad (3-19)$$

则有　　　　　　　　　　　$$x = \overline{x}(1 + C_v\Phi) \qquad (3-20)$$

$$\mathrm{d}x = \overline{x}C_v\mathrm{d}\Phi \qquad (3-21)$$

这里，Φ 的均值为零，均方差为 1，便于制表，水文中通常称 Φ 为离均系数。将式（3-20）、式（3-21）代入式（3-18），简化后可得

$$P(\Phi > \Phi_p) = \int_{\Phi_p}^{\infty}f(\Phi, C_s)\mathrm{d}\Phi \qquad (3-22)$$

式中被积函数只含有一个待定参数 C_s。因为其他两个参数 $\overline{x}$ 和 C_v 都包含在 Φ 中，因而只要假定一个 C_s 值，便可从式（3-22）通过积分求出 P 与 Φ_p 之间的关系。对于若干给定的 C_s 值，Φ_p 和 P 的对应数值表，已先后由美国工程师福斯特和苏联工程师雷布京制作出来，见附表 1。

在频率计算时，由已知的 C_s 值，查 Φ 值表得出不同 P 的 Φ_p 值，然后利用已知的 $\overline{x}$、C_v 值，通过式（3-20）即可求出与各种 P 相应的 x_p 值，因此就可绘制频率曲线。例如，已知某地年平均径流深 $\overline{R} = 1000\mathrm{mm}$，$C_v = 0.25$，$C_s = 0.50$，若年径流的分布符合皮尔逊-Ⅲ型，试求概率 P 为 1% 的年径流深。

由 $C_s = 0.5$、$P = 1\%$ 查附表 1 得 $\Phi_p = 2.68$，所以

$$R_{1\%} = \overline{R}(1 + \Phi_p C_v) = 1000 \times (1 + 2.68 \times 0.25) = 1670\ \mathrm{mm}$$

当 C_s 等于 C_v 的一定倍数时，皮尔逊-Ⅲ型频率曲线的模比系数 K_p 值，已制成表格，见附表 2。频率计算时由已知的 C_v 和 C_s 可以从附表 2 中查出与各种频率 P 相对应的 K_p 值，然后即可算出与各种频率对应的 x_p 值。有了 P 和 x_p 的一些对应值，即可绘制频率分布曲线。

（二）对数皮尔逊-Ⅲ型曲线

美国水资源委员会对频率分析计算曾推荐采用对数皮尔逊-Ⅲ型曲线，这种分布尤其是对暴雨资料拟合较好，对洪水与年径流资料的拟合也有一定精度。因此，对数皮尔逊-Ⅲ型分布在美国和其他一些西方国家有较大影响。澳大利亚工程师协会也建议在澳大利亚采用这种线型。

设有某水文随机变量 X，对变量 X 取对数得一新的随机变量，即

$$Y = \ln X$$

若 Y 服从皮尔逊-Ⅲ型分布时，X 的分布叫做对数皮尔逊-Ⅲ型分布。因此，Y 和 X 密度函数分别为

$$f(y) = \frac{\beta^\alpha}{\Gamma(\alpha)} (y - a_0)^{\alpha-1} e^{-\beta(y - a_0)} \tag{3-23}$$

$$f_1(y) = f(x) \frac{\mathrm{d}y}{\mathrm{d}x} = \frac{\beta^\alpha}{x\,\Gamma(\alpha)} (\ln x - a_0)^{\alpha-1} e^{-\beta(\ln x - a_0)} \tag{3-24}$$

其中三个参数 α、β、a_0 的表达式与式（2-17）完全相同，不过此时的 $\bar{x}$、C_v、C_s 应为水文随机变量取对数后的相应统计参数。

由以上可知，工程实际中，只要将水文系列取对数后转换成新的系列，便与前面所讲的皮尔逊-Ⅲ型曲线相同，即可绘制频率曲线。

三、频率与重现期的关系

由于频率这个名词比较抽象，为便于理解，实用上常采用重现期与频率并用。所谓重现期是指某随机变量的取值在长时期内平均多少年出现一次，又称多少年一遇。频率 P 与重现期 T 的关系，对下列两种不同情况有不同的表示方法。

（1）当为了防洪研究暴雨洪水问题时，一般设计频率 P 小于 50%，则

$$T = \frac{1}{P} \tag{3-25}$$

式中：T 为重现期，以年计；P 为频率，以小数或百分数计。

例如，当设计洪水的频率采用 $P = 1\%$ 时，代入上式得 $T = 100$ 年，称为百年一遇洪水。

（2）当考虑水库兴利调节研究枯水问题时，为了保证灌溉、发电及给水等用水需要，设计频率 P 常采用大于 50%，则

$$T = \frac{1}{1 - P} \tag{3-26}$$

例如，当灌溉设计保证率 $P = 80\%$ 时，代入上式得 $T = 5$ 年，称作"以五年一遇的枯水年作为设计来水的标准"。也就是说平均五年中有一年来水小于此枯水年的水量，而其余四年的来水等于或大于此数值，说明平均具有 80% 的可靠程度。

必须指出，由于水文现象一般并无固定的周期性。上面所讲的频率是指多年中的平均出现机会，重现期也是指多年中平均若干年可以出现一次。例如百年一遇的洪水，是指大于或等于这样的洪水在长时期内平均 100 年发生一次，而不能理解为恰好每隔 100 年遇上一次。对于某具体的 100 年来说，超过这样大的洪水可能有几次，也可能一次都不出现。

第五节 皮尔逊-Ⅲ型分布参数估计方法

水文频率分布线型选定后,剩下来的工作就是确定参数了。由上节知道皮尔逊-Ⅲ型和对数皮尔逊-Ⅲ型曲线中都包含有均值 $\overline{x}$、变差系数 C_v 和偏态系数 C_s 等 3 个独立的参数,一旦这 3 个参数确定,其分布就完全确定。由于水文变量的总体我们不可能知道,这就需要用有限的样本观测资料去估计总体分布线型中的参数,故称为参数估计。如何合理地估计参数,将直接影响到工程的设计标准、投资数量和经济效益,因此,参数估计在水文频率分析计算中至关重要。目前参数估计的方法很多,各有其优缺点,本节只介绍 3 种方法,即矩法、三点法和权函数法。由于皮尔逊-Ⅲ型曲线用得最多,加之上节所介绍的对数皮尔逊-Ⅲ型的参数估计可归结为皮尔逊-Ⅲ型的参数估计(只需研究取对数后的水文系列即可),所以本节的参数估计方法只针对皮尔逊-Ⅲ型分布。

一、矩法

随机变量 X 对原点离差的 k 次幂的数学期望 $E(X^k)$,称为随机变量 X 的 k 阶原点矩,而随机变量 X 对分布中心 $E(X)$ 离差的 k 次幂的数学期望 $E\{[k-E(x)]^k\}$,则称为 X 的 k 阶中心矩。水文分析计算中,通常称均值、变差系数、偏态系数的计算式(3-5)、式(3-8)及式(3-9)为矩法公式。这是因为均值的计算式就是样本的一阶原点矩。均方差的计算式(3-7)为二阶中心矩开方,偏态系数计算式(3-9)中的分子则为三阶中心矩。

式(3-5)、式(3-8)及式(3-9)只是样本统计参数的计算式,它们与相应的总体同名参数不一定相等。但是我们希望由样本系列计算出来的统计参数与总体更接近些,因此需将上述公式加以修正,这就是所谓的无偏估值公式或渐近无偏估值公式。

若 $\hat{\theta}$ 为未知参数 θ 的估计量。且 $E(\hat{\theta})=\theta$ [这里 $E(\hat{\theta})$ 为 $\hat{\theta}$ 的数学期望]。则称 $\hat{\theta}$ 为 θ 的无偏估计量。

若 $\hat{\theta}_n$ 为未知参数 θ 的估计量($\hat{\theta}_n$ 与样本容量有关),且

$$\lim_{n\to\infty}E(\hat{\theta}_n)=\theta$$

则称 $\hat{\theta}$ 为 θ 的渐近无偏估计量。

按上述定义,我们可将式(3-5)、式(3-8)和式(3-9)作如下表示和修正。

$$\overline{x}=\frac{1}{n}\sum_{i=1}^{n}x_i \tag{3-27}$$

$$C_v=\sqrt{\frac{n}{n-1}}\sqrt{\frac{\sum\limits_{i=1}^{n}(K_i-1)^2}{n}}=\sqrt{\frac{\sum\limits_{i=1}^{n}(K_i-1)^2}{n-1}} \tag{3-28}$$

$$C_s=\frac{n^2}{(n-1)(n-2)}\frac{\sum\limits_{i=1}^{n}(K_i-1)^3}{nC_v^{3}}\approx\frac{\sum\limits_{i=1}^{n}(K_i-1)^3}{(n-3)C_v^{3}} \quad (当\ n\ 较大时)$$

$$\tag{3-29}$$

水文计算人员习惯称上述三式为无偏估值公式。但实际上后两个公式估计出的 C_v 和 C_s 仍然是有偏的（渐近无偏）。必须指出，并不是说用上述无偏估值公式算出来的参数就代表总体参数，而是说有很多个同容量的样本资料，用上述三式计算出来的统计参数的均值。可望等于总体的同名参数。在现行水文频率计算中，当用矩法估计参数时，一般习惯都是用上述三式估算总体的参数，以作为适线法的参考数值（下面第六节讲述适线法），尽管后两个公式并不是精确的无偏估值公式。

二、三点法

当资料系列较长时，按无偏估值公式计算 $\overline{x}$、C_v 的工作量较大，而三点法则比较简便。因为皮尔逊-Ⅲ型曲线的方程中包含有 $\overline{x}$、C_v、C_s 3 个参数，如果待求的皮尔逊-Ⅲ型曲线已经画出，就可以从这个曲线上任取 3 个点，其坐标为 (x_{p1}, P_1)、(x_{p2}, P_2) 及 (x_{p3}, P_3)，把这 3 个点的纵坐标值代入原方程中，便得到 3 个方程，联解便可求得 3 个参数值，这就是三点法的基本思路。但是，现在的问题是皮尔逊-Ⅲ型曲线待求，只有知道了 3 个参数后能画出，怎么办呢？

实际的做法是，先按经验频率点子绘出经验频率曲线，在此曲线上读取 3 点，并假定这 3 个点就在待求的皮尔逊-Ⅲ型曲线上，这样，可由式（3-20）建立如下的联立方程：

$$\left.\begin{array}{l} x_{p1} = \overline{x} + \sigma\Phi(P_1, C_s) \\ x_{p2} = \overline{x} + \sigma\Phi(P_2, C_s) \\ x_{p3} = \overline{x} + \sigma\Phi(P_3, C_s) \end{array}\right\} \tag{3-30}$$

解上述方程组，消去均方差 σ，得

$$\frac{x_{p1} + x_{p3} - 2x_{p2}}{x_{p1} - x_{p3}} = \frac{\Phi(P_1, C_s) + \Phi(P_3, C_s) - 2\Phi(P_2, C_s)}{\Phi(P_1, C_s) - \Phi(P_3, C_s)} \tag{3-31}$$

令

$$S = \frac{x_{p1} + x_{p3} - 2x_{p2}}{x_{p1} - x_{p3}} \tag{3-32}$$

并定名 S 为偏度系数，当 P_1、P_2、P_3 已取定时，则有

$$S = M(C_s) \tag{3-33}$$

的函数关系。有关 S 与 C_s 的关系已制成表格，见附表 3。由式（3-32）求得 S 后，查表即可得到 C_s 值。三点法中的 P_2 一般都取 50%，P_1 和 P_3 则取对称值，即 $P_3 = 1 - P_1$。如 $P = 5\% - 50\% - 95\%$，$P = 3\% - 50\% - 97\%$。

再由式（3-30）可得

$$\sigma = \frac{x_{p1} - x_{p3}}{\Phi(P_1, C_s) - \Phi(P_3, C_s)} \tag{3-34}$$

及

$$\overline{x} = x_{p2} - \sigma\Phi(P_2, C_s) = x_{50\%} - \sigma\Phi_{50\%} \tag{3-35}$$

其中 $\Phi(P_1, C_s) - \Phi(P_3, C_s)$ 及 $\Phi_{50\%}$ 只与 C_s 有关，其关系也已制成表，见附表 4。这样由前面确定的 C_s 即可确定 $\Phi(P_1, C_s) - \Phi(P_3, C_s)$ 及 $\Phi_{50\%}$ 之值，进而可确定 σ、$\overline{x}$。

最后，由 σ 和 $\overline{x}$ 便可计算 C_v 值。

$$C_v = \frac{\sigma}{\overline{x}}$$

三点法方法非常简单，但致命弱点是难以得到三个点的精确位置。一般在目估的经验频率曲线上选取，结果因人而异，有一定的任意性。与矩法一样，三点法在实用中很少单独使用，一般都是与适线法相结合，作为适线法初选参数的一种手段。

三、权函数法

用矩法和三点法估计皮尔逊-Ⅲ型分布的 3 个参数时，由于方法本身的缺陷而产生一定的计算误差，其中尤以 C_s 的计算误差较大，致使结果严重失真。为提高参数 C_s 的计算精度，近年来水文学者作过很多努力，提出了不少估计方法，如极大似然法、各种单参数正法等。但比较有效的方法还应首推权函数法。该法由我国学者马秀峰于 1984 年正式提出，其实质在于用一阶、二阶权函数矩来推求 C_s。实践证明，该法有较好的精度。下面我们将对权函数法作简单介绍。

对皮尔逊-Ⅲ型密度函数式（3-16）两端取对数得

$$\ln f(x) = \ln \frac{\beta^\alpha}{\Gamma(\alpha)} + (\alpha - 1)\ln(x - a_0) - \beta(x - a_0)$$

将上式两边求导，并利用式（3-17）推出的关系式 $\frac{\alpha}{\beta} = \overline{x} - a_0$ 化简可得

$$\frac{f'(x)}{f(x)} = \frac{\alpha - 1 - \beta(x - a_0)}{x - a_0} = -\frac{1 + \beta(x - \overline{x})}{x - a_0}$$

即

$$(x - a_0)f'(x) = -[1 + \beta(x - \overline{x})]f(x)$$

上式两边乘以权函数 $\varphi(x)$，再积分，则有

$$\int_{a_0}^\infty (x - a_0)\varphi(x)f'(x)\mathrm{d}x = -\int_{a_0}^\infty [1 + \beta(x - \overline{x})]\varphi(x)f(x)\mathrm{d}x$$

将左边分部积分，并利用皮尔逊-Ⅲ型曲线的性质

$$\lim_{x \to a_0} f(x) = \lim_{x \to \infty} f(x) = 0$$

则上面含有积分的方程可化为下列形式：

$$a_0 \int_{a_0}^\infty \varphi'(x)f(x)\mathrm{d}x + \beta \int_{a_0}^\infty (x - \overline{x})\varphi(x)f(x)\mathrm{d}x = \int_{a_0}^\infty x\varphi'(x)f(x)\mathrm{d}x \quad (3-36)$$

利用式（3-17），则可由式（3-36）解出 C_s，即

$$C_s = \frac{2}{\sigma} \frac{\int_{a_0}^\infty (x - \overline{x})\varphi(x)f(x)\mathrm{d}x - \sigma^2 \int_{a_0}^\infty \varphi'(x)f(x)\mathrm{d}x}{\int_{a_0}^\infty (x - \overline{x})\varphi'(x)f(x)\mathrm{d}x} \quad (3-37)$$

下面的问题是：如何选取一个权函数 $\varphi(x)$，使得"有限和"取代式（3-37）中的"无限积分"时 C_s 具有最高的计算精度。

权函数的选取应满足下列两个条件：

（1）$\varphi(x)$ 非负且连续可微。

（2）$\int_{a_0}^\infty \varphi(x)\mathrm{d}x$。

我们知道，用式（3-37）计算 C_s 要保持一定的计算精度，一个必要条件是该公式分母的积分运算，不因正负相消而失去有效数字。为此所选的权函数必须使函数 $(x - \overline{x}) \times \varphi'(x)$ 在区间 (a_0, ∞) 上不改变符号。为满足这一条件，可取

$$\sigma^2 \varphi'(x) = -\lambda(x - \overline{x})\varphi(x) \qquad (3-38)$$

求解上述微分方程得

$$\varphi(x) = Ce^{-\frac{\lambda}{2}\left(\frac{x-\overline{x}}{\sigma}\right)^2} \qquad (3-39)$$

其中 $\lambda > 0$，是为控制计算精度而设置的待定常数。经大量的计算表明，取 $\lambda = 1$ 具有较好的效果。

由 $\lambda = 1$ 和 $\int_{a_0}^{\infty} \varphi(x)\mathrm{d}x = 1$ 可求出积分常数

$$Ce = \frac{1}{\sqrt{2\pi}\sigma}$$

即

$$\varphi(x) = \frac{1}{\sqrt{2\pi}\sigma}e^{-\frac{\lambda}{2}\left(\frac{x-\overline{x}}{\sigma}\right)^2} \qquad (3-40)$$

由上式可知，所选取的权函数为正态分布的密度函数。

将式（3-40）代入式（3-37），并经整理可导出 C_s 的计算公式

$$C_s = -4\sigma\frac{E}{G} = -4\overline{x}C_v\frac{E}{G} \qquad (3-41)$$

其中

$$E = \int_{a_0}^{\infty}(x-\overline{x})\varphi(x)f(x)\mathrm{d}x \approx \frac{1}{n}\sum_{i=1}^{n}(x_i - \overline{x})\varphi(x_i) \qquad (3-42)$$

$$G = \int_{a_0}^{\infty}(x-\overline{x})^2\varphi(x)f(x)\mathrm{d}x \approx \frac{1}{n}\sum_{i=1}^{n}(x_i - \overline{x})^2\varphi(x_i) \qquad (3-43)$$

式（3-41）~式（3-43）便是用权函数法计算皮尔逊-Ⅲ型频率曲线参数 C_s 的具体形式，其中式（3-42）和式（3-43）可分别理解为一阶与二阶加权中心矩。

四、抽样误差

由于水文系列的总体往往无限，目前的实测资料仅是一个样本，显然，由有限的样本资料来估计总体的相应统计参数值，总带有一定的误差，这种误差与计算误差不同，它是由随机抽样引起的，称为抽样误差。为叙述方便，下面仅以矩法的样本均值为例，说明抽样误差的概念和估算方法。

假设从某随机变量的总体中随意抽取 k 个容量相同的样本，分别算出各个样本的均值 $\overline{x}_1, \overline{x}_2, \overline{x}_3, \cdots, \overline{x}_k$，这些均值对其总体均值 $\overline{x}_总$ 的抽样误差为 $\Delta\overline{x}_i = \overline{x}_1 - \overline{x}_总$（$i = 1, 2, \cdots, k$）。抽样误差 $\Delta\overline{x}$ 有大有小，各种数值出现的机会不同，即每一数值都有一定的概率，也就是说它也是随机变量，因而样本均值 $\overline{x}$ 也是一随机变量，因为它们相差一常数 $\overline{x}_总$。既然 $\Delta\overline{x}$ 是随机变量，也就有其分布。我们称之为抽样误差分布。由误差分布理论知，抽样误差可近似服从正态分布。因此，$\overline{x}$ 的抽样分布与 $\Delta\overline{x}$ 的分布相同，也近似服从正态分布（因为它们相差一常数）。

可以证明，当样本个数 k 很多时，均值抽样分布的数学期望正好是总体的均值 $\overline{x}_总$。因此，可以用抽样分布中的均方差（标准差）$\sigma_{\overline{x}}$ 作为度量抽样误差的指标，$\sigma_{\overline{x}}$ 大表示抽样误差大，$\sigma_{\overline{x}}$ 小表示抽样误差小。为区别起见，把这个均方差 $\sigma_{\overline{x}}$ 称为样本均值的均方误。

由正态分布的性质知：

$$P(\overline{x} - \sigma_{\overline{x}} \leqslant \overline{x}_{总} \leqslant \overline{x} + \sigma_{\overline{x}}) = 68.3\%$$
$$P(\overline{x} - 3\sigma_{\overline{x}} \leqslant \overline{x}_{总} \leqslant \overline{x} + 3\sigma_{\overline{x}}) = 99.7\%$$

也就是说，如果我们随机抽样取一个样本，以此样本的均值作为总体均值的估计值，则有68.3%的可能性误差不超过 $\sigma_{\overline{x}}$，有99.7%的可能性误差不超过 $3\sigma_{\overline{x}}$。

以上对样本均值抽样误差的讨论，同样也适用于其他样本参数。σ、C_v 和 C_s 的抽样误差也分别用 σ_σ、σ_{C_v}、σ_{C_s} 来度量，它们分别表示 σ、C_v 和 C_s 的抽样均方误。根据统计理论可导出各参数的均方误公式，它们与总体分布有关。

当总体为皮尔逊-Ⅲ型分布且用矩法式（3-27）～式（3-29）估算参数时，样本参数的均方误公式如下：

$$\sigma_{\overline{x}} = \frac{\sigma}{\sqrt{n}} \tag{3-44}$$

$$\sigma_\sigma = \frac{\sigma}{\sqrt{2n}}\sqrt{1 + \frac{3}{4}C_s^2} \tag{3-45}$$

$$\sigma_{C_v} = \frac{C_v}{\sqrt{2n}}\sqrt{1 + 2C_v^2 + \frac{3}{4}C_s^2 - 2C_vC_s} \tag{3-46}$$

$$\sigma_{C_s} = \sqrt{\frac{6}{n}(1 + \frac{3}{2}C_s^2 + \frac{5}{16}C_s^4)} \tag{3-47}$$

上述误差公式，只是许多容量相同的样本误差的平均情况，至于某个实际样本的误差可能要小于这些误差，也可能大于这些误差，不是公式所能估算的。样本实际误差的大小要看样本对总体的代表性高低而定。

表3-2列出了皮尔逊-Ⅲ型分布 $C_s = 2C_v$ 时各特征数的抽样误差。从表中可以看出，样本均值 $\overline{x}$ 和变差系数 C_v 的均方误相对较小，而偏态系数 C_s 的均方误则很大。例如，当 $n = 100$ 时，C_s 的相对误差在40%～126%之间。如 $n = 10$ 时，则 C_s 的相对误差更大，在126%以上，就是说，超出了 C_s 本身的数值。水文资料系列一般都少于100年，由资料直接根据矩法公式计算 C_s 的相对误差太大，难以满足实际要求。因此，水文计算中，一般不直接使用矩法估算参数，而是广泛采用适线法、矩法、三点法以及权函数法，均可作为适线法初选参数的一种手段，且在使用矩法初选参数时，一般不计算 C_s，而是假定 C_s 为 C_v 的某一倍数，这就是下一节所要介绍的内容。

表3-2　　　　　样本参数的均方误差（相对误差）　　　　　%

参数 n C_v	$\overline{x}$				C_v				C_s			
	100	50	25	10	100	50	25	10	100	50	25	10
0.1	1	1	2	3	7	10	14	22	126	178	252	390
0.3	3	4	6	10	7	10	15	23	51	72	102	162
0.5	5	7	10	12	8	11	16	25	41	58	82	130
0.7	7	10	14	22	9	12	17	27	40	56	80	126
1.0	10	14	20	23	10	14	20	32	42	60	85	134

第六节　现行水文频率计算方法——适线法

一、适线法步骤

适线法是以经验频率点据为基础，给它们选配一条符合较好的理论频率曲线，并以此来估计水文要素总体的统计规律。具体步骤如下：

（1）将实测资料由大到小排列，计算各项的经验频率，在频率格纸上点绘经验点据（纵坐标为变量值，横坐标为对应的经验频率）。

（2）选定水文频率分布线型（一般选用皮尔逊-Ⅲ型）。

（3）假定一组参数均值 $\overline{x}$、C_v 和 C_s。为了使假定值大致接近实际，可用矩法、三点法以及权函数法求出 3 个参数的值，作为第一次的均值 $\overline{x}$、C_v 和 C_s 的假定值。当用矩法估计时，因 C_s 的抽样误差太大，一般不计算 C_s，而是根据经验假定 C_s 为 C_v 的某一倍数。

（4）根据假定的均值 $\overline{x}$、C_v 和 C_s，查附表 2 或附表 1，计算 x_p 值。以 x_p 为纵坐标，P 为横坐标，即可得到频率曲线。将此线画在绘有经验点据的图上，看与经验点据配合的情况，若不理想，则修改参数再次进行计算。主要调整 C_v 以及 C_s。

（5）最后根据频率曲线与经验点据的配合情况，从中选择一条与经验点据配合较好的曲线作为采用曲线，相应于该曲线的参数便看作是总体参数的估值。

（6）求指定频率的水文变量设计值。

由以上可以看出，适线法层次清楚、图像显明、方法灵活、操作容易，所以在水文计算中广泛采用。

二、统计参数对频率曲线的影响

为了避免上述适线时修改参数的盲目性，需要了解统计参数对频率曲线的影响。

1. 均值 $\overline{x}$ 对频率曲线的影响

当皮尔逊-Ⅲ型频率曲线的另外两个参数 C_v 和 C_s 不变时，由于均值 $\overline{x}$ 的不同，可以使频率曲线发生很大的变化。我们把 $C_v = 0.5$，$C_s = 1.0$，而 $\overline{x}$ 分别为 50、75、100 的 3 条皮尔逊-Ⅲ型频率曲线同绘于图 3-6 中。从图中可以看出下列两点规律：

（1）C_v 和 C_s 相同时，由于均值不同，频率曲线的位置也就不同，均值大的频率曲线位于均值小的频率曲线之上。

（2）均值大的频率曲线比均值小的频率曲线陡。

2. 变差系数 C_v 对频率曲线的影响

为了消除均值的影响，我们以模比系数 K 为变量绘制频率曲线，如图 3-7 所示。图中 $C_s = 1.0$。当 $C_v = 0$ 时，说明随机变量的取值都等于均值，故频率曲线即为 $K = 1$ 的一条水平

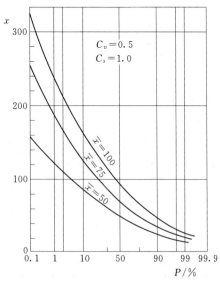

图 3-6　不同 $\overline{x}$ 对频率曲线的影响

线。C_v 越大，说明随机变量相对于均值越离散，因而频率曲线将越偏离 $K=1$ 的水平线。随着 C_v 的增大，频率曲线的偏离程度也随之增大，显得越来越陡。

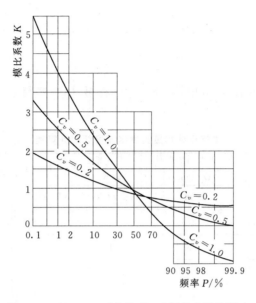

图 3－7　$C_s=1.0$ 时各种 C_v 对频率曲线的影响

3. 偏态系数 C_s 对频率曲线的影响

图 3－8 为 $C_v=0.1$ 时各种不同的 C_s 对频率曲线的影响情况。从图中可以看出，正偏情况下，C_s 愈大时，均值（即图中 $K=1$）对应的频率愈小，频率曲线的中部愈向左偏，且上段越陡，下段越平缓。

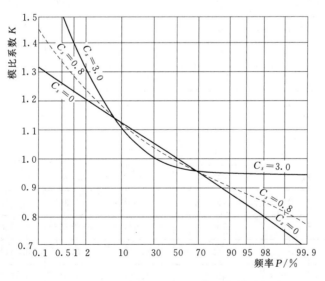

图 3－8　$C_v=0.1$ 时各种 C_s 对频率曲线的影响

三、计算实例

【例 3－1】　已知某枢纽处实测 21 年的年最大洪峰流量资料列于表 3－3 中第（1）、

（2）栏试根据该资料用矩法初选参数配线，并推求百年一遇的洪峰流量。

具体步骤如下：

解： 1）点绘经验频率。

将原始资料按由大到小次序排列，列入表3-3中第（4）栏；用公式

$$P = \frac{m}{n+1} \times 100\%$$

计算经验频率，列入表3-3中第（8）栏并将第（4）栏与第（8）栏的数值对应点绘经验频率于频率格纸上（图3-9）。

表3-3 某枢纽处年最大洪峰流量频率计算表

年份	洪峰流量 $Q_i/(\mathrm{m^3/s})$	序号	由大到小排列 $Q_i/(\mathrm{m^3/s})$	模比系数 K_i	K_i-1	$(K_i-1)^2$	$P = \frac{m}{n+1} \times 100\%$
（1）	（2）	（3）	（4）	（5）	（6）	（7）	（8）
1945	1540	1	2750	2.20	1.20	1.44	4.6
1946	980	2	2390	1.92	0.92	0.846	9.0
1947	1090	3	1860	1.49	0.49	0.240	13.6
1948	1050	4	1740	1.40	0.40	0.160	18.2
1949	1860	5	1540	1.24	0.24	0.0576	22.7
1950	1140	6	1520	1.22	0.22	0.0484	27.3
1951	790	7	1270	1.02	0.02	0.0004	31.8
1952	2750	8	1260	1.01	0.01	0.0001	36.4
1953	762	9	1210	0.971	-0.029	0.0008	40.9
1954	2390	10	1200	0.963	-0.037	0.0014	45.4
1955	1210	11	1140	0.915	-0.085	0.0072	50.5
1956	1270	12	1090	0.875	-0.125	0.0156	54.6
1957	1200	13	1050	0.843	-0.157	0.0246	59.1
1958	1740	14	1050	0.843	-0.157	0.0246	63.6
1959	883	15	980	0.786	-0.214	0.0458	68.2
1960	1260	16	883	0.708	-0.292	0.0853	72.7
1961	408	17	794	0.637	-0.363	0.1318	77.3
1962	1050	18	790	0.634	-0.366	0.1340	81.8
1963	1520	19	762	0.611	-0.389	0.1513	86.4
1964	483	20	483	0.388	-0.612	0.3745	90.9
1965	794	21	408	0.327	-0.673	0.4529	95.4
总和	26170		26170	21.001	+3.500 -3.499	4.2423	

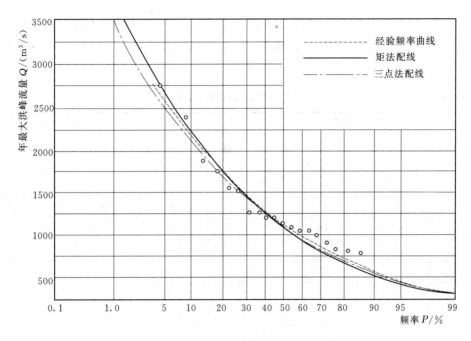

图 3-9　某枢纽处年最大洪峰流量频率曲线

2）按无偏估值公式计算统计参数。

a）计算年最大洪峰流量的均值。

$$\overline{Q} = \frac{\sum\limits_{1}^{n} Q_i}{n} = \frac{26170}{21} = 1246 \ (\mathrm{m^3/s})$$

其中，$\sum\limits_{1}^{n} Q_i = 26170 \mathrm{m^3/s}$ 为表 3-3 中第（4）栏的总和。

b）计算变差系数。

$$C_v = \sqrt{\frac{\sum\limits_{i=1}^{n} (K_i - 1)^2}{n - 1}} = \sqrt{\frac{4.2423}{21 - 1}} = 0.46$$

其中，$K_i = Q_i / Q$ 为各项的模比系数，列于表中第（5）栏 $\sum\limits_{i=1}^{n} (K_i - 1)^2 = 4.2423$ 为第（7）栏的总和。

3）选配理论频率曲线。

a）$\overline{Q} = 1246 \mathrm{m^3/s}$。取 $C_v = 0.5$，并假定 $C_s = 2C_v = 1.0$，查附表 2，得出相应于不同频率 P 的 K_p 值，列入表 3-4 中第（2）栏，乘以 $\overline{Q}$ 得相应的 Q_p 值，列入表 3-4 中第（3）栏。

将表 3-4 中第（1）、第（3）两栏的对应数值点绘曲线，发现理论频率曲线的中段与经验频率点据配合较好，但头部偏于经验频率点据的下方，而尾部又偏于经验频率点的上方。

b）改变参数，重新配线。由第一次配线结果表明，需要增大 C_v 值。现取 $C_v = 0.6$，

61

$C_s=2C_v=1.2$，再查附表 2，得相应于不同 P 的 K_p 值，并计算各 Q_p 值，列于表 3-4 中第（4）、第（5）栏，经与经验点据配合，发现头部配合较好，但尾部与经验点据偏低较多。

表 3-4　　　　　　　　　　　　理论频率曲线选配计算表

频率 $P/\%$	第一次配线 $\overline{Q}=1246$ $C_v=0.5$ $C_s=2C_v=1.0$		第二次配线 $\overline{Q}=1246$ $C_v=0.6$ $C_s=2C_v=1.2$		第三次配线 $\overline{Q}=1246$ $C_v=0.6$ $C_s=2.5C_v=1.5$	
	K_p	Q_p	K_p	Q_p	K_p	Q_p
(1)	(2)	(3)	(4)	(5)	(6)	(7)
1	2.51	3127	2.89	3600	3.00	3738
5	1.94	2417	2.15	2680	2.17	2704
10	1.67	2080	1.80	2243	1.80	2243
20	1.38	1720	1.44	1794	1.42	1770
50	0.92	1146	0.89	1109	0.86	1071
75	0.64	797	0.56	698	0.56	698
90	0.44	548	0.35	436	0.39	486
95	0.34	424	0.26	324	0.32	399
99	0.21	262	0.13	162	0.24	299

c）再次改变参数，第三次配线。在第二次配线的基础上，为使尾部抬高一些与经验点据相配合，需增大 C_s 值。因此，取 $C_v=0.6$，$C_s=2.5C_v=1.5$，再次计算理论频率曲线，与经验点据配合较为合适，即作为采用的理论频率曲线（图 3-9）。

4）推求百年一遇的设计洪峰流量。

由图 3-9，查 $P=1\%$ 对应的流量为 $Q_P=3730\mathrm{m^3/s}$。

【例 3-2】　采用例 3-1 的最大洪峰流量资料，按三点法初选参数进行配线。具体步骤如下：

解：1）点绘经验频率曲线，见图 3-9 中虚线。

2）从经验频率曲线上读得 $Q_{5\%}=2600\mathrm{m^3/s}$，$Q_{50\%}=1100\mathrm{m^3/s}$，$Q_{95\%}=408\mathrm{m^3/s}$。由式（3-32）可以求出：

$$S=\frac{Q_{5\%}+Q_{95\%}-2Q_{50\%}}{Q_{5\%}-Q_{95\%}}=\frac{2600+408-2\times1000}{2600-408}=0.369$$

查附表 3，当 $S=0.369$ 时，$C_s=1.31$。再查附表 4，当 $C_s=1.31$ 时，$\Phi_{50\%}=-0.209$。$\Phi_{5\%}-\Phi_{95\%}=3.146$，由此可以算出

$$\sigma=\frac{Q_{5\%}-Q_{95\%}}{\Phi_{5\%}-\Phi_{95\%}}=\frac{2600-408}{3.146}=696.8$$

$$\overline{Q}=Q_{5\%}-\sigma\Phi_{50\%}=1100-696.8\times(-0.209)=1246\,(\mathrm{m^3/s})$$

$$C_v = \frac{\sigma}{\overline{Q}} = \frac{696.8}{1246} = 0.56$$

3）取 $S = 1246\text{m}^3/\text{s}$，$C_v = 0.55$，$C_s = 2.5C_v = 1.375$ 进行配线，如图 3-9 所示。由于该线与经验点据配合较好，故取作最后的成果（注意：例 3-1 中的配线与本例的配线基本上是一致的）。

第七节 相 关 分 析

一、相关关系的概念

自然界中的许多现象之间是有一定联系的。例如降水与径流之间，上下游洪水之间，水位与流量之间等都存在着一定的联系。相关分析就是要研究两个或多个随机变量之间的联系。

在水文计算中，我们经常遇到某一水文要素的实测资料系列很短。而与其有关的另一要素的资料却比较长，这样我们就可以通过相关分析来把短期系列延长。此外，在水文预报中也经常采用相关分析的方法。

不过在相关分析时，必须先分析一下它们在成因上是否确有联系，否则把毫无关联的现象，只凭其数字上的偶然巧合，硬凑出它们之间的关系，那是唯心的、毫无意义的。

两种现象（变量）之间的关系一般可以有 3 种情况：

1. 完全相关（函数关系）

两个变量 x 与 y 之间，如果每给定一个 x 值，就有一个完全确定的 y 值与之对应，则这两个变量之间的关系就是完全相关（或称函数关系）。其相关的形式为直线关系或曲线关系（见图 3-10）。

2. 零相关（没有关系）

两变量之间毫无联系，或某一现象的变化不影响另一现象的变化，这样两个变量之间的关系为零相关或没有关系（见图 3-11）。

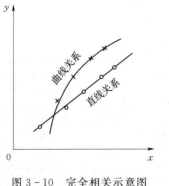

图 3-10 完全相关示意图

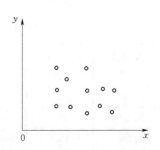

图 3-11 零相关示意图

3. 相关关系

若两个变量之间的关系界于完全相关和零相关之间，则称为相关关系。在水文计算中，由于影响水文现象的因素错综复杂，有时为简便起见，只考虑其中最主要的一个因素而略去其次要因素，例如径流与相应的降雨量之间的关系，或同一断面的流量与相应水位之间的关系等。如果把它们的对应数值点绘在方格纸上，便可看出这些点子虽有点散乱，但其平均关系还是有一个明显的趋势，这种趋势可以用一定的曲线（包括直线）来配合，如图3-12所示。这便是简单的相关关系。

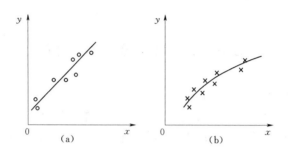

图3-12 相关关系示意图

(a) 直线相关；(b) 曲线相关

以上研究两个变量（现象）的相关关系，一般称为简单相关。若研究3个或3个以上变量（现象）的相关关系时，则称为复相关。在相关关系的图形上可分为直线相关和非直线相关两类。在水文计算中常用的是简单相关，水文预报中常用复相关。本节以研究简单相关中的直线相关为主，并简述一下复相关。

二、简单直线相关

（一）相关图解法

设 x_i、y_i 代表两系列的观测值，共有 n 对，把对应值点绘于方格纸上，如果点据的平均趋势近似于直线，则可用直线来近似地代表这种相关关系。若点据分布较集中，可以直接利用作图的方法求出相关直线，叫做相关图解法。此法是先目估通过点群中间及 $(\overline{x}, \overline{y})$ 点，绘出一条直线，然后在图上量得直线的斜率 b，直线与纵轴的截距 a，则直线方程式 $y = a + bx$ 即为所求的相关线方程。该法简便实用，一般精度尚可。

现以某站年降雨量和年径流量资料的相关分析为例，说明相关图的绘制。该站年降雨量 x 和年径流量 y 的同期资料如表3-5所示。

表3-5　　　　　　　　　　　　某站年降雨量和年径流量资料

年份	年降雨量 x /mm	年径流量 y /mm	年份	年降雨量 x /mm	年径流量 y /mm	年份	年降雨量 x /mm	年径流量 y /mm
1954	2014	1362	1958	1257	720	1962	1316	809
1955	1211	728	1959	1029	534	1963	1356	929
1956	1728	1369	1960	1306	778	1964	1266	796
1957	1157	695	1961	1029	337	1965	1052	383

根据设计要求，需要延长该站的年径流量 y。从物理成因上分析，同一站的年降雨量和年径流量确有联系，根据过去水文分析计算的经验可知，它们之间的关系可近似为直线关系，又从水文年鉴上看该站年降雨量资料较长，因此可以作相关分析。用年降雨量资料延长

年径流量资料。现以年降雨量 x 为横坐标，以年径流量 y 为纵坐标，将表 3-5 中各年数值点绘于图上得 12 个相关点子，如图 3-13 所示。从图上可以看出，这些相关点子分布基本上呈直线趋势。因此，可以通过点群中间按趋势目估绘出相关直线（如图 3-13 中的①线）。因为我们的目的是由较长期的年降雨量资料延长较短期的年径流量资料 y，所以，在定线时要尽量使各相关点子距离所定直线的纵向离差（Δy_i）的平方和（$\sum \Delta y_i{}^2$）最小。

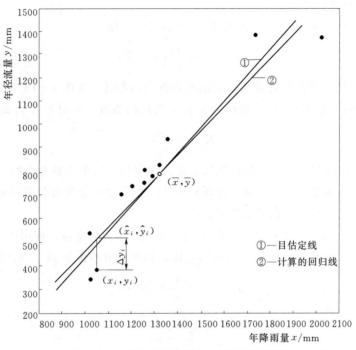

图 3-13 某站所降雨量和年径流量相关图

（二）相关计算法

如果相关点据分布较散，目估定线存在一定的任意性，为了精确起见，最好采用分析法来确定相关线的方程。设直线方程的形式为

$$y = a + bx \tag{3-48}$$

式中：x 为自变量；y 为倚变量；a、b 为待定常数。

从图 3-13 可以看出，观测点与配合的直线在纵轴方向的离差为

$$\Delta y_i = y_i - \hat{y}_i = y_i - a - bx_i$$

要使直线拟合"最佳"须使离差 Δy_i 的平方和为"最小"。即使

$$\sum_{i=1}^{n} (\Delta y_i)^2 = \sum_{i=1}^{n} (y_i - \hat{y}_i)^2 = \sum_{i=1}^{n} (y_i - a - bx_i)^2 \tag{3-49}$$

为极小值。欲使上式取得极小值，可分别对 a 及 b 求一阶导数，并使其等于零。

解得

$$b = r \frac{\sigma_y}{\sigma_x} \tag{3-50}$$

$$a = \overline{y} - b\overline{x} = \overline{y} - r \frac{\sigma_y}{\sigma_x} \overline{x} \tag{3-51}$$

$$r = \frac{\sum\limits_{i=1}^{n}(x_i - \overline{x})(y_i - \overline{y})}{\sqrt{\sum\limits_{i=1}^{n}(x_i - \overline{x})^2 \sum\limits_{i=1}^{n}(y_i - \overline{y})^2}} = \frac{\sum\limits_{i=1}^{n}(K_{xi} - 1)(K_{yi} - 1)}{\sqrt{\sum\limits_{i=1}^{n}(K_{xi} - 1)^2 \sum\limits_{i=1}^{n}(K_{yi} - 1)^2}} \qquad (3-52)$$

式中：σ_x、σ_y 为 x、y 系列的均方差；$\overline{x}$、$\overline{y}$ 为 x、y 系列的均值；r 为相关系数，表示 x、y 之间关系的密切程度。

将式（3-50）、式（3-51）代入式（3-48）中，得

$$y - \overline{y} = r \frac{\sigma_y}{\sigma_x}(x - \overline{x}) \qquad (3-53)$$

此式称为 y 倚 x 的回归方程式，它的图形称为回归线，如图 3-13 中的②线所示。

$r\sigma_y/\sigma_x$ 是回归线的斜率，一般称为 y 倚 x 的回归系数，并记为 $R_{y/x}$ 即

$$R_{y/x} = r \frac{\sigma_y}{\sigma_x} \qquad (3-54)$$

必须注意，由回归方程所定的回归线只是观测资料平均关系的配合线，观测点子不会完全落在此线上，而是分布于两侧，说明回归线不能完完全全代表两变量间的关系，它只是在一定标准情况下与实测点的最佳配合线。

以上讲的是 y 倚 x 的回归方程，即 x 为自变量，y 为倚变量，应用于由 x 求 y。

若以 y 求 x，则要应用 x 倚 y 的回归方程。同理，可推得 x 倚 y 的回归方程为

$$x - \overline{x} = r \frac{\sigma_x}{\sigma_y}(y - \overline{y}) \qquad (3-55)$$

其中

$$R_{x/y} = r \frac{\sigma_x}{\sigma_y} \qquad (3-56)$$

（三）相关分析的误差

1. 回归线的误差

回归线仅是观测点据的最佳配合线，因此回归线只反映两变量间的平均关系，利用回归线来插补延长系列时，总有一定的误差。这种误差有的大，有的小，根据误差理论，其分布一般是服从正态分布。为了衡量这种误差的大小，常采用均方误来表示，如用 S_y 表示 y 倚 x 回归线的均方误，y_i 为观测点据的纵坐标，$\hat{y}_i$ 为由 x_i 通过回归线求得的纵坐标，n 为观测项数，则

$$S_y = \sqrt{\frac{\sum(y_i - \hat{y}_i)^2}{n-2}} \qquad (3-57)$$

同样，x 倚 y 回归线的均方误 S_x 为

$$S_x = \sqrt{\frac{\sum(x_i - \hat{x}_i)^2}{n-2}} \qquad (3-58)$$

式（3-57）、式（3-58）皆为无偏估值公式。

回归线的均方误 S_y 与变量的均方差 σ_y，从性质上讲是不同的。前者是由观测点与回归线之间的离差求得，而后者则由观测点与它的均值之间的离差求得。根据统计学上的推理，可以证明两者具有下列关系：

$$S_y = \sigma_y \sqrt{1 - r^2} \qquad (3-59)$$

$$S_x = \sigma_x \sqrt{1 - r^2} \qquad (3-60)$$

正如以上所指出的，由回归方程式算出的 $\hat{y_i}$ 值，仅仅是许多 y_i 的一个"最佳"拟合或平均趋势。按照误差原理，这些可能的取值 y_i 落在回归线两侧一个均方误差范围内的概率为 68.27%，落在 3 个均方误差范围内的概率为 99.7%，如图 3-14 所示。

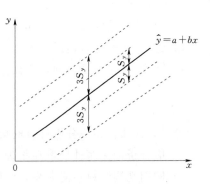

必须指出，在讨论上述误差时，没有考虑样本的抽样误差。事实上，只要用样本资料来估计回归方程中的参数，抽样误差就必然存在。可以证明，这种抽样误差在回归线的中段较小，而在上下段较大，在使用回归线时，对此必须给予注意。

图 3-14　y 倚 x 回归线的误差范围

2. 相 关 系 数 及 其 误 差

(1) 相关系数。相关系数表明两变量的相关程度。由式（3-50）可知

$$b = \frac{\sum\limits_{i=1}^{n}(x_i - \overline{x})(y_i - \overline{y})}{\sum\limits_{i=1}^{n}(x_i - \overline{x})^2} \qquad (3-61)$$

将式（3-51）代入式（3-49），并利用式（3-61）化简后可得

$$\sum_{i=1}^{n}(y_i - \hat{y_i})^2 = A - B \qquad (3-62)$$

其中，$A = \sum\limits_{i=1}^{n}(y_i - \overline{y_i})^2$，$B = b^2 \sum\limits_{i=1}^{n}(x_i - \overline{x})^2$ 因为 A、B 均为正值，由（3-62）可知：$A \geqslant B$

所以
$$0 \leqslant \frac{B}{A} = \frac{b^2 \sum\limits_{i=1}^{n}(x_i - \overline{x})^2}{\sum\limits_{i=1}^{n}(y_i - \overline{y_i})^2} \leqslant 1 \qquad (3-63)$$

将式（3-61）代入上式得

$$0 \leqslant \frac{B}{A} = r^2 \leqslant 1 \qquad (3-64)$$

据式（3-64）可作如下判断：

1）当 $\sum(y_i - \hat{y_i})^2 = 0$ 时，所有观测点都位于一直线上，两变量间具有函数关系，由式（3-62）知，此时 $A = B$。因此 $r^2 = 1$，$r = \pm 1$。这种情况就是前面说的完全相关。

2）当 $\sum(y_i - \hat{y_i})^2$ 越大时，A 值越大于 B 值，则 r^2 越小，至 $r = 0$ 时，即为零相关。

3）当 $\sum(y_i - \hat{y_i})^2$ 介于上述两种情况之间时，r^2 介于 0 与 1 之间，其大小视 A、B 的差值而定，r 的绝对值越大，其相关程度越密切。

从以上分析可知，在直线相关的情况下，r 可以表示两变量相关的密切程度，所以将 r

作为直线相关密切程度的指标。但是相关系数 r 不是从物理成因推导出来的，而是从直线拟合点据的离差概念推导出来的，因此当 $r=0$（或接近于零）时，只表示两变量间无直线关系存在，但仍可能存在非直线关系。此时应根据相关图上点据的趋势另拟相关曲线。

（2）相关系数的误差。在相关分析计算中，相关系数是根据有限的实际资料（样本）计算出来的，必然会有抽样误差。一般通过相关系数的均方误来判断样本相关系数的可靠性，按统计原理相关系数的均方误为

$$\sigma_r = \frac{1-r^2}{\sqrt{n}} \tag{3-65}$$

最后，谈谈在相关分析计算时应注意的几点：

1）应分析论证两种变量在物理成因上确实存在着联系。

2）同期观测资料不能太少，一般要求 n 在 12 以上，否则抽样误差太大，影响成果的可靠性。

3）在水文计算中，一般要求相关系数 $|r|>0.8$，且回归线的均方误 S_y 不大于均值 $\bar{y}$ 的 $10\%\sim15\%$。

4）在插补延长资料时，如需用到回归线上无实测点控制的外延部分，应特别慎重。

【例 3-3】 以表 3-7 中某站的年降雨量与年径流量资料为例，说明回归方程的建立与应用。

相关分析的目的是以较长期的年降雨量资料延长较短的年径流资料，所以这里以年降雨量为自变量 x，年径流量为倚变量 y。为使计算条理化，并便于检查校核，相关计算采用列表法进行，如表 3-6 所示。

表 3-6　　　　　　　　　　　　某站年降雨量与年径流量相关计算表

年份	年降雨量 x/mm	年径流量 y/mm	K_x	K_y	K_x-1	K_y-1	$(K_x-1)^2$	$(K_y-1)^2$	(K_x-1) $\times$ (K_y-1)
1954	2014	1362	1.54	1.73	0.54	0.73	0.292	0.533	0.394
1955	1211	728	0.92	0.92	-0.08	-0.08	0.006	0.006	0.006
1956	1728	1369	1.32	1.74	0.32	0.74	0.101	0.548	0.237
1957	1157	695	0.88	0.88	-0.12	-0.12	0.014	0.014	0.014
1958	1257	720	0.96	0.91	-0.04	-0.09	0.001	0.008	0.004
1959	1029	534	0.79	0.68	-0.21	-0.32	0.044	0.102	0.067
1960	1306	778	1.00	0.99	0.00	-0.01	0	0	0
1961	1029	337	0.79	0.44	-0.21	-0.56	0.044	0.314	0.118
1962	1316	809	1.00	1.03	0	0.03	0	0.001	0
1963	1356	929	1.03	1.18	0.03	0.18	0.001	0.032	0.005
1964	1266	796	0.97	1.01	-0.03	0.01	0.001	0	0
1965	1052	383	0.80	0.49	-0.20	-0.51	0.040	0.260	0.102
合计	15715	9440	12.00	12.00	0	0	0.544	1.818	0.947
平均	$\bar{x}=1310$	$\bar{y}=787$							

由表 3-6 的计算成果，可进一步算出以下各值。

1) 均值。

$$\overline{x} = \frac{15715}{12} = 1310(\mathrm{mm}), \quad \overline{y} = \frac{9440}{12} = 787(\mathrm{mm})$$

2) 均方差。

$$\sigma_x = \overline{x}\sqrt{\frac{\sum\limits_{i=1}^{n}(K_{xi}-1)^2}{n-1}} = 1310\sqrt{\frac{0.544}{12-1}} = 291(\mathrm{mm})$$

$$\sigma_y = \overline{y}\sqrt{\frac{\sum\limits_{i=1}^{n}(K_{yi}-1)^2}{n-1}} = 787\sqrt{\frac{1.818}{12-1}} = 320(\mathrm{mm})$$

3) 相关系数。

$$r = \frac{\sum\limits_{i=1}^{n}(K_{xi}-1)(K_{yi}-1)}{\sqrt{\sum\limits_{i=1}^{n}(K_{xi}-1)^2 \sum\limits_{i=1}^{n}(K_{yi}-1)^2}} = \frac{0.947}{\sqrt{0.544 \times 1.181}} = 0.952$$

4) 回归系数。

$$R_{y/x} = r\frac{\sigma_y}{\sigma_x} = 0.952 \times \frac{320}{291} = 1.046$$

5) y 倚 x 的回归方程。

$$y = \overline{y} + R_{y/x}(x - \overline{x}) = 1.046x - 583$$

6) 回归直线的均方误。

$$S_y = \sigma_y\sqrt{1-r^2} = 320\sqrt{1-(0.952)^2} = 98(\mathrm{mm})$$

即占 $\overline{y}$ 的 12.4%（介于 10%～15% 之间）。

7) 相关系数的误差。

$$\sigma_r = \frac{1-r^2}{\sqrt{n}} = \frac{1-(0.952)^2}{\sqrt{12}} = 0.027$$

说明两变量间的相关关系尚好。

如将方程式所定直线绘在图上，得图 3-13 中的②线。①线和②线未能完全重合，说明相关计算法与相关图解法有一定误差。但两线相差很小，这又说明如果处理得当，图解相关法也可得到比较满意的结果。图中还可看出，如果将相贯线外延时，两者差别将逐渐增大。

从式（3-53）和式（3-55）还可看出，回归线有一个特性，这就是它必然通过变量 x、y 的均值点 $(\overline{x}, \overline{y})$，如图 3-14 所示。因此，当我们用图解法定线时，掌握这一特性，可使图解定线更有把握一些。

作出了相关线，便可由已知的自变量 x 值，从相关线上查得（或代入回归方程算出）相应的倚变量 y 值。

如上例中某站虽然只有 1954—1965 年共 12 年的径流量和降雨同期观测资料，但降雨资料却比较长，是从 1932 年开始的。把 1932—1953 年的各年降雨量代入回归方程中，可以把该站年径流量资料也展延至 34 年（1932—1965 年），如表 3-7 所示。表中 1932—1953 年的各年年径流量，就是通过这种相关计算的方法得到的。

表 3-7　　　　　　　　　　　　　　某站年径流量展延成果表

年　份	年降雨量/mm	年径流量/mm	年　份	年降雨量/mm	年径流量/mm	年　份	年降雨量/mm	年径流量/mm
1932	982	444	1944	885	343	1956	1728	1369
1933	1080	547	1945	1265	741	1957	1157	695
1934	1320	797	1946	1165	636	1958	1257	720
1935	880	338	1947	1070	536	1959	1029	534
1936	1159	629	1948	1360	839	1960	1306	778
1937	1410	894	1949	922	383	1961	1029	337
1938	1360	840	1950	1460	947	1962	1316	809
1939	1010	475	1951	1195	668	1963	1356	929
1940	870	328	1952	1330	809	1964	1266	796
1941	1170	641	1953	995	457	1965	1052	383
1942	930	391	1954	2014	1362			
1943	1040	505	1955	1211	728			

三、曲线相关

在水文计算中常常会碰到两变量的关系不是直线相关，而是某种形式的曲线相关，如水位-流量关系，流域面积-洪峰流量关系等。遇此情况，水文计算上多采用曲线直线化的方法。水文上最常用的有下述两种曲线。

1. 幂函数

幂函数的一般形式为

$$y = ax^n \qquad\qquad (3-66)$$

两边取对数，并令 $\lg y = Y$，$\lg a = A$，$\lg x = X$。则有：

$$Y = A + nX \qquad\qquad (3-67)$$

对 X 和 Y 而言这就是直线关系了。因此，如果将随机变量各点取对数，在方格纸上点绘 $(\lg x_1, \lg y_1)$，$(\lg x_2、\lg y_2)$，…各点，或者在双对数格纸上点绘 $(x_1、y_1)$，$(x_2、y_2)$，…各点，这样，就可照上面所讲述的方法，作直线相关分析。

2. 指数函数

指数函数的一般形式为

$$y = ae^{bx} \qquad\qquad (3-68)$$

两边取对数，并令 $\lg y = Y$，$\lg a = A$，$b\lg e = B$。则有：

$$Y = A + BX \qquad\qquad (3-69)$$

这样对 X 和 Y 同样也可作直线相关分析。

四、复相关

研究 3 个或 3 个以上变量的相关，称为复相关，又称多元相关。在简单相关中，只研究一种现象受另一种主要现象的影响，而将其他因素忽略。但是，如果主要影响因素不只一个，且其中任何一个都不宜忽视，此时就不能用简单相关，而要应用复相关了。

复相关的计算，在工程上多用图解法选配相关线。例如图 3-15 中，倚变量 z 受自变量 x 和 y 两变量的影响。可以根据实测资料点绘出 z 和 x 的对应值于方格纸上，并在点旁注明 y 值，然后做出 y 值相等的"y 等值线"，这样点绘出来的图，就是复相关关系图。它与简单相关图的区别就在于多了一个自变量，即 z 值不单是倚 x 而变，同时还倚 y 而变，因此在使用此图插补（延长）z 值时，应先在 x 轴上找出 x_i 值，并向上引垂线至相应的 y_i 值，然后便可查得 z_i 值。除图 3-15 所

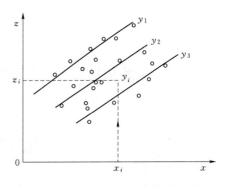

图 3-15　复相关示意图

示的复相关图外，还有复曲线相关图。这种复相关图形（直线和曲线）在水文计算和水文预报中经常会遇到，如第五章中的降雨径流相关图。复相关计算除用图解法以外，还可用分析法，但非常繁杂。除了复直线回归分析外，其他分析法不大应用。最常用的是两个自变量的复直线回归分析。有关多个自变量的复直线回归分析，其原理与前面的一元回归分析大致相同，所不同的是直线方程中系数（回归系数）的确定需解更为复杂的线性代数方程组。有关这方面的内容，可参考有关数学书籍。

第四章 由流量资料推求设计洪水

第一节 概 述

在河流上修建水库，通过其对洪水的拦洪削峰，可防止或减轻甚至消除水库下游地区的洪水灾害。但是，若遇特大洪水或调度运用不当，大坝失事也会形成远远超过天然洪水的溃坝洪水，如板桥水库 1975 年 8 月入库洪峰 13100m³/s，溃坝流量竟达 79000m³/s，造成了下游极大的损失。由此可知，在河流上筑坝建库能在防洪方面发挥很大的作用，但是，水库本身却直接承受着洪水的威胁，一旦洪水漫溢坝顶，将会造成严重灾害。因此，防洪设计中除考虑下游防护对象的防洪要求外，更应确保大坝安全。

为了处理好防洪问题，在设计水工建筑物时，必须选择某一洪水作为依据，即设计洪水。设计洪水是指水利水电工程设计所依据的设计标准的洪水，包括洪峰流量、洪水总量和洪水过程线 3 个组成部分。

若此洪水定得过大，会使工程造价增多而不经济，但工程却比较安全；若此洪水定得过小，虽然工程造价降低，但遭受破坏的风险增大。如何选择对设计的水工建筑物较为合适的洪水作为依据，涉及一个标准问题，称为设计标准（常用洪水发生频率或重现期表示）。由此可见，设计洪水与设计标准有着密切的关系。确定设计标准是一个非常复杂的问题，一方面要处理好经济与安全的相互关系；另一方面许多随机因素也很难确切估计。

我国现行的办法是按照工程的重要性，选定不同频率作为设计标准。这样，把洪水作为随机现象，以概率形式估算未来的设计值，同时，以不同的频率来处理安全和经济的关系。通过防洪设计标准来体现大坝等水工建筑物本身和下游防洪安全要求。

水利水电工程建筑物的设计标准取决于建筑物的等级，并分为正常运用（设计标准）和非常运用（校核标准）两种情况。按正常运用的洪水标准（见表 4-1）算出的洪水称为设计洪水，用它来决定水利水电枢纽工程的设计洪水位、设计泄洪流量等。水库自身安全标准是指设计水工建筑物所采用的洪水标准。一般包括水工建筑物本身洪水标准和防洪保护区（对象）的防洪标准两类。

水工建设物的洪水标准应按水利枢纽工程的"等"及建筑物的"级"，参照中华人民共和国行业标准 DL 5180—2003《水电枢纽工程等级划分及设计安全标准》与中华人民共和国住房和城乡建设部和中华人民共和国国家质量监督检验检疫总局联合分布的中华人民共和国国家标准 GB 50201—2014《防洪标准》的规定，确定其相应的洪水标准。根据工程的规模、效益和在国民经济中的重要性将其划分为 5 等；又根据水工建筑物所属的工程等别及其在工程中的作用和重要性划分为 5 级。表 4-1 即为该标准中根据工程等别及永久性建筑物在工程中的作用确定级别的规定。根据水工建筑物的级别，该标准中还规定了相应的洪水标准。表 4-2 列出了水库工程水工建筑物正常运用的设计洪水和非常运用的校核洪水相应的防洪标准（洪水重现期）。此外，在国家标准 GB 50201—2014《防洪标准》中，对水电站工程、拦河水闸工程、灌溉与排水工程、供水工程及提防工程等的主要建筑物的防洪标准都有明确的规定。

表 4 - 1　　　　　　　　　　　　永久性水工建筑物级别的划分

工 程 等 别	永久性建筑物级别	
	主 要 建 筑 物	次 要 建 筑 物
一	1	3
二	2	3
三	3	4
四	4	5
五	5	5

表 4 - 2　　　　　　　　　水库工程水工建筑物的防洪标准　　　　　　　　单位：年

水工建筑物级别	防洪标准（重现期）				
	山 区 、 丘 陵 区			平 原 区 、 滨 海 区	
	设 计	校 核		设 计	校 核
		混凝土坝、浆砌石坝	土坝、堆石坝		
1	1000～500	5000～2000	可能最大洪水（PMF）或 10000～5000	300～100	2000～1000
2	500～100	2000～1000	5000～2000	100～50	1000～300
3	100～50	1000～500	2000～1000	50～20	300～100
4	50～30	500～200	1000～300	20～10	100～50
5	30～20	200～100	300～200	10	50～20

防洪保护区（对象）的防洪标准，应根据防护对象的重要性、历次洪水灾害及其对政治经济的影响，按照国家规定的防洪标准范围，经分析论证后，与有关部门协商选定。表 4 - 3 为 2014 年颁布的国家标准 GB 50201—2014《防洪标准》中关于城市、乡村和工矿企业的防护等级和防洪标准的有关规定。

表 4 - 3　　　　　　　　　　防洪保护区的防护等级和防洪标准

城市防护区的等级和防洪标准				
防 护 等 级	重 要 性	常住人口/万人	当量经济规模/万人	防洪标准重现期/年
Ⅰ	特别重要城市	≥150	≥300	≥200
Ⅱ	重要城市	<150，≥50	<300，≥100	200～100
Ⅲ	中等城市	<50，≥20	<100，≥40	100～50
Ⅳ	一般城镇	<20	<40	50～20

注　当量经济规模为城市防护区人均 GDP 与人口的乘积，人均 GDP 指数为城市防护区人均 GDP 与同期全国人均 GDP 的比值。

续表

乡村防护区的等级和防洪标准		
等　　级	防护区人口 /万人	耕地面积 /万亩	防洪标准 重现期/年
Ⅰ	≥150	≥300	100～50
Ⅱ	<150，≥50	<300，≥100	50～30
Ⅲ	<50，≥20	<100，≥30	30～20
Ⅳ	<20	<30	20～10

工矿企业的等级和防洪标准		
等　　级	工矿企业的规模	防洪标准 重现期/年
Ⅰ	特大型	200～100
Ⅱ	大型	100～50
Ⅲ	中型	50～20
Ⅳ	小型	20～10

必须指出，对于水库安全标准一般应采用入库洪水，如因资料等方面的原因而改用坝址洪水时，应估计二者的差异对水库调洪计算结果的影响。防护对象防洪标准应采用防洪保护区相应河段控制断面的设计洪水，该设计洪水由水库坝址以上流域及坝址至控制断面之间的区间两部分洪水组成，应考虑二者的不同组合类型及其对水库调洪计算结果的影响。

设计永久性水工建筑物所采用的非常运用的校核洪水标准，按下述原则确定。

1）失事后对下游将造成较大灾害的大型水库，重要的中型水库以及特别重要的小型水库的大坝，当采用土石坝时，应以可能最大洪水作为非常运用洪水标准；如采用混凝土坝、浆砌石坝时，根据工程特性、结构形式、地质条件等，其非常运用洪水标准较土石坝可适当降低。

2）失事后对下游不致造成较大灾害的水利水电枢纽工程的大坝和其他影响水库安全的水工建筑物，其非常运用洪水标准应根据工程规模、重要性及基本资料等情况，按不低于表4-2中规定的数值分析确定。

3）水利水电枢纽工程中不影响水库安全的建筑物，如引水式、坝后式水电站厂房等其非常运用洪水标准可较表4-2规定的数值适当降低。

推求设计洪水（包括设计洪峰、设计洪量和设计洪水过程线）的方法有两种类型，即由流量资料推求设计洪水和由暴雨资料推求设计洪水。后者又分为由实测暴雨资料推求一定频率的设计暴雨然后计算设计洪水和由水文气象资料推求可能最大暴雨，然后计算可能最大洪水。

第二节　设计洪峰流量及设计洪量的推求

由流量资料推求设计洪峰流量及设计洪量，可以使用数理统计方法，计算符合设计频率标准的数值，一般称为洪水频率计算。

一、选样

河流上一年内要发生多次洪水，每次洪水具有若干天的流量变化过程，它包含洪峰流量、洪水总量和洪水过程线3个要素。目前对洪水过程线很难作频率计算，而是以洪峰流量和洪水总量作为特征值进行频率计算。洪水频率计算时，应选取每年最大一次洪峰及设计时段的洪量作为样本，组成频率计算所需要的洪峰流量和洪量系列。设计时段一般采用1天、3天、5天、7天、15天、30天。大流域，调洪能力大的工程，设计时段可以取得长一些；小流域，调洪能力小的工程，可以取得短一些。

在设计时段以内还必须确定一些控制时段，使所推求出来的设计洪水中几个控制时段洪量具有相同的设计频率。同一年内所选取的控制时段洪量，可发生于同一次洪水中，也可不发生在同一次洪水中，关键是选取其最大值。例如图4-1中最大1天洪量与3天、5天洪量不属于同一次洪水。

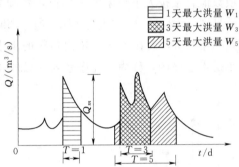

图4-1　年最大值法选样示意图

二、资料审查

在应用资料之前，首先要对原始水文资料进行审查，除在第三章提到审查资料的可靠性之外，还要审查资料的一致性和代表性。

为使洪水资料具有一致性，当使用的洪水资料受人类活动如修建水工建筑物、整治河道等的影响有明显变化时，则应进行还原计算，使洪水资料换算到天然状态的基础上。

洪水资料的代表性，反映在样本系列能否代表总体分布上，而洪水的总体又难以获得。一般认为，资料年限较长，并能包括大、中、小等各种洪水年份，则代表性较好。

系列代表性分析的方法有两种，一种是通过实测资料与历史洪水调查及文献考证资料进行对比分析。看其是否包含大、中、小洪水年份以及特大洪水年份在内；另一种是与本河流上下游站或邻近水文站的长系列资料进行对比。如果本河流上下游站或邻近水文站与本站洪水具有同步性，则可以认为两站的关系比较密切，如果这些站又具有长期的实测洪水资料，则可用这些长系列资料的代表性来评定本站的代表性。例如参证系列这段时期代表性较好，则可以判断本站同期资料也具有较好的代表性。由此可见。通过历史洪水调查，考证历史文献和系列插补延长，是增进系列代表性的重要手段。

2006年颁布的SL 44—2006《水利水电工程设计洪水计算规范》中规定，为了使样本具有一定的代表性，要求实测洪水年数不少于30年。结合我国近年来水文观测的进展情况，年数可以增加，以提高资料代表性。

三、特大洪水的处理

特大洪水是指实测系列和调查到的历史洪水中，比一般洪水大得多的稀遇洪水。我国河流的实测流量资料系列一般不长，通过插补延长的系列也极有限。若只根据短系列资料作频率计算，所得成果很不稳定。往往出现一次新的大洪水以后，就使设计洪水数值发生变动。如果在频率计算中能够正确利用特大洪水资料，所得成果就比较稳定。例如某站1956年发生一次大洪水，实测洪峰流量 $Q = 13100\,\text{m}^3/\text{s}$，根据19年实测流量系列算得千

年一遇洪峰流量 $Q_{0.1\%}=19700\mathrm{m}^3/\mathrm{s}$，若加入历史特大洪水（1794 年、1853 年、1917 年、1939 年）进行计算，得千年一遇洪峰流量增为 $Q_{0.1\%}=22600\mathrm{m}^3/\mathrm{s}$。1963 年本河又发生了一次大洪水，本站的洪峰流量 $Q=12000\mathrm{m}^3/\mathrm{s}$，若把历史洪水资料和 1956 年洪水与 1963 年洪水都作特大洪水处理，计算得千年一遇洪峰流量 $Q_{0.1\%}=23300\mathrm{m}^3/\mathrm{s}$，与 $22600\mathrm{m}^3/\mathrm{s}$ 相差不大。由此可见，考虑特大洪水值处理后，计算结果比较稳定。

　　特大洪水处理的关键是特大洪水重现期的确定。特大洪水一般指的是历史洪水，但是在实测洪水系列中，若有大于历史洪水或数值相当大的洪水也作特大洪水处理。

　　洪水系列（洪峰或洪量）有两种情况：一是系列中没有特大洪水值，在频率计算时，各项数值直接按大小顺序统一排位，各项之间没有空位，序数 m 是连序的，称为连序系列 [见图 4-2（a）]。二是系列中有特大洪水值，特大洪水值的重现期（N）必然大于实测系列年数 n，而在 $N-n$ 年内各年的洪水数值无法查得，它们之间存在一些空位，由大到小是不连序的，称为不连序系列 [见图 4-2（b）]。

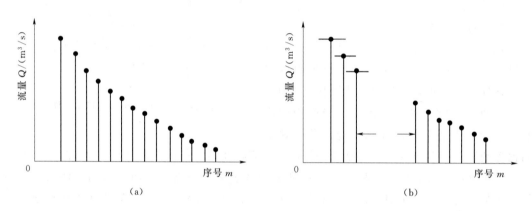

图 4-2　连序系列和不连序系列示意图

（a）连序系列；（b）不连序系列

　　连序系列中各项经验频率，已在第三章中论述，是采用数学期望公式来估算的。

　　不连序系列的经验频率，有两种估算方法：

　　1. 独立样本法（分别计算法）

　　把实测系列与特大值系列都看做是从总体中独立抽出的两个随机连序样本，各项洪水可分别在各个系列中进行排位，实测系列的经验频率仍按连序系列经验频率公式计算。

$$P_m=\frac{m}{n+1} \tag{4-1}$$

特大洪水系列的经验频率计算公式为

$$P_M=\frac{M}{N+1} \tag{4-2}$$

式中：P_m 为实测系列第 m 项的经验频率；m 为实测系列由大至小排列的序号；n 为实测系列的年数；P_M 为特大洪水第 M 序号的经验频率；M 为特大洪水由大至小排列的序号；N 为自最远的调查考证年份迄今的年数。

当实测系列内有特大洪水时，此特大洪水亦应在实测系列中占有序号。例如，实测资料为30年，其中有一个特大洪水，则一般洪水最大项的经验频率 $P=(1+1)/(30+1)=0.0645$。

2. 统一样本法（统一处理法）

将实测系列与特大值系列共同组成一个不连序系列，作为代表总体的一个样本，不连序系列各项可在历史调查期 N 年内统一排位。

假设在历史调查期 N 年中有特大洪水 a 项，其中有 l 项发生在一年实测系列之内；N 年中的 a 项特大洪水的经验频率仍用式（4-2）计算。实测系列中其余的 $(n-1)$ 项，则均匀分布在 $1 \sim p_{Ma}$ 频率范围内，p_{Ma} 为特大洪水第末项 M_a 的经验频率。实测系列第 m 项的经验频率计算公式为

$$p_m = p_{Ma} + (1-p_{Ma}) \frac{m-l}{n-l+1} \qquad (4-3)$$

上述第一种方法把特大洪水与实测一般洪水视为相互独立的变量，缺乏理论上的论证；但是，根据实测计算分析，在一般情况下，两种方法计算成果差别不大。

四、频率曲线线型选择

样本系列各项的经验频率确定之后，频率格纸上经验频率点据的位置就可以确定下来，频率计算的下一步就是为这些点据适配一条理论频率曲线，以便计算设计洪水值之用。我国从20世纪60年代以后统一采用皮尔逊-Ⅲ型曲线作频率计算。皮尔逊-Ⅲ型曲线有3个参数 $\overline{x}$、C_v 和 C_s，有关它的分布特性、参数意义已在第三章介绍过了。由于该曲线在我国大部分地区与经验频率点据配合较好，且有离均系数 Φ_p 值和模比系数 K_p 值计算表可查，便于使用。但是，有些地区皮尔逊-Ⅲ型曲线与经验频率点据配合不好时，根据实际情况，经分析论证也可采用其他线型。

五、统计参数的确定

我国规范统一规定采用目估适线法。在线型和经验频率点据确定后，试凑参数使曲线与经验频率点据配合得最好，此时的参数就是所求的曲线线型的参数，从而可以计算设计洪水值。目估配线的原则和设计年径流量计算时大致一样，但是，应尽量照顾点群的趋势，使曲线通过点群中心，当经验点据与曲线线型不能全面拟合时，可侧重考虑上中部分的较大洪水点据。对调查考证期内为首的几次特大洪水，要具体分析。一般说来，年代越久的历史特大洪水加入系列进行配线，对合理选定统计参数的作用越大，但这些资料本身的误差可能较大。因此，在配线时，不宜机械地通过特大洪水点据，而使曲线对其他点群偏离过大，但也不宜脱离大洪水点据过远。

用目估适线法确定参数，首先要估算参数的初试值。参数估算方法已在第三章中介绍过。在用矩法初估参数时，对不连序系列，公式的原理与连序系列相同，但形式有所不同。假定 $(n-1)$ 年系列的均值和均方差与除去特大洪水后的 $(N-a)$ 年系列的相等，即 $\overline{x}_{N-a} = \overline{x}_{n-l}$；$\sigma_{N-a} = \sigma_{n-l}$ 可以导出参数计算公式为

$$\overline{x} = \frac{1}{N} \left(\sum_{j=1}^{a} x_j + \frac{N-a}{n-l} \sum_{i=l+1}^{n} x_i \right) \qquad (4-4)$$

$$C_v = \frac{1}{x} \sqrt{\frac{1}{N-1} \left[\sum_{j=1}^{a} (x_j - \overline{x})^2 + \frac{N-a}{n-l} \sum_{i=l+1}^{n} (x_i - \overline{x})^2 \right]} \qquad (4-5)$$

式中：x_j 为特大洪水，$j=1,2,\cdots,a$；x_i 为一般洪水，$i=l+1,l+2,\cdots,n$；其他符号意义同前。

偏态系数 C_s 属于高阶矩。用矩法算出的数值与目估配线的成果相差较大，故一般不用矩法计算，而是参考附近地区资料选定一个 C_s/C_v 值。对于 $C_v\leqslant0.5$ 的地区，可试用 $C_s/C_v=3\sim4$；对于 $0.5<C_v\leqslant1.0$ 的地区，可试用 $C_s/C_v=2.5\sim3.5$；对于 $C_v>1.0$ 的地区，可试用 $C_s/C_v=2\sim3$。

在用三点法初估参数时，先在概率格纸上通过点群中心目估绘制一条光滑的经验频率曲线，然后在曲线上读出频率为 P_1、P_2、P_3 点相应的洪水值 x_{p1}、x_{p2}、x_{p3}。3 点的频率 P_1、P_2、P_3 一般取 5%、50% 和 95%，并由第三章式（3-32）计算偏度系数 S；当 P_1、P_2、P_3 已取定时，则有式（3-33）$S=M(C_s)$ 的函数关系，上述关系已制成附表 3 的形式，由式（3-32）求得 S 后，查附表得 C_s，然后计算

$$\sigma=\frac{x_{5\%}-x_{95\%}}{\Phi_{5\%}-\Phi_{95\%}}$$

$$\overline{x}=x_{50\%}-\sigma\Phi_{50\%}$$

从而可算出 C_v 值。有了 $\overline{x}$、C_v 和 C_s 作为初试值，便可进行适线。

【例 4-1】 某河水文站实测洪峰流量资料共 25 年，历史特大洪水资料 3 年。按不连序系列经验频率公式计算，经验频率点据和经验频率曲线如图 4-3 所示。现采用矩法估算参数初试值，推求百年一遇的洪峰流量。

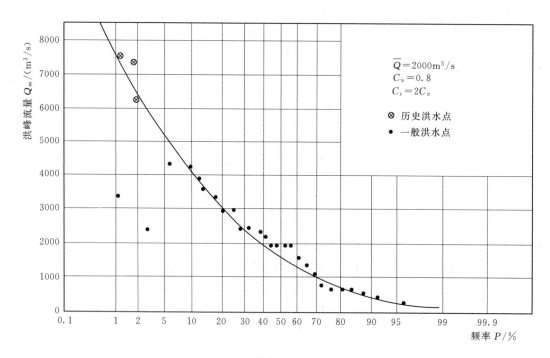

图 4-3　某站洪峰流量频率曲线

解： 按式（4-4）计算洪峰流量的均值，得

$$\overline{Q}=\overline{x}=2000$$

按式（4-5）计算洪峰流量的均方差，得

$$C_v = 0.703$$

为便于查表，一般可先取附表2中与 C_v 计算值接近的 C_v。

$$C_v = 0.70$$

取 $C_s = 2C_v$，查附表2得各种 P 值的 K_p 值列入表4-3第（2）栏，按 $Q_p = K_p \overline{Q}$，算得 Q_p 值列入第（3）栏。将表4-4的第（1）栏、（3）栏的对应数值点绘在图4-3上，与经验频率比较，发现曲线的中上部点据偏于经验点据下方较多，而尾部偏高，根据此情况加大 C_v 值，进行第二次配线。取 $C_v = 0.80$，$C_s = 2C_v$，计算成果列入表4-4的第（4）和（5）栏，配合结果较为合适，如图4-3的实线所示。以上参数即为所求，百年一遇的洪峰流量为 $7420\text{m}^3/\text{s}$。

表4-4 频率曲线配线计算表

频 率	第 一 次 配 线 $\overline{Q}=2000$ $C_v=0.70$ $C_s=2C_v$		第 二 次 配 线 $\overline{Q}=2000$ $C_v=0.80$ $C_s=2C_v$	
$P/\%$	K_p	$Q_p/(\text{m}^3/\text{s})$	K_p	$Q_p/(\text{m}^3/\text{s})$
（1）	（2）	（3）	（4）	（5）
1	3.29	6580	3.71	7420
2	2.90	5800	3.22	6440
5	2.36	4720	2.57	5140
10	1.94	3880	2.06	4120
20	1.50	3000	1.54	3080
50	0.85	1700	0.80	1600
75	0.49	980	0.42	840
90	0.27	540	0.21	420
95	0.18	360	0.12	240
99	0.08	160	0.04	80

六、计算成果的抽样误差

用样本估算总体的参数，总是存在抽样误差的。参数既然有抽样误差。计算的设计值 x_p 也就同样存在抽样误差。由于抽样误差的存在，在计算非常运用条件下的设计洪水时，为了避免由于水文资料缺乏足够代表性，使推算出来的洪水峰量偏小，应加入一个安全修正值，以保安全。若 σ_{xp} 为峰量计算值的抽样误差，则安全修正 Δx_p 应与 σ_{xp} 成

比例，即

$$\Delta x_p = a\sigma_{xp} \qquad (4-6)$$

式中：a 为可靠性系数，一般取值在 $0.7 \sim 1.5$ 之间，当水工建筑物超载能力大，或者估计失事的后果不严重时，a 值可取得小些，反之应取得大些。

峰量计算值的抽样误差 σ_{xp} 用下式计算：

$$\sigma_{xp} = \frac{\overline{x}C_v}{\sqrt{n}}B \qquad (4-7)$$

式中：n 为样本容量，当有历史洪水资料时，考虑系列的展延作用；B 为 C_s 和设计频率 p 的函数，已制成诺模图（见图 $4-4$）。

规范中规定安全修正值一般不超过设计计算值的 20%，但这一规定尚缺乏理论依据，有待进一步探讨。

七、计算成果的合理性检查

在洪水峰量频率计算中，不可避免地存在着各种误差，特别是抽样误差。因此，对计算成果需要进行合理性检查。检查分析工作一般可从 3 个方面进行。

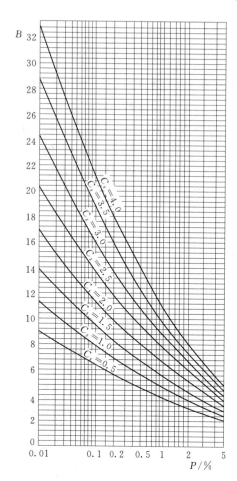

图 $4-4$　B 值诺模图

1）根据本站频率计算成果，检查洪峰、各时段洪量的统计参数与历时之间的关系。一般说来，随着历时的增加，洪量的均值也逐渐增大。而时段平均流量的均值则随历时的增加而减小。C_v 值的变化与河流的峰量关系有关。凡河流河槽调蓄作用小，连续暴雨机会少，其 C_v 值则随着历时的加长而减小。反之，河槽调蓄作用大，连续暴雨多的河流，长历时洪量的 C_v 值大于短历时洪量和洪峰的 C_v 值。

另外还可绘制各种历时的洪量频率曲线综合图，要求曲线在使用范围内不应有交叉现象。当出现交叉时，应复查有无错误，必要时可对参数进行适当调整。

2）根据上下游站、干支流站及邻近地区各河流洪水的频率分析成果进行比较。在暴雨条件比较一致的地区，洪峰及一定历时洪量的均值，与流域面积 F 有较密切的关系，其关系可用 $\overline{x}=KF^n$ 来表示，其中 K、n 为常数。

如将上下游站、干支流站同历时最大洪量的频率曲线绘在一起，下游站、干流站的频率曲线应高于上游站和支流站，曲线间距的变化也有一定规律。

3）根据暴雨频率分析成果进行比较。一般说来，洪水的径流深应小于相应天数的暴雨深，而洪水的 C_v 值，应大于相应暴雨量的 C_v 值。

以上规律，可作为成果合理性检查的参考。如发现明显不合理之处，应将成果作适当调整。

第三节 设计洪水过程线的推求

洪水过程线的形状千变万化，且洪水每年发生的时间也不相同，是一种随机过程。目前尚无完善的方法直接从洪水过程线的统计规律求出一定频率的过程线，尽管已有人从随机过程的角度，对过程线作模拟研究，但尚未达到实用的目的。为了适应工程设计要求，一般将某一典型洪水过程线加以放大，使其洪水特征如洪峰流量和时段洪水总量的数值等于设计标准的频率计算值，即认为所得的过程线是待求的设计洪水过程线。

一、典型洪水过程线的选择

典型洪水过程线是放大的基础。从实测洪水资料中选择典型时，资料要可靠，一般应考虑以下 3 个条件：

1）选择峰高量大的洪水过程线，其洪水特征接近于设计条件下的稀遇洪水情况。

2）要求洪水过程线具有一定代表性，即它的发生季节、地区组成、洪峰次数、峰量关系等能代表本流域上大洪水的特性。

3）从水库防洪安全着眼，选择对安全不利的典型，如峰型比较集中，主峰靠后的洪水过程。

可按上述条件初步选取几个典型，分别放大，并经调洪计算。取其中偏于安全的作为设计洪水过程线的典型。

二、放大方法

对典型洪水过程线放大时，目前一般采用峰量同频率控制方法（简称同频率放大法）或按峰或量同倍比控制方法（简称同倍比放大法）。

1. 同倍比放大法

此法是按同一个倍比放大典型洪水过程线的各纵坐标值，从而得到设计洪水过程线。因此，方法的关键在于确定以谁为主的放大倍比值。放大倍比值的选用有两种，一是"以峰控制"，其放大倍比为

$$K_Q = \frac{Q_{mp}}{Q_{mD}} \qquad (4-8)$$

式中：Q_{mp} 为设计频率的洪峰流量；Q_{mD} 为典型洪水过程线的洪峰流量。

二是"以量控制"，其放大倍比为

$$K_w = \frac{W_{tp}}{W_t} \qquad (4-9)$$

式中：W_{tp} 为设计频率的设计时段洪量，设计时段长短一般是根据工程情况决定；W_t 为典型洪水过程线的设计时段洪量。

2. 同频率放大法

此法要求放大后的设计洪水过程线，其峰和不同时段（1 天，3 天，…）的洪量均分别等于设计值。具体做法是先由频率计算求出设计值的洪峰 Q_{mp} 和不同时段的（1 天，3

天，…）洪量 W_{1p}，W_{3p}，…；并求典型洪水过程线的相应洪峰 Q_{mD} 和不同时段的洪量 W_{1D}，W_{3D}，…；然后按洪峰，最大 1 天洪量，最大 3 天洪量，……的顺序，采用以下不同倍比值分别进行放大。

洪峰放大倍比

$$R_{Qm} = \frac{Q_{mp}}{Q_{mD}} \tag{4-10}$$

最大 1 天洪量放大倍比

$$R_1 = \frac{W_{1P}}{W_{1D}} \tag{4-11}$$

最大 3 天洪量中除最大 1 天以外，其余两天的放大倍比为

$$R_{3-1} = \frac{W_{3P} - W_{1P}}{W_{3D} - W_{1D}} \tag{4-12}$$

上式说明，最大 1 天洪量包括在最大 3 天洪量之中，同理，最大 3 天洪量包括在最大 7 天洪量之中，得出的设计洪水过程线上的洪峰和不同时段的洪量，恰好等于设计值。时段划分视过程线的长度而定，但不宜太多，一般以 3 或 4 段为宜。由于各时段放大倍比不相等，以致放大后的过程线在时段分界处出现不连续现象，此时可徒手修匀，修匀后仍应保持洪峰和各时段洪量等于设计值。如放大倍比相差较大，要分析其原因，采取措施，消除这种不合理的现象。

【例 4-2】 某水库设计标准 $P = 1\%$ 的洪峰和 1 天、3 天、7 天洪量，以及典型洪水过程线的洪峰和 1 天、3 天、7 天洪量（见表 4-5）。要求用分时段同频率放大法，推求 $P = 1\%$ 的设计洪水过程线。

表 4-5   **某水库洪峰与洪量统计表**

项 目	洪峰 Q_m/(m³/s)	洪量 W/[(m³/s)·h]		
		1 天	3 天	7 天
$P = 1\%$ 的设计水	2610	1525	2874	3873
典型洪水过程线	1810	1083	1895	2565

解：首先，计算洪峰和各时段洪量的放大倍比

$$R_{Qm} = \frac{2610}{1810} = 1.44 \quad , \quad R_1 = \frac{1525}{1083} = 1.40$$

$$R_3 = \frac{2874 - 1525}{1895 - 1083} = 1.66 \quad , \quad R_7 = \frac{3873 - 2874}{2565 - 1895} = 1.19$$

其次，将典型洪水过程线的洪峰和不同时段的洪量乘以相应的放大倍比值，得放大的设计洪水过程线（见图 4-5）。由于各时段放大倍比值不同，时段分界处出现不连续现象，可用手修匀（见图 4-5 的虚线），即得所求的设计洪水过程线。

同倍比放大法比同频率放大法计算简单，但不能同时满足洪峰、洪量具有相同频率，设计时可用两种方法进行比较。

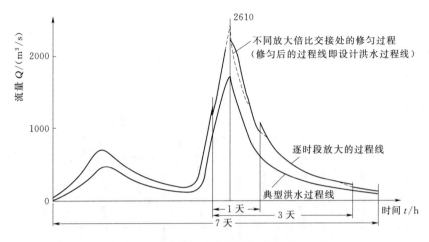

图 4-5　同频率放大法推求设计洪水过程线

第四节　分期设计洪水与施工设计洪水

一、分期设计洪水与施工设计洪水的概念

前面所讨论的设计洪水，都是以年最大洪水选样分析的，而不考虑它们在年内发生的具体时间或日期。如果洪水的大小和过程线形状在年内不同时期有明显差异，那么从工程防洪运用的角度看，需要推求年内不同时期的设计洪水，如桃汛期、凌汛期、主汛期或前汛期、后汛期等不同时期的设计洪水，为合理确定汛限水位、进行科学的防洪调度、缓解防洪与兴利的矛盾提供依据，这就是分期设计洪水问题。此外，在水利工程施工阶段，常需要推求施工期间的设计洪水，作为预先研究施工阶段的围堰、导流、泄洪等临时性工程，以及制定各种工程施工进度计划的依据与参考，这即是施工设计洪水问题。当施工设计洪水的分期与分期设计洪水的分期是一样时，上述两种设计洪水也就是一样的。

二、分期及选样

1. 分期的原则

洪水分期的划分原则，既要考虑工程设计中不同季节对防洪安全和分期蓄水的要求，又要使分期基本符合暴雨和洪水的季节性变化及成因特点。为了便于分析，可根据本流域的资料，将历年各次洪水以洪峰发生日期或某一历时最大洪量的中间日期为横坐标，以相应洪水的峰量数值为纵坐标，点绘洪水年内分布图，并描绘平顺的外包线（见图 4-6）。并结合气象分析中的降雨和暴雨特征、环流形势的演变趋势，进行对照分析，再具体划定洪水分期界限。分期后，同一分期内的暴雨洪水成因应基本相同，不同分期的洪水在量级或出现概率上应有差别。

对于施工设计洪水，具体时段的划分主要决定于工程设计的要求。为选择合理的施工时段，安排施工进度等，常需要分出枯水期、平水期、洪水期的设计洪水或分月的设计洪水，有时甚至还要求把时段划分得更短。但分期越短，相邻期的洪水在成因上没有显著差异，而同一期的洪水由于年际变差加大，频率计算的抽样误差也将更大。因此，一般分期不宜短于 1 个月。

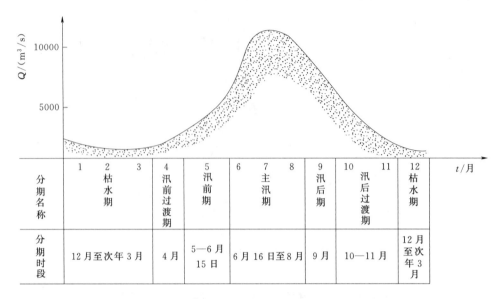

图 4 - 6　洪水分期示意图

2. 选样

分期洪水的选样，一般是在规定时段内按年最大值法选择。由于洪水出现的偶然性，各年分期洪水的最大值不一定正好在所定的分期内，可能往前或往后错开几天。因此，在用分期年最大值选样时，有跨期或不跨期两种选样方法。

一次洪水过程位于两个分期时，视其洪峰或时段洪量的主要部分位于何期，就作为该期的样本，而对另一分期，就不作重复选样，这即是不跨期选样原则。跨期选样是考虑到邻期中靠近本期一定时段内的洪峰或洪量也可能在本期发生，所以选样时适当跨期，将其选做本期的样本系列，但跨期幅度一般不宜超过 5～10 天。

历史洪水应按其发生日期，加入所属分期。

三、分期洪水频率分析计算

分期洪水频率分析计算方法和步骤，本质上与年最大洪水的频率分析是一样的。在实际计算时，应注意如下几个方面：

1）分期历史洪水或特大洪水的重现期，一般与按年最大洪水的重现期是不一样的。两者的差别大小，与洪水的特点及分期的划分有关。如果年最大洪水在汛期内各月均可能发生，而划分分期时将汛期作为一个分期，则两者就相近或相等。如果划分分期时，将汛期分成几个分期，两者就有差别，而且历史洪水作为年最大洪水的重现期总是小于作为分期历史洪水的重现期。但是，目前还没有一种满意的方法定量地估计两者的差别或给出两者的换算关系。在实际使用历史洪水进行分期洪水频率计算时，都是借用年最大洪水的经验频率，只在适线时适当加以考虑其间的差别。

2）大型水利枢纽由于工程量巨大，施工期可延续几年之久，一般采取分期围堰的施工方式，即先在临时性围堰内施工，然后合龙闭气，使坝体逐渐上升。在此阶段为避免基坑遭受洪水淹没，设计洪水应当以洪峰为主要控制对象，并需对全年及分季（或分月）分别推求设计洪水。大坝合龙初期，坝上游已有一小部分库容，可根据洪水特性来控制，同时适当考虑洪峰及短期（如1~3天）的洪量。合龙后坝体上升阶段，坝上游已有一定的调蓄洪水能力并有永久性底孔泄洪，此时，设计洪水应以设计洪水总量为控制，考虑泄水孔的泄洪能力，用设计洪水过程线进行调洪演算，以推求库水位上升过程，为考虑坝体施工的建造速度提供依据。

中小型水利枢纽施工一般在一两年内即可截流，只需推求全年及分季分月的设计洪峰，可以不考虑洪量。

3）将各分期洪水的峰量频率曲线与全年最大洪水的峰量频率曲线，画在同一张频率格纸上，检查其相互关系是否合理。如果在设计频率范围内发生交叉现象，应根据资料情况和洪水的季节性变化规律予以调整。一般来说，由于全年最大洪水在资料系列的代表性、历史洪水的调查考证等方面，均较分期洪水研究更充分一些，其成果相对较可靠。因此，调整的原则，应以分期历时较长的洪水频率曲线为准，如以年控制季，季控制所属月为宜。当各分期洪水相互独立时，其频率曲线和全年最大洪水的频率曲线之间存在一定的频率组合关系，可作为合理性检查的参考。例如，对于前后2个汛期的分期情况（假设相互独立），全年洪水与分期洪水有如下关系：

$$p(Q_年 > Q) = p(Q_前 > Q) + p(Q_后 > Q) - p(Q_前 > Q)p(Q_后 > Q) \qquad (4-13)$$

式中：$Q_年$、$Q_前$、$Q_后$分别为全年、前汛、后汛期最大洪水随机变量。

因此，可以根据式（4-13）的关系，以全年最大洪水频率曲线为控制，对前、后汛期的频率曲线进行调整。

第五章 由暴雨资料推求设计洪水

第一节 概 述

我国大部分地区的洪水主要由暴雨形成。在实际工作中，中小流域常因流量资料不足无法直接由流量资料推求设计洪水，而暴雨资料一般较多，因此可用暴雨资料推求设计洪水。特别是以下四种情况的设计洪水一般都是根据暴雨资料推求的：

（1）在中小流域上兴建水利工程，经常遇到流量资料不足或代表性较差，难于使用相关法来插补延长，因此，需用暴雨资料推求设计洪水。

（2）由于人类活动的影响，使径流形成的条件发生显著的改变，破坏了洪水资料系列的一致性。因此，可以通过暴雨资料，用人类活动后新的径流形成条件推求设计洪水。

（3）为了用多种方法进行推算设计洪水，以论证设计成果的合理性，即使是流量资料充足的情况下，也要用暴雨资料推求设计洪水。

（4）无资料地区小流域的设计洪水和保坝洪水。一般都是根据暴雨资料推求的。

具体来说，由暴雨资料推求设计洪水的主要内容有：

（1）推求设计暴雨。根据实测暴雨资料，采用统计分析和典型放大法求得。

（2）拟定产流方案，推求设计净雨。根据实测暴雨洪水资料，利用径流形成的基本原理，通过成因分析方法求得。

（3）拟定流域汇流方案。根据实测暴雨洪水资料。利用汇流的概念，用成因分析的方法求得。

（4）推求设计洪水过程线。由求得的设计暴雨，利用产流方案推求设计净雨过程。再利用流域汇流方案由设计净雨过程求得设计洪水过程。

第二节 暴雨特性的分析及暴雨资料的审查

一、暴雨的时空分布特性

一次暴雨在时间上和空间上是不断地变化和发展的，无法用少数几个指标对一次暴雨做出全面的描述。每次暴雨过程都具有各自的特点。有的暴雨历时短，来势特别猛烈，如河南的"75·8"暴雨，林庄站 6 小时暴雨量达 830.1mm；内蒙古的"77·8"暴雨，乌审召 8 小时雨量达 1050mm。有些暴雨不但历时长，且量也特别大，如河北的"63·8"暴雨，獐獏站 7 天雨量达 2051mm。此外，各次暴雨笼罩的面积及其分布也不相同，如内蒙古的"77·8"暴雨，暴雨量在 200mm 以上的面积仅 1500km^2。降雨总水量为 45.2 亿 m^3；而湖北清江的"35·7"暴雨，在 12 万 km^2 范围内，5 天降水总量却为 600 亿 m^3。由国内外暴雨量历史最大值的记录也可看出各次特大暴雨具有各自的特点。

在拟定设计暴雨过程时，需要研究当地的暴雨（尤其是特大暴雨）特性。在分析暴雨特性时，一般先根据设计要求，选取一些暴雨量特征值 P_t（如最大 t 日点雨量，或最大 t 日面平均雨量等），统计历史上各次大暴雨资料，分析暴雨量特征值在时间上的分布特性 $P_t = F(t)$，及其在空间地理坐标上的分布特性 $P_t = \Phi(z, y)$。

1. 暴雨的时间分配特性

通常是在雨区内，选取若干个雨量站的观测资料作为代表，统计各代表站各种不同时段 t 的最大雨量 P_t，及长、短时段雨量所占的百分比 P_{t1}/P_{t2} 并绘出各站暴雨强度在时间上的变化过程，用来说明暴雨量的时程分配情况。

例如河南"75·8"暴雨，其过程是从 8 月 4 日起至 9 日止，历时 5 天。但暴雨量主要集中在 8 月 5—7 日这 3 天，林庄站最大 3 天雨量 P_3 为 1605.3mm，而 5 天的雨量 P_5 为 1631.1mm，$P_3/P_5 = 98.4\%$。板桥站 $P_3 = 1422.4$mm，$P_5 = 1451.1$mm。而各代表站在 3 天中的最后 1 天（8 月 7 日）的雨量占 3 天的 $50\% \sim 70\%$，这一天的雨量又集中在最后的 6h，6h 雨量 P_6 与 24h 雨量 P_{24} 之比为 $50\% \sim 80\%$（林庄 $P_6/P_{24} = 78.3\%$）。"75·8"暴雨为一次雨量集中在后期的暴雨过程，这种雨型对于水库防汛安全是极为不利的。

一般在作暴雨特性分析时，多绘出各代表站的暴雨强度过程线，其纵坐标为逐时雨强，横坐标为时间。有时可以绘制流域面积或一定地区上的面平均雨量随时间的变化过程线。

2. 暴雨在空间分布上的特性

降落在流域上的一次暴雨，其地区分布是不均匀的，可以用等雨量线图来表示。从等雨量线的中心起分别量取不同等雨量线所包围的面积，计算此面积内的平均雨深（简称面雨深），然后以横坐标表示面积，纵坐标表示面雨深，可点绘面积-雨深曲线（见图 5-1）。以历时（如暴雨历时为 1 天、2 天、3 天）为参数的面积-雨深曲线，称为历时-面积-雨深曲线（见图 5-2）。

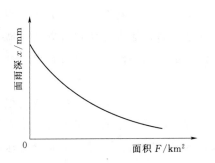

图 5-1　暴雨的面积-雨深曲线

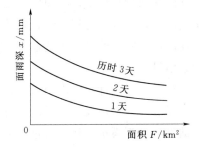

图 5-2　暴雨的历时-面积-雨深曲线

二、暴雨资料的搜集、审查与插补延长

暴雨资料的主要来源是国家水文、气象部门所刊印的雨量站网观测资料，但也要注意搜集有关部门专用雨量站和当地群众雨量站的观测资料。强度特大的暴雨中心点雨量，往往不易为雨量站测到，因此必须结合调查搜集暴雨中心范围和历史上特大暴雨资料，了解当时雨情，尽可能估计出调查地点的暴雨量。

雨量资料按观测方法与观测次数的不同，有日雨量资料、分段雨量资料与自记雨量资料3种。由于定时观测资料人为地把一次降雨过程分开记载。因此一般根据它获得的时段最大值，往往比相应时段由自记雨量资料得到的小些。在应用时，可根据实际资料进行分析，求得校正系数，对定时观测的最大雨量进行订正。

审查暴雨资料要注意分析其代表性，即审查是否有足够数量的测站用来计算面雨量；站网分布情况能否反映地理、气象、水文分区的特性；还要注意分析暴雨的特性。对不同类型的暴雨（如梅雨和台风雨）应按类型分别取样，与不分类型而按年最大值取样，频率计算成果不一样。因此计算设计暴雨时，要因地制宜，合理选定计算方法。

暴雨资料的可靠性也应进行审查，如审查特大或特小雨量观测记录是否真实，有无错记或漏测情况，必要时可结合实际调查，予以纠正。检查自记雨量资料有无仪器故障的影响，并与相应定时段雨量观测记录比较，尽可能审定其准确性。

有时各站暴雨资料观测时间长短不一，甚至缺测。为了便于进行频率计算。应设法延长或插补，一般可用下列几种方法：

1）如邻站距离较近，又在气候一致区内，可直接借用邻站的资料。

2）当邻近地区测站较多时，大水年份可绘制次暴雨等值线图进行插补；一般年份可用邻近各站的平均值插补。

3）如与洪水峰量相关关系较好，可建立暴雨和洪水峰或量的相关关系进行插补。

4）如两个相邻的雨量站，短系列站 A 的暴雨均值为 $\overline{P}_A$，而邻近长系列站 B 的暴雨均值为 $\overline{P}_B$，其与 A 站同期的暴雨均值为 $\overline{P}_{BA}$，则 A 站资料延长至与 B 站同期的暴雨均值为 $\overline{P}_{A-B}=(\overline{P}_B/\overline{P}_{BA})\ \overline{P}_A$。

第三节 设计面暴雨量的推求

设计面暴雨量是指设计断面以上流域的设计面暴雨量。一般有两种计算方法。当设计流域雨量站较多、分布比较均匀、各站又有长期的同期资料，能求出比较可靠的流域平均雨量（面雨量）时，就可直接选取每年指定统计时段的最大面暴雨量，进行频率计算求得设计面暴雨量。

另一种是，当设计流域内雨量站稀少、或观测资料系列甚短、或同期观测资料很少甚至没有，无法直接求得设计面暴雨量时，只好用间接方法计算．也就是先求流域中心附近代表站的设计点暴雨量，然后通过暴雨点面的关系，求相应的面暴雨量。下面分述这两种方法。

一、设计面暴雨量的直接计算

在搜集流域内和附近雨量站的资料并进行分析审查的基础上，先选定不同的统计时段，找出逐年各种时段的最大暴雨量。习惯上时段多采用单数天数；暴雨核心部分取得密些，一般取 4 或 5 种统计时段，如 1 天、3 天、5 天、7 天、…。逐年各种时段的最大面暴雨量，一般是根据逐日的流域面雨量选出来的。例如，某流域 1990 年 8 月份的暴雨量大而集中，流域内测站分布较均匀，用算术平均法求得的该月逐日面暴雨量如表 5－1 所示。从表中可以选出：最大 1 天面暴雨量为 69.6mm（8 月 14 日），最大 3 天面暴雨量为

85.3mm（8月12—14日），最大7天面暴雨量为153.9mm（8月12—18日）。应予指出：短时段内的最大雨量可以包含在长时段之内（如本例所示），也可以不包含在内，主要以选取该种时段的最大值为准则。

表 5-1 某流域 1990 年 8 月份逐日面暴雨量表

日期	1	2	3	4	5	6	7	8	9	10	11	12	13	14	15	16
面雨量/mm	0	10.3	0	0	0	10.7	28.2	0	0	0.7	4.7	10.2	5.5	69.6	2.9	0
日期	17	18	19	20	21	22	23	24	25	26	27	28	29	30	31	
面雨量/mm	40.1	25.6	0	0	0	0	0	0.4	2.0	4.2	0	0	0.2	0	0	

有了逐年最大的各种时段面雨量作为样本系列，分别进行频率计算，可求得面暴雨量频率曲线。从而可以定出设计频率的最大 1 天、最大 3 天、……面暴雨量。频率计算的步骤、使用的线型及公式，与设计年径流和设计洪水的频率计算方法相同，不再多述。但须注意。应将不同历时的面暴雨量频率曲线点绘在同一张频率格纸上，并注明其相应的统计参数，加以比较。各种频率的面暴雨量都必须随统计时段增加而加大，如发现频率曲线有交叉等不合理现象时，应对曲线参数进行适当修正。

二、设计面暴雨量的间接计算

（一）设计点暴雨量的计算

设计上所要求的点暴雨量，一般是指流域中心的点暴雨量。如流域中心或附近有一个测站，其观测资料系列较长，就可用该站暴雨资料进行频率计算求得设计点暴雨量。如流域中心及附近没有这种测站，则可先求出所在地区的各个测站的设计点暴雨量，然后利用地理插值法，求出流域中心的设计点暴雨量，或由水文手册中的等值线图上查得。

进行点暴雨量频率计算时，暴雨资料的统计一般可采用定时段（如 1 天、3 天、5 天、……）年最大值选样方法。资料系列必须包括有大、中、小暴雨的年份，可与邻近站较长系列资料比较判定。如资料不足，应设法延长雨量系列，也可插补或移用大暴雨的资料。移用时，再根据自然条件进行分析，必要时可根据均值比修正。对于特大值要估算它的重现期，进行频率计算时，应作相应的特大值处理。

暴雨统计参数是否符合地区变化规律，可参考大面积暴雨统计参数等值线图进行分析比较，检查其合理性。暴雨的 C_s 与 C_v 的比值，在地区上或季节上比较稳定。在我国，一般地区 $C_s \approx 3.5 C_v$；C_v 值较大地区，$C_s \approx (2 \sim 3) C_v$；$C_v$ 值较小地区，$C_s \approx (4 \sim 5) C_v$。

将不同时段的点暴雨量频率曲线绘在同一张频率格纸上，并标明各自的统计参数进行综合比较。如所绘频率曲线有交叉等不合理现象，应对不合理的曲线参数进行修正。

目前，我国各省（自治区）已将各种时段（1 天、3 天、5 天、7 天）年最大暴雨量均值及 C_v 等值线图和 C_s/C_v 的分区数值表编入水文手册，这对无资料地区计算点暴雨量甚为方便。由于等值线图往往只反映大地形对暴雨的影响，不能反映局部地形的影响，因此，在一般资料较少而地形又复杂的山区应用暴雨等值线图时要特别注意，应尽可能搜集一些实际资料，如近年来该地区所发生的特大暴雨。相似地区山上、山下的雨量同期观测资料等，对由等值线图查出的数据，进行分析比较，必要时作一些修正。

（二）设计面暴雨量的计算

流域中心设计点暴雨量求得后，要用点面关系折算成设计面暴雨量。暴雨的点面关系在设计计算中，又有以下两种区别和用法。

1. 定点定面关系

如流域中心或附近有长系列资料的雨量站，流域内有一定数量且分布较均匀的其他雨量站资料时，可以用长系列站作为固定点，以设计流域作为固定面，根据同期观测资料，建立各种时段暴雨的点面关系。也就是，对于一次暴雨某种时段的固定点暴雨量，有一个相应的固定面暴雨量，则在定点定面条件下的点面折减系数 α_0 为

$$\alpha_0 = \frac{P_F}{P_0} \tag{5-1}$$

式中：P_F 及 P_0 分别为某种时段固定面及固定点暴雨量。有了若干次某时段暴雨量，则可有若干个 α_0 值。对于不同时段暴雨量，则又有不同的 α_0 值。于是，可按设计时段选几次大暴雨的 α_0 值，加以平均，作为设计计算用的点面折减系数。将前面所求得的各时段设计点暴雨量，乘以相应的点面折减系数，就可得出各种时段设计面暴雨量。

应予指出，在设计计算情况下，理应用设计频率的 α_0 值，但由于面雨量资料不多，作 α_0 的频率分析有困难，因而近似地用大暴雨的 α_0 平均值，这样算出的设计面暴雨量与实际要求是有一定出入的。如果邻近地区有较长系列的资料，则可用邻近地区固定点和固定流域的或地区综合的同频率点面折减系数。但应注意流域面积、地形条件、暴雨特性等要基本接近，否则不宜采用。

2. 动点动面关系

过去在缺乏暴雨资料的流域上求设计面暴雨量时，曾以暴雨中心点面关系代替定点定面关系，即以流域中心设计点暴雨量，地区综合的暴雨中心点面关系去求设计面暴雨量。

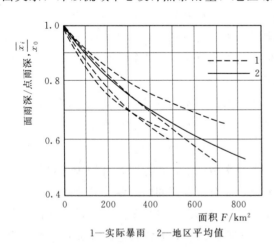

1—实际暴雨 2—地区平均值

图5-3 某地区3天暴雨点面关系图

这种暴雨中心点面关系（见图5-3）是按各次暴雨的中心与暴雨分布等值线图求得的，各次暴雨中心的位置和暴雨分布不尽相同，所以说是动点动面关系。

显然，这个方法包含了 3 个假定：①设计暴雨中心与流域中心重合；②设计暴雨的点面关系符合平均的点面关系；③假定流域的边界与某条等雨量线重合。这些假定，在理论上是缺乏足够根据的，使用时，应分析几个与设计流域面积相近的流域或对地区的定点定面关系作验证，如差异较大，应作一定修正。

各省（自治区）水文手册中一般都有历时 1 天、3 天、7 天的暴雨点面关系线，可用于流域面积小于 3000km^2 的地区。对于暴雨分布比较集中的地区，适用范围要小些，反之可大些。

三、设计面暴雨量计算成果的合理性检查

以上计算成果可从下列各方面进行检查，分析比较其是否合理，而后确定设计面暴雨量。

1）对各种历时的点、面暴雨量统计参数，如均值、C_v 值等进行分析比较，面暴雨量的这些统计参数应随面积增大而逐渐减小。

2）将间接计算的面暴雨量与邻近流域有条件直接计算的面暴雨量进行比较。

3）搜集邻近地区不同面积的面雨量和固定点雨量之间的关系，进行比较。

4）将邻近地区已出现的特大暴雨的历时、面积、雨深资料与设计面暴雨量进行比较。

第四节 设计暴雨的时、空分布

求得设计暴雨量以后，还应确定设计暴雨的时、空分布，即在时程上的分配和在地区上的分布。下面分别介绍拟定设计暴雨时、空分布的方法。

一、设计暴雨的时程分配

设计暴雨的时程分配一般用典型暴雨同频率控制缩放的方法。典型暴雨过程，应由实测暴雨资料计算各年最大面暴雨量的过程来选择。但如资料不足，也可用流域或邻近地区有较长期资料的点暴雨量过程来代替。在缩放时，仍应以设计面暴雨量为准。选择的典型要具有一定的代表性，如该类型出现次数较多。分配形式接近多年平均和常遇的情况，雨量大，强度大等，并且是对工程安全较不利的暴雨过程，如暴雨核心部分出现在后期，则形成洪水的洪峰出现较迟。对水库安全影响较大。

选定典型后，就可用同频率设计暴雨量控制方法，对典型暴雨分时段进行缩放。时段的划分，在时程分配上，一般用 1 天、3 天、7 天 3 个时段，因一次暴雨历时一般约为 3 天，连续两次暴雨的过程约 7 天，其中 1 天的雨量对洪峰计算影响较大。对于 24 小时暴雨的时程分配，时段划分视流域大小及汇流计算所用的时段而定，一般取 3h、6h、12h、24h 控制。在缺乏资料时可以引用各省（自治区）水文手册中按地区综合概化的暴雨时程分配来进行计算。

【例 5 - 1】 某流域百年一遇的设计暴雨量，历时 1 天的暴雨量为 110.0mm，3 天暴雨为 198.5mm，7 天暴雨量为 275.0mm。试在流域内某代表站历年实测最大 7 天暴雨资料中（见表 5 - 2）选定典型过程，并进行放大，拟出设计暴雨过程。

表 5 - 2　　　　　　　　　某代表站历年最大 7 天降雨过程　　　　　　　　单位：mm

日次 年份	1	2	3	4	5	6	7	7天雨量
1951	17.0	66.0	21.0	65.3	10.3	0	11.2	190.8
1952	16.5	73.1	22.2	0.1	13.9	0.9	1.2	127.9
1953	21.5	50.5	85.4	32.8	10.6	1.1	27.2	229.1
1954	21.2	21.3	9.1	21.9	19.6	19.4	0.5	113.0
1955	21.9	19.6	22.7	0.5	13.1	37.7	39.9	155.4

日 次 年 份	1	2	3	4	5	6	7	7天雨量
1956	32.4	12.3	2.7	<u>39.2</u>	<u>16.2</u>	<u>63.4</u>	0.4	166.6
1957	3.2	40.0	17.6	<u>25.3</u>	<u>34.1</u>	<u>40.1</u>	13.3	173.6
1958	35.8	9.6	29.6	17.0	<u>40.4</u>	<u>49.2</u>	<u>31.4</u>	212.9
1959	4.8	8.3	22.1	14.5	<u>34.7</u>	<u>41.3</u>	<u>56.0</u>	181.7

注 数字下划"——"线的为最大7天中最大3天雨量,带"▨"的为最大3天中的最大1天雨量。

解: 选定典型过程及放大计算步骤如下:

1)从表5-2中选出1天雨量大于5mm的天数作雨日统计,则最大3天与最大7天的实际雨日及其平均天数统计如表5-3所示。

2)由表5-2再统计最大3天、7天降雨中的最大1天及最大3天的雨日出现位置(前、中、后)及次数,结果见表5-4。

表5-3 各种历时中实际降雨日数统计表

年 份 项 目	1951	1952	1953	1954	1955	1956	1957	1958	1959	实际雨日平均数
最大3天实际降雨日数	3	3	3	3	3	3	3	3	3	3
最大7天实际降雨日数	6	4	6	6	6	5	6	7	6	6

表5-4 短时段雨日在长时段雨日中出现的位置及次数统计表

项 目	出 现 次 数		
	在 前 面	在 中 间	在 后 面
最大1天降雨在最大3天降雨中的位置	2	3	4
最大3天降雨在最大7天降雨中的位置	3	0	6

3)按照多年平均及出现次数较多的情况,由表5-3、表5-4的统计结果,从表5-2中可选择1959年作为典型年,其最大3天雨量为132.0mm,最大7天雨量为181.7mm,3天雨量中实际雨日为3天,7天雨量中实际雨日为6天。该年最大7天雨量较大,最大3天与最大1天均偏后,对工程安全不利。

4)根据已求出的设计暴雨量和选出的典型暴雨量(见表5-5),计算放大倍比:

表5-5 最大1天、3天、7天设计暴雨量与典型暴雨量表 单位:mm

项 目	$P=1\%$的设计暴雨	1959年典型暴雨
最大1天暴雨量	110.0	56.0
最大3天暴雨量	198.5	132.0
最大7天暴雨量	275.0	181.7

最大1天雨量放大倍比

$$K_1 = \frac{110.0}{56.0} = 1.96$$

最大 3 天与最大 1 天雨量差额放大倍比

$$K_3 = \frac{198.5 - 110.0}{132.0 - 56.0} = 1.16$$

最大 7 天与最大 3 天的雨量差额放大倍比

$$K_7 = \frac{275.0 - 198.5}{181.7 - 132.0} = \frac{76.5}{49.7} = 1.54$$

5）根据放大倍比，将 1959 年典型过程分时段放大，便得出百年一遇的设计暴雨时程分配（见表 5-6）。

表 5-6   设计暴雨时程分配表   单位：mm

日 次	1	2	3	4	5	6	7
1959 年典型分配	4.8	8.3	22.1	14.5	34.7	41.3	56.0
放大倍比 K_i	K_7	K_7	K_7	K_7	K_3	K_3	K_1
设计暴雨分配	7.5	12.9	34.1	22.4	40.4	47.9	109.8

二、设计暴雨的地区分布

所谓拟定设计暴雨的地区分布，就是做出一张设计流域内设计暴雨的等雨量线图。这是一个十分复杂的频率组合问题，目前还没有适当的方法来直接进行，通常用典型同倍比放大的方法推求。

当流域内有较长期的暴雨资料时，首先，绘制各次实测大暴雨的等雨量线图，统计暴雨中心出现的位置及其出现次数。然后，选出雨量大、暴雨中心位置出现次数多、并对工程安全较不利的大暴雨等雨量线图，作为地区分布的典型。按设计面暴雨量与典型暴雨量的比值同倍比放大各等雨量值，即可得出设计暴雨的等雨量线图。

当流域内短缺暴雨资料时，可以移用邻近地区暴雨特性相似的大暴雨等雨量线图作为典型。其暴雨中心应放在流域内经常出现暴雨中心而又对工程安全不利的地点。然后，按设计面暴雨量与移置的典型面暴雨量进行同倍比放大，得设计暴雨的等雨量线图。

第五节 设计净雨的推求

求得设计暴雨后，还要扣除损失，才能算出设计净雨。扣除损失的方法，常用径流系数法、暴雨径流相关图法和初损后损法 3 种，下面分别阐述。

一、径流系数法

该法是较简单而应用也较广的一种方法，它把各种损失综合反映在径流系数中。对于某次暴雨洪水，求得流域平均雨量 P(mm)，以及洪水过程线割除地下径流，求得相应的地面径流深 R(mm) 以后，则一次暴雨的径流系数为

$$\alpha = \frac{R}{P} \tag{5-2}$$

根据若干次暴雨洪水的 α 值，加以平均得 $\bar{\alpha}$，或为安全起见，选取许多次 α 值中的较大或最大者，作为设计应用值。各地水文手册均载有暴雨径流系数值，可供参考使用。还应指

出，径流系数往往随着暴雨强度增大而增大。因此，根据大暴雨资料求得的径流系数，可根据变化趋势修正，用于设计条件。影响降雨损失的因素很多（如前期土壤含水量等），一定流域的 α 值变化也是很大的。径流系数法没有考虑这些因素的影响，所以是一种粗估的方法，精度较低。

二、暴雨径流相关图法

暴雨径流相关图法建立在蓄满产流的基础上。

（一）蓄满产流方式

在湿润地区（或干旱地区的多雨季节），由于雨量充沛，地下水位一般较高，通气层较薄，通常不到几米。并且通气层（包气带）下部，含水量常年保持着田间持水量，渗入到这部分土壤中的水量以重力水的形式注入饱和层使含水量保持不变，而其上部由于蒸发的亏耗往往低于田间持水量。汛期，通气层上部的缺水量很容易为一次降雨所补充，可以认为每次大雨后，流域蓄水量都能达到最大蓄水量 I_m 值。一次降雨损失量 I 可由流域最大蓄水量 I_m 减去降雨开始时的土壤含水量 P_a 值求得。从降雨量中扣除损失量，即得净雨深 h，也就是形成洪水的总径流深 R。以上这种产生径流的方式称为"蓄满产流"。蓄满产流情况下的总径流深 R(mm)，可用水量平衡方程式表达如下：

$$R = P - I = P - (I_m - P_a) \tag{5-3}$$

式中：P 为一次降雨量，mm；P_a 为降雨开始时刻的土壤含水量，mm；I_m 为降雨结束时流域达到的最大蓄水量（对一特定流域，I_m 为常数），mm；I 为一次降雨的损失量（等于 $I_m - P_a$），mm。

总径流深 R 包括地面径流深 $R_面$ 和地下径流深 $R_下$ 两部分，表达如下：

$$R = R_面 + R_下 \tag{5-4}$$

一般可以认为，在流域缺水量（主要是通气层的缺水量）蓄满后，产流量中有一部分按稳定不变的下渗强度下渗，其下渗率为 f_c(mm/h)。稳定下渗的水量 $f_c t$ 即形成地下径流 $R_下$，超过稳渗强度的部分形成地面径流 $R_面$。

利用式（5-1）进行产流计算时，必须知道降雨开始时刻的土壤含水量 P_a 值和降雨量 P。

（二）暴雨径流相关图的绘制

要分析次降雨径流关系，就得根据历年实测的降雨、蒸发、径流资料，通过计算，求得各次洪水的流域平均雨量 P。相应的径流深 R，本次降雨开始时刻的土壤含水量 P_a，知道了各次暴雨的 P、R 和 P_a 值，就可以绘制 P-P_a-R 三变量相关图。

1. 流域平均面雨量 P 的计算

见第二章水文现象的相关内容。

2. 径流深 R 的计算

见第二章水文现象或本节（一）中的径流深计算方法的相关内容。

3. 土壤含水量 P_a 的计算

流域土壤含水量一般缺乏实测资料，必须通过间接方法计算得到。土壤含水量的增加主要靠降雨来补充，土壤含水量的亏耗，则取决于流域的蒸发量。土壤含水量 P_a 的计算就要考虑这两方面因素的消长作用。下面介绍计算 P_a 的两种方法。

1) 若计算时段 Δt 取为一天。流域水量平衡方程式可写成下列形式：

$$P_{a(t+1)} = P_{a(t)} + P_{(t)} - R_{(t)} - E_{(t)} \tag{5-5}$$

式中：$P_{a(t)}$、$P_{a(t+1)}$ 为第 t 日、第 $t+1$ 日开始时刻的土壤含水量；$P_{(t)}$ 为 t 日的流域平均降雨量；$R_{(t)}$ 为 $P_{(t)}$ 这一天形成的径流量；$E_{(t)}$ 为 t 日流域蒸发量。

对于无雨日，则式（5-5）可写成

$$P_{a(t+1)} = P_{a(t)} - E_{(t)} \tag{5-6}$$

对于有雨而不产流日，则式（5-5）可写成

$$P_{a(t+1)} = P_{a(t)} + P_{(t)} - E_{(t)} \tag{5-7}$$

2) 我们知道，降雨开始时的土壤含水量是与前期的降雨量有密切关系的，如前期降雨与本次降雨的间隔越近，则影响越大，反之则越小。因此可以假定一个小于 1 的系数 K（折减系数）的一次方来表示影响程度，用下式计算当日的 $P_{a(t)}$。

$$P_{a(t)} = KP_{t-1} + K^2 P_{t-2} + \cdots + K^n P_{t-n} \tag{5-8}$$

式中：P_{t-1}，P_{t-2}，$\cdots$，P_{t-n} 分别为本次降雨前 1 天，2 天，$\cdots$，n 天的降雨量，n 一般取 10～15 天；K 为折减系数，一般取 0.8～0.9；$P_{a(t)}$ 为本次降雨初的土壤含水量（t 日的土壤含水量）。

将式（5-8）进行变换，即

$$P_{a(t)} = K(P_{t-1} + KP_{t-2} + \cdots + K^{n-1} P_{t-n}) = K[P_{t-1} + P_{a(t-1)}] \tag{5-9}$$

利用式（5-9）逐日计算土壤含水量 P_a 值，当所计算出来的某日的 P_a 值大于 I_{max} 时，则只取 I_{max} 作为该日的 P_a 值。也就是说，土壤含水量不应大于土壤最大含水量 I_{max}。计算 P_a 时，I_{max} 是一个控制数字。

【例 5-2】 某流域 1987 年 5 月 10 日发生一次大暴雨，求该日的 P_a 值，即该日开始时的土壤含水量估计值。据过去资料分析，本流域的 $K = 0.9$，$I_{max} = 100\text{mm}$。由表 5-7 求得该流域上一个雨量站的 $P_a = 77.8\text{mm}$。

表 5-7　　　　　　　　　　　某流域上某站 P_a 计算表

时　段	4　月						5　月									
	25	26	27	28	29	30	1	2	3	4	5	6	7	8	9	10
降雨量/mm	0	0	0	0	0	0.5	124.3	0	6.7	0	19.5	30.7	6.6	0	0	63.0
P_a/mm						0	0.5	100.0	90.0	87.0	78.0	88.1	100.0	96.0	86.4	77.8
备　注	4 月 30 日以前很久无雨															

4. 土壤最大含水量 I_{max}（简写 I_m）及折减系数 K 的确定方法

在分析暴雨径流关系时所谈的土壤最大含水量，是指水分能够蒸发出去并在降雨时需要补充的最大水量。这一数值在不同的流域是不同的。在流域久旱之后有大雨，雨后影响土层的需水量刚好完全得到满足，且没有多余的水渗漏到地下潜水层去，则此次降雨的最大损失就是 I_m。但是，在实际水文分析工作中，很难判断哪场雨恰好属于这种情况。一般认为，在流域的下渗曲线不易求得的情况下，可根据流域上各地点的下渗实验资料，先求得各地点的 I_m，然后通过综合分析，求得流域的 I_m 值。另外，也可选若干次洪水，其前期十分干旱（即认为 $P_a \approx 0$），且降雨量要相当大，能达到全流域蓄满产流。取各次洪水损失的最大值为 I_m。我国湿润地区的 I_m 值约在 80～140mm 之间。还应指出，这样求

出来的土壤最大含水量除包括影响土层的最大蒸发量外，还包括一次暴雨中的最大植物截留量、雨期蒸发量和流域最大填洼需水量。由于后面这 3 项一般数量较小，故常并入土壤含水量中，而不另做分析。

土壤含水量折减系数 K 值的确定是按流域蒸发能力来计算的。流域蒸发量的大小与气象因素和流域湿润情况有关。当土壤含水量达最大值 I_m 时（即充分供水），流域的蒸发量达最大值，用 E_m 表示，称流域蒸发能力。E_m 是随当日的气象条件而变化的，是日期 t 的函数，表示为 $E_m(t)$。若 t 这一天土壤含水量 $P_a(t)$ 达到 I_m 值，则流域实际蒸发量 $E(t)=E_m(t)$。当流域供水不充分时〔即土壤含水量 $P_a(t)<I_m$〕，流域的实际蒸发量 $E(t)$ 小于流域蒸发能力 $E_m(t)$，即 $E(t)/E_m(t)<1$，且此比值将随土壤含水量的减小而减小。当土壤含水量为 P_a 时，假定流域蒸发量 $E(t)$ 符合下列比例关系：

$$E(t)=(1-K)P_a(t) \tag{5-10}$$

当土壤含水量达到最大值 I_m 时，其日蒸发量为 E_m，从而可得

$$E_{max}=(1-K)I_{max} \tag{5-11}$$

所以

$$K=1-\frac{E_{max}}{I_{max}} \tag{5-12}$$

其中，E_{max} 即为在一定条件下的流域日蒸发能力，但一般各流域无实测值。根据试验资料得知，E_{max} 与同条件下的 80cm 套盆式面蒸发皿的日蒸发量相近，因此，可用此项水面蒸发量代替 E_{max}。水面蒸发量随着地区、季节、晴雨等条件的不同而不同，在同一地区，应按不同的月份和天气的阴晴采用不同的数值。目前一般按晴天或雨天采用各该月份的多年平均值，从而可以得到各月晴天的 K 值和雨天的 K 值。

计算出各次暴雨的 P_a、P、R 后，就可以制作 P-P_a-R 三变量相关图（见图5-4）。三变量相关图有时做成如图 5-5 的简化形式。

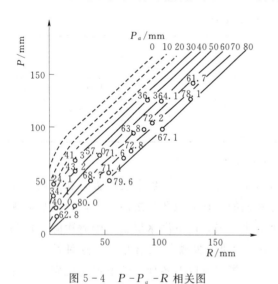

图 5-4　P-P_a-R 相关图

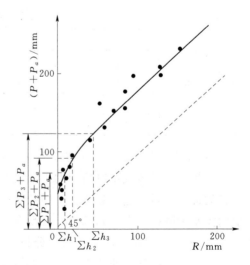

图 5-5　P-P_a-R 相关图

对这种 $R=f(P,P_a)$ 三变量相关图，有两条定量规律值得提出注意：

1）相关图中的 P_a 等值线是根据实测点据用内插法求出来的，它代表一种平均情况，

因此，设计或预报时按已知的 P 和 P_a 从相关图上查出来的 R 值应是该 P 和 P_a 值下的 R 的平均值。

2）P 越大，P_a 等值线的坡度越平，这表示在同一 P 的情况下，P_a 等值线每增加一个 ΔP 所增加的径流量 ΔR，较 P 小时同样所对应增加的 ΔR 为大，即 P 越大，径流系数越大。

但是，因为在降雨量很大时流域中仍有雨水损失，这部分雨水不产生径流。因此，在相关图上，P_a 等值线的上部仍应比 45°线陡一些。

（三）暴雨径流相关图的应用

暴雨径流相关图所反映的是各次暴雨量与其对应的径流量之间的关系，因此，在设计或预报时，有了一次暴雨的流域平均深度以后，便可以从图上推出此次暴雨的净雨深度来。如果利用三变量的相关图，在设计或预报时，还需要先计算出该次降雨开始日的流域土壤含水量 P_a，才能从图上查出所需要的净雨深度来。

实际上，应用暴雨径流相关图不但可以求出一次降雨所产生的径流总量，而且还可以推求出每个时段的净雨量。例如，一次降雨分成了许多时段，时段雨量为 P_1，P_2，P_3，…，待求的相应净雨量为 R_1，R_2，R_3，…。求法如下：按已经算出的土壤含水量值，在土壤含水量等于该值的 P_a 等值线上（必要时需要内插一条 P_a 等值线）由 P_1 查得 R_1，再由 P_1+P_2 查得 R_1+R_2，再由 $P_1+P_2+P_3$ 查得 $R_1+R_2+R_3$，其余依次类推。当逐时段累加的净雨量都查得以后，就可以计算出各时段的净雨量：$R_1=R_1$，$R_2=(R_1+R_2)-R_1$，$R_2=(R_1+R_2+R_3)-(R_1+R_2)$，具体做法参见图 5-6。

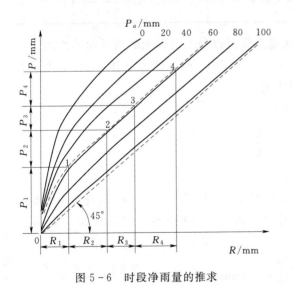

图 5-6 时段净雨量的推求   图 5-7 计算 f_c 示意图

（四）稳定下渗强度 f_c 的确定及地面净雨和地下净雨的划分

蓄满产流计算公式（5-3）中的径流深 R 是地面径流 $R_面$ 和地下径流 $R_下$ 两部分之和，由于地面径流和地下径流的汇流特性不同，在推求洪水过程线时要分别处理。为此，在降雨过程 $P(t)$ 中，也要相应地划分成产生地面径流的净雨 $h_面$ 和产生地下径流的净雨 $h_下$。前已说明，当流域蓄水量达 I_m 后，降雨强度 i 小于稳定下渗强度 f_c 时，全部降雨形成地下径流，i 大于 f_c 时，大于 f_c 的部分降雨则形成地面径流。所以将降雨过程划分成 $h_{面}$ 和 $h_{下}$ 的关键在于确定 f_c 值。f_c 是流域土壤、地质、植被等因素的综合反映。如流域自然条件无显著变化。一般认为 f_c 是不变的。因此，通过对实测雨洪资料的分析所确定的 f_c 值，可供设计洪水计算中使用。目前确定 f_c 常用的方法是试算法。

试算 f_c 的方法，如图 5-7 所示。结合算例说明如下：

1）根据实测降雨资料，求出各时段流域平均雨量，列于表 5-8 中（2）栏。

2）根据本次降雨形成的洪水资料，分割地面径流和地下径流，求得 $R_{面}=43.8\text{mm}$、$R_{下}=22.7\text{mm}$、$R=66.5\text{mm}$。

表 5-8　　　　　　　　　　　　　f_c 及 $h_{面}$、$h_{下}$ 计算表

日期 /（月-日-时）	降雨量 x /mm	净雨深 h /mm	净雨历时 t_c/h	净雨强度 r/(mm/h)	稳渗强度 f_c/(mm/h)	地下净雨 $h_{下}$/mm	地面净雨 $h_{面}$/mm
（1）	（2）	（3）	（4）	（5）	（6）	（7）	（8）
4-16-8							
	4.2						
4-16-14							
	14.6	5.8	2.4	2.4	1.35	3.3	2.5
4-16-20							
	31.6	31.6	6.0	5.3	1.35	8.1	23.5
4-17-2							
	25.9	25.9	6.0	4.3	1.35	8.1	17.8
4-17-8							
	3.2	3.2	6.0	0.53	1.35	3.2	
4-17-14							
合计	79.5	66.5	20.4			22.7	43.8

3）求净雨深和相应的净雨历时 t_c。方法是在降雨过程上由后面的雨量向前累加到等于径流深 R 为止，这部分降雨全部成为净雨深 h，相应的历时，即为净雨历时 t_c，列于表 5-8 中（3）、（4）栏。前面的降雨量作为损失量。

4）用试算法求 f_c 值，计算 f_c 的公式如下：

$$f_c = \frac{R_{下} - \Delta h_{下}}{t_c - \Delta t_0}$$

式中：Δt_0、$\Delta h_{下}$ 为净雨强度 r 小于稳渗强度 f_c 的时段及其雨量（见图 5-7）。

本算例 $R_{下}=22.7\text{mm}$，$t_c=20.4\text{h}$，则 $f_c=22.7/20.4=1.11\text{mm/h}$。检查净雨强度过程 $r(t)$ 发现 17 日 8—14 时这一时段的 r 小于计算的 f_c，应扣除这一时段的 Δt_0 和 $\Delta h_{下}$，进行重新试算，则

$$f_c = \frac{22.7 - 3.2}{20.4 - 6.0} = 1.35\text{mm/h}$$

经检查，符合要求。故本次洪水的下渗率采用 1.35mm/h。

5）分析多次实测雨洪资料，可得多次的 f_c 值。一般取其平均值作为本流域采用的稳定下渗强度 f_c 值。

有了 f_c 后，可应用它来划分地面净雨和地下净雨。见表 5-8 中的第（7）、（8）栏。当 $f_c t_c$ 值大于时段净雨量 h 时，则下渗量就等于 h 值，本时段的净雨全部为地下径流。不

产生地面径流。

（五）设计 P_{ap} 的计算

由三变量暴雨径流相关图推求设计净雨时，需要先求出设计的 P_{ap}，设计暴雨发生时、流域土壤湿润情况是未知的，可能很干（$P_a=0$），也可能很湿（$P_a=I_m$）。所以，设计暴雨可以与任何 P_a 值（$0 \leqslant P_a \leqslant I_m$）相遭遇，这是属于两个随机变量的遭遇组合问题。目前，设计 P_{ap} 的计算方法有下述 3 种：

1. 取设计 $P_{ap}=I_m$

在湿润地区，当设计标准较高，设计暴雨量较大时，P_a 的作用相对较小。原因是汛期雨水充沛，土壤经常保持湿润状态。为了安全和简化，可以取 $P_{ap}=I_m$。这种方法在干旱地区不宜采用。

2. 扩展暴雨过程法（或称典型年法）

在统计暴雨资料时，加长最大统计时段，可增加到（15～30 天），使其包括前期降雨在内。在计算出设计频率的最大 30 天暴雨量后，用同频率控制典型放大的方法，求设计暴雨的 30 天分配过程。再根据式（5-8）计算 P_a，即设计的 P_a 值。

3. 同频率法

选择每年最大的暴雨量 P 与暴雨量加土壤含水量 $P+P_a$ 值，同时进行 P 及 $P+P_a$ 的频率计算，由设计频率的 $P+P_a$ 值减去同频率的 P 值，可得设计 P_a 值。如设计 $P_a > I_m$ 时，则以 I_m 为控制，取设计 $P_{ap}=I_m$。

三、初损后损法

蓄满产流是以满足含气层缺水量为产流的控制条件。但是在一些地区，即土层未达田间持水量之前，因降雨强度超过入渗强度而产流，这种产流方式称为超渗产流。在这种情况下，可采用初损后损法计算设计净雨。

在一次暴雨过程中，各项损失的强度是随着时间而变化的，总的趋势是降雨初期各项损失强度大，以后逐渐减小，而趋于稳定。因此，可将一次暴雨的损失过程分为初期损失（以 I_0 表示）和后期损失（产生地面径流以后的损失，简称后损）。后损阶段的损失过程也是由大到小以至稳定的过程，但在实际计算中，常把它概化为平均损失过程，并以平均下渗率 $\overline{f}$ 表示（见图 5-8）。因此，流域内一次降雨所产生的径流深可用下式表示：

$$R = P - I_0 - \overline{f}t_c - p' \tag{5-13}$$

式中：R 为一次暴雨的净雨量，mm；P 为一次暴雨的降雨量，mm；I_0 为初损，mm；$\overline{f}$ 为后期损失的平均入渗率或称平均后渗率，mm/h；t_c 为后损阶段的产流历时，h；p' 为降雨后期不产流的雨量，mm。

（一）初损值的确定

各次降雨的初损值 I_0，可根据实测的雨洪资料分析求得。对于小流域，由于汇流时间短，出口断面的流量起涨点大体反

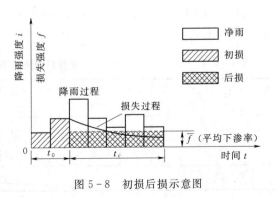

图 5-8　初损后损示意图

映了产流开始时刻。因此，起涨点以前的雨量累积值可作为初损的近似值（见图 5-9）。对较大流域，也可在其中找小面积流量站按上述方法近似确定。

各次降雨的初损值 I_0 的大小与降雨开始时的土壤含水量有关，P_a 大，I_0 小；反之则大。因此，可根据各次实测雨洪资料分析得来的 P_a、I_0 值，点绘两者的相关图。如关系不密切，可加降雨强度作参数，雨强大，易超渗产流，I_0 就小；反之则大。也可以月份为参数，这是考虑到 I_0 受植被和土地利用的季节变化的影响。图 5-10 是以月份（M）为参数的 P_a-I_0 相关图。

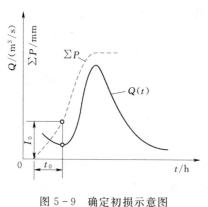

图 5-9　确定初损示意图

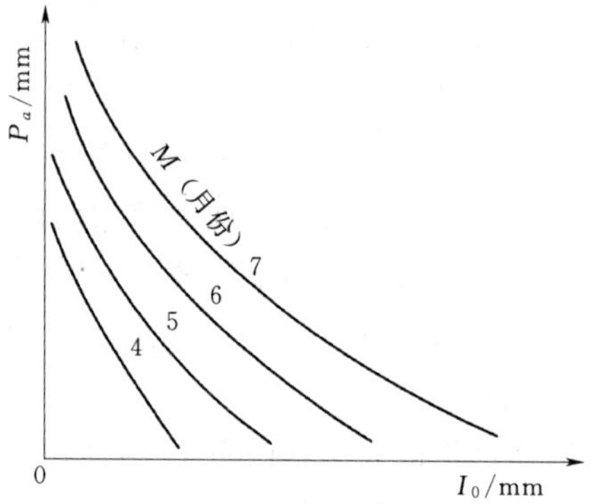

图 5-10　P_a-M-I_0 相关图

（二）平均下渗率的确定

平均下渗率 $\overline{f}$ 在初损量确定后，可用下式进行计算：

$$\overline{f}=\frac{P-R-t_0-P'}{t-t_0-t'} \tag{5-14}$$

式中：I_0 为初损，mm；t 为降雨总历时，h；t_0 为初损历时，h；t' 为降雨后期不产流的降雨历时，h；其他符号意义同前。

对多次实测雨强进行分析，就可确定流域后渗率 $\overline{f}$ 的平均值。有了初损方案后，就可由已知的降雨过程推求净雨过程。

【例 5-3】　见表 5-9，降雨开始时的 $P_a=15.4$mm，查 P_a-I_0 图得 $I_0=31.0$mm，又知该流域后渗率 $\overline{f}=1.5$mm/h，故 9—12 时段后损量为 $2\times1.5=3.0$mm，21—24 时段后损量等于降雨量。最后求得本次降雨的净雨深（即径流深）为 29.4mm，净雨过程 $h(t)$ 如表 5-9 所示。

表 5-9　　　　　　　　　　　初损后损法求净雨深计算表

时　　段	P /mm	I_0 /mm	f_t /mm	$h(t)$ /mm
3—6	1.2	1.2		
6—9	17.8	17.8		
9—12	36.0	12.0	3.0	21.0

续表

时 段	P /mm	I_0 /mm	f_t /mm	$h(t)$ /mm
12—15	8.8		4.5	4.3
15—18	5.4		4.5	0.9
18—21	7.7		4.5	3.2
21—24	1.9		1.9	0
合计	78.8	31.0		29.4

第六节 设计洪水过程线的推求

产流问题解决以后，要进一步解决流域汇流的问题，也就是如何根据设计净雨过程推求流域出口断面的设计洪水流量过程线，这种推算称为汇流计算。流域出口断面的洪水过程，包括地面径流和地下径流两部分。由设计净雨通过流域汇流推求设计洪水过程线时，首先应将净雨划分为地面、地下净雨两部分，然后分别进行流域汇流计算，推求出设计地面径流过程和设计地下径流过程，两者同时叠加，就得到总的设计洪水过程线。

目前流域汇流计算常用的方法是等流时线法和单位线法，而其中又以单位线法的应用最为广泛。下面先阐述流域汇流过程并结合说明等流时线法的概念。然后着重讲述单位线的原理、推求方法及其应用。

一、等流时线法汇流计算

我们已经知道，地面径流的汇集过程，包括坡面汇流与河槽汇流两个相继发生的过程。在分析计算地面径流的汇集过程时，经常把坡面汇流过程和河槽汇流过程作为一个整体，即流域汇流过程来处理。

流域上降雨以后，当满足了初损，净雨开始时，离出口断面最近坡面上的净雨首先注入河槽并流达出口断面，这时出口断面的流量起涨。当流域较远处的净雨也通过流域坡面与河槽流达出口断面，近处的漫流雨水仍在继续注入河槽时，出口断面的流量就逐渐增大。净雨从流域上某点流至出口断面所经历的时间，称为汇流时间，用 τ 表示。从流域最远一点流至出口断面所经历的时间，称为流域最大汇流时间或称流域汇流时间，用 τ_m 表示。单位时间内径流通过的距离称为汇流速度 v_τ。流域上汇流时间相等的点的连线叫做等流时线，如图 5-11 虚线所示。图中 1-1 线上的净雨流达出口断面的汇流时间为 Δt，2-2 线上净雨的汇流时间为 $2\Delta t$，最远处净雨的汇流时间为 $3\Delta t$。这些等流时线间的部分面积（f_1、f_2、f_3）称为等流时面积，全流域面积 $F = f_1 + f_2 + f_3$。现在来分析在该流域上由不同历时的净雨所形成的地面径流过程。假定净雨历时 $t = 2\Delta t$，流域汇流时间 $t_m = 3\tau_m$，即 $t < \tau_m$。两个时段的净雨深分别为 h_1、h_2 则所产生的地面径流过程计算如表 5-10 所示。

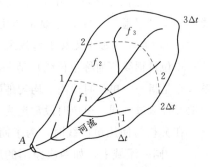

图 5-11 等流时线示意图

表 5 - 10　　　　　　　　两个时段净雨深产生地面径流过程计算表

时间 t	净雨深 h_1 在出口断面形成的地面径流	净雨深 h_2 在出口断面形成的地面径流	出口断面的总地面径流过程
0	0	0	
Δt	$\dfrac{h_1 f_1}{\Delta t}$	0	$\dfrac{h_1 f_1}{\Delta t}$
$2\Delta t$	$\dfrac{h_1 f_2}{\Delta t}$	$\dfrac{h_2 f_1}{\Delta t}$	$\dfrac{h_1 f_2 + h_2 f_1}{\Delta t}$
$3\Delta t$	$\dfrac{h_1 f_3}{\Delta t}$	$\dfrac{h_2 f_2}{\Delta t}$	$\dfrac{h_1 f_3 + h_2 f_2}{\Delta t}$
$4\Delta t$	0	$\dfrac{h_2 f_3}{\Delta t}$	$\dfrac{h_2 f_3}{\Delta t}$
$5\Delta t$	0	0	0

同理，还可求出 3 个时段（即 $t=\tau_m=3\Delta t$）与 4 个时段净雨（即 $t=4\Delta t>\tau_m=3\Delta t$）所形成的地面径流过程。可以分析出：

1）当 $t<\tau_m$ 时，部分面积及全部净雨深参与形成最大流量；

2）当 $t=\tau_m$ 时，全部面积及全部净雨深参与形成最大流量；

3）当 $t>\tau_m$ 时，全部面积上的部分净雨深参与形成最大流量。

经分析可知，任一时刻的地面流量 $Q_{面}$ 是由许多项组成的，即第一块面积 f_1 上的 t 时段净雨 $h_t/\Delta t$，第二块面积 f_2 上的（$t-1$）时刻的净雨 $h_{t-1}/\Delta t$，…，同时到达出口断面组合成 t 时刻的地面流量 $Q_{面t}$。计算式为：

$$Q_{面t} = \frac{h_1 f_1 + h_{t-1} f_2 + h_{t-2} f_3 + \cdots + h_{t-n+1} f_n}{\Delta t} \times \frac{1000}{3600} = 0.278 \frac{1}{\Delta t} \sum_{i=1}^{n} h_{t-i+1} f_i$$

$$(5-15)$$

径流过程线的底宽，即洪水涨落总历时为：$T=t+\tau_m$。由此可见径流过程不仅与流域汇流时间有关，而且随净雨历时而变化。

用等流时线的汇流原理，便可由设计净雨推求设计洪水过程线。但在实际情况下，汇流速度随时随地变化，等流时线的位置也是不断发生变化的，且河槽还有调蓄作用，所以，洪水过程线与实际情况是有较大出入的，还需经过河网调蓄改正。

二、经验单位线法的汇流计算

单位线法汇流计算，在水文预报和水文计算中应用得较为普遍，效果也较好。在单位线上加上"经验"二字，主要是与用数学方程表达的瞬时单位线相区别。

（一）单位线的意义及基本假定

单位过程线（简称单位线）是一种特定的地面径流过程线，反映暴雨和地面径流的关系，它是指一个单位时段内，均匀地降落到一特定流域上的单位净雨深，所产生的出口断面的地面径流过程线。单位时段常选为 3h、6h、12h、24h 等。单位净雨深一般采用 10mm。

在分析与使用单位线时，为了简化起见，归纳了以下两条基本假定：

1）同一流域上，如两次净雨的历时相同，但净雨深不同，各为 h_1、h_2，则两者所产生径流过程线形状完全相似，即两者的洪水过程线底宽（洪水历时）与涨洪、退洪历时完全相等，相应时段的流量坐标则与净雨量大小成正比 $\left(\dfrac{Q_{a1}}{Q_{b1}}=\dfrac{h_1}{h_2}\right)$，如图 5-12 所示。

2）同一流域上，两相邻单位时段 Δt 的净雨深 h_1、h_2 各自在出口断面形成的地面径流过程线 Q_a-t 和 Q_b-t，彼此互不影响。即它们的形状仍然相似，只是因为净雨深 h_1 比 h_2 错后一个单位时段 Δt，所以两条过程线的相应点（如起涨、洪峰、终止等）也恰好错开一个 Δt，如图 5-13 所示。

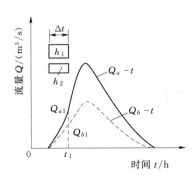

图 5-12　不同净雨深的地面径流过程线

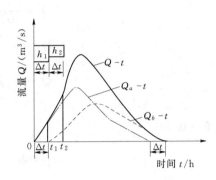

图 5-13　两相邻单位时段净雨深的地面径流复合示意图

也就是说，连续两时段净雨深（h_1、h_2）所产生的总的地面径流过程线 Q-t，是由 h_1 产生的地面径流过程线 Q_a-t 和 h_2 产生的地面径流过程线 Q_b-t（比前者错后一个单位时段）叠加而得。

（二）单位线的推求步骤

推求单位线是根据实测的流域降雨和相应的出口断面流量过程，运用单位线的两个基本假定来反求，一般用缩放法、分析法和试算优选法。推求的步骤大体如下：

1）根据实测的暴雨资料制作单位线时，首先应选择历时较短、孤立而分布较均匀的暴雨和它产生的明显的孤立洪水过程线，作为分析对象。有时很难恰好一个单位时段的降雨及其形成的孤立洪水过程线。则须先从复合的降雨径流过程线中分解出一个单位时段降雨所形成的洪水过程线。

2）推求各时段净雨量时，应先求出本次暴雨各时段的流域平均雨量，再用前面所讲的扣除损失的方法求出各时段的净雨。净雨时段长要小于流域汇流时间，以接近涨洪历时的 $1/4 \sim 1/3$ 为宜。

3）在实测流量过程线上，割除地下径流，求得地面径流深。务使地面径流深等于净雨深，如不等时，应修正地下径流，直至相等为止。

4）由地面径流过程线与各时段净雨量，应用前述基本假定分析出单位线，并检验其相应的地面径流总量是否等于 10mm。倘若不等，则需适当修正单位线。

5）根据数次暴雨径流资料，分析得出几条单位线，再求出一条平均的单位线作为设计依据。

（三）单位线的推求方法

1. 缩放法

如果流域上恰有一个时段分布均匀的净雨 h 所形成的一个孤立的洪水过程线，那么只要将流量过程线割去地下径流，即可得到这一时段净雨所对应的地面径流过程线。利用单位线的倍比假定，对该地面径流过程线按倍比 $10/h$ 进行缩放，便可得到所推求的单位线。

2. 分析法

如流域上的某次洪水系由几个时段的净雨所形成，则用分析法推求单位线逐一求解。如地面径流过程为 Q_1，Q_2，Q_3，…；单位线的纵坐标值为 q_1，q_2，q_3，…；时段净雨量为 h_1，h_2，h_3，…；根据单位线的基本假定可得

$$\left.\begin{aligned}
Q_1 &= \frac{h_1}{10}q_1 \\
Q_2 &= \frac{h_1}{10}q_2 + \frac{h_2}{10}q_1 \\
Q_3 &= \frac{h_1}{10}q_3 + \frac{h_2}{10}q_2 + \frac{h_3}{10}q_1 \\
&\vdots
\end{aligned}\right\} \qquad (5-16)$$

因此单位线为

$$\left.\begin{aligned}
q_1 &= Q_1 \frac{10}{h_1} \\
q_2 &= \left(Q_2 - \frac{h_2}{10}q_1\right)\frac{10}{h_1} \\
q_3 &= \left(Q_3 - \frac{h_2}{10}q_2 - \frac{h_3}{10}q_1\right)\frac{10}{h} \\
&\vdots
\end{aligned}\right\} \qquad (5-17)$$

将已知的 Q_1，Q_2，…及 h_1，h_2，…代入式中，即可求得 q_1，q_2，q_3，…

下面举例说明。

【例 5-4】 表 5-11 中第（5）栏为某流域 1962 年 6 月 23 日 7 时至 24 日 1 时降落的一次暴雨量，由此在流域出口断面测得一次洪水过程如表中第（2）栏所列。现从这次实测暴雨洪水资料中分析单位线

表 5-11　　　　　　　　　　　　　某河某站单位线计算

日 期		实测流量 /(m³/s)	基流 /(m³/s)	地面径流量 Q /(m³/s)	降雨量 P /mm	净雨量 h /mm	37.0mm 净雨的地面径流流量 /(m³/s)	10.3mm 净雨的地面径流流量 /(m³/s)	单位线流量 /(m³/s)	修匀后的单位线流量 q /(m³/s)	单位线时段 /6h
日	时										
(1)		(2)	(3)	(4)	(5)	(6)	(7)	(8)	(9)	(10)	(11)
23	1	9	9	0							
	7	9	9	0			0				
	13	30	9	21	43.6	37.0	21	0	0	0	0
	19	106	9	97	13.3	10.3	91.2	5.8	5.6	5.6	1
24	1	324	9	315	2.8	0	289.6	25.4	24.7	24.7	2
	7	190	9	181			100.4	80.6	78.3	78.3	3
	13	117	9	108			80.0	28.0	27.2	30.0	4
	19	80	9	71			48.7	22.3	21.7	20.0	5

续表

日 期		实测流量 /(m³/s)	基流 /(m³/s)	地面径流流量 Q /(m³/s)	降雨量 P /mm	净雨量 h /mm	37.0mm净雨的地面径流流量 /(m³/s)	10.3mm净雨的地面径流流量 /(m³/s)	单位线流量 /(m³/s)	修匀后的单位线流量 q /(m³/s)	单位线时段 /6h
日	时										
25	1	56	9	47			33.4	13.6	13.2	13.5	6
	7	41	9	32			22.7	9.3	9.0	9.0	7
	13	34	9	25			18.7	6.3	6.1	6.1	8
	19	28	9	19			13.8	5.2	5.1	4.5	9
26	1	23	9	14			10.1	3.9	3.8	3.4	10
	7	20	9	11			8.2	2.8	2.7	2.7	11
	13	17	9	8			5.7	2.3	2.2	2.1	12
	19	15	9	6			4.4	1.6	1.6	1.6	13
27	1	13	9	4			2.8	1.2	1.2	1.2	14
	7	12	9	3			2.2	0.8	0.8	0.8	15
	13	11	9	2			1.4	0.5	0.5	0.5	16
	19	10	9	1			0.6	0.4	0.4	0.2	17
28	1	9	9	0				0.2	0.2	0	18
合计				965 (合 47.3mm)	59.7	47.3			204.4 (合 10.0mm)	204.2 (合 10.0mm)	

注 1. $F=441\text{km}^2$，$\Delta t=6\text{h}$。
2. 洪水资料：1962 年 6 月 23—28 日。

解：

1）按水平分割基流方法得表 5 - 11 中第（3）栏，第（2）栏减去第（3）栏得第（4）栏。

2）将第（4）栏的累加值化为地面径流总量，$W=965\times6\times3600=2.084\times10^7\text{m}^3$。将地面径流总量除以流域面积 $F=441\text{km}^2$，即得该次暴雨净雨深 $h=W/F=\dfrac{2.084\times10^7}{441\times1000^2}\times1000=47.3\text{mm}$。

3）本次暴雨总量为 59.7mm，则损失量为 $59.7-47.3=12.4\text{mm}$。根据水文站大量资料分析，后损期平均入渗率 $\bar{f}=0.5\text{mm/h}$，此次暴雨的前期降雨量甚大，总损失量较小。可以看出，23 日 13 时至 24 日 1 时属于后损阶段，按 $\bar{f}=0.5\text{mm/h}$ 扣除时，每一时段应加除 3mm（$\Delta t=6\text{h}$），时段雨量不足 3mm 的，有多少扣多少，从而得到 23 日 13—19 时的净雨量为 10.3mm，填入表中第（6）栏，19 时以后全部损失，没有净雨。由上面计算可知，23 日 13 时至 24 日 1 时这两个阶段的损失量为 $3+2.8=5.8\text{mm}$，从总损失量 12.4mm 中减去 5.8mm，可得 23 日 7—13 时这一时段的损失量为 6.6mm，其中包括初损和部分后损。由此可得到这一时段的净雨量为 37.0mm，填入表中第（6）栏。

4）分解地面径流过程线，如表 5 - 12 所示。将 37.0mm 及 10.3mm 产生的地面径流的结果分解列于表 5 - 11 中第（7）栏及第（8）栏。

表 5 - 12 　　　　　　　　　　　　**分解总的地面径流过程示例**

时　间 /(日-时)	总地面径流量 /(m³/s)	按假定 2) 推求 37.0mm 净 雨产生的地面径流量 /(m³/s)	按假定 1) 推求 10.3mm 净雨产生的地面径流量 /(m³/s)
23 - 7	0	$Q_{1-0}=0$	
23 - 13	21	$21=Q_{1-1}+Q_{2-0}$ $Q_{1-1}=21-Q_{2-0}$ $\quad=21-0=21$	$Q_{2-0}=0$
23 - 19	97	$97=Q_{1-2}+Q_{2-1}$ $Q_{1-2}=97-Q_{2-1}$ $\quad=97-5.8$ $\quad=91.2$	$\dfrac{Q_{1-1}}{Q_{2-1}}=\dfrac{37.0}{10.3}$ $Q_{2-1}=\dfrac{10.3}{37.0}Q_{1-1}$ $\dfrac{10.3}{37.0}\times21=5.8$
24 - 1	315	$315=Q_{1-3}+Q_{2-2}$ $Q_{1-3}=315-Q_{2-2}$ $\quad=315-25.4$ $\quad=289.6$	$\dfrac{Q_{1-2}}{Q_{2-2}}=\dfrac{37.0}{10.3}$ $Q_{2-2}=\dfrac{10.3}{37.0}Q_{1-2}$ $\quad=\dfrac{10.3}{37.0}\times91.2=25.4$
…	…	…	…

5）由第（8）栏，按单位线假定 1）。以 10/10.3 分别乘上第（8）栏各个流量值，则得第（9）栏单位线的流量。

6）验算和修正：由单位线的流量求得的地面径流深不等于 10mm 时，要加以修正，使其等于 10mm 并为光滑的曲线。

修正后的单位线流量之和 $\sum q=204.2\text{m}^3/\text{s}$，如果把它的径流总量均匀分布到流域面积（$F$）441km² 上，径流深 R 应正好等于 10mm。即 $R=\dfrac{\sum q\Delta t}{F}=\dfrac{204.2\times6\times3600}{441\times1000^2}\times1000=10.0\text{mm}$。

3. 试错优选法

试错优选法是先假定一条单位线，按倍比假定计算各时段净雨的地面径流过程，然后再按叠加原理将各时段净雨的地面径流过程按时程叠加，得到总的地面径流过程，若能与实测的地面径流过程吻合较好，则所设单位线即为所求。否则，对原假定单位线进行调整，重新试算，直至吻合好为止。该法应用电子计算机进行非常方便，今后将会得到广泛的应用。

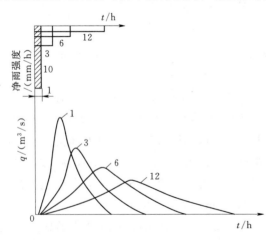

图 5 - 14　不同时段单位线比较图

（四）不同时段单位线的转换

如流域上有 10mm 的净雨，但净雨历时不同，也即雨强不同，则形成的单位线面积相同而形状有所差异（见图 5 - 14）。图中 1h 10mm 净雨的单位线峰现时间早，洪峰也高；3h 10mm 净雨的单位线峰现时间较迟，洪峰较低。时段不同则雨强就不同，它的径流过程也就不同，相应的单位线的形状就不同。因此，为满足不同时段的汇流计算，需要转换单位线的时段长度，以满足不同时段净雨的推求流量过程的要求。单位线的时段转换常采用 S 曲线法来解决。当线性汇流系统的输入为单位入流时，则系统产生的输出为 S 曲线。其计算过程见表 5-13。

表 5-13　　　　　　　　　　　　　　　　S 曲 线 计 算 表

时段/($\Delta t = 6h$)	单位线 q/(m³/s)	净雨深 h/mm	各时段的部分径流/(m³/s)					S 曲线/(m³/s)
			$h_1 = 10$	$h_2 = 10$	$h_3 = 10$	$h_4 = 10$	…	
(1)	(2)	(3)	(4)					(5)
0	0		0					0
1	430	10	430	0				430
2	630	10	630	430	0			1060
3	400	10	400	630	430	0		1460
4	270	10	270	400	630	430	0	1730
5	180	10	180	270	400	630	…	…
6	118	10	118	180	270	400	…	…
7	70	10	70	118	180	270	…	…
8	40	10	40	70	118	180	…	…
9	16	10	16	40	70	118	…	…
10	0		0	16	40	70	…	…
11				0	16	40	…	…
12					0	16	…	…
…						0	…	…
…								

　　假定流域上降雨持续不断．每一单位时段有一单位净雨，则可以求得出口断面的流量过程，该过程线称 S 曲线。用单位线连续推流即可求得 S 曲线（见表 5-13）。由表 5-13 所列计算过程可知，S 曲线可由单位线纵坐标值逐时段累加求得。

　　有了 S 曲线后。就可以利用 S 曲线转换单位线的时段长。如果已有时段长尾 6h 的单位线，需要转换为 3h 的单位线，只需将时段长为 6h 的 S 曲线往后平移半个时段即 3h（见图 5-15），则两根 S 曲线之间各时段流量差值过程线相当于 3h 5mm 净雨所形成的流量过程线 $q'(t)$。把 $q'(t)$ 乘以 2 即为 3h 10mm 的单位线。计算如表 5-14 所示。同理，可将 6h 转换为 9h 单位线［见表 5-14 第（8）栏］。用数学表达式表示为

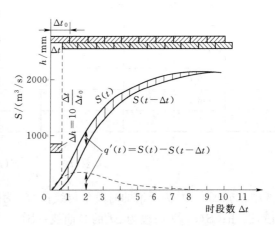

图 5-15　单位线转换示意图

表 5－14　　　　　　　　　　　　　不同时段单位线转换计算表　　　　　　　　　单位：m^3/s

时段 $(\Delta t = 6h)$	$S(t)$	$S(t-3)$	$S(t)-S(t-3)$ $(4)=(2)-(3)$	3h 单位线 q $(5)=(4)\times 2$	$S(t-9)$	$S(t)-S(t-9)$ $(7)=(2)-(6)$	9h 单位线 q $(8)=(7)\times\dfrac{6}{9}$
(1)	(2)	(3)	(4)	(5)	(6)	(7)	(8)
0	0	0	0	0		0	0
	1.0		1.0	2.0		1.0	0.7
1	2.0	1.0	1.0	2.0		2.0	1.3
	8.0	2.0	6.0	12.0	0	8.0	5.3
2	17.0	8.0	9.0	18.0	1.0	16.0	10.7
	31.0	17.0	14.0	28.0	2.0	29.0	19.3
3	52.0	31.0	21.0	42.0	8.0	44.0	29.3
	74.0	52.0	22.0	44.0	17.0	57.0	38.0
4	93.0	74.0	19.0	38.0	31.0	62.0	41.4
	107.0	93.0	14.0	28.0	52.0	55.0	36.7
5	118.0	107.0	11.0	22.0	74.0	44.0	29.3
	126.0	118.0	8.0	16.0	93.0	33.0	22.0
6	133.0	126.0	7.0	14.0	107.0	26.0	17.3
	138.0	133.0	5.0	10.0	118.0	20.0	13.3
7	142.0	138.0	4.0	8.0	126.0	16.0	10.7
	145.0	142.0	3.0	6.0	133.0	12.0	8.0
8	148.0	145.0	3.0	6.0	138.0	10.0	6.7
	150.0	148.0	2.0	4.0	142.0	8.0	5.3
9	152.0	150.0	2.0	4.0	145.0	7.0	4.7
	154.0	152.0	2.0	4.0	148.0	6.0	4.0
10	155.0	154.0	1.0	2.0	150.0	5.0	3.3
	156.0	155.0	1.0	2.0	152.0	4.0	2.7
11	157.0	156.0	1.0	2.0	154.0	3.0	2.0
	158.0	157.0	1.0	2.0	155.0	3.0	1.5
12	158.0	158.0	0	0	156.0	2.0	1.0
	158.0	158.0			157.0	1.0	0.6
13	158.0	158.0			158.0	0	0
	158.0	158.0			158.0	0	0

$$q(\Delta t, t) = \frac{\Delta t_0}{\Delta t}\big[S(t)-S(t-\Delta t)\big] \qquad (5-18)$$

式中：$q(\Delta t, t)$ 为所谓的时段单位线；Δt_0 为原来单位线时段长，h；Δt 为所求单位线时段长，h；$S(t)$ 为时段为 Δt 的 S 曲线；$S(t-\Delta t)$ 为移后 Δt 小时的 S 曲线。

（五）单位线存在的问题及处理方法

单位线是由实测洪水资料分析得来的，洪水过程是流域上各点净雨通过流域汇流所形成的结果。因此，根据它分析得来的单位线也必然反映一次洪水过程中影响汇流的一切因素如汇流速度及其变化，河网调蓄作用等。这是单位线的重要优点。所以，单位线法汇流计算在生产实践中用得较为普遍，效果也较好。但是由于单位线的两个假定是近似的，并不完全符合实际，因此，单位线也存在一些问题，有必要弄清并寻找解决问题的处理方法。

1. 净雨强度对单位线的影响及处理方法

理论和实践都表明，其他条件相同时，净雨强度越大，流域汇流速度越快，用雨强大的洪水求出的单位线的洪峰比较高，峰现时间也提前；反之，由净雨强度小的中小洪水分析的单位线，洪峰低，峰现时间也滞后，如图 5-16 中曲线 3 所示。针对这一问题，目前的处理方法是：分析出不同净雨强度的单位线，并研究单位线与净雨强度的关系，进行预报或推求设计洪水时，可根据净雨强度分组选用相应的单位线。但必须指出：净雨强度对单位线的影响是有限度的，当净雨强度超过一定界限后，汇流速度将趋于稳定，单位线的洪峰将不再随净雨强度的增加而增加。

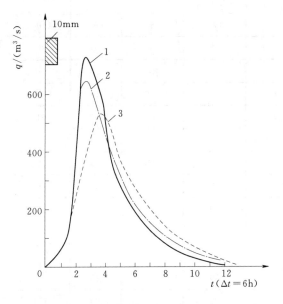

图 5-16 雨强对单位线的影响

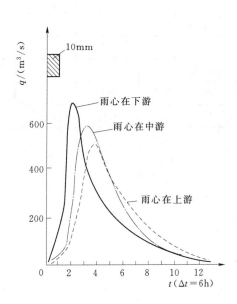

图 5-17 暴雨中心对单位线的影响

2. 净雨地区分布不均匀的影响及处理方法

同一流域，净雨在流域上的平均强度相同。但当暴雨中心靠近下游时，汇流途径短，河网对洪水的调蓄作用减少，从而使单位线的洪峰偏高，峰现时间提前。相反，暴雨中心在上游时，河网对洪水的调蓄作用就大，用这样的洪水分析出的单位线，洪峰较低，峰现时间推迟（见图 5-17）。针对这种情况，应当分析出不同暴雨中心位置的单位线，以便用于洪水预报和推求设计洪水，根据暴雨中心的位置选用相应的单位线。

（六）单位线的应用

根据单位线的两个基本假定，应用单位线可以推求设计的地面洪水过程。其方法是先求各时段净雨所产生的地面径流过程线，然后叠加起来，再加上基流，即得设计洪水过程线。

【例 5-5】 表 5-15 中第（2）栏是百年一遇洪水各时段净雨量，第（3）栏是例 5-4 分析确定的单位线，第（4）栏、（5）栏、（6）栏、（7）栏是各时段净雨分别产生的地面径流过程，作法是根据单位线第一假定，以 $h/10$ 乘上单位线各时段的流量，便得到各时段净雨深 h 所产生的地面径流过程。例如净雨深为 155.2mm，则以 155.2/10 分别乘上单位线各时段的流量，于是得第（4）栏的地面径流过程。同理，第（5）栏是以 93.6/10 乘单位线各时段的流量而得到的，其余类推。第（8）栏是复合地面径流，即各时段净雨所产生的地面径流过程的叠加。第（8）栏加上第（9）栏的设计基流，就得到第（10）栏的设计洪水过程线。

表 5-15　　由单位线推求设计地面洪水过程线计算示例（某河某站，$F=441km^2$）

时间 /h	设计净雨 /mm	单位线 q /（m³/s）	155.2mm 净雨产生的地面径流 /（m³/s）	93.6mm 净雨产生的地面径流 /（m³/s）	76.7mm 净雨产生的地面径流 /（m³/s）	42.8mm 净雨产生的地面径流 /（m³/s）	复合地面径流 /（m³/s）	设计基流 /（m³/s）	设计洪水流量 /（m³/s）
(1)	(2)	(3)	(4)	(5)	(6)	(7)	(8)	(9)	(10)
0		0	0				0	20	20
6	155.2	5.6	87	0			87	20	107
12	93.6	24.7	384	52	0		436	20	456
18	76.7	78.3	1216	231	43	0	1490	20	1510
24	42.8	30.0	466	733	190	24	1413	20	1433
30		20.0	310	281	601	106	1298	20	1318
36		13.5	210	187	230	335	962	20	982
42		9.0	140	126	153	128	547	20	567
48		6.1	95	84	104	86	369	20	389
54		4.5	70	57	69	58	254	20	274
60		3.4	53	42	47	39	181	20	201
66		2.7	42	32	34	26	134	20	154
72		2.1	33	25	26	19	103	20	123
78		1.6	25	20	21	15	81	20	101
84		1.2	19	15	16	12	62	20	82
90		0.8	12	11	12	9	44	20	64
96		0.5	8	7	9	7	31	20	51
102		0.2	3	5	6	5	19	20	39
108		0	0	2	4	3	9	20	29

时间 /h	设计 净雨 /mm	单位线 q /(m³/s)	155.2mm 净 雨产生的地 面径流 /(m³/s)	93.6mm 净 雨产生的 地面径流 /(m³/s)	76.7mm 净 雨产生的 地面径流 /(m³/s)	42.8mm 净 雨产生的 地面径流 /(m³/s)	复合地 面径流 /(m³/s)	设计基流 /(m³/s)	设计洪 水流量 /(m³/s)
114			0	2	2	4	20	24
120				0	1	1	20	21
126					0	0	20	20
合计	368.3						7525 (合 368.5mm)		

必须指出，单位线法在许多地方运用虽然都比较成功，但是这并不意味着可以到处搬用。如若暴雨洪水条件与单位线基本假定相差太远，就不宜直接使用。例如流域面积太大，暴雨在地区上的分布极不均匀，此时则应缩小分析单位线的流域面积（如小于 1000km^2），分别推算设计的流量过程线，然后通过洪水演算，再求得出口断面的设计洪水过程线。最后还应指出，对由单位线法所求得的设计洪水要进行合理性检查，特别是要结合历史洪水调查资料进行分析。

三、地下径流的汇流计算

在湿润地区的一次洪水过程中，地下径流量的比重一般可达总径流量的 $20\%\sim30\%$，甚至更多。但地下径流的汇流远较地面径流为慢，因此地下径流过程较为平缓。

地下径流过程的推求可以采用地下水单位线法、地下线性水库演算法等，但以上方法较繁，而且对洪水计算来讲，重点在洪峰部分，因此可将地下径流过程概化成三角形（如图 5-18 所示），其底宽 T_g 为地面径流过程线底宽的 n 倍（可取 $2\sim3$ 倍）。

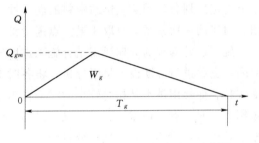

图 5-18　概化设计地下径流过程示意图

地下径流过程的推求，主要是确定其洪峰流量和峰现时刻，以及地下径流总历时。地下径流总量为

$$W_g = 0.1 h_g F \tag{5-19}$$

根据三角形面积计算公式，W_g 又可按下式计算：

$$W_g = \frac{1}{2} Q_{gm} T_g$$

故

$$Q_m = \frac{2W_g}{T_g} = \frac{0.2 h_g F}{T_q}$$

式中：W_g 为地下径流总量，10^4m^3；h_g 为地下净雨总量，mm；Q_{gm} 为地下径流洪峰流量，m³/s；T_g 为地下径流过程总历时，s；F 为流域面积，km^2。

按以上方法推求出的地下径流过程，可作为设计的地下径流过程。深层地下径流一般比较稳定，可采用常量，多以历年实测最小流量或其平均值作为设计的地下水流量。

四、设计洪水过程线的推求

将所求得的设计地面洪水过程和设计的地下径流过程叠加，就得到设计洪水过程。

第七节　分期设计暴雨

与分期设计洪水的概念类似，分期设计暴雨主要用于水利工程分期蓄水调度运用以及施工期间的来水估算。

一、分期暴雨

分期暴雨选样原则为各分期内独立选用年最大雨量。首先划定分期的日界，然后在各个分期内，每年选出一个最大雨量，不同分期各自独立选样，不受相邻分期的影响。

1. 分期日期的确定

对于水库分期蓄水，一般只需划分出主汛期和一般汛期。对于施工洪水计算，则需对全年各时期都加考虑。

分期起讫日期的划定，主要依据设计流域暴雨季节分布特性和水利工程运行和施工的要求。为便于地区综合分析和成果比较，在一个较大范围内，尽可能采用统一的分期起讫日期。

先制作单站历年暴雨日期散布图。以日期（月、日）为横坐标，以历年各月最大若干次暴雨（一般可用1日暴雨，也可用其他历时）雨量为纵坐标，汛期可取超过某一个雨深标准的所有暴雨，点绘散布图。如有条件，可在点据旁注明暴雨的气象成因，以利于暴雨季节的定性划分。为防止单站资料的偶然性，还应制作流域或地区众多测站汛期暴雨散布图。对于同一次暴雨，只取用最大点雨量参与散布图的点绘。

施工设计暴雨的分期尚需结合施工进度要求划定。先由施工部门提出几个时段的起讫时间，据此进行分期设计暴雨分析，将各时期暴雨频率分析成果进行比较，选择其中施工期较长、而暴雨洪水又相对较小的时期作为施工期。当施工期较长，其中尚需进一步安排短期计划时，有时还需计算分月设计暴雨。但如几个相邻时期的暴雨成因及雨量频率分布相近，则尽可能不要将分期划分过细。

2. 跨期选样

分期的起讫日期划定之后，由于个别年份天气异常，在主汛期或主要大暴雨月份以外不太远的日期内可能出现较大的暴雨。如不考虑将其加入主汛期和主雨月份参加频率分析，会影响设计成果的精度。为此，可采用类同于洪水分期选样中的"跨期选样法"进行选样。

二、分期暴雨频率分析

分期暴雨频率分析方法一般和年最大暴雨分析方法相同，但多个分期频率曲线的适线、参数的合理性检查和协调需要进一步分析。

1. 频率曲线适线和参数协调

将分期频率曲线与年最大频率曲线点绘于同一频率纸上进行协调。先协调年最大雨量与各分期（每分期往往由一种主要暴雨气象成因的季节组成，可包括几个月）最大雨量的频率线，再对每个分期的最大雨量及该分期内所包括的各个月的月最大暴雨频率线进行比较分析和协调。

分期暴雨频率线检查的重点为实测期以及需使用的最大重现期以内的频率曲线。主要检查内容包括：

1) 在需使用的最大重现期范围内，分期最大雨量频率线与总时期（各分期之和）以及年最大雨量频率线不应相交，分期设计雨量不应超过同频率总时期以及年最大设计雨量；否则，应予调整。

2) 各分期最大雨量的统计参数应相互协调。不同分期的参数具有一定的相对关系，并随月份有渐变趋势。以浙江省某站最大 3 日雨量分期频率分析为例，C_v 在 9 月至次年 1 月之间呈逐步下降趋势，但初算结果显示，12 月的 C_v 大于 11 月，经查，12 月有特大值，应该与相邻月份协调处理。另外，C_s/C_v 值在 1—4 月间有不规则大幅度波动，也属不合理现象，应予协调。

2. 合理性检查

单站和小范围地区分期设计暴雨成果合理性检查的主要手段为绘制暴雨特征和统计参数随月份的变化图。分析内容包括以下几点。

1) 了解该地区形成暴雨的气象因素的季节变化，如水汽条件、天气形势和天气系统（如西太平洋副热带高压、冷空气活动、热带气旋）等各月统计量的多年分布情况。

2) 分析该地区河流实测和调查洪水分月出现情况。

3) 协调分月 C_s/C_v 和 C_v 值，使之随月份的变化趋势能得到解释，检查有无特大值对个别月份的参数产生不合理的结果，并设法与邻月协调。

4) 注意分析常遇暴雨和稀遇暴雨季节变化的差异。如前述浙江省某站最大 3 日雨量分月变化如图 5-19 所示，常遇情况 6 月暴雨大于 9 月暴雨，但稀遇情况 9 月暴雨大于 6 月暴雨。前汛期雨量大的月份 C_v 小，后汛期雨量大的月份 C_v 大。所以设计条件的季节分布有可能与常遇条件有较大出入，与正常月降水量季节分布的概念可能会有更大差异，必须在设计工作中引起注意，不可任意移用。

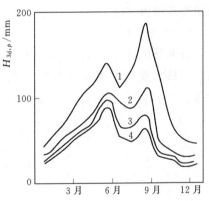

图 5-19 浙江某站分月 $H_{3d,p}$ 图

1—$p=10\%$；2—$p=25\%$；

3—均值；4—$p=50\%$

三、分期暴雨参数的地区综合

分期暴雨的分析站数较少，系列较短 C_v 较大，所以应注意分期暴雨参数的地区综合。

1. 地区综合方法

(1) 分区平均。对于一些很不稳定的参数，可采用分区平均法，如 S/C_v 值。此外，在分析中对于暴雨特性相近月份的参数也可合并综合，如 12 月、1 月、2 月的分月参数。

(2) 断面分析。将分期暴雨变化最为明显的地带划一个断面，在断面附近选取一批测站分析分期暴雨参数，投影到断面上，绘制断面的参数与水平距离关系线，检查沿断面参数的变化规律。例如美国中部暴雨随纬度变化是主要的，美国水文气象报告绘制了分期暴雨随纬度的变化图（见图 5-20）。断面图显示，过渡期（4 月、5 月、10 月）暴雨随纬度变化最为明显，而大雨月份和小雨月份的雨量南北变化较为平缓。

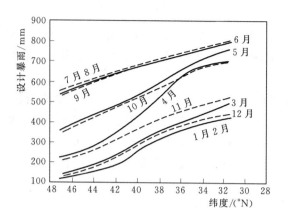

图 5-20　沿 90°W 分期设计暴雨随纬度变化图

（3）等值线图。绘制分月设计暴雨等值线图是地区综合较为理想的方式。美国在 1980 年制作了分月暴雨图集，该图集将各地分月特大暴雨资料综合应用于邻近地区，在应用时成果查算极为方便。

2. 综合内容

分期暴雨地区综合内容包括分析的基础资料和设计暴雨分析成果，主要有分月设计暴雨与年最大设计暴雨比率等值线图、稀遇暴雨出现月份分区图、分月设计暴雨等值线图等。

第六章 小流域设计洪水计算

第一节 概 述

在我国发展与建设中，为了在小流域上修建农田灌溉排水设施、公路和铁路的桥涵建筑、城市和工矿地区的防洪工程，都必须进行设计洪水计算。因此，小流域设计洪水计算在工农业生产中有着重要的意义。小流域设计洪水计算，与大中流域有所不同，主要有以下一些特点：

1）在小流域上修建的工程数量很多，往往缺乏暴雨和流量资料，特别是流量资料。

2）小型工程一般对洪水的调节能力较小，工程规模主要受洪峰流量控制，因而对设计洪峰流量的要求，高于对设计洪水过程的要求。

3）小型工程的数量较多，分布面广，计算方法应力求简便，使广大基层水文工作易于掌握和应用。

小流域设计洪水计算工作已有 100 多年的历史。计算方法在逐步充实和发展，由简单到复杂，由计算洪峰流量到计算洪水过程，归纳起来，有经验公式法、推理公式法、综合单位线法以及水文模型等方法。由于实测资料短缺。各种方法的计算结果相差较大，目前没有统一标准，给小流域设计洪水计算带来了一定的困难。

随着工农业生产的迫切需要，我国各地区各部门积累了大量的经验，充实和发展了现有的一些计算方法。1984 年水利电力部刊布的《暴雨径流查算图表》系统地总结了我国多年来的经验。在短缺资料的中小流域水利建设的设计洪水计算方面发挥了积极的作用，目前水利、电力部门使用的是推理公式法、经验公式法和综合单位线法。

第二节 小流域设计暴雨计算

小流域设计洪水计算，大多数采用由暴雨推求洪水的方法，因此，首先需要推求设计暴雨。设计暴雨是具有某一规定频率的一定时段的暴雨量或平均暴雨强度。用暴雨资料推求设计洪水时，一般是假定暴雨与其所形成的洪峰流量或洪量具有相同的频率。

一、暴雨公式及参数的推求

在小流域上推求设计暴雨时，因为流域面积较小，忽略暴雨在地区上分布的不均匀性，可以把流域中心的点雨量作为流域面雨量，无须考虑点面雨量的折算。根据地区的雨量观测资料，独立选取不同历时最大暴雨量进行统计，绘出不同历时的最大暴雨量频率曲线（见图 6-1），并转换为不同频率的平均暴雨强度-历时曲线（见图 6-2），从而按此选配设计暴雨公式。

图 6-2 可以用数学方程表达，它是在一定频率情况下时段平均暴雨强度 i 与历时 t 的

关系式，称为暴雨公式。暴雨公式最常见的形式有：

$$i = \frac{S_d}{(t+d)^{n_d}} \tag{6-1}$$

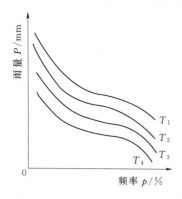

图 6-1　不同历时最大暴雨量频率曲线图

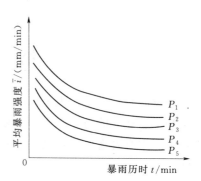

图 6-2　平均暴雨强度-历时曲线

$$i = \frac{S}{t^n} \tag{6-2}$$

式中：S、S_d 为单位历时的暴雨平均强度，或称雨力，随地区和重现期而变；d 为参数；n_d、n 为暴雨递减指数，随地区及历时长短而变。

　　我国水利、电力部门广泛应用的暴雨公式是式（6-2）。根据实测雨量资料，采用图解分析法可以求出式（6-2）中的参数。对式（6-2）两边取对数，得

$$\lg i = \lg S - n \lg t \tag{6-3}$$

上式为一直线方程式，$\lg S$ 为截距，n 为斜率，如果 t 以小时计，S 就是 $t=1\text{h}$ 的暴雨强度。若从平均暴雨强度-历时曲线上将同频率各种历时的暴雨强度 i 读下，在双对数坐标格纸上以 i 为纵坐标，t 为横坐标，可点绘出一组近乎平行的直线，由线上量取 $t=1\text{h}$ 的纵坐标值和斜率值，即为 S 和 n 值。

　　事实上，在双对数坐标格纸上的 i-t 关系往往会出现转折点，此时可将 i-t 线绘成两段不同斜率 n 值的折线（图 6-3），n 值随历时不同而变化，即当 $t < t_1$ 时，取 $n=n_1$；当 $t > t_1$ 时，取 $n=n_2$。当 $t=1\text{h}$ 时，转折点的纵坐标值即为 S。此时，无论 $t > t_1$ 或 $t < t_1$，暴雨公式中 S 是相同的，只是 n 有区别。为了工作方便，水利部门将折点统一取在 $t_1 = 1\text{h}$ 处，如图 6-3 所示。

　　目前气象和水利部门刊印的降雨资料，都是固定日分界（8 时或 20 时）的日雨量。以每日定时观测所得的日雨量，较之以自记雨量资料统计所得的 24h 最大雨量往往要偏小一些。因此，年最大日雨量必须换算成年最大 24 小时雨量，才能符合小流域计算要求。换算办法是将各年最大日雨量 $P_日$ 乘以系数 K 即为年最大 24 小时雨量 P_{24} 系列，然后进行频率计算，可得设计年最大 24 小时雨量。K 值一般在 1.1～1.2 之间。

二、无资料地区设计暴雨计算

　　暴雨参数 S 值的大小随地区及重现期而变，重现期越长，S 值也越大。从大量观测的雨量资料中。经过分析计算可以编制出不同频率的 S_P 等值线图。暴雨递减指数 n 值反映

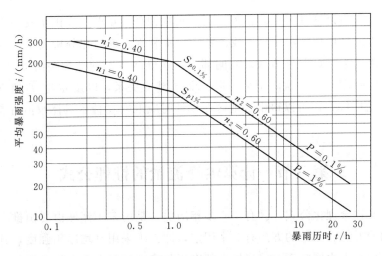

图 6-3 暴雨强度-历时-频率曲线图

地区暴雨特性。在一定的气候区内具有一定的数值，因而可以综合做出 n 值（n_1 和 n_2）的分区图。对于缺乏观测雨量的地区，则可用已编制的 S_P 等值线图和 n 值分区图计算暴雨强度。

缺乏 S_P 等值线图的地区，可以根据各地区的水文图集或水文手册查得设计地区的暴雨统计参数 $\overline{P_{24}}$、C_v 和 C_s 算出 $P_{24,p}$，然后由式（6-2）计算 S_P 值。

三、设计暴雨的时程分配

用暴雨推求洪水时，必须通过设计暴雨时程分配的推算方能求得设计洪水过程线。暴雨的时程分配是变化的，总量相等的各次暴雨，可以有不同的分配过程。因此，应根据工程设计的要求，选择能反映本地区暴雨特点的实测暴雨资料，采用综合概化方法，制定各地区一定时段的设计暴雨时程分配。具体方法在第五章中已有介绍，这里不予重述。

小流域设计暴雨的最长时段一般不超过 24h。最大 3 小时或 6 小时雨量对小流域洪峰流量的影响较大，暴雨时程分配一般可以采用最大 3 小时、6 小时以及 24 小时雨量作为控制。各地区的水文图集或水文手册均载有设计暴雨时程分配的雨型，可供设计参考。

四、设计净雨计算

由暴雨推求洪水过程，一般分为产流和汇流两个阶段。产流计算是解决由降雨过程求净雨过程的问题，汇流计算是解决由净雨过程求流量过程的问题。设计净雨的概念和计算方法，在第五章中作了较详细的论述，为了与小流域设计洪水计算方法相适应，本节着重介绍利用损失参数 μ 值的地区综合规律计算设计净雨的方法。

损失参数 μ 是指产流历时 t_c 内的平均损失强度。图 6-4 表示 μ 与降雨过程的关系，从图中可以看出。在 $i \leqslant \mu$ 的时期，降雨全耗于损失，不产生净雨；$i > \mu$ 时，损失按 μ 值进行，超渗部分（图中的阴影部分）即为净

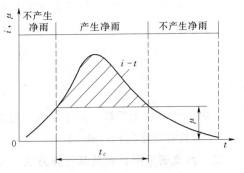

图 6-4 降雨过程与入渗过程示意

雨量。由此可见。当设计暴雨和 μ 值确定后便可求出任一历时的净雨量及平均净雨强度。

为了便于小流域设计洪水计算，我国各省份水利水文部门在分析大量暴雨洪水资料之后，均提出了决定 μ 值的简便方法。有的部门建立单站 μ 与前期影响雨量 P_a 的关系，有的选用平均降雨强度 $\bar{i}$ 与一次降雨平均损失率 $\bar{f}$ 建立关系，以及 μ 与 $\bar{f}$ 建立关系，从而用这些 μ 值作地区综合，可以得出各地区在设计时应取的 μ 值。具体数值可参阅各地区的水文手册。

第三节　计算洪峰流量的推理公式

推理公式又称合理化公式，已有 100 多年历史，是历来小流域由暴雨推求洪峰流量的一种比较常用的方法。原始的方法有 3 个假定，即：①采用平均净雨强度，其历时等于汇流历时；②暴雨与洪水同频率；③流域上的净雨强度在时间上和空间上都是不变的。

随着生产实践的需要和理论研究的开展，多年来出现了不同形式的合理化公式，有的被赋予了新的涵义。我国提出的推理公式是对合理化公式的改进和深化。

一、推理公式的基本形式

推理公式可从线性汇流推导出来。从等流时线的概念出发，假定产流强度在时间、空间上都均匀的情况下，流域上的平均产流强度与一定面积的乘积即为出口断面的流量，当此乘积达到最大值时即出现最大流量。而且，在充分供水条件下，即净雨历时大于汇流时间 τ 时，净雨产生以后，每一时刻总有一部分流域面积上的净雨同时汇集到流域出口断面。此时流域出口断面的最大流量是由 τ 时段的净雨在全流域面积上形成的，此种情况称为全面汇流。洪峰流量 Q_m 计算公式用下式表示：

$$Q_m = K(\bar{i} - \bar{f})F \qquad (6-4)$$

式中：$\bar{i}$ 为平均降雨强度，mm/h；$\bar{f}$ 为平均下渗强度，mm/h；F 为流域面积，km^2；K 为单位换算系数。

当供水不充分时，即净雨历时小于汇流时间 τ，流域出口断面的最大流量由全都降雨、部分流域面积形成，此部分流域面积称为共时径流面积。此种情况称为部分汇流。洪峰流量计算公式用下式表示：

$$Q_m = K(\bar{i} - \bar{f})F_0 \qquad (6-5)$$

式（6-4）和式（6-5）是推理公式的基本形式，并可概括为以下的一般形式：

$$Q_m = K(\bar{i} - \bar{f})\varphi F \qquad (6-6)$$

或

$$Q_m = K\Psi \bar{i} \varphi F \qquad (6-7)$$

其中

$$\varphi = \frac{F_0}{F}$$

式中：Ψ 为洪峰径流系数，等于形成洪峰的净雨量与降雨量之比值；φ 为共时径流面积系数；F_0 为共时径流面积，km^2。

二、水文研究所公式及其计算方法

原水文研究所提出的小流域设计洪水计算方法，是多年来水利部门广泛使用的推理公

式法。该公式的基本形式为

$$Q_m = 0.278 \Psi i F \tag{6-8}$$

式中：Q_m 为洪峰流量，m^3/s；Ψ 为洪峰径流系数，意义同前；i 为平均降雨强度，mm/h；F 为流域面积，km^2。

该所采用的暴雨公式为

$$i = \frac{S}{t^n}$$

当 $t=\tau$ 时，$i = S/\tau^n$，则

$$Q_m = 0.278 \frac{\Psi S}{\tau^n} F \tag{6-9}$$

上式中共有 5 个参数，即 Ψ、S、τ、n 以及 F。雨力 S 可由时段雨量通过式（6-2）求得，暴雨递减指数 n 值查地区等值线图得出，流域面积 F 从地形图上量出。参数 Ψ 和 τ 以及其他相应的参数将在下面分别介绍。

（一）洪峰径流系数 Ψ 的计算

式（6-8）和式（6-9）中的 Ψ 值，是反映流域内降雨形峰过程的一种损失参数。假定在流域平均降雨强度大于地面平均入渗能力的情况下，地面才能产生径流。此时，产流部分的降雨损失决定于地面下渗能力的大小，而不产流部分的损失则是该部分的所有降雨量。由于形峰过程的汇流条件不同，可能出现两种汇流情况。一是全面汇流情况，如图 6-5（a）所示。图中纵坐标表示瞬时暴雨强度 i，虚线以下表示下渗量，t_c 为产流历时，τ 为流域汇流时间，μ 为产流历时内的平均损失强度。当 $t_c \geqslant \tau$ 时。出口断面处的洪峰流量是由相当于汇流时间 τ 内的最大净雨量 h_τ，在全流域面积上形成的，洪峰径流系数 Ψ 是 τ 时段的最大净雨量 h_τ，与同时段的降雨量 P_τ 之比值。二是部分汇流情况，如图 6-5（b）所示。当 $t_c < \tau$ 时，出口断面处最大流量是由相当于产流历时 t_c 内的最大净雨 h_R。在部分流域面积上形成的，洪峰径流系数 Ψ 是 t_c 时段的最大净雨量 h_R 与 τ 时段的降雨量 P_τ 之比值，因此，两种汇流情况的洪峰径流系数可用下式表示：

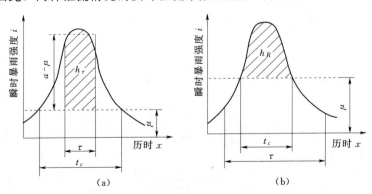

图 6-5 形峰过程的两种汇流情况示意图

(a) $t_c \geqslant \tau$；(b) $t_c < \tau$

当 $t_c \geqslant \tau$ 时，

$$\Psi = \frac{h_\tau}{P_\tau} \tag{6-10}$$

当 $t_c < \tau$ 时，
$$\Psi = \frac{h_R}{P_\tau} \tag{6-11}$$

产流历时 t_c 可以根据设计暴雨公式，将其对 t 进行微分导出，即

$$I = \frac{\mathrm{d}P_t}{\mathrm{d}t} = \frac{\mathrm{d}}{\mathrm{d}t} St^{1-n} = (1-n)\frac{S}{t^n}$$

由图 6-5 可知，当 $I = \mu$ 时，$t = t_c$，代入上式求得产流历时 t_c 的计算式

$$t_c = \left[(1-n)\frac{S}{\mu}\right]^{\frac{1}{n}} \tag{6-12}$$

因此，当 $t_c \geqslant \tau$ 时，
$$\Psi = \frac{h_\tau}{P_\tau} = \frac{P_\tau - \mu\tau}{P_\tau} = 1 - \frac{\mu\tau}{P_\tau} = 1 - \frac{\mu}{S}\tau^n \tag{6-13}$$

当 $t_c < \tau$ 时，
$$\Psi = \frac{nSt_c^{1-n}}{S\tau^{1-n}} = n\left(\frac{t_c}{t}\right)^{1-n} \tag{6-14}$$

式（6-13）和式（6-14）分别代表全面汇流和部分汇流情况下洪峰径流系数 Ψ 的计算式。

（二）流域汇流时间 τ 的计算

流域汇流过程按其水力特性的不同，可分为坡面汇流和河槽汇流两个阶段。原水文研究所在计算流域汇流时间 τ 时，采用平均的流域汇流速度来概括地描述径流在坡面和河槽内的运动。设 L 代表流域最远流程长度（km），v_τ 代表时段内平均的流域汇流速度（m/s），则流域汇流时间 τ(h) 的计算式为

$$\tau = 0.278 \frac{L}{v_\tau} \tag{6-15}$$

流域平均汇流速度 v_τ 可近似地用下式计算：

$$v_\tau = mJ^\sigma Q_m^\lambda \tag{6-16}$$

式中：m 为汇流参数；J 为沿流程的平均纵比降；Q_m 为待求的最大流量，m^3/s；σ、λ 为反映沿流程水力特性的经验指数。

对于一般山区河道，该所把出口断面形状近似地概化为三角形，上式的经验指数采用 $\sigma = 1/3$，$\lambda = 1/4$，将其代入式（6-16）得

$$\tau = 0.278 \frac{L}{mJ^{1/3}Q_m^{1/4}} \tag{6-17}$$

将式（6-17）与式（6-9）结合并进行代换演算，得

$$\tau = \frac{0.278^{\frac{3}{4-n}} L^{\frac{4}{4-n}}}{(mJ^{\frac{1}{3}})^{\frac{4}{4-n}} (SF)^{\frac{1}{4-n}} \psi^{\frac{1}{4-n}}} \tag{6-18}$$

若令

$$\tau_0 = \frac{0.278^{\frac{3}{4-n}} L^{\frac{4}{4-n}}}{(mJ^{\frac{1}{3}})^{\frac{4}{4-n}} (SF)^{\frac{1}{4-n}}} \tag{6-19}$$

可得流域汇流时间 τ 的计算式：

$$\tau = \tau_0 \psi^{-\frac{1}{4-n}} \tag{6-20}$$

在求解上述 ψ 和 τ 值时，需要定量的还有流域特征参数 F、L、t，暴雨参数 S、n 以及损失参数 μ 和汇流参数 m。流域特征参数可从设计地区的地形图中量取；暴雨参数已在本章第二节作了论述，下面着重叙述损失参数 μ 和汇流参数 m 的确定方法。

（三）损失参数 μ 和汇流参数 m 的确定

损失参数 μ 值是产流历时内的平均下渗率，它与流域地表的透水能力、降雨量大小及其分配、降雨开始时的土壤含水量有着密切关系。对于特定流域来说，不同场次暴雨，由于受前期影响雨量、产流历时、暴雨时空分布等的影响，损失参数 μ 值也不尽相同，因而给 μ 值的确定带来了一定的困难。

目前，用实测资料分析和计算损失参数 μ 值的方法是，先将流域降雨过程自强度最大的雨峰中心开始，向前或向后相邻时段以大的在前排序 [见图 6-6 （a）]，并累积求得不同时段的累积雨量 P_i [见图 6-6 （b）]，然后以纵坐标为累积雨量，横坐标为时间点绘 P_t-t 线 [见图 6-6 （b）的 OBC 线]。已知

$$P_{tc} = h_R + \mu t_c \tag{6-21}$$

上式表示在 P_t-t 曲线上，通过 $(t_c，P_{tc})$ 点的切线方程式。由此可见，只要在图 6-6 （b）的纵轴上由原点向上截取径流深 h_R 得 A 点，自 A 点向 P_t-t 线作切线得切点 B，此切点的横坐标值代表产流历时 t_c，纵坐标值代表 P_t，切线的斜率即为所求的产流历时内的平均下渗率 μ。

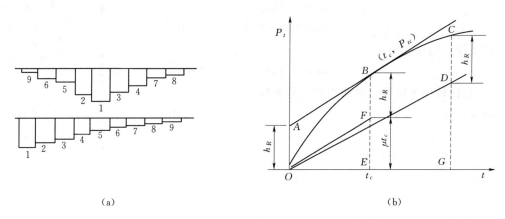

图 6-6　用 P_t-t 曲线计算 μ 值示意图

在设计条件下，也可以用下式估算：

$$\mu = (1-n)n^{\frac{n}{1-n}}\left(\frac{S}{h_R^n}\right)^{\frac{1}{1-n}} \tag{6-22}$$

式中：h_R 为设计净雨量，一般可以根据设计暴雨量从地区暴雨径流相关图中查出。知道了暴雨参数 S、n 以及设计净雨量，就可由式（6-22）或相应的产值诺模图算得设计条件下的损失参数 μ 值。

由于影响 μ 值的因素很多，不同地区产值的差异也很大。多年来我国各省份水文部门在这方面作了大量的分析研究工作。根据各地区的实际情况，提出了确定 μ 值的方法，或在水文手册中附有 μ 值的综合图表，可供参考使用。

汇流参数 m 是汇流速度公式中的经验性参数，它与流域地形、地貌、植被、河网分布、河道糙率、断面形状以及暴雨的时空分布有关。由于流域的汇流速度不能通过固定断面的流速测出，因此。只能用实测暴雨洪水资料按式（6-17）反求。

为了在设计条件下外延或在无资料地区移用，要对 m 值进行地区综合。20世纪80年代初期我国各省份水文部门在编制《暴雨径流查算图表》时，选用了能反映流域大小和地形条件的流域特征因素 θ 与 m 建立相关关系，对 m 值进行地区综合。流域特征因素 θ 一般由以下流域特征值组成，即

$$\theta = \frac{L}{J^{1/3} F^{1/4}}$$

或
$$\theta = \frac{L}{J^{1/3}} \tag{6-23}$$

在建立 m - θ 关系时，分下面几种情况。

1）按下垫面条件定线，如贵州省的情况如下：

山丘、强岩溶、植被差　　　　$m = 0.0568\theta^{0.73}$ $\tag{6-24}$

山丘、少量岩溶、植被较好　　$m = 0.0640\theta^{0.73}$ $\tag{6-25}$

又如湖南省的情况如下：

植被好，以森林为主的山区

$$m = 0.145\theta^{0.489}, \theta < 25 \tag{6-26}$$

$$m = 0.0228\theta^{1.067}, 25 \leqslant \theta \leqslant 100 \tag{6-27}$$

植被较差的丘陵山区

$$m = 0.183\theta^{0.489}, \theta \leqslant 22 \tag{6-28}$$

2）按区域条件定线，如四川省的情况如下：

盆地丘陵区　　　　$m = 0.4\theta^{0.204}, 1 < \theta \leqslant 30$ $\tag{6-29}$

$$m = 0.092\theta^{0.636}, 30 < \theta \leqslant 300 \tag{6-30}$$

又如福建省的情况如下：

沿海　　　　$m = 0.053\theta^{0.785}, \theta \geqslant 2.5$ $\tag{6-31}$

内地　　　　$m = 0.035\theta^{0.785}, \theta \geqslant 2.5$ $\tag{6-32}$

3）考虑设计洪水大小分别定线，如湖北省情况如下：

湖北省：

PMP 及 $H_{24} > 700mm$ 　　$m = 0.42\theta^{0.24}$ $\tag{6-33}$

50年一遇以上的洪水　　　　$m = 0.5\theta^{0.21}$ $\tag{6-34}$

山东省水利学校、浙江省水利水电勘测设计院、水利水电科学研究院水资源所协作，收集全国105个小流域暴雨洪水资料，分析推理公式中的汇流参数 m 值，并把下垫面状况划分为4类进行 m - θ 综合，提出4类下垫面条件下不同 θ 值相应的 m 值表（表6-1），可供参考。

（四）设计洪峰流量的计算

利用原水文研究所建议的公式计算设计洪峰流量，有试算法、交点法以及图解法等方法，下面结合算例介绍试算法和交点法的计算过程，便于读者理解该公式的应用。

表 6-1 小流域下垫面条件分类 m 值表

类 别	雨洪特性、河道特性、土壤植被条件	m 值		
		$\theta=1\sim10$	$\theta=10\sim30$	$\theta=30\sim90$
I	北方半干旱地区，植被条件较差，以荒坡、梯田或少量的稀疏林为主的土石山区，旱作物较多。河道呈宽浅型，间隙性水流，洪水陡涨陡落	$1.0\sim1.3$	$1.3\sim1.6$	$1.6\sim1.8$
II	南、北方地理景观过渡区，植被条件一般，以稀疏林、针叶林、幼林为主的土石山区或流域内耕地较多	$0.6\sim0.7$	$0.7\sim0.8$	$0.8\sim0.95$
III	南方、东北湿润山丘区，植被条件良好，以灌木林为主的石山区，或森林覆盖度达 $40\%\sim50\%$，或流域内多为水稻田，或以优良的草皮为主。河床多砾石、卵石，两岸滩地杂草丛生，大洪水多为尖瘦型，中小洪水多为矮胖型	$0.3\sim0.4$	$0.4\sim0.5$	$0.5\sim0.6$
IV	雨量丰沛的湿润山区，植被条件优良，森林覆盖度可高达 70% 以上，多为深山原始森林区，枯枝落叶层厚，壤中流较丰富。河床呈山区型，大卵石、大砾石河槽，有跌水，洪水多为陡涨陡落	$0.2\sim0.3$	$0.3\sim0.35$	$0.35\sim0.4$

1. 试算法

当本地区降雨时程分配中的最大时段雨量历时关系能较好地满足式（6-2）的时段雨量时，可用试算法推求设计洪峰流量。计算步骤如下：

1）由暴雨资料确定 $\overline{P}_{24}$、C_v、n_1 或 n_2。并计算 S_p。

2）根据已知流域特性参数 J、L 和 F 值，由 m 值的地区综合公式或相应图表查算汇流参数 m 值。

3）用已算出的 $P_{24,p}$ 值，由当地暴雨径流关系图表查得 $P_{24,p}$，然后利用式（6-22）或地区水文手册中相应的 μ 值诺模图查算出 μ 值。

4）用试算法求 Q_m。先假定一个 Q_m 值代入式（6-17）求 τ。如 $\tau\leqslant t_c$，则按全面汇流公式计算；如 $\tau>t_c$，则按部分汇流公式计算。例如，当 $\tau\leqslant t_c$，在求出 τ 以后。利用式（6-13）计算 ψ，将 ψ、τ、S、F 各值代入式（6-9）计算 Q_m。如算得的 Q_m 与假设的 Q_m 相符则为所求，如不相符需再试算，直至两者一致为止。

【例 6-1】 某地区欲修建一座小型水库，该水库集水面积为 $7.4\mathrm{km}^2$，干流长度为 $4.1\mathrm{km}$，干流坡降为 0.036。用试算法计算坝址处百年一遇的洪峰流量。

解：1）计算 S_p。根据该地区水文手册中的有关图表，查得该水库集水面积中心点的 $\overline{P}_{24}=100\mathrm{mm}$，$C_v=0.6$，$C_s=3.5C_v$，$n_2=0.7$。

按 $C_s/C_v=3.5$，查 P-III 型频率曲线的模比系数 K_p 值表，得百年一遇的 $K_p=3.20$，于是

$$P_{24,p}=P_{24,1\%}=K_p\times\overline{P}_{24}=3.20\times100=320\ (\mathrm{mm})$$

根据 $P_t=it=St^{1-n}$，计算

$$S_p=S_{1\%}=\frac{P_{24,p}}{t^{1-n_2}}=\frac{320}{24^{1-0.7}}=123.3\ (\mathrm{mm/h})$$

2）查算汇流参数 m。将已知的 J、L 和 F 代入式（6-23）算出

$$\theta = \frac{L}{J^{1/3}F^{1/4}} = \frac{4.1}{0.036^{1/3} \times 7.4^{1/4}} = \frac{4.1}{0.545} = 7.52$$

已知该地区 $m - \theta$ 关系为

$$m = 0.5\theta^{0.21}$$

代入 θ 得

$$m = 0.5 \times 7.52^{0.21} = 0.76$$

3) 计算产流历时内流域平均损失参数 μ 值。在该地区文手册中，24h 降雨径流关系曲线图上，由已知的 $P_{24.1\%}$ 为 320mm 查得 $h_{24.1\%} = 220$mm，并将此值代入

$$P_{24.1\%}^{n_2} = 220^{0.7} = 43.6$$

并利用式（6-22）计算

$$\mu = (1 - n_2)n_2^{\frac{1}{1-n_2}}\left(\frac{S_{1\%}}{h_{24.1\%}^{n_2}}\right)^{\frac{1}{1-n_2}} = 4.17\,(\text{mm/h})$$

4) 试算 Q_m。设 $Q_m = 150\text{m}^3/\text{s}$，计算

$$\tau = \frac{0.278L}{mQ^{\frac{1}{4}}J^{\frac{1}{3}}} = \frac{0.278 \times 4.1}{0.76 \times 150^{\frac{1}{4}}0.036^{\frac{1}{3}}} = 1.298\,(\text{h})$$

由于 $\tau < t_c$，采用

$$\psi = 1 - \frac{\mu}{S_p}\tau^n = 1 - \frac{4.17}{123.3} \times 1.298^{0.7} = 0.96$$

$$Q_m = 0.278 \times \frac{0.96 \times 123.3}{1.298^{0.7}} \times 7.4 = 202\,(\text{m}^3/\text{s})$$

与假设 $Q_m = 150\text{m}^3/\text{s}$ 不符，再设 $Q_m = 200\text{m}^3/\text{s}$，计算

$$\tau = \frac{0.278 \times 0.41}{0.76 \times 200^{\frac{1}{4}}0.036^{\frac{1}{3}}} = 1.209\,(\text{h})$$

$$\psi = 1 - \frac{4.17}{123.3} \times 102.9^{0.7} = 0.96$$

$$Q_m = 0.278 \times \frac{0.96 \times 123.3}{102.9^{0.7}} \times 7.4 = 213\,(\text{m}^3/\text{s})$$

再设 $Q_m = 215\text{m}^3/\text{s}$，按上述步骤进行第三次试算，得 $Q_m = 215\text{m}^3/\text{s}$，与假设相符即得所求的设计洪峰流量。

2. 交点法

当本地区降雨时程分配中的最大时段雨量历时关系不能用式 $P_t = St^{1-n}$ 概化时，可用交点法求解，计算步骤如下：

1) 由图 6-6 求得不同历时 t 对应的径流深 h_t，以 h_t/t 为纵坐标，历时 t 为横坐标，绘制 h_t/t 曲线。

2) 由降雨量 P_{tR}，在暴雨径流关系曲线上查得径流深 h_R，然后在图 6-6 的纵坐标上取 h_R 值的点向 $P_t - t$ 曲线作切线，求得 t_c 和 μ 值。

3) 利用形成最大流量的一般公式

$$Q_m = 0.278\frac{h_t}{t}F$$

任意假定若干 t 值，算出相应的 Q_t，并绘出 $Q_t - t$ 曲线。由 $h_t/t - t$ 曲线的变化规律得知，当 $t \geqslant t_c$ 时，则 $h_t = h_R$，因此，当 $t \geqslant t_c$ 时，采用 $h_t = h_R$。

4）利用下式

$$\tau = 0.278 \frac{L}{m J^{1/3} Q_m^{1/4}}$$

绘出 $Q_m - \tau$ 曲线。

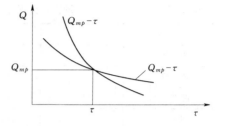

图 6-7　交点法求 Q_p 示意图

5）将上述两条曲线点绘在同一坐标尺度的方格纸上（见图 6-7），其交点 Q_p 即是所求的设计洪峰流量。

第四节　计算洪峰流量的地区经验公式

计算洪峰流量的地区经验公式是根据一个地区各河流的实测洪水和调查洪水资料，找出洪峰流量与流域特征、降雨特性之间的相互关系，建立起来的关系方程式。这些方程都是根据某一地区实测经验数据制定的，只适用于该地区，所以称为地区经验公式。

影响洪峰流量的因素是多方面的，包括地质地貌特征（植被、土壤、水文地质等）、几何形态特征（集水面积、河长、比降、河槽断面形态等）以及降雨特性。地质地貌特征往往难于定量，在建立经验公式时，一般采用分区的办法加以处理。因此，经验公式的地区性很强。

经验公式最早见于 19 世纪中期，它的形式是由洪峰流量与流域面积建立关系。当时由于水文资料十分缺乏，没有频率概念。以后，随着工程建设的开展，各国在建立地区经验公式方面进行了许多工作，使经验公式逐渐具备了新的形式和内容。我国水利、交通、铁道等部门，为了修建水库、桥梁和涵洞，对小流域设计洪峰流量的经验公式进行了大量的分析研究，在理论上和计算方法上都有所创新，在实用上已发挥了一定的作用。但是，此类公式受实测资料限制，缺乏大洪水资料的验证，不易解决外延问题。

1. 单因素公式

目前，各地区使用的最简单的经验公式。是以流域面积作为影响洪峰流量的主要因素，把其他因素用一个综合系数表示，其形式为

$$Q_p = C_p F^n \qquad\qquad (6-35)$$

式中：Q_p 为设计洪峰流量，$\mathrm{m^3/s}$；F 为流域面积，$\mathrm{km^2}$；n 为经验指数；C_p 为随地区和频率而变化的综合系数。

在我国各省份的水文手册中，有的给出分区的 n、C_p 值，有的给出 C_p 等值线图。例如湖南省将全省分为 10 个分区，每一分区给出不同设计标准的相应 n 值和 C_p 值，表 6-2 为该省各分区百年一遇的参数值。又如江西省把全省分为 8 个区，表 6-3 为该省第Ⅷ区的情况。

这种公式过于简单，较难反映小流域的各种特性，只有在实测资料较多的地区，分区范围不太大，分区暴雨特性和流域特征比较一致时，才能得出符合实际情况的成果。

表 6-2 湖南省分区净雨公式 $Q_{1\%}=C_pF^n$ 参数成果表

分 区	C_p	n	分 区	C_p	n
湘 1 区	15.5	0.72	资 2 区	40.0	0.70
湘 2 区	18.2	0.75	沅 1 区	24.2	0.69
湘 3 区	14.2	0.75	沅 2 区	23.0	0.75
湘 4 区	19.1	0.75	澧 1 区	37.0	0.73
资 1 区	19.5	0.75	澧 2 区	32.0	0.65

表 6-3 江西省第Ⅷ区经验公式 $Q_p=C_pF^n$ 参数表

$P/\%$	0.2	0.5	1	2	5	10	20
C_p	27.5	23.3	19.4	15.7	11.6	8.6	5.2
n	0.75	0.75	0.76	0.76	0.78	0.79	0.83

注 选用水文站流域面积范围 672～5303km^2。

2. 多因素公式

为了反映小流域上形成洪峰的各种特性，目前各地较多地采用多因素的经验公式。公式的形式有：

$$Q_p=Ch_{24,p}F^n \tag{6-36}$$

$$Q_p=Ch_{24,p}{}^af^{\gamma}F^n \tag{6-37}$$

$$Q_p=Ch_{24,p}{}^aJ^{\beta}f^{\gamma}F^n \tag{6-38}$$

式中：f 为流域形状系数，$f=F/L^2$；J 为河道干流平均坡度；$h_{24,p}$ 为设计年最大 24 小时净雨量，mm；a，β，γ，n 为指数；C 为综合系数。

例如安徽省山丘区中小河流洪峰流量经验公式的形式为

$$Q_p=Ch_{24,p}{}^{1.21}F^{0.73} \tag{6-39}$$

该省把山丘区分为 4 种类型，即深山区、浅山区、高丘区、低丘区，各地区的 C 值为 0.0514、0.0285、0.0239、0.0194。

选用因素的个数以多少为宜，可从两方面考虑。一是能使计算成果提高精度，使公式用更符合实际。但所选用的因素必须能够通过查勘、测量、等值线图内插等手段加以定量，否则就无法应用于缺乏资料的设计流域。二是与洪峰过程无关的因素不宜随意选用，因素与因素之间关系十分密切的不必都选用，否则无补于提高计算，反而增加计算难度。

此外，有的地区采用计算洪峰流量系列统计参数的经验公式，其一般形式为

$$Q_0=CF^n \tag{6-40}$$

$$C_v=f(F) \tag{6-41}$$

$$C_s=f(C_v) \tag{6-42}$$

这些经验公式可以应用水文观测资料和历史洪水调查资料按水文分区制定出来。有了统计参数，就可以用频率计算方法求出设计洪峰流量。我国公路部门已绘制了全国 C_v 和 C_0（$C_0=Q_0/F^n$）等值线图以及 C_s/C_v 关系表，可供无实测流量资料地区的设计工作参考。

第五节　设计洪水过程线的推求

应用推理公式或地区经验公式，只能算出设计洪峰流量。对于一些中小型水库，有时要求提供设计洪水过程线，以便分析水库的调洪能力和防洪效果。一般用于计算小流域设计洪水过程线的方法有概化过程线法和综合单位线法。近年来国内外提出了小流域洪水模型，为小流域设计洪水计算开辟了新的途径。

概化过程线是根据实测洪水资料，经过综合分析和简化而得。概化的线型有三角形、五边形和综合概化过程线等，一般根据地区涨洪的情况选取。从概化过程线转换成设计洪水过程线。必须知道设计洪峰流量和设计洪水总量。

概化过程线法概念简单，方法易懂，各地区水文手册中有介绍，这里不作论述。本节着重论述综合单位线法。

综合单位线分为时段综合单位线和瞬时综合单位线。

一、时段综合单位线

在有实测暴雨径流资料的流域上，利用单位线便可以由暴雨推求洪水过程。对于一般小流域，由于缺乏实测暴雨径流资料，往往不能直接求得单位线。此时，可根据附近地区从实测暴雨径流资料分析得出的单位线，建立单位线要素与流域特征之间的经验关系，在没有单位线的小流域上，只要知道它的流域特征，便可通过地区经验关系找到它的单位线要素，从而求得它的单位线。上述经验关系是根据地区的各种流域特征资料综合而来的，故称为综合单位线。

单位线要素主要有洪峰流量 Q_m、洪峰滞时 t_p 和单位线总历时 T_0。影响单位线要素的因素是多方面的，其中有降雨特性、流域几何特征以及流域自然地理特征。降雨特性包括降雨强度和时空分布，它对单位线诸要素有一定的影响。为了消除其影响，在制作综合单位线时，必须采用某一标准雨量的单位线进行综合。

流域几何特征是影响单位线的主要因素，常用的有流域面积 F、河道干流长度 L、河道干流坡降 J、流域重心点至出口处的距离 L_{ca} 等。在一个地区内，分析综合单位线的关键在于如何抓住影响单位线要素的主要流域几何特征，建立切合地区实际情况的关系式。选择流域几何特征作为参数时，数目不宜太多，以 2～3 个为合适，并注意不要同时选用两个相关关系非常密切的参数。

自从 20 世纪 30 年代美国史奈德（F. F. Snyder）提出综合时段单位线的概念和计算公式以来，在国内外有一定的发展。

我国 20 世纪 50 年代前治淮委员会工程部采用 G. T. 麦卡锡（G. T. McCarthy）模型转换的办法，提出时段净雨深 $h = 20\text{mm}$ 的淮河综合单位线公式：

$$t_r = \frac{t_p}{5.5} \tag{6-43}$$

$$t_p = K\frac{F}{q_m} \tag{6-44}$$

$$q_m = kF^{0.857}\left[(S_F S_R)^{1/4} f^{1/2}\right]^{0.875} \tag{6-45}$$

$$T = 9.35 \frac{F^{0.85}}{q_m^{0.8}} \tag{6-46}$$

式中：S_F 为流域的面积坡度，m/km^2；S_R 为流域的有效面积重心到测站的河道平均坡度，m/km；k 为流域形态系数，单干型 $k=0.445$，双干型 $k=0.541$，三干型 $k=0.687$；K 为流域停滞系数，山区 $K=1.75$，坡水区 $K=1.38$；其他符号意义同前。

单位时段内不同净雨深度 h_i 对单位线要素 t_p、q_m 的影响采用下列关系式进行改正：

$$t_{ph_i} = t_{p20} \left(\frac{h_i}{20} \right)^{-0.33} \tag{6-47}$$

$$q_{ph_i} = q_{p20} \left(\frac{h}{20} \right)^{0.33} \tag{6-48}$$

淮河流域和其他省份还提出了不同形式的综合单位线，如河南省的淮上法综合单位线、广东、浙江、辽宁等省的经验单位线，都有各自的特色，对解决当地短缺资料情况下设计洪水计算问题，起到了一定的作用并收到了较好的效果。

二、瞬时综合单位线

由瞬时单位线的数学表达式

$$u(0,t) = \frac{1}{K \Gamma(n)} \left(\frac{t}{K} \right)^{n-1} e^{-t/k}$$

可以看出，瞬时单位线的线型由参数 n、K 确定。因此，瞬时单位线的综合，实质上就是参数 n、K 的综合。在进行综合工作时，并不直接去综合 n、K，纳希首先根据英国河流的资料，采用与一阶原点矩 $M^{(1)}$ 和二阶中心矩 $N^{(2)}$ 有关的参数 m_1 和 m_2 与流域特性建立相关关系。

令

$$m_1 = M^{(1)} = nK \tag{6-49}$$

$$m_2 = \frac{N^{(2)}}{(M^{(1)})^2} = \frac{1}{n} \tag{6-50}$$

纳希建立的瞬时综合单位线方程为

$$m_1 = 276 F^{0.3} S^{-0.3} \tag{6-51}$$

$$m_2 = 0.41 L^{-0.1} \tag{6-52}$$

式中：F 为流域面积；S 为流域平均坡度，‰；L 为沿主河檀从流域最远点至出口断面的长度。

按瞬时单位线的原理可知，瞬时单位线的峰现历时 t_p' 为

$$t_p' = (n-1)K \tag{6-53}$$

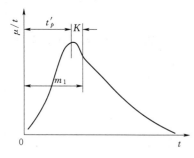

图 6-8　纳希单位线参数示意图

其中 K 为瞬时单位线峰与形心的时距（图 6-8）。由于 n、K 两个参数具有相互补偿的功能，且 n 值一般相对稳定，故习惯上常用 m_1 作为单站取值和地区综合的指标。

当 m_1 值确定之后，尚须计算 n 值，方能解出瞬时单位线。但是，n 值一般比较稳定，因此许多部门取单站或地区的平均值作为设计值，有的将 n 值与流域

特性建立相关关系，由关系式计算 n 值。例如湖北省将山丘区瞬时单位线分 3 个片进行参数的地区综合，第一片包括京广线两侧及鄂东黄冈、咸宁地区，其计算公式如下：

$$m_1 = 0.82 F^{0.29} L^{0.23} J^{-0.20} \tag{6-54}$$

$$n = 0.34 F^{0.35} J^{0.1}, J > 5‰ \tag{6-55}$$

$$n = 1.04 F^{0.3} L^{-0.1}, J \leqslant 5‰ \tag{6-56}$$

第二片包括鄂北、鄂西北及宜昌地区长江以北一带。其计算公式如下：

$$m_1 = 1.64 F^{0.23} L^{0.131} J^{-0.08} \tag{6-57}$$

$$n = 0.52 F^{0.25} J^{0.20} \tag{6-58}$$

第三片包括清江流域和鄂西自治州地区，其计算公式如下：

$$m_1 = 0.8 F^{0.3} L^{0.1} J^{-0.06} \tag{6-59}$$

$$n = 0.69 F^{0.224} J^{0.092} \tag{6-60}$$

纳希瞬时单位线是线性汇流计算模型，模型中的参数没有考虑非线性影响。事实上暴雨洪水汇流过程是非线性的，尤其是中小流域更为明显。因此，我国在编制《暴雨径流算图表》时，除个别省份因其特殊的水文特性未作非线性改正外，其余诸省份都考虑了参数 m_1 的非线性改正。改正的方法是建立单站的滞时 m_1 与平均净雨强度 i 之间的关系，通过关系，求得不同雨强的相应的 m_1 值。其关系式为

$$m_1 = a i^{-b} \tag{6-61}$$

式中：m_1 为瞬时单位线滞时，$m_1 = M^{(1)}$；i 为平均净雨强度，mm/h；a 为反映流域特征的系数；b 为指数，有随流域面积增大而减小的趋势。

当瞬时单位线参数与净雨强度之间存在非线性关系时。用来参加地区综合的单站 m_1 必须具有统一的平均净雨强度值（例如采用 $i = 10$ mm/h，记为 $m_{1,10}$），并与某些流域特征值建立相关关系。即

$$m_{1,10} = \varphi(F, J, L \cdots)$$

例如，陕西陕北北部：

$$m_{1,10} = 0.296 (F/J)^{0.2455} \tag{6-62}$$

福建沿海地区：

$$m_{1,10} = 2.8 F^{0.137} J^{-0.24} \tag{6-63}$$

湖南山区：

$$m_{1,10} = 2.7 (F/J)^{0.116} \tag{6-64}$$

式（6-61）的指数 b 与流域面积 F 的关系比较密切，大多数地区，b 值随流域面积的增大而减小，反映了随流域面积的增大，单位线的非线性减弱的规律。

例如，陕西陕北地区：

$$b = 0.482 - 0.089611g F \tag{6-65}$$

福建沿海地区：

$$b = 0.262 F^{-0.07} J^{0.126} \tag{6-66}$$

系数 a 与流域特征具有一定的关系，但无明显变化规律。为了便于计算无资料地区设计条件下的 m_1 值，可以采用下面方法消去系数 a 值。已知

$$m_1 = ai^{-b}$$

同理
$$m_{1,10} = a(10)^{-b}$$

合并上面两式，整理得

$$m_1 = m_{1,10}(10/i)^b \qquad (6-67)$$

将已算出的 b、$m_{1,10}$ 和设计 i 值，代入式（6-67）可以得出设计的 m_1 值。

有了 m_1、n 值，代入式（6-49）可以算出参数 K，由 n、K 值算出瞬时单位线。

第七章 可能最大暴雨和可能
最大洪水的估算

我国大多数河流的大洪水主要是由暴雨形成的。推求可能最大暴雨和可能最大洪水是水文计算中的一个重要课题。我国 SL 252—2000《水利水电工程等级划分及洪水标准》第3.2.2条规定：失事后对下游将造成较大灾害的大型水库、重要的中型水库以及特别重要的小型水库的大坝，当采用土石坝时，应以可能最大洪水作为非常运用洪水标准。

第一节 可能最大暴雨的基本知识

一、可能最大暴雨和可能最大洪水

可能最大暴雨，即可能最大降水，可能最大降水（Probable Maximum Precipitation，PMP）一词是由美国在 20 世纪 50 年代后期正式提出的，20 世纪 80 年代对该词的涵义又作了一些修正。可能最大降水是指在现代气候条件下，某一流域或某一地区上，一定历时内的最大降水，含有降水上限值的意义，我国习惯上称为可能最大暴雨量。由可能最大暴雨形成的洪水称为可能最大洪水（Probable Maximum Flood，PMF）。

在特定的地理位置，一定时段内的最大暴雨量应有一个物理上限，如果求出这个上限并计算出相应的洪水作为设计洪水，则可保证水利工程的安全。但是，由于现代条件下能掌握的气象和水文资料有限，计算方法也不完善，所以估算得到的可能最大暴雨并不是真正的上限，仅仅是一个近似值。

二、大气中的可降水量（W）

所谓大气中的可降水量（W）是指单位面积上，自地面至高空水汽顶层空气柱中的总水汽量全部凝结后，降落到地面上所形成的水深。

降水的产生必须具备水汽和动力两个基本条件，而特大暴雨的产生必须有源源不断的充沛的水汽输入和持续强烈的上升运动。

水汽是形成暴雨的原料。大暴雨的产生，仅靠当地的水汽量是不够的，还必须有持续不断的充沛水汽输向暴雨区。这种条件常是暴雨区外围的大尺度流场中出现了水汽通量的辐合。

上升运动是使水汽变雨滴的加工机，它把低层水汽向上输送，是水汽转换成雨滴的重要机制。上升运动包括大尺度的天气系统造成的上升和中小尺度对流上升，以及地形引起的抬升。不同尺度天气系统造成的上升速度的量级是不同的，因而相应的雨强量级也是不同的。

天气中可降水量的计算方法如下：

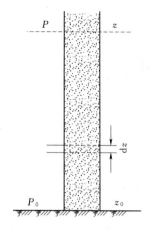

图 7-1　空气柱示意图

如图 7-1 所示，取单位面积的空气柱，取厚度为 $\mathrm{d}z$ 的空气层，其水汽含量 $\mathrm{d}m$ 为

$$\mathrm{d}m = \rho_{汽}\,\mathrm{d}z \tag{7-1}$$

式中：$\rho_{汽}$ 为水汽的密度，$\mathrm{g/cm^3}$。

根据可降水量的定义，当单位面积空气柱中的水汽全部凝结为水时，设其深度为 $\mathrm{d}W$，则

$$\rho_{汽}\,\mathrm{d}z = \rho_{水}\,\mathrm{d}W \tag{7-2}$$

式中：$\rho_{水}$ 为水的密度，$\mathrm{g/cm^3}$。

由此得

$$\mathrm{d}W = \frac{\rho_{汽}}{\rho_{水}}\mathrm{d}z \tag{7-3}$$

则单位面积的空气柱中的可降水量可由式（7-3）积分得到

$$W = \int_{z_0}^{z} \mathrm{d}W = \int_{z_0}^{z} \frac{\rho_{汽}}{\rho_{水}}\mathrm{d}z \tag{7-4}$$

又根据空气静力学方程，单位面积上，$\mathrm{d}z$ 厚度的空气重量，即空气压力 $\mathrm{d}P$ 为

$$\mathrm{d}P = -\rho_{湿}\,g \cdot \mathrm{d}z \tag{7-5}$$

则

$$\mathrm{d}z = -\frac{\mathrm{d}\rho}{\rho_{湿}\,g} \tag{7-6}$$

将式（7-6）代入式（7-4）中

$$W = -\frac{1}{\rho_{水}\,g}\int_{P_0}^{P_z} \frac{\rho_{汽}}{\rho_{水}}\mathrm{d}P = \frac{1}{\rho_{水}\,g}\int_{P_0}^{P_z} q\,\mathrm{d}P \tag{7-7}$$

其中

$$q = \rho_{汽}/\rho_{水}$$

式中：q 为比湿，$\mathrm{g/kg}$；$\rho_{湿}$ 为湿空气的密度，$\mathrm{g/cm^3}$。

对于具体的一次降雨，若具有各高度层的比湿实测资料，可根据式（7-7）直接计算可降水量。但由于高空资料少，观测年限不长，常用的方法是用地面露点推求可降水量。

利用地面露点推求可降水量，是假定大暴雨时，自地面至高空各层空气全部成饱和状态，即各层的温度均等于该层的露点温度 t_d。所谓露点（t_d）是保持气压和水汽含量不变，使温度下降，当水汽恰到饱和时的温度。可以证明，比湿 q 与露点 t_d、气压 P 具有下列关系：

$$q = \frac{3800}{P} \times 10^{\frac{7.45 t_d}{235 + t_d}} \tag{7-8}$$

将式（7-8）代入式（7-7）得

$$W = \frac{1}{\rho_{水}\,g}\int_{P_0}^{P_z} 3800 \times 10^{\frac{7.45 t_d}{235 + t_d}} \cdot \frac{\mathrm{d}P}{P} \tag{7-9}$$

在湿绝热的状态下，湿空气的状态方程为

$$\rho_{湿} = \frac{P}{R'(273 + t_d)} \tag{7-10}$$

式中：P 为气压，hPa；R' 为湿空气的气体常数，随湿空气中水汽含量的多少而变化。

式（7-10）代入式（7-6）中得

$$dP = -\frac{Pg}{R'(273+t_d)}dz$$

或

$$\frac{dP}{P} = -\frac{g}{R'(273+t_d)}dz \qquad (7-11)$$

将式（7-11）代入式（7-9）得

$$W = \frac{3800}{\rho_{\text{水}}R'}\int_{z_0}^{z}\frac{1}{273+t_d}\times 10^{\frac{7.45t_d}{235+t_d}} \qquad (7-12)$$

根据露点 t_d 沿高度 z 的分布情况，可用数值积分的方法求出式（7-12）的积分值。可以证明，假绝热递减垂直分布如图7-2所示。因此，式（7-12）的积分值应为

$$W_{z_0}^{z} = W(t_d, z_0) \qquad (7-13)$$

式（7-13）说明 z_0-z 层的可降水量是地面露点的单值函数，并有专用表可查（见附表5）。现举例说明。

【例7-1】 某测站高程为500m，测得露点为23.5℃，试计算可降水量 W。

解：1）先把测站高程上的露点换算到1000hPa等压面（近于海平面），可在图7-2纵标上取0.5km，横标上取23.5℃，在图中交出一点，然后从该点平行沿假绝热线下降交于横轴，在横轴上读得温度为25℃。

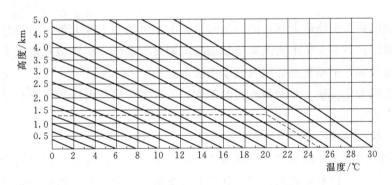

图7-2　由测站高度换算到1000hPa（高度为零）
露点的假绝热高度

2）由1000hPa地面露点25℃查附表5，得1000hPa至天气顶界（约12000m）气柱内的可降水量 $W_0^{12000}=80$mm，1000hPa至500m高程的可降水量 $W_0^{500}=11$mm。

3）地面高程500m至大气顶界的可降水量

$$W = W_0^{12000} - W_0^{500} = 80 - 11 = 69\text{mm}$$

三、降水量近似公式

对一个地区及一个区域，常对边界条件加以简化，如图7-3所示。若水汽输送系单一方向进行，以 $V_\text{入}$、$W_\text{入}$ 及 $V_\text{出}$、$W_\text{出}$ 分别表示水汽输入量及输出量（见图7-3）。其中，$W_\text{入}$、$W_\text{出}$ 分别为入流端与出流端的地面至顶面的气柱可降水；$V_\text{入}$、$V_\text{出}$ 分别代表入流端与出流端的平均风速。图中 y 代表入流端和出流端的边长，F 为气柱的底面积，则历时 t 内可降水量 P 的计算公式为

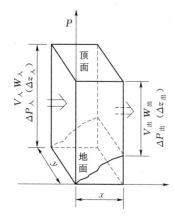

图 7-3 单方向水汽输送示意图

$$P = \frac{1}{F} \int_0^t (V_入 W_入\, y - V_出 W_出\, y)\mathrm{d}t$$

$$= (V_入 W_入 - V_出 W_出)\frac{yt}{F} \qquad (7-14)$$

根据空气质量连续原理：$V_入\, y \Delta z_入 = V_出\, y \Delta z_出$，并引用大气静力方程后，可得 $V_出 = V_入\, \Delta P_入 / \Delta P_出$，把它代入式 (7-14) 得

$$P = V_入 \left(W_入 - W_出 \frac{\Delta P_入}{\Delta P_出} \right) \frac{yt}{F} \qquad (7-15)$$

令 $(1 - W_出 \cdot \Delta P_入 / W_入 \cdot \Delta P_出)\, y/F = \beta$，则式 (7-15) 变为

$$P = \beta V_入 W_入\, t \qquad (7-16)$$

令 $\beta V_入 = \eta$，则得到水文上应用的近似降水量公式：

$$P = \eta W_入\, t \qquad (7-17)$$

式中：η 为降水效率；β 为辐合因子。

第二节　可能最大暴雨估算方法——典型暴雨极大化法

目前，我国估算可能最大暴雨的方法很多，大体可归纳为两大类，一类是由暴雨公式求可能最大暴雨；另一类是由实测典型暴雨求可能最大暴雨，即典型暴雨极大化法，此类方法目前应用较多，下面重点介绍典型暴雨极大化法。

典型暴雨极大化方法主要做两方面的工作：①选定典型暴雨；②将降水量公式中的气象因子进行极大化。

一、水汽极大化法

水汽极大化的概念是根据"在个别特殊暴雨中测得的水汽含量小于大气中容许产生的水汽含量"这样一个设想形成的。它是利用典型暴雨中实测水汽与典型暴雨位置的可能最大水汽之比来放大实测降水量的。

当选定的典型暴雨属于高效暴雨，即 $\eta = \eta_m$ 时，则可用水汽极大法（或称水汽极大化法）推求可能最大暴雨。计算公式为

$$P_m = \frac{W_m}{W_典} P_典 \qquad (7-18)$$

式中：$P_典$、P_m 分别为典型暴雨及可能最大暴雨的雨量值，mm；$W_典$、W_m 分别为典型暴雨及可能最大暴雨的可降水量，mm。

用式 (7-18) 计算可能最大暴雨时，关键是如何确定 $W_典$ 和 W_m 值。根据前述，可降水的计算一般采用代表性露点法。因此，$W_典$ 和 W_m 的确定便转化为相应的地面代表性露点 T_d 和 T_{dm} 的确定。

1. 典型暴雨代表性露点 T_d 的选定

一场暴雨的代表性地面露点，是指在适当地点适当时间选定的地面露点值，该露点称

为暴雨的代表性地面露点。确定方法是:

(1)代表性露点的地点选择。在暖湿空气的入流方向大雨区边缘选取几个测站,先分别选取各测站降水期间的代表性地面露点值,然后取其平均值,作为典型暴雨的代表性地面露点。

(2)代表性露点的时间选择。每个测站代表性露点的选取,是在包括最大 24 小时暴雨期及其前 24h 共 48h 内选取持续 12h 最高露点值。测站代表性地面露点的分析选择,如表 7-1 所示。

表 7-1 A 站代表性地面露点分析选择表

日期	8月2日				8月3日			
时刻	0	6	12	18	0	6	12	18
露点/℃	20	22	24	23	25	22	21	19

从表 7-1 中可以看出,在所有持续 12h 露点中,2 日 12 时至 3 日 0 时的 23℃是最高值。因此,A 站的代表性地面露点为 23℃。

2. 可能最大代表性地面露点 T_{dm} 的选定

可能最大代表性地面露点 T_{dm} 有两种常用的选择方法:

(1)按历史最大代表性地面露点确定。当计算地区测站的地面露点资料超过 30 年时可分月(汛期各月)选用历年中最大的持续 12h 地面露点,作为各该月的可能最大代表性地面露点。

(2)按频率计算确定。对测站历年汛期各月最大持续 12h 地面露点进行频率计算取频率 $P=2\%$ 的地面露点值作为该月的可能最大代表性地面露点,各月中取最大者,即为全年的可能最大代表性露点值。

(3)按地理分布确定。我国各省份都已绘制了可能最大露点等值线图,可供查用。在图中可查出设计地点的可能最大露点值。这里要指出,我国各地水汽主要来源于西太平洋和孟加拉湾,所以必须用该两地海面实测最高水温作为暴雨代表性露点的控制值。

二、水汽效率联合放大法

若选定的典型暴雨,其水汽量及效率均未达到可能最大时,则可将水汽、效率同时放大。可能最大暴雨可按下列公式推求:

$$P_m = \frac{\eta_m W_m}{\eta_{典} W_{典}} P_{典} \qquad (7-19)$$

每次暴雨的效率值可由下列公式计算:

$$\eta = \frac{P}{WT} = \frac{i}{W} \qquad (7-20)$$

可能最大效率 η_m 值的确定:在设计流域暴雨资料系列较长的情况下,可选若干场稀遇典型大暴雨,按式(7-20)计算不同历时 T 的效率 η_t 值,绘制 $\eta-T$ 关系线,取其外包值作为可能最大效率 η_m。

若设计流域缺乏特大典型暴雨,则可经以气象分析为主的综合论证,移置邻近流域的特大暴雨,此种方法称移置暴雨法。此法的关键是需对移置可能性进行论证并根据设计流域和移置暴雨发生区之间存在的地理位置、地形等方面的差异，移置改正方法请参考文献 [3]。

第三节　可能最大暴雨等值线图集的应用

一、可能最大暴雨等值线图

可能最大暴雨等值线图能够很好地反映 PMP 在地区上的分布。对于中小型水利工程，由于缺乏推求可能最大暴雨的资料。因此，可能最大暴雨等值线图便成为计算 PMP 的有力工具。

可能最大暴雨等值线图是在完成单站可能最大暴雨估算工作的基础上进行绘制的。它反映了一定历时、一定流域面积可能最大暴雨在地区上的变化和分布规律，为区域内任何流域提供了可能最大暴雨的估算数据，并能对区域内各流域的可能最大暴雨进行比较和协调。

目前，我国各省份的可能最大 24 小时点雨量等值线图已经刊布，可供查用。

二、暴雨时面深关系

制定了全国各省份的可能最大 24 小时点雨量等值线图后，为了满足中小流域推算可能最大洪水（PMF）的需要，还必须分析暴雨随时间和空间分布的变化规律。亦即暴雨的时面深关系，配合可能最大 24 小时暴雨等值线图集，用来计算不同流域面积和历时的可能最大平均雨量。图 7-4 所示为江苏省的 PMP 时-面-深（$t-F-K$）关系图。

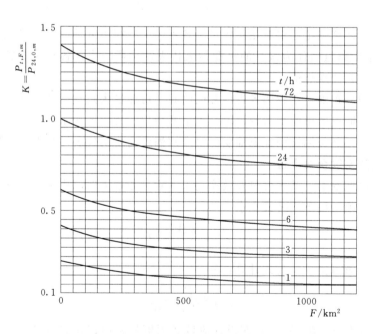

图 7-4　江苏省 PMP 时-面-深（$t-F-K$）关系图

三、暴雨时程分配

在设计时，除了需要不同历时的面平均雨量外，还必须分析可能最大暴雨的时程分配。

可能最大暴雨的时程分配，应根据本地区或邻近地区的大暴雨资料综合分析得出。有关可能最大暴雨的时程分配雨型都刊印在我国各省份的水文手册或水文图集中，可直接查用。

【例7-2】 江苏省某水库集水面积 $F=120\text{km}^2$，试求24h可能最大暴雨的降雨过程。

解： 1）查江苏省可能最大24小时点雨量等值线图，得该水库流域中心点的可能最大24小时暴雨量为：$PMP_{24h}=800\text{mm}$。

2）根据 $F=120\text{km}^2$，查江苏省PMP时-面-深（$t-F-K$）关系图（图7-4），得到各种历时的折算系数 K（见表7-2）。各历时最大面雨量等于各自的 K 值乘以可能最大24小时点雨量。

表7-2 江苏省某水库流域各历时可能最大面雨量计算表

历时 t/h	1	3	6	12	24
折算系数 K	0.19	0.36	0.55	0.74	0.92
各历时可能最大面雨量 $P_{m,t}/\text{mm}$	152	288	440	592	736

3）该省可能最大24小时暴雨时程分配百分比见表7-3。根据该暴雨时程分配比，采用分段控制放大法求可能最大24小时暴雨过程。最大1小时暴雨量 $PMP_{1h}=152\text{mm}$ 放在第14时段；$PMP_{3h}-PMP_{1h}=288-152=136\text{mm}$，用136mm乘第13和15时段的分配比，得66.9mm和69.1mm，其他历时依此进行，得24h PMP的逐时雨量依次为表7-3所示。

表7-3 江苏省可能最大24小时暴雨时程分配雨型

时段 $\Delta t=1\text{h}$		1	2	3	4	5	6	7	8	9	10	11	12
各历时分配比/%	P_1												
	P_3-P_1												
	P_6-P_3												
	$P_{12}-P_6$										11.3	19.1	19.1
	$P_{24}-P_{12}$	0	0	0	0	6.5	6.5	12.9	12.9	16.1			
PMP暴雨过程/mm		0	0	0	0	9.4	9.4	18.6	18.6	23.2	17.2	29.0	29.0
时段 $\Delta t=1\text{h}$		13	14	15	16	17	18	19	20	21	22	23	24
各历时分配比/%	P_1		100										
	P_3-P_1	49.5		50.8									
	P_6-P_3				39.8	31.1	29.1						
	$P_{12}-P_6$							29.6	13.9	7.0			
	$P_{24}-P_{12}$										19.4	16.1	9.6
PMP暴雨过程/mm		66.9	152	69.1	60.5	47.3	44.2	45.0	21.1	10.7	27.9	23.1	13.8

第四节 可能最大洪水的推求

由可能最大暴雨推求可能最大洪水的方法，与用一般暴雨资料推求设计洪水基本相同，即包括产流计算和汇流计算两大步骤。另外，还必须考虑 PMP 条件下的某些特点。

一、净雨过程的计算

由于 PMP 的强度大，故在降雨开始以后很快就会产流。因此，PMP 比典型暴雨一般要提前产流，净雨历时一般较长，净雨总量显著增大，而降雨的损失量则相对较小，即径流系数大。

PMP 的净雨计算，同样可以采用径流系数法，暴雨径流相关图法、初损后损法。

二、洪水过程线的计算

由 PMP 的净雨过程推求 PMF 的洪水过程，一般仍是采用各种单位线法。常用的各种单位线法，都假定蓄泄方程为线性，故属于线性汇流计算。而 PMF 的计算。则必须考虑非线性改正。

如果流域内有大洪水资料，可直接应用由这些资料分析出来的单位线，无需再作非线性改正。如果本流域没有大洪水资料，可通过综合分析，用邻近地区的大洪水资料。否则，必须考虑非线性改正。

这里必须指出，虽然 PMF 是由 PMP 造成的，但是由于 PMP 和 PMF 事件具有极大的不确定性，因此无法确定 PMP 和 PMF 的概率分布，更无法确定 PMP 与 PMF 的概率分布关系。

第五节 古洪水研究及应用

重要水库工程的校核洪水，也称保坝洪水，在国内外都不外乎采用频率计算与可能最大洪水两种方法，频率计算设计洪水及可能最大洪水的原理与方法前面已经介绍，本节针对频率计算中存在的问题，针对古洪水研究进行一些有益的讨论。

一、现行频率计算方法存在的问题

现行频率计算方法使用的实测资料有限，一方面，即使加入历史特大洪水处理，频率计算结果仍未必十分可靠。对于特大历史洪水，以文献考证所得的最远年限作为依据，至于考证期以前是否出现过更大洪水不得而知；这就给确定历史特大洪水的重现期和排序带来困难；另一方面，重要防洪水库工程的校核标准都需要极为稀遇（例如千年甚至万年一遇）的设计洪水作为保坝洪水，但实测及历史洪水资料远远不能满足推算这样稀遇洪水的要求，尽管我国历史悠久，史志碑刻甚丰，也开展了大量的洪水调查，而利用这些资料作为依据在外延洪水特征值频率曲线时，推求洪水设计值仍感到不可靠，有时定线也是很困难的。

考证期一般是根据老人的记忆、传说、碑记、史志、档案等定出的，一般不过几百年，除了难以获得更为稀遇的洪水及其频率外，最大的问题是如果把已有洪水的考证期追溯到更远一些，则式（4-2）中的值将要变动，甚至有时变动很大。对于重现期 N 值的变动，就影响到频率计算法的核心问题（即：样本系列的长度发生变化），从而关系到样本系列的代表性问题。简单地说，即使在样本中加入了历史洪水或对特大洪水进行了处理，一方面，历史洪水的频率和特征值大小不易准确核定；另一方面，调查考证的重现期也很有限，所以，选配或外延的洪水频率曲线仍然可以说是不可靠的。

由此看来，洪水设计中频率计算方法的根本问题是资料过短、代表性不足、难以得到令人信服的稀遇洪水设计值，即使推求出来，也感觉没把握。解决这个问题的关键，是如何寻求更多更久远的大洪水资料，以期减少外延的幅度，或者说把曲线的外延变为内插岂不更好？

二、古洪水研究简介

古洪水（paleoflood）是指洪水发生的时间要比历史调查与考证到的洪水更为久远的古代洪水，其特征值的数量级比前述的特大洪水相比还要大得多。目前的古洪水研究成果，可以提供全新世（距今 11000 年）的洪水资料，是弥补现行频率计算的缺陷、提高洪水设计成果精度的新途径。

过去曾以河边树木年轮或洪水在树木上遗留的痕迹来考证洪水，后来又利用考古成果来论证洪水。但千年古树不易找到，文化层古物不能确切说明洪水大小和具体年代，不能作为定量依据，只能作为一种旁证，因此古洪水研究主要从以下几方面入手。

1. 古洪水留存的物证

在河流洪水时期，往往漂流着由流域上游带来的孢子、花粉、枯枝落叶、根茎等有机物，由于洪水在洪峰时有短暂的平流时刻，然后逐渐退水，洪峰水位上的漂流物因退水而停留并沉积于平流时所在的某些洞穴、凹壁、支沟回水末端等处，其后又为崩坍的泥土或沉积物所掩埋，得以长久保存下来，这就成为洪水平流（洪峰）沉积物。

平流沉积物在野外最明显的特征是，具有微薄的水平层理或波状沉积层理，并有向河岸方向或支沟上游方向逐渐尖灭的现象。对沉积环境和顶面高程加以分析，特别是对未经扰动、污染、位置较高的洞穴中的沉积物、洪痕、刷痕、支沟回水末端的楔形沉积尖灭点处进行分析，可望求得古洪水的水位。利用放射性同位素对沉积物样品鉴定分析，可以求出发生这种沉积洪水的年代。因此，洪水平流沉积物不但是古代洪水的物证，而且还能提供古洪水的水位（流量）和发生年代，这是水文学中未曾利用的洪水信息载体，也是一个新的洪水资料库，其中很久远年代的特大洪水资料，扩展了洪水设计资料长度，解决了频率曲线外延问题，对于洪水频率分析十分有利。

在野外查勘取样时，应事先沿河段峡谷基岩平直段选取沉积样品。这种峡谷段涨落明显，易于沉积大洪水中的有机物。基岩断面抗蚀能力强，断面变动小，有利于用水位换算流量。调查时还应注意泛滥性河漫滩上可能发生沉积的部位。在地形有利的条件下可开挖剖面，发现多层沉积单元，或多处沉积，得到多次洪水沉积物。

除了在现场观察判断沉积物是当地的水流沉积还是来自客流洪水沉积物以外，还应在实验室作物理结构分析。在客流洪水沉积物的泥沙中，以汇水范围内坚硬抗磨颗粒为主，矿物含量较当地基岩风化物的组合复杂得多。客流洪水沉积物中泥沙粒径较均匀，一般分选系数小于 1.5。粒级组成分布呈单峰型，颗粒磨圆度较高，以次圆及圆形为多。

2. 古洪水沉积物的年代分析

采取了古洪水沉积物，就可利用它求得洪水的发生年代，即所谓距今年数。能指示年代的矿物残屑、考古物品、树木年轮、热释光测年物（如陶瓷、砖瓦、石英等）均可用于测定年代。

放射性碳 14 是古洪水研究常用的测年方法。测年物质是埋藏于沉积物中的有机物。

它来源于：①移积炭或木质；②本地炭；③洪水移积的枯枝落叶；④埋藏树木。所谓移积（测年物）是指搬运而沉积。移积物有的来自当年的孢子花粉、枯枝落叶，多保存于洪水沉积层顶部，这是主要的平流沉积物，其有效放射性同位素测出的年代与洪水事件发生的年代相差不到 1 年。如果移积物由沉积处以外的老堆积物搬运而来，则其测年数只能是洪水发生年代的一个上限。

在河段中各处采集到的样品进行年代测定后，可根据其矿物成分、粒度、结构特征、风化情况（颜色、硬度等）综合判断是否属于同次洪水。如是同次洪水，可定出各次洪水的水面比降，进行洪峰流量计算。在平直河段中各次洪水的比降大体平行，这也有助于判断是否属于同次洪水。

洪水在河段中某处，如果未达到"门槛"（地形阻碍）高度则不发生沉积，但可能在别处沉积。所以，应利用多处沉积物高程，取各最高程点连成各同次洪水比降，这是非常有意义的综合判断，不但可以修匀各次洪水比降，而且还可以求得一段时期的洪水系列。

通过古洪水研究，可以取得几千年甚至上万年前的洪水资料。但为了保持洪水资料在统计学上的一致性（气候、植被、河道），一般认为仅宜采用晚全新世（距今 2500～3000 年）的洪水资料。这一时期的气候温凉偏干，年降水量少于早全新世和中全新世，但多发生暴雨和洪水，与现代气候条件比较相近。如果能够求得晚全新世内的各次大洪水，则考证期自然就扩展到两三千年了。

三、古洪水特征值的确定

调查到了古洪水的水位和比降，就可利用水力学模型或稳定的水位流量关系推求古洪水流量。但无论是用模型还是水位流量关系推算，都要利用当时洪水通过的断面而不是现今的断面，这是提高古洪水流量计算精度所必须研究的。例如，长江三峡三斗坪断面以花岗岩为基底，河床最底部的卵砂和粉细砂有冲淤变化，1979 年实测断面最低点为 3.5m（吴淞基面），1870 年最大洪水位为 83.32m（吴淞基面），相应的过水断面为 37530m^2，假若断面淤高 10m，其相应的淤积面积为 538m^2，也只占 1870 年洪水相应过水断面的1.4%。即使淤至 23.3m，也只相差 4.4%。研究认为，当历史洪水或古洪水发生时，河槽满蓄，冲淤 10 余 m，一般情况下过水断面相差是很小的。

通过调查确定了洪水平流期的比降和河段的行洪断面，用以下各式计算洪峰流量：

顺直河段

$$Q_m = KS^{\frac{1}{2}} \qquad (7-21)$$

其中

$$K = \frac{1}{n} A R^{\frac{2}{3}}$$

式中：Q_m 为洪峰流量，m^3/s；S 为水面比降，‰；K 为河段平均输水率；n 为糙率；A 为河段平均过水断面积，m^2；R 为河段平均水力半径，m。

非顺直河段

$$Q_m = KS_e^{\frac{1}{2}} \qquad (7-22)$$

其中

$$S_e = \frac{h_f}{L}$$

式中：S_e 为两断面间的摩阻损失；L 为两断面间距，m。

古洪水的洪量可以通过实测的峰量关系，外推估算。

四、古洪水研究成果在频率计算中的应用

1. 频率计算

有了几次古洪水，然后连同历史洪水和实测洪水组成一个不连续系列，可按统一处理法，分别计算其频率：

古洪水频率：

$$P_i = \frac{i}{N+1}, i = 1, 2, \cdots, a \tag{7-23}$$

式中：N 为古洪水为首项的考证期，年；i 为古洪水的排位序号。

历史洪水频率（包括历史调查考证和实测系列中的）：

$$P_{a+j} = P_a + (1 - P_a) \frac{j}{N'+1}, j = 1, 2, \cdots, b \tag{7-24}$$

式中：N' 为首项历史洪水的考证期，年；j 为历史洪水在考证期 N' 内的排位序号。

一般实测洪水的频率：

$$P_{a+b+m} = P_{a+b} + (1 - P_{a+b}) \frac{m}{n+1}, m = 1, 2, \cdots, n \tag{7-25}$$

式中：n 为实测洪水系列长度，年；m 为在 n 年内的排位序号。

古洪水重现期与流量测算结果均有一定的误差。古洪水测年约有一二百年的误差，但古洪水的考证期是几千年，只要不影响排位，其具体年份不是重要的。不过，水位或转化为流量受影响较大，因此古洪水水位的确定应力求精确。古洪水加入系列后，其分布线型是值得研究的课题。根据近年来对长江、黄河、淮河有古洪水资料的频率分析，在 2500～3000 年的晚全新世时期内，我国通用的 P-Ⅲ型分布仍是可取的。

通过古洪水研究成果，千年一遇的设计洪水则由外延变为内插。就统计学的一致性来说，晚全新世只是 2500～3000 年，还不足以求得万年一遇的设计洪水，然而，可以通过适线外延就感到有些把握了。古洪水研究成果有物证，应用于频率计算后，成果稳定，不致因人而异，为设计洪水探索了一条新途径。

2. 应用举例

长江三峡有实测洪水资料 114 年（1877—1990 年），历史特大洪水有 8 次（最远追溯到约 1500 年），其中最大的 1870 年洪峰值为 $Q_m = 10500 \text{m}^3/\text{s}$，在 20 世纪 50 年代考证到 1520 年，重现期定位 439 年，到了 20 世纪 70 年代又调查到宋绍兴二十三年（1153 年）的题记资料，重现期则改为 830 年，显然，这还不是最后的结论，随着考证期的增长，重现期还有可能会增加，结果又经考证，1870 年特大洪水的重现期增加到 2500 年（注意：没有考证依据时，也不能随意增加重现期）。

长江三峡工程坝址断面处控制流域面积为 100 万 km^2，年径流量为 4500 亿 m^3，但现行频率分析计算方法与 P-Ⅲ型适线效果不好。经过古洪水研究，确定 1870 年特大洪水的重现期为 2500 年以后，频率曲线有较好的改善，如图 7-5 所示。从图 7-5 可以看出，如果推求千年一遇的洪水则由外延变为内插，但仍不能内插万年一遇的洪水。

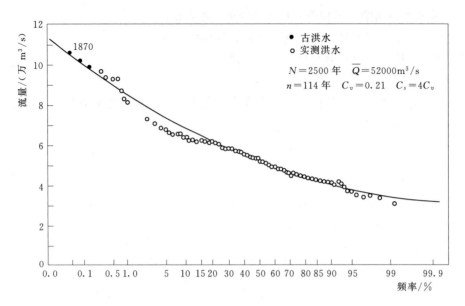

图 7-5　长江三峡工程断面处考虑古洪水后的经验频率适线结果

第八章 设计年径流分析计算

第一节 概 述

一、年径流的特性

在一个年度内，通过河流出口断面的水量，叫做该断面以上流域的年径流量。它可用年平均流量（m^3/s）、年径流深（mm）、年径流总量（万 m^3 或亿 m^3）或年径流模数（$m^3/s \cdot km^2$）表示。

通过对年径流观测资料的分析，可以看出年径流变化的一些特性。

1）年径流具有大致以年为周期的汛期与枯季交替变化的规律，但各年汛、枯季有长有短，发生时间有早有迟，水量也有大有小，基本上年年不同，从不重复，具有偶然性质。

2）年径流在年际间变化很大，有些河流丰水年径流量可达平水年的 2～3 倍，枯水年径流量仅为平水年的 1/10～1/5。例如淮河蚌埠站多年平均流量为 855m^3/s，而实测最丰年的年平均流量为多年平均流量的 2.67 倍，实测最枯年的年平均流量只有多年平均流量的 14%。

3）年径流量在多年变化中有丰水年组和枯水年组交替出现的现象。例如松花江哈尔滨站前 31 年（1898—1928 年）基本上是枯水年组，这一段的平均年径流量比正常年份少40%，以后出现连续 7 年（1960—1966 年）的丰水年组，这段的平均年径流量比多年平均值多 32%。浙江新安江水电站在建成后也出现过连续 13 年（1956—1968 年）的枯水年组，影响了电站的正常运行。

二、影响年径流量的因素

研究影响年径流量的因素，对年径流量的分析与计算具有重要的意义。尤其当径流资料短缺时，更为重要。当具有短期实测径流资料时，常常需要利用年径流量与其有关影响因素之间的相关关系，来插补、展延年径流量资料。同时通过进行年径流量影响因素的研究，也可对计算成果作分析论证。

研究影响年径流量的因素，可从流域水量平衡方程式着手。由以年为时段的流域水量平衡方程式

$$R = P - E - \Delta u - \Delta \omega \tag{8-1}$$

可知，年径流深 R 取决于年降水量 P、年蒸发量 E、时段始末的流域蓄水量变化 Δu 和流域之间的交换水量 $\Delta \omega$ 四项因素。前两项属于流域的气候因素，后两项属于下垫面因素以及人类活动情况。当流域完全闭合时，$\Delta \omega = 0$，影响因素只有 P、E 和 Δu 三项。

1. 气候因素对年径流量的影响

气候因素中，年降水量与年蒸发量对年径流量的影响程度随地理位置不同而有差异。

在湿润地区，降水量较多，其中大部分形成了径流，年径流系数较大，年降水量与年径流量之间具有较密切的关系。说明年降水量对年径流量起着决定性作用，而流域蒸发的作用就相对较小。在干旱地区，降水量较少，且极大部分消耗于蒸发，年径流系数很小，年降水量与年径流量的关系不很密切，年降水和年蒸发都对年径流量起着相当大的作用。

以冰雪补给为主的河流，其年径流量的大小主要取决于前一年的降雪量和当年的气温。

2. 下垫面因素对年径流量的影响

流域的下垫面因素包括地形、植被、土壤、地质、湖泊、沼泽、流域大小等。这些因素主要从两方面影响年径流量，一方面通过流域蓄水量变化值 Δu 影响年径流量的变化；另一方面，通过对气候因素的影响间接地对年径流量发生作用。现对几项主要影响因素作简略说明。

地形主要通过对降水、蒸发、气温等气候因素的影响间接地对年径流量发生作用。地形对于降水的影响，主要表现在山地对气流的抬升和阻滞作用，使迎风坡降水量增大。增大的程度主要随水汽含量和抬升速度而定。同时，地形对蒸发也有影响，一般气温随地面高程的增加而降低，因而使蒸发量减少。所以，高程的增加对降水和蒸发的影响，将使年径流量随高程的增加而增大。

湖泊对年径流量的影响，一方面表现为湖泊增加了流域内的水面面积，由于水面蒸发往往大于陆面蒸发，因而增加了蒸发量，从而使年径流量减少；另一方面，湖泊的存在增加了流域的调蓄作用，巨大的湖泊不仅会调节径流的年内变化，还可调节径流的年际变化，从而影响 Δu 值。

流域大小对年径流的影响，主要表现为对流域蓄水量的调节作用而影响年径流量的变化。一般随着流域面积的增大，流域的地面与地下蓄水能力相应加大。

3. 人类活动对年径流量的影响

人类活动对年径流量的影响，包括直接和间接两方面。直接影响如跨流域引水，将本流域的水量引到另一流域，直接减少本流域的年径流量。间接影响为通过增加流域储水量和流域蒸发量来减少流域的年径流量，如修水库、塘堰，旱地改水田，坡地改梯田，植树造林等，都将使流域蒸发量加大，从而使年径流量减少。

三、影响径流年内分配的因素

气候因素和下垫面因素同样影响着径流的年内分配，可由以月为时段的流域水量平衡方程式来分析。

$$R_月 = P_月 - E_月 - \Delta u_月 - \Delta \omega_月 \tag{8-2}$$

影响月径流量 $R_月$ 的因素仍是这四项。当流域完全闭合时，$\Delta \omega_月 = 0$，月径流量的变化取决于气候因素的变化和流域的天然调节性能。而气候因素中月降水量与月蒸发量的逐月变化是引起月径流量变化的主要原因。下垫面因素如地下含水层厚、地面水库、湖泊的调节作用，都可使径流的年内分配趋于均匀。对于非闭合流域，影响因素要多一项 $\Delta \omega_月$。除岩溶地区外，$\Delta \omega_月$ 一般较稳定，对月径流的影响不大。

流域内各局部地区径流的不同期性，也随着流域面积的加大而越加明显，从而使径流年内变化平缓。

四、设计年径流计算的目的和任务

设计年径流量是指相应于设计频率的年径流量。设计频率需根据各用水部门的设计标准确定。

设计年径流计算是指：在为水资源开发利用而进行的水利规划和工程设计中，对通过河流某指定断面相应于设计标准的全年的径流量及其各时段径流分配的计算。计算的具体任务是：分析研究年径流量的多年变化及其年内分配的规律，提供设计所需要的历年（或代表年）逐月（旬或日）流量成果或相应的统计参数，作为水利计算的依据。

计算方法主要是根据水文现象的随机性质．应用数理统计的原理和方法，通过对径流资料的统计分析，估算指定频率的径流特征值。径流资料大致有长期实测资料、短期实测资料和缺乏实测资料 3 种情况。

第二节　具有长期实测资料的设计年径流量分析计算

具有长期实测年径流资料时，设计年径流量的计算包括：实测年径流资料的审查和设计年径流量的推求两个内容。

一、水文资料的审查

水文资料是水文分析计算的依据，它直接影响着工程设计的精度和工程安全。因此，对于所使用的水文资料必须慎重地进行审查。资料审查包括对实测年径流量系列进行可靠性、一致性和代表性的审查。

1. 资料可靠性审查

水文年鉴上的水文资料是由整编机构多次审查后刊印的，绝大多数是可靠的，但难免仍有个别出错的地方，使用时应审查。新中国成立前的水文资料质量较差，甚至有伪造资料的情况，应予以重点审查。

（1）水位资料。主要审查基准面和水准点、水尺零点高程的变化情况。

（2）流量资料。主要审查水位-流量关系曲线定得是否合理，是否符合测站特性。同时，还可根据水量平衡原理，进行上、下游站，干、支流站的年、月径流对照，检查其可靠性。

2. 资料一致性审查和还原计算

进行设计年径流计算时，需要的年径流系列必须是具有同一成因条件的统计系列，即要求统计系列具有一致性。一致性是建立在流域气候条件和下垫面条件的基本稳定性上的。一般认为气候条件的变化极其缓慢，可认为是基本稳定的。但当流域上有农林水土改良措施及设计断面的上游有蓄水及引水工程以及发生分洪、河流改道等人类活动时，常引起下垫面条件的迅速变化，从而使径流情势发生渐近性变化，破坏了径流形成的一致性条件。例如漳河岳城水库以上流域水利灌溉的发展具有明显的阶段性。1957 年以前流域上几乎没有水利工程，属于自然状况；1958 年起流域内兴建了大量中小型水库；1965 年以后又兴建了大型引水工程，致使实测年径流量有减少的趋势。

为此，需要对实测资料系列进行一致性修正。一般是将人类活动后的系列修正到流域大规模治理以前的同一条件上，消除径流形成条件不一致的影响后，再进行分析计算。这种一致性修正，称为"还原计算"。

还原计算的方法一般以水量平衡原理为依据。

影响年径流量的人类活动主要因素有：灌溉用水、工业用水、水库蓄水、水库损失水量和跨流域引水、分洪水量等。

$$W_{天然} = W_{实测} + W_{灌溉} + W_{工业} \pm W_{水库} + W_{损失} \pm W_{引} \pm W_{分洪} \quad (8-3)$$

式中：$W_{天然}$ 为还原后天然水量；$W_{实测}$ 为水文站实测水量；$W_{灌溉}$ 为灌溉净用水量；$W_{工业}$ 为工业净用水量；$W_{水库}$ 为水库蓄水量（蓄水增加为正值，蓄水减少为负值）；$W_{损失}$ 为水库的蒸发及渗漏损失水量；$W_{引}$ 为跨流域引水量（引出为正值，引入为负值）；$W_{分洪}$ 为分洪水量（出为正值，进为负值）。

3. 资料代表性分析

代表性是指一个容量为 n 的具体样本的经验分布 $F_n(x)$ 与总体分布 $F(x)$ 的接近程度。样本与总体之间的离差越小，两者越接近，则说明该样本对总体有较高的代表性；反之，代表性较差。由于总体分布是未知的，通常利用代表性良好的参政长系列为根据，来分析审查短系列的分布特征。

用长短系列对比来进行代表性分析的具体方法如下。

本站（为设计站）有 n 年（1958—1976 年共 19 年）的年月径流量（称为设计变量）系列。为了检验这一系列的代表性，可选择与设计变量有成因联系、且比本站有更长系列的参政变量（选同一气候区内、下垫面条件相似的邻近流域某测站 1937—1976 年共 $N = 40$ 年的年降水量系列）来进行比较。首先，计算参政变量的长系列 N 年（1937—1976年）的统计参数：$N = 40$，均值 $\overline{P}_{40} = 1655 \text{mm}$，变差系数 $C_{v40} = 0.25$；然后，计算参政变量短系列 n 年（与设计站同期的 1958—1976 年观测系列）的统计参数；$n = 19$，$\overline{P}_{19} = 1631 \text{mm}$，$C_{v19} = 0.25$。假如两者的统计参数值大致接近，就可以认为参证变量的 n 年（1958—1976 年）短序列在长序列 N 年中具有代表性，从而认为，与参证变量有成因联系的设计站 n 年（1958—1976 年）的年径流量系列也具有代表性。

这种对比分析的基础是：①设计变量与参证变量的时序变化在地区上呈现同步性的特点；②参证变量的长系列比短系列有更好的代表性。

如通过长短系列对比分析，发现短系列的代表性不高，则应该尽量设法插补延展系列，以提高系列的代表性，具体方法见下节。

如选不到恰当的参证变量时，可通过对本流域及邻近流域历史旱涝灾情的调查（调查访问及查阅文献），分析本流域径流量丰、枯交替的规律及大致周期，以判断本站径流系列的代表性。

二、设计年径流量的计算

1. 年径流量的起讫时间

年径流量的计算时段为一年。由于划分起讫时间的不同，有日历年与水文年（或水利年）两种。水文年鉴和水文特征统计所提供的年径流量是以日历年的起讫时间划分的，而水文水利计算中通常采用水文年（或水利年）。水文年是以水文现象的循环作为年径流量计算的起讫时间，即从每年的汛期开始到下一年的枯水期结束为止。对于春汛河流，应以上一年降雪开始月份作为计算年径流的起讫时间。水利年是以水库蓄水开始作为年的起讫时间，便于计算水库的充蓄、废泄和耗用水量的平衡关系。

按不同起讫时间统计的年径流量系列所求得的统计参数（均值、变差系数）值是不同的。根据一些长系列资料的分析，年径流量均值相差甚小，在1%左右；其变差系数 C_v 相差一般也不大，约3%～4%。因此，以日历年统计的年径流量系列的统计参数一般仍可用，不一定要求重新计算水文年或水利年的年径流量的统计参数。

2. 设计年径流的推求

通过前述对径流资料的审查分析，可以获得一份经过对人类活动影响进行修正后的、有一定代表性的、按水利年划分的年月径流量资料，用来代表未来工程运行期间的年月径流量变化，通常以列表形式给出，见表8－1。

表8－1　　　　　　　　　　　某站月径流量表

水利年度	月平均流量 $\overline{Q}_月$/(m³/s)												年平均流量 $\overline{Q}_年$ /(m³/s)
	3	4	5	6	7	8	9	10	11	12	1	2	
1958—1959	16.5	22.0	43.0	17.0	4.63	2.46	4.02	4.84	1.98	2.47	1.87	21.6	11.9
1959—1960	7.25	8.69	16.3	26.1	7.15	7.50	6.81	1.86	2.67	2.73	4.20	2.03	7.78
1960—1961	8.21	19.5	26.4	24.6	7.35	9.62	3.20	2.07	1.98	1.90	2.35	13.2	10.0
1961—1962	14.7	17.7	19.8	30.4	5.20	4.87	9.10	3.46	3.42	2.92	2.48	1.62	9.64
1962—1963	12.9	15.7	41.6	50.7	19.4	10.4	7.48	2.97	5.30	2.67	1.79	1.80	14.4
1963—1964	3.20	4.98	7.15	16.2	5.55	2.28	2.13	1.27	2.18	1.54	6.45	3.87	4.73
1964—1965	9.91	12.5	12.9	34.6	6.90	5.55	2.00	3.27	1.62	1.17	0.99	3.06	7.87
1965—1966	3.90	26.6	15.2	13.6	6.12	13.4	4.27	10.5	8.21	9.03	8.35	8.48	10.4
1966—1967	9.52	29.0	13.5	25.4	25.4	3.58	2.67	2.23	1.93	2.76	1.41	5.30	10.2
1967—1968	13.0	17.9	33.2	43.0	10.5	3.58	1.67	1.57	1.82	1.42	1.21	2.36	10.9
1968—1969	9.45	15.6	15.5	37.8	42.5	6.55	3.52	2.54	1.84	2.68	4.25	9.00	12.6
1969—1970	12.2	11.5	33.9	25.0	12.7	7.30	3.65	4.96	3.18	2.35	3.88	3.57	10.3
1970—1971	16.3	24.8	41.0	30.7	24.4	8.30	6.50	8.75	4.52	7.96	4.10	3.80	15.1
1971—1972	5.08	6.10	24.3	22.8	3.40	3.45	4.92	2.79	1.76	1.30	2.23	8.76	7.24
1972—1973	3.28	11.7	37.1	16.4	10.2	19.2	5.75	4.41	4.53	5.59	8.47	8.89	11.3
1973—1974	15.4	38.5	41.6	57.4	31.7	5.86	6.56	4.55	2.59	1.63	1.76	5.21	17.7
1974—1975	3.28	5.48	11.8	17.1	14.4	14.3	3.84	3.69	4.67	5.16	6.26	11.1	8.42
1975—1976	22.4	37.1	58.0	23.9	10.6	12.4	6.26	8.51	7.30	7.54	3.12	5.56	16.9

注　～～～表示供水期。

如有足够的年、月径流系列，它与用水系列相配合，可通过长系列操作法，推求调节水库的兴利库容。由此得出的保证率概念明确，成果精度高。但是，中小工程难以具备足够的径流系列资料，因此，一般采用指定频率计算设计年径流量，作为调节计算的依据。此时，用第三章第六节介绍的适线法进行频率计算，推求指定频率的设计年径流量。

在点据与曲线拟合适线时，除要考虑全部经验点据外，更应侧重考虑中、下部点据，适当照顾上部点据。

不同的水利工程有不同的设计频率要求，如灌溉工程常只选一个设计枯水年，而对于水利水电工程则一般选用丰水、平水及枯水 3 个设计年。

【例 8-1】 拟兴建一水利水电工程，某河某断面有 18 年（1958—1976 年）的流量资料，见表 8-1。试求 $P=10\%$ 的设计丰水年、$P=50\%$ 的设计平水年、$P=90\%$ 的设计枯水年的设计年径流量。

解： 1）先进行年月径流量资料的可靠性、一致性和代表性的"三性"审查分析（见有关内容）。

2）频率计算成果：

均值 $\overline{Q}=11\text{m}^3/\text{s}$，$C_v=0.32$，$C_s=2C_v$ 查 K_p 表，$K_丰=1.43$，$K_平=0.97$，$K_枯=0.62$。

$P=10\%$ 的设计丰水年，$Q_{丰P}=K_丰\times\overline{Q}=1.43\times11=15.7\text{m}^3/\text{s}$。

$P=50\%$ 的设计平水年，$Q_{平P}=K_平\times\overline{Q}=0.97\times11=10.7\text{m}^3/\text{s}$。

$P=90\%$ 的设计枯水年，$Q_{枯P}=K_枯\times\overline{Q}=0.62\times11=6.82\text{m}^3/\text{s}$。

第三节　具有短期实测资料的设计年径流量计算

当实测年径流系列不足 20 年或虽有 20 年，但系列不连续或代表性不足时，如根据这些资料进行计算，求得的成果可能具有很大的误差。为了使资料系列具有足够的代表性，达到提高计算精度，保证成果可靠性的要求，必须设法进行年径流资料的插补展延。

一、选择参证变量

在水文计算中，插补展延常用的是相关法，即建立设计变量与参证变量的相关关系，利用参证变量的较长实测资料，把设计变量的资料展延到一定长度。

利用参证变量展延缺测或插补资料时，选择的参证变量应具有下列条件：

1）参证变量与设计变量在成因上有密切联系。

2）参证变量具有充分长的实测资料，以用来展延设计站系列。

3）参证变量与设计变量之间要有一段相当长的同步观测资料，以便建立可靠的相关关系。

根据上述条件，结合资料的具体情况，可以选择不同的参证变量（如上、下游站径流资料或流域降水资料）来展延设计站的年（月）径流量。不同的年份可用不同的参证变量来展延，同一年份如有两种以上参证变量来展延时，则应选用其中精度高的方案。如图 8-1 所示，A 代表设计站的年（月）径流量，B 代表参证变量，则可利用两站同步观测的资料，定出 A、B 两变量之间的关系，利用 B 站资料，根据此关系将 A 站缺测年份的资料加以展延。同理，C 代表另一种参证变量，利用 C 站资料，由 $A-C$ 关系将 A 站缺测年份的资料加以展延。这样，其中有一段年份可由 B、C 两种参证变量来展延。经分析，最后选用精度高的 $A-C$ 相关关系展延这一段系列。

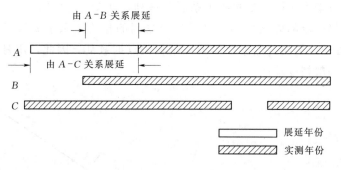

图 8-1　选用不同参证变量展延系列示意图

当参证变量选定后，即可将同步观测期内两个系列的资料。如设计变量系列为 y_1，y_2，$\cdots$，y_n，同步参证变量系列为 x_1，x_2，$\cdots$，x_n，共 n 个点据，点绘在以 y 为纵坐标，x 为横坐标的方格纸上，并且通过点群中心，目估定一条直线，即为参证变量与设计变量的相关线。当相关图上的点据比较散乱，不易目估定关系线时，或有必要获得相关程度的定量指标时，可以通过第三章介绍的回归计算，求得回归直线方程 $x-\bar{x}=r\dfrac{\sigma_x}{\sigma_y}(y-\bar{y})$ 和反映相关程度的相关系数 r。

若甲站流量 $Q_甲$ 与乙站流量 $Q_乙$ 关系密切。点据密集在相关线附近，则 $|r|=1.0$，反之 $|r|=0$。利用设计站和参证站同步观测资料，通过回归直线方程便可建立甲站流量 $Q_甲$ 与乙站流量 $Q_乙$ 的回归线，如图 8-2 所示。

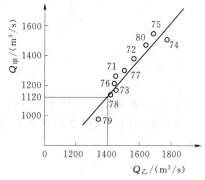

图 8-2　甲站与乙站年径流量的相关图

二、相关法展延系列

实际工作中，通常利用径流量资料或降水量资料来展延年径流量系列，下面分别介绍利用径流量资料和降水量资料展延系列的方法。

（一）利用径流量资料展延系列

1. 利用年径流量资料展延

当设计站的上游或下游站有充分长的实测年径流资料时，往往可以利用上、下游站的年径流量资料来展延设计站的年径流量系列。如设计站和参证站所控制的流域面积相差不多，一般可获得良好的结果。如果流域面积相差很大，气候条件在地区上的变化又很明显时，两站年径流量间的相关关系可能不好。这时，可以在相关图中引入反映区间径流量的参变数（如区间年雨量），来改善相关关系。

当设计站上、下游无长期资料的测站时，经过分析，可以利用自然地理条件相似的邻近流域的年径流量作为参证变量。如皖南青弋江干流陈村站与其支流徽水平垣站的年（月）平均径流量之间就有很好的相关关系，其相关系数达 0.95（见图 8-3）。

2. 利用月径流量资料展延

当设计站实测年径流量系列过短，难以建立年径流量相关关系时，可以考虑利用与参证站月径流量（或季径流量）之间的关系展延系列，如图 8-3 所示。由于影响月径流量的因素远比影响年径流的因素要多。月径流量之间的相关关系不如年径流量相关关系密切。图 8-3 中月径流量相关点据较年径流量相关点据散乱。因此，用月径流量相关关系来展延系列时，一般精度较低。

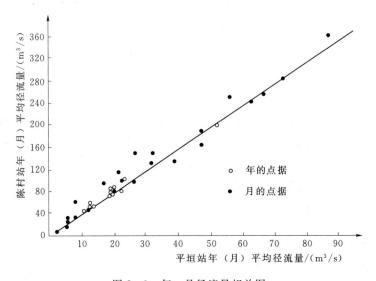

图 8-3　年、月径流量相关图

（二）利用降水量资料展延系列

当不能利用径流量资料来展延系列时，可以利用流域内或邻近地区的降水量资料来展延。

1. 年降雨径流相关法

从以年为时段的闭合流域水量平衡方程式

$$R_年 = P_年 - E_年 - \Delta u_年 \tag{8-4}$$

来分析，在湿润地区，由于年径流系数较大，$E_年$、$\Delta u_年$ 两项各年的变幅较小，所以年径流量与年降水量之间存在较密切的相关关系，如图 8-4 所示的徽水平垣站的流域平均年降雨量与年径流深相关图（所用资料见表 8-3）。在干旱地区，年降水量中的很大部分消耗于流域蒸发，年径流系数很小。因此，年径流量与年降水量之间的关系不密切，很难定出相关线，难以利用其间关系来展延年径流量系列。

2. 月降雨径流相关法

当设计站的实测年径流系列过短，不足以建立年降水量与年径流量的相关关系时，可以用月降水量与月径流量之间的关系来展延年径流量系列。但两者关系一般不太密切，有时点据散乱而无法定线，如平垣站的月降水量与月径流深关系很差，若勉强定线，则精度不高。

从以月为时段的闭合流域水量平衡方程式

$$R_月 = P_月 - E_月 - \Delta u_月 \tag{8-5}$$

来分析，若 $\Delta u_月$ 一项的作用增大，如不同月份的前期降雨量（反映 $\Delta u_月$）不同，相同的月降水量可能产生较大的月径流量。另外，按日历时间机械地划分月降水量和月径流量，有时月末的降水量所产生的径流量可能在下月初流出，造成月降水与月径流不相应的情况。修正时，可将月末降水量的全部或部分计入下个月的降水量；或者将下月初流出的径流量计入上个月的径流中，使之与降水量相应。这样月降雨径流关系中的部分点据可以更集中一些，如图 8-5 所示。

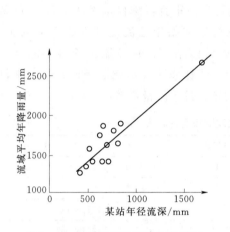

图 8-4　平垣站年降雨径流相关图

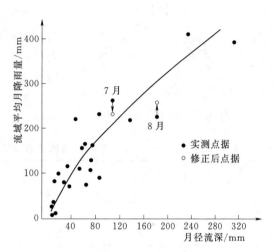

图 8-5　平垣站月降雨径流相关图

至于枯水期的月径流量主要来自流域蓄水（即 Δu 项），几乎与当月微量的降水量无关，所以月降雨径流关系一般不密切，甚至无法定线。

三、相关法展延系列时必须注意的问题

1）相关图的点据是确定相关线的基础，点据必须如实标明。个别偏差较大的点据也不能轻易删减或变动，应分析其偏差原因，经分析、核实确需修正，或决定剔除不参加定线时，都应作详细说明。

2）要求设计变量与参证变量同步观测项数不得太少，如果同步观测项数太少，或其中个别年份有特殊的偏高，若连成相关线，势必歪曲两变量之间本来的关系，利用这种不能反映真实情况的相关关系来展延系列，将会带来系统误差。

3）利用实测资料建立的相关关系，只能反映在实测资料范围内的定量关系。关系线外延不能超出实测资料范围以外太远，一般要求外延幅度小于 10％，如图 8-6 所示。

4）相关线反映的是平均情况下的定量关系。由相关线求得的插补展延值是最可能值，实际值则可大可小。对于展延后的系列，变化幅度将比实际情况为小，使整

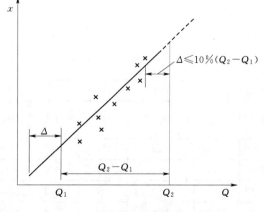

图 8-6　相关关系外延幅度示意图

个系列计算的变差系数偏小，最终影响成果的精度。因此，插补的项数以不超过实测值的一半为好。

【例 8-2】 为了陈村灌区的需要，拟在青弋江支流徽水上建平垣水库。平垣站具有14年短期实测年、月径流量资料，要求根据资料情况，展延平垣站年、月径流量系列。

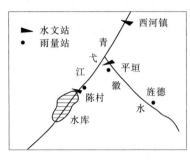

图 8-7　测站分布示意图

解： 1. 基本资料

测站分布见图 8-7；有关资料见表 8-2、表 8-3。对有关资料进行三性审查：陈村水库从 1970 年起蓄水发电，由于陈村水文站年径流受到人类活动的影响，因此 1970 年以后该站年、月径流量资料不能直接应用，需要进行一致性修正。本例展延时，未用陈村站1970 年以后的年、月径流量资料。

表 8-2　　　　　　青弋江流域主要测站有关观测项目资料表

站　名	流域面积/km²	观测项目	资料年数/年	观　测　年　份
平垣	992	流量	14	1953—1955，1958 不全，1959—1969
平垣	992	水位	17	1953—1955，1958 不全，1959—1972
陈村	2864	流量	21	1952—1972
西河镇	5796	流量	22	1951—1972
平垣		雨量	16	1953—1954，1957—1958，1961—1972
旌德		雨量	20	1953—1972

表 8-3　　　　青弋江流域各测站历年年平均流量与流域平均降雨量及展延成果表

年份	平垣站年径流量/(m³/s)	陈村站年径流量/(m³/s)	西河镇站年径流量/(m³/s)	区间年径流量/(m³/s)	流域平均降雨量/mm	由陈村展延平垣站年径流量/(m³/s)	平垣站年径流采用成果/(m³/s)	备　注
(1)	(2)	(3)	(4)	(5)	(6)	(7)	(8)	(9)
1951			167				(25.7)	由西河镇站插补
1952		94.1	165	70.9		25.3	(25.3)	由陈村站插补
1953	22.4	89.7	150	60.3	1452.8		22.4	
1954	55.6	190	344	154	2399.2		55.6	
1955	24.0	84.2	162	77.8	1461.4		24.0	
1956		95.7	189	93.3	1780.1	25.9	(25.9)	由陈村站插补
1957		91.3	176	82.9	1657.8	25.0	(25.0)	由陈村站插补
1958		58.8	110	51.2	1193.7	14.6	(14.6)	1—5 月由陈村站插补，6月后为实测
1959	23.1	88.3	150	61.7	1618.6		23.1	
1960	24.2	84.3	151	66.7	1643.2		24.2	
1961	20.5	70.7	137	66.3	1532.3		20.5	
1962	19.8	88.6	146	57.4	1562.6		19.8	

续表

年份	平垣站年径流量/(m³/s)	陈村站年径流量/(m³/s)	西河镇站年径流量/(m³/s)	区间年径流量/(m³/s)	流域平均降雨量/mm	由陈村展延平垣站年径流量/(m³/s)	平垣站年径流采用成果/(m³/s)	备　　注
(1)	(2)	(3)	(4)	(5)	(6)	(7)	(8)	(9)
1963	17.2	59.0	102	43.0	1372.5		17.2	
1964	15.7	62.3	110	47.7	1337.0		15.7	
1965	15.6	63.5	108	44.5	1383.9		15.6	
1966	20.8	76.9	126	49.1	1341.0		20.8	
1967	21.0	76.1	135	58.9	1338.2		21.0	
1968	11.4	47.4	74.3	26.9	1195.3		11.4	
1969	26.5	105	180	84.0	1577.6		26.5	
1970		98.6（坝下）	178	79.4	1584.0		(25.5)	由平垣站水位插补
1971		66.5（坝下）	124	57.5	1385.0		(26.7)	由平垣站水位插补
1972		50.9（坝下）	103	52.1	1479.0		(25.1)	由平垣站水位插补

2. 拟定插补展延方案并建立相关

按选择参证站资料的条件和结合本例资料情况，有以下几个方案可供插补展延平垣站年、月径流使用。

1）由平垣站的水位流量关系展延，1970年起平垣站改为水位站，只观测水位。根据1970年以前的实测水位、流量资料，点绘各年的水位流量关系曲线，基本上呈单一线，且重合在一起（见图8-8）。这说明观测断面稳定，可以用1970年以后的逐日水位资料查水位流量关系曲线得逐日平均流量，然后求得各月平均流量及年平均流量。插补展延得平垣站1970—1972年的年、月平均流量，列于表8-3第（8）栏中。

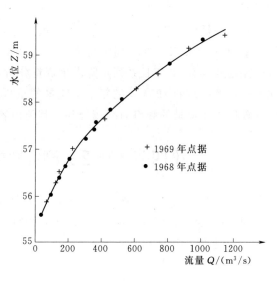

图8-8　平垣站水位流量关系曲线

2）由陈村站的年、月径流量与平垣站的年、月径流量相关展延建立的相关图见图8-3。利用陈村站1952年和1956—1958年5月的年、月径流量资料查相关图展延得平垣站该时期的缺测资料，成果列于表8-3（7）栏中。

3）由西河镇的年、月径流量与平垣站的年、月径流量相关展延建立西河镇站与平垣站的年、月径流量相关图（图略），由西河镇站的年、月径流量资料可插补展延出平垣站1951年、1952年及1956—1958年5月的年、月径流量资料，限于篇幅，成果未列出。

4）区间径流量（西河镇站径流量减陈村站的径流量）与平垣径流量相关展延，图略。

5）平垣站以上流域平均年、月降雨量与平垣站年、月径流深相关插补建立的相关图见图8-4、图8-5。插补成果未列出。

3. 不同方案插补成果的分析及选用

由以上方案可知，同一年份，用不同的展延方案，可得出几个插补成果。如1956年的平垣年径流量可由陈村、西河镇、区间径流量及平垣站以上流域年降雨量展延得到。这时，需通过成因分析。采用相关图精度高的成果。考虑到陈村与平垣为相邻流域且均为山区，相关系数达0.95，故选用由陈村年径流量的展延成果。对于1951年，无其他参证资料，只有用西河镇年径流量的插补成果。对于1970—1972年，利用平垣站的水位流量关系推求，精度最高。这样通过多种方案，将平垣站年径流量系列由14年展延到22年，成果见表8-3第（8）栏。

4. 月径流量展延

本例平垣站月降雨径流关系点据散乱，未予采用。根据平垣与陈村、西河镇同步观测的历年逐月平均流量资料（限于篇幅未给出历年逐月平均流量资料），建立平垣与陈村的月径流量相关，见图8-3。平垣与西河镇的月径流量相关（图略），关系尚密切，可以用来展延平垣站缺测年份的各月月径流量，得到平垣站22年的年、月径流量系列。

有了展延后的年、月径流量系列，就可进行代表性分析。发现平垣站1954年的年平均流量为55.6m³/s，在系列中特别大，是特丰水年，要进行特大值处理。根据气候一致区内芜湖站具有78年长系列年降水量资料分析，1954年的年降水量在78年中是首位。据此推断，平垣站的1954年的年平均流量的重现期不是23年一遇，而是近80年一遇。这样处理后年径流量的频率曲线较合理。其他内容同本章第二节，这里从简。

第四节　缺乏实测资料的设计年径流量计算

在中小型水利工程的规划设计中，经常遇到缺乏实测径流资料、或虽有短期实测径流资料但无法展延的情况。在这种情况下，设计年径流量只有通过间接途径来推求。目前常用的方法是水文比拟法和等值线图法。

一、水文比拟法

水文比拟法是将参证流域的某一水文特征量移用到设计流域上来的一种方法。这种移用是以设计流域影响径流的各项因素与参证流域影响径流的各项因素相似为前提。因此，使用水文比拟法时，最关键的问题在于选择恰当的参证流域。参证流域应具有长期实测径流资料系列，其主要影响因素应与设计流域接近。

（一）多年平均年径流量的计算

1. 直接移用

当设计站与参证站处于同一河流上、下游，并且参证流域面积与设计流域面积相差不大，或者两站不在一条河流上，但气候与下垫面条件相似时，可以直接把参证流域的多年平均年径流深 $\overline{R}_参$ 移用过来，作为设计流域的多年平均年径流深 $\overline{R}_设$，即

$$\overline{R}_设 = \overline{R}_参$$

2. 考虑修正

当两个流域面积相差较大，或气候与下垫面条件又有一定差异时，要将参证流域的多年平均年径流量 $\overline{W}_{\text{参}}$ 修正后再移用过来，即

$$\overline{W}_{\text{设}} = K_R \overline{W}_{\text{参}} \qquad (8-6)$$

式中：K_R 为考虑不同因素影响时的修正系数。

如果只考虑面积不同的影响，则

$$K_R = \frac{F_{\text{设}}}{F_{\text{参}}} \qquad (8-7)$$

如果考虑设计流域与参证流域上多年平均降雨量的不同，即 $\overline{x}_{\text{设}}$ 不等于 $\overline{x}_{\text{参}}$，但径流系数接近时，其修正系数为

$$K_R = \frac{\overline{x}_{\text{设}}}{\overline{x}_{\text{参}}} \qquad (8-8)$$

式中：$F_{\text{设}}$、$F_{\text{参}}$ 分别为设计流域及参证流域的流域面积；$\overline{x}_{\text{设}}$、$\overline{x}_{\text{参}}$ 分别为设计流域及参证流域的多年平均年降雨量，可从水文手册中求得。

（二）年径流变差系数 C_v 的估算

移用参证流域的年径流量 C_v 值时要求：①两站所控制的流域特征大致相似；②两流域属于同一气候区。如果考虑影响径流的因素有差异时，可采用修正系数 K，则设计流域年径流深变差系数

$$C_{vR\text{设}} = K C_{vR\text{参}} \qquad (8-9)$$

其中

$$K = \frac{C_{vx\text{设}}}{C_{vx\text{参}}}$$

式中：$C_{vx\text{设}}$、$C_{vx\text{参}}$ 分别为设计流域及参证流域年降雨量的变差系数，可从水文手册中查得；$C_{vR\text{参}}$ 为参证流域年径流深的变差系数，可从水文手册中查得。

（三）年径流量偏态系数 C_s 的估算

年径流量的 C_s 值一般通过 C_s 与 C_v 的比值定出。可以将参证站 C_s 与 C_v 的比值直接移用或作适当的修正。在实际工作中，常采用 $C_s = 2C_v$。

二、等值线图法

缺乏实测径流资料时，可用多年平均径流深、年径流变差系数 C_v 的等值线图来推求设计年径流量。

1. 多年平均径流深的估算

有些水文特征值（如年径流深、年降水量、时段降水量等）的等值线图是表示这些水文特征值的地理空间分布规律的。当影响这些水文特征值的因素主要是分区性因素（如气候因素）时，则该特征值随地理坐标不同而发生连续均匀的变化。利用这种特性就可以在地图上做出它的等值线图。反之，有些水文特征值（如洪峰流量、特征水位等）的影响因素主要是非分区性因素（如下垫面因素——流域面积、河床下切深度等），则特征值不随地理坐标而连续变化，也就无法做出等值线图。对于同时受分区性和非分区性两种因素影响的特征值，应当消除非分区性因素的影响才能得出该特征值的地理分布规律。

影响闭合流域多年平均年径流量的因素主要是气候因素——降水与蒸发。由于降水量和蒸发量具有地理分布规律，所以多年平均径流量也具有这一规律。绘制等值线图来估算缺乏资料地区的多年平均年径流量时，为了消除流域面积这一非分区性因素的影响，多年平均年径流量等值线图总是以径流深（mm）或径流模数 [m³/(s·km²)] 来表示。

绘制降水量、蒸发量等水文特征值的等值线图时，是把各观测点的观测数值点注在地图上各对应的观测位置上，然后把相同数值的各点连成等值线，即得该特征值的等值线图。但在绘制多年平均年径流量（以深度或模数计）等值线图时，由于任一测流断面的径流量是由断面以上流域面上各点的径流汇集而成的，是流域的平均值，所以应该将数值点注在最接近于流域平均值的位置上。当多年平均年径流量在地区上缓和变化时，则流域形心处的数值与流域平均值十分接近。但在山区流域，径流量有随高程增加而增加的趋势，则应把多年平均年径流量值点注在流域的平均高程处更为恰当。将一些有实测资料流域的多年平均径流深数值点注在各流域的形心（或平均高程）处，再考虑降水及地形特性勾绘等值线，最后用大、中流域的资料加以校核调整，并和多年平均降水量等值线图对照，消除不合理现象，构成适当比例尺的图形（见图 8-9）。

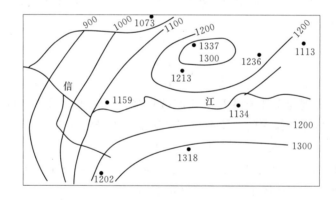

图 8-9　江西信江地区多年平均年径流深等值线图（单位：mm）

用等值线图推求缺乏资料的设计流域的多年平均径流深时，先在图上描出设计流域的分水线，然后定出流域的形心。当流域面积较小，且等值线分布均匀时，通过形心处的等值线数值即可作为设计流域的多年平均径流量。若无等值线通过形心，则以线性内插求得。如流域面积较大，或等值线分布不均匀时，则以各等值线间部分面积为权重的加权法，求出全流域多年平均径流量的加权平均数。

对于中等流域，多年平均年径流深等值线图有很大的实用意义，其精度一般也较高。对于小流域，等值线图的误差可能很大。这是由于绘制等值线图时主要依据的是中等流域的资料，小流域实测径流资料很缺乏。另外，还由于小流域一般属于非闭合流域，不能全部汇集地下径流，因此，使用等值线图可能得到偏大的数值。故实际应用时，要加以修正。

2. 年径流变差系数 C_v 及偏态系数 C_s 的估算

影响年径流量变化的因素主要是气候因素，因此，在一定程度上也可以用等值线图来表示年径流量 C_v 在地区上的变化规律，并用它来估算缺乏资料的流域年径流量的 C_v 值。年径流量 C_v 等值线图的绘制和使用方法与多年平均年径流深等值线图相似。但 C_v 等值线图的精度一般较低，特别是用于小流域时，误差可能较大（一般偏小）。这是因为绘图时大多数所依据的是中等流域的资料，而中等流域地下水补给量一般较小流域为多，因而中等流域年径流量 C_v 值常较小流域为小。

至于年径流偏态系数 C_s 值，可用水文手册上分区给出的 C_s 与 C_v 的比值，或采用 $C_s = 2C_v$。

第五节 设计年径流年内分配的分析计算

一、设计代表年法

根据工程要求，求得设计频率的设计年径流量后，为了进行调节计算，还必须进一步确定月径流过程。目前常用的方法是：先从实测年、月径流资料中，按一定的原则选择代表年。然后依据代表年的月径流过程，将设计年径流量按一定方法进行缩放，求得所需的设计月径流过程，即为设计年径流的年内分配。

1. 代表年的选择

从实测径流资料中选择代表年，可按下述两条原则进行。

1）选取年径流量与设计值相接近的年份作为代表年 这是因为两者水量相近，就使两者年内分配的形成条件不致相差太大，用代表年的径流分配情况去代表设计情况的可能性也较大。

2）选取对工程较为不利的年份作为代表年 这是因为水量接近的年份可能不止一年。为了安全起见，在其中选用水量在年内的分配对工程较为不利的年份作为代表年。所谓对工程不利，就是根据这种代表年的径流分配情况，计算得的工程效益较低。如对灌溉工程而言，灌溉需水期径流量比较枯。非灌溉期径流量相对较丰的这种年内分配经调节计算后，需要较大的库容才能保证供水。对水利水电工程而言，则应选取枯水期较长、且枯水期径流量又较枯的年份。

2. 设计年径流年内分配的计算

将设计年径流量按代表年的月径流过程进行分配，常用的是同倍比法。用设计年径流量与代表年的年径流量的比值，即

$$K = \frac{Q_{年P}}{Q_{年代}} \qquad (8-10)$$

对整个代表年的月径流过程进行缩放，即得设计年径流的年内分配。

【例 8-3】 根据例 8-2，求设计丰水年、设计平水年及设计枯水年的设计年径流的年内分配。

解：1. 代表年的选择

$P = 10\%$ 的设计丰水年，$Q_{年,10\%} = 15.7 \text{m}^3/\text{s}$，按水量接近、分配不利（即汛期水量较

丰）的原则，选 1975—1976 年为丰水代表年，$Q_{年代}=16.9\mathrm{m}^3/\mathrm{s}$。

$P=50\%$ 的设计平水年，$Q_{年,50\%}=10.7\mathrm{m}^3/\mathrm{s}$，应选能反映汛期、枯季的起讫月份和汛、枯期水量百分比满足平均情况的年份，故选 1960—1961 年作为平水代表年。

$P=90\%$ 的设计枯水年，$Q_{年,90\%}=6.82\mathrm{m}^3/\mathrm{s}$，与之具有相近枯水年年平均流量的实际年份有 1971—1972 年（$Q=7.24\mathrm{m}^3/\mathrm{s}$）、1964—1965 年（$Q=7.87\mathrm{m}^3/\mathrm{s}$）、1959—1960 年（$Q=7.78\mathrm{m}^3/\mathrm{s}$）、1963—1964 年（$Q=4.73\mathrm{m}^3/\mathrm{s}$）4 年。考虑分配不利，即枯水期水量较枯，选取 1964—1965 年作为枯水代表年，1971—1972 年作比较用。

2. 以年水量控制求缩放倍比 K

设计丰水年　　　$K_{丰}=\dfrac{Q_{年P}}{Q_{年代}}=\dfrac{15.7}{16.9}=0.929$

设计平水年　　　$K_{平}=\dfrac{10.7}{10}=1.07$

设计枯水年　　　$K_{枯}=\dfrac{6.28}{7.87}=0.866$（1964—1965 年代表年）

　　　　　　　　$K_{枯}=\dfrac{6.28}{7.24}=0.942$（1971—1972 年代表年）

3. 设计年径流年内分配计算

以缩放倍比 K 乘以各自的代表年逐月径流，即得设计年径流年内分配，成果见表 8-4。

表 8-4　　　　某站以年水量控制，同倍比缩放的设计年、月径流量表　　　　单位：m^3/s

月　份	3	4	5	6	7	8	9	10	11	12	1	2	全年	
													总量	平均
枯水代表年（1964—1965 年）	9.91	12.5	12.9	34.6	6.90	5.55	2.00	3.27	1.62	1.17	0.99	3.06	94.5	7.87
$P=90\%$ 设计枯水年	8.59	10.8	11.2	29.9	5.97	4.82	1.73	2.83	1.40	1.02	0.86	2.67	81.8	6.82
枯水代表年（1971—1972 年）	5.08	6.10	24.3	22.8	3.40	3.45	4.92	2.79	1.76	1.30	2.23	8.76	86.9	7.24
$P=90\%$ 设计枯水年	4.80	5.76	22.8	21.5	3.20	3.25	4.63	2.63	1.66	1.22	2.10	8.25	81.8	6.82
平水代表年（1960—1961 年）	8.21	19.5	26.4	24.6	7.35	9.62	3.20	2.07	1.98	1.90	2.35	1.32	120.4	10.0
$P=50\%$ 设计平水年	8.78	20.9	28.2	26.3	7.86	10.3	3.42	2.21	2.12	2.03	2.51	1.41	128.8	10.7
丰水代表年（1975—1976 年）	22.4	37.1	58.0	23.9	10.6	12.4	6.26	8.51	7.30	7.54	3.12	5.56	202.7	16.9
$P=10\%$ 设计丰水年	20.8	34.5	53.9	22.2	9.85	11.5	5.82	7.90	6.78	7.00	2.90	5.17	188.3	15.7

二、实际代表年法

设计代表年常用于水电工程，而较少用于灌溉工程。这是因为灌溉用水与气象条件有关，作物需水量大小，取决于当年蒸发量多少，灌溉水量的多少，取决于降水情况。如用设计代表年法，设计来水过程可按代表年月径流过程缩放求得，与该设计年相配合的灌溉用水量如何求？即对蒸发量和降水量要不要缩放？用什么倍比缩放？这些问题较难处理。所以灌溉工程不用设计代表年，而用实际代表年。

下面介绍两种选择实际代表年的方法。

1）在规划灌溉工程时，应对当地历史上发生过的旱情、灾情进行调查分析，确定各干旱年的干旱程度，明确其排序位置：最干旱年、次干旱年、再次干旱年……，也就是说，确定各干旱年相应的经验频率，然后根据情况选定其中某一干旱年作为代表年，就称为实际代表年。根据这一年的年月径流（来水）和用水资料规划设计工程的规模。实际代表年法概念清楚、比较直观，易为群众和领导理解。

2）通过灌溉用水量计算，求出每年的灌溉定额，做出其频率曲线，然后根据灌溉设计保证率 P 查频率曲线得与设计灌溉定额相应的年份作为实际代表年。

有时为简便计，小型灌区也可按灌溉期（或主要需水期）的降水资料作频率分析，然后根据灌溉设计保证率查得相应的年份作为实际代表年。

第六节 日流量历时曲线

流量历时曲线是反映径流分配的一种特性曲线，系将某时段内的日平均流量按递减次序排列而成。当不需要考虑各流量出现的时刻，而只研究各种流量的持续情况时，就可以很方便地由曲线上求得该时段内等于或大于某流量数值出现的历时。径流式电站、某些引水工程或水库下游有航运要求时，常常需要知道流量在一年内超过某一数值持续的天数有多少，这就需要绘制日平均流量历时曲线。

若曲线以年为时段，流量取日平均值，则被称为日流量历时曲线，这是目前应用最广的一种。若曲线的横坐标为超过某流量的累计日数，即历时，如用历时的相对百分数表示，则被称为相对历时曲线或保证率曲线（见图 8-10）。

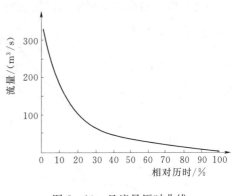

图 8-10　日流量历时曲线

绘制以年为时段的日流量历时曲线时。由于一年的日数很多，一般是将流量分组进行历时的统计，组距不一定要求相等。

1. 综合日流量历时曲线

将所有各年的日平均流量资料进行综合统计，曲线的纵坐标为日平均流量，横坐标为所有各年的历时日数或相对历时（占所有各年的百分数），得综合日流量历时曲线。这种历时曲线能真实地反映流量在多年期间的历时情况，是工程上主要采用的曲线。

2. 平均日流量历时曲线

平均日流量历时曲线是根据多年实测流量资料，点绘各年日流量历时曲线，然后在各年的历时曲线上，查出同一历时的流量，并取平均值绘制而成的，因而是一种虚拟的曲线。由于流量取平均的结果，这条曲线的上端比综合历时曲线要低，而它的下端又比综合历时曲线要高，曲线中间绝大部分（10%～90%的范围）大致与综合历时曲线重合。

3.代表年日流量历时曲线

根据某一年份的实测日平均流量资料绘制而成。在工程设计中，常需要各种代表年（丰水年、平水年、枯水年）的日流量历时曲线。绘制这条曲线时，代表年的选择按前述原则来进行。

第七节　设计枯水流量分析计算

枯水流量亦称最小流量，是河川径流的一种特殊形态。枯水流量往往制约着城市的发展规模、灌溉面积、通航的容量和时间，同时，也是决定水电站保证出力的重要因素。

按设计时段的长短，枯水流量又可分为瞬时、日、旬、月……最小流量，其中又以日、旬、月最小流量对水资源利用工程的规划设计关系最大。时段枯水流量与时段径流量在分析方法上没有本质区别，主要在选样方法上有所不同。

时段径流在时序上往往是固定的，而枯水流量则在一年中选其最小值，在时序上是变动的。此外，在一些具体环节上也有一些差异。

1.有实测水文资料时的枯水流量计算

当设计代表站有长系列实测径流资料时，可按年最小选样原则选取一年中最小的时段径流量，组成样本系列。

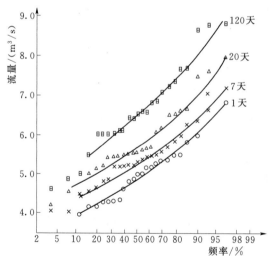

图8-11　某水文站不同天数的枯水流量频率曲线

枯水流量常采用不足概率 q，即以小于和等于该径流的概率来表示，它和年最大选样的概率 P 有：$q=1-P$ 的关系。因此在系列排队时按由小到大排列。

除此之外，年枯水流量频率曲线的绘制与时段径流频率曲线的绘制基本相同，也常采用皮尔逊-Ⅲ型频率曲线适线。图8-11为某水文站不同天数的枯水流量频率曲线。

年枯水流量频率曲线，在某些河流上，特别是在干旱半干旱地区的中小河流上，还会出现时段径流量为零的现象，可用下面一种简易的实用方法来处理。

设系列的全部项数为 n，其中非零项数为 k，零值项数为 $n-k$。首先把 k 项非零资料视作一个独立系列，按一般方法求出其频率曲线。然后通过下列转换，即可求得全部系列的频率曲线。其转换关系为：

$$P_{设}=\frac{k}{n}P_{非}$$

（8-11）

式中：$P_{设}$ 为全系列的设计频率；$P_{非}$ 为非零系列的相应频率。

在枯水流量频率曲线上，在两端接近 $P=20\%$ 和 $P=90\%$ 处往往会出现曲线转折现象。

在 $P=20\%$ 以下的部分是河网及潜水逐渐枯竭，径流主要靠深层地下水补给。

在 $P=90\%$，可能是某些年份有地表水补给，枯水流量偏大所致。

2. 短缺水文资料时的枯水流量估算

当设计断面短缺径流资料时，设计枯水流量主要借助于参证站延长系列或成果移置，与本章第三节所述径流估算方法基本相同。但枯水流量较之固定时段的径流，其时程变化更为稳定。因此，在与参证站建立径流相关时，效果会好一些。

在设计站完全没有径流资料的情况下还可以临时进行资料的补充收集工作，以应需要。如果能施测一个枯水季的流量过程，对于建立 30 天以下时段的枯水流量关系，有很大用处；如只研究日最小流量，那么在枯水期只施测几次流量（如 10 次流量），就可与参证站径流建立相关关系。

第八节 径流随机模拟

如果水利工程所在地点的实测径流系列长度远远比工程使用年限为短，难以满足工程设计的要求。根据《水利水电工程水文计算规范》（SL 278—2002）规定：根据设计要求，可采用随机模拟法模拟径流系列。随机模拟又称径流系列（资料）随机模拟生成。

1. 随机模拟的基本思路

水文现象随时间的变化，称为水文过程，如某一流域的降水过程、洪水过程等。其变化既受到确定因素作用，又受到随机因素作用，具有一定的随机性，因此水文过程常常为随机过程。水文现象本质上随机的，它们的特性随时间的变化遵循概率理论以及现象发生的序贯关系，尽管通常实测径流系列很短，未来不可能完全重复，然而它包含了径流系列在内的主要统计特性和形成机制的一些基本信息，因此，分析得到的历史径流系列资料，研制并拟合随机数学模型，即可生成未来的径流系列。当然随机生成的径流系列必须在一些重要的统计特征值如均值、均方差、变差系数、偏态系数及相关系数方面和实测径流系列的相应特征保持一致。

水利水电工程的设计规划，尤其是大型工程，常需要预测水文变化过程，使工程设计能够考虑各种各样的未知情况。水文过程随机模拟，目标就是根据现有观测到的水文资料模拟当今自然地理条件下可能发生的水文过程。

2. 随机模拟的基本方法

水文随机模拟（Stochastic Modeling of Hydrologic Times Eries），用水文时间序列分析的方法，对给定的水文时间序列建立模型，再应用蒙特·卡罗方法（Monte Carlo Method）按选用的模型生成人工序列的技术。对生成的人工序列，需进行统计检验，如不符合要求应重新建立模型和生成序列。基本方法有蒙特·卡罗方法、自回归模拟、正态随机数学模型模拟、对数正态随机数学模型模拟的偏态修正方法等。

常用的方法是蒙特·卡罗方法。蒙特·卡罗方法，也称统计模拟方法，是 20 世纪 40 年代中期由于科学技术的发展和电子计算机的发明，而被提出的一种以概率统计理论为指导的一类非常重要的数值计算方法，是指使用随机数（或更常见的伪随机数）来解决很多计算问题的方法。与它对应的是确定性算法。蒙特·卡罗方法又称统计模拟法、随机抽样技术，是一种随机模拟方法，以概率和统计理论方法为基础的一种计算方法，是使用随机数（或更常见的伪随机数）来解决很多计算问题的方法。将所求解的问题同一定的概率模型相联系，用电子计算机实现统计模拟或抽样，以获得问题的近似解。在解决实际问题的时候应用蒙特·卡罗方法主要有两部分工作：

1）用蒙特·卡罗方法模拟某一过程时，需要产生各种概率分布的随机变量。

2）用统计方法把模型的数字特征估计出来，从而得到实际问题的数值解。

第九章　水库的兴利调节计算

第一节　水库特性曲线、特征水位及特征库容

一、水库特性曲线

水库是指在河道、山谷等处修建水坝等挡水建筑物形成蓄集水的人工湖泊。水库的作用是拦蓄洪水，调节河川天然径流和集中落差。一般地说，坝筑得越高，水库的容积（简称库容）就越大。但在不同的河流上，即使坝高相同，其库容相差也很大，这主要是因为库区内的地形不同造成的。如库区内地形开阔，则库容较大；如为一峡谷，则库容较小。此外，河流的坡降对库容大小也有影响，坡降小的库容较大，坡降大的库容较小。根据库区河谷形状，水库有河道型和湖泊型两种。

一般把用来反映水库地形特征的曲线称为水库特性曲线。它包括水库水位-面积关系曲线和水库水位-容积关系曲线，简称为水库面积曲线和水库容积曲线，是最主要的水库特性资料。

1. 水库面积曲线

水库面积曲线是指水库蓄水位与相应水面面积的关系曲线。水库的水面面积随水位的变化而变化。库区形状与河道坡度不同，水库水位与水面面积的关系也不尽相同。面积曲线反映了水库地形的特性。

绘制水库面积曲线时，一般可根据 1/10000～1/5000 比例尺的库区地形图，用求积仪（或按比例尺数方格）计算不同等高线与坝轴线所围成的水库的面积（高程的间隔可用 1m、2m 或 5m），然后以水位为纵坐标，以水库面积为横坐标，点绘出水位-面积关系曲线，如图 9-1 所示。

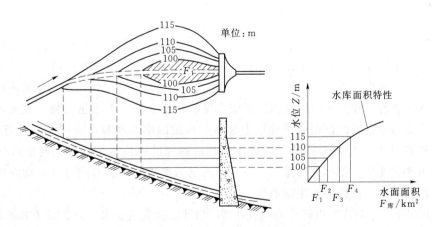

图 9-1　水库面积特性曲线绘法示意

2. 水库容积曲线

水库容积曲线也称为水库库容曲线。它是水库面积曲线的积分曲线，即库水位 Z 与累积容积 V 的关系曲线。其绘制方法是：首先将水库面积曲线中的水位分层，其次，自河底向上逐层计算各相邻高程之间的容积。

假设水库形状为梯形台，则各分层间容积计算公式为：

$$\Delta V = (F_i + F_{i+1})\Delta Z/2 \tag{9-1}$$

式中：ΔV 为相邻高程间库容，m^3；F_i，F_{i+1} 为相邻两高程的水库水面面积，m^2；ΔZ 为高程间距，m。

或用较精确公式：

$$\Delta V = (F_i + \sqrt{F_i F_{i+1}} + F_{i+1})\Delta Z/3 \tag{9-2}$$

然后自下而上按

$$V = \sum_{i=1}^{n} \Delta V_i \tag{9-3}$$

依次叠加，即可求出各水库水位对应的库容，从而绘出水库库容曲线见图 9-2。

水库总库容 V 的大小是水库最主要指标。通常按此值的大小，把水库划分为下列五级：

大（1）型：大于 10 亿 m^3；

大（2）型：1 亿～10 亿 m^3；

中型：　　0.1 亿～1 亿 m^3；

小（1）型：0.01 亿～0.1 亿 m^3；

小（2）型：小于 0.01 亿 m^3。

水库容积的计量单位除了用 m^3 表示外，在生产中为了能与来水的流量单位直接对应，便于调节计算，水库容积的计量单位常采用 $m^3/s \cdot \Delta t$ 表示。Δt 是单位时段，可取月、旬、日、时。如 $1m^3/s \cdot$ 月表示 $1m^3/s$ 的流量在一个月（每月天数计为 30.4 天）的累积总水量，即

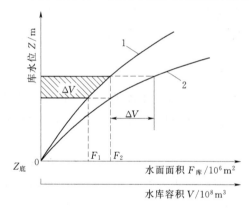

图 9-2　水库容积特性和面积特性
1—水库面积特性；2—水库容积特性

$$1m^3/s \cdot 月 = 30.4 \times 24 \times 3600 = 2.63 \times 10^6 \quad (m^3)$$

前面所讨论的水库特性曲线，均建立在假定入库流量为零时，水库水面是水平的基础上绘制的。这是蓄在水库内的水体为静止（即流速为零）时，所观察到的水静力平衡条件下的自由水面，故称这种库容为静水库容。如有一定入库流量（水流有一定流速）时，则水库水面从坝址起沿程上溯的回水曲线并非水平，越近上游，水面越上翘，直到入库端与天然水面相交为止。因此，相应于坝址上游某一水位的水库库容，实际上要比静库容大，其超出部分如图 9-3 中斜影线所示。静库容相应的坝前水位水平线以上与洪水的实际水面线之间包含的楔形库容称为动库容。以入库流量为参数的坝前水位与计入动库容的水库容积之间的关系曲线，称为动库容曲线。

一般情况下，按静库容进行径流调节计算，精度已能满足要求。但在需详细研究水库回水淹没和浸没问题或梯级水库衔接情况时应考虑回水影响。对于多沙河流，泥沙淤积对库容

有较大影响，应按相应设计水平年和最终稳定情况下的淤积量和淤积形态修正库容曲线。

二、水库的特征水位及其相应库容

表示水库工程规模及运用要求的各种库水位，称为水库特征水位。它们是根据河流的水文条件、坝址的地形地质条件和各用水部门的需水要求，通过调节计算，并从政治、技术、经济等因素进行全面综合分析论证来确定的。这些特征水位和库容各有其特定的任务和作用，体现着水库运用和正常工作的各种特定要求。它们也是规划设计阶段，确定主要水工建筑物尺寸（如坝高和溢洪道大小），估算工程投资、效益的基本依据。这些特征水位和相应的库容，通常有下列几种，分别标在图 9-3 中。

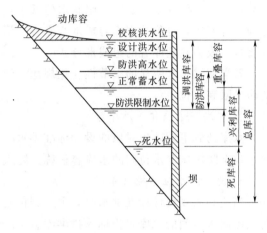

图 9-3　水库特征水位及其相应库容示意图

1. 死水位和死库容

水库在正常运用情况下，允许消落的最低水位，称为死水位 $Z_{死}$。死水位以下的水库容积称为死库容 $V_{死}$。水库正常运行时蓄水位一般不能低于死水位。除非特殊干旱年份，为保证紧要用水，或其他特殊情况，如战备、地震等要求，经慎重研究，才允许临时泄放或动用死库容中的部分存水。

确定死水位应考虑的主要因素是：

1）保证水库有足够的能发挥正常效用的使用年限（俗称水库寿命），特别应考虑部分库容供泥沙淤积。

2）保证水电站所需要的最低水头和自流灌溉必要的引水高程。

3）库区航运和渔业的要求。

2. 正常蓄水位和兴利库容

在正常运用条件下，水库为了满足设计的兴利要求，在开始供水时应蓄到的水位，称为正常蓄水位 $Z_{蓄}$，又称正常高水位。正常蓄水位到死水位之间的库容，是水库可用于兴利径流调节的库容，称为兴利库容，又称调节库容或有效库容。正常蓄水位与死水位之间的深度，称为消落深度或工作深度。

溢洪道无闸门时，正常蓄水位就是溢洪道堰顶的高程；当溢洪道有操作闸门时，多数情况下正常蓄水位也就是闸门关闭时的门顶高程。

正常蓄水位是水库最重要的特征水位之一，它是一个重要的设计数据。因为它直接关系到一些主要水工建筑物的尺寸、投资、淹没、综合利用效益及其他工作指标；大坝的结构设计、强度和稳定性计算，也主要以它为依据。因此，大中型水库正常蓄水位的选择是一个重要问题，往往牵涉到技术、经济、政治、社会、环境等方面的影响，需要全面考虑，综合分析确定。

3. 防洪限制水位和结合库容

水库在汛期为兴利蓄水允许达到的上限水位称为防洪限制水位，又称汛期限制水位，或简称为汛限水位。它是在设计条件下，水库防洪的起调水位。该水位以上的库容可作为滞蓄洪水的容积。当出现洪水时，才允许水库水位超过该水位。一旦洪水消退，应尽快使水库水位回落到防洪限制水位。兴建水库后，为了汛期安全泄洪和减少泄洪设备，常要求有一部分库容作为拦蓄洪水和削减洪峰之用。防洪限制水位或是低于正常蓄水位，或是与正常蓄水位齐平。若防洪限制水位低于正常蓄水位，则将这两个水位之间的水库容积称为结合库容，也称共用库容或重叠库容。汛期它是防洪库容的一部分，汛后又可用来兴利蓄水，成为兴利库容的组成部分。

若汛期洪水有明显的季节性变化规律，经论证，对主汛期和非主汛期可分别采用不同的防洪限制水位。

4. 防洪高水位和防洪库容

水库遇到下游防护对象的设计标准洪水时，坝前达到的最高水位称为防洪高水位 $Z_防$。该水位至防洪限制水位间的水库容积称为防洪库容 $V_防$。

5. 设计洪水位和拦洪库容

当遇到大坝设计标准洪水时，水库坝前达到的最高水位，称为设计洪水位 $Z_设$。它至防洪限制水位间的水库容积称为拦洪库容 $V_拦$ 或设计调洪库容 $V_设$。

设计洪水位是水库的重要参数之一，它决定了设计洪水情况下的上游洪水淹没范围，它同时又与泄洪建筑物尺寸、类型有关；而泄洪设备类型（包括溢流堰、泄洪孔、泄洪隧洞）则应根据地形、地质条件和坝型、枢纽布置等特点拟定。

6. 校核洪水位和调洪库容

当遇到大坝校核标准洪水时，水库坝前达到的最高水位，称为校核洪水位 $Z_校$。它至防洪限制水位间的水库容积称为调洪库容 $V_调$ 或校核调洪库容 $V_校$。

校核洪水位以下的全部水库容积就是水库的总库容。设计洪水位或校核洪水位加上一定数量的风浪高值和安全超高值，就得到坝顶高程。

第二节　水库设计标准

任何水资源工程从规划设计到投入使用，总有一个时间过程。较大的工程往往长达几年或十几年，工程投入使用后的正常使用期一般可达几十年或上百年。在这期间随着社会生产力的发展和人们生活水平的提高，生产和生活对水资源的需求量也随之扩大，而水资源本身又是随机多变的。因此，在规划设计水资源工程时，首先要解决的是，在什么样的来水情况下满足不同时候的需水要求，以及满足这种需水要求的保证程度。这就是所谓设计代表期、设计水平年和设计保证率的问题。其中设计水平年和设计保证率可概括为兴利方面的设计标准问题。

一、设计水平年

设计水平年是指与电力系统的电力负荷水平相应的未来某一年份，并以该年的国民经济状况与社会背景下的综合用水需求作为水利水电枢纽规划设计的依据。各用水部门的需水量随着国民经济的发展而逐年增长；而水利工程从规划到建成，再从投入运行到正常运行，往往需要长达十几年或更长的时间。因此，必须通过论证，合理选定未来的某一年份作为设计水平年，对该年各用水部门的用水量作出预测，并以此作为确定水利工程规模的依据。

水利工程的设计水平年，应根据其重要程度和工程寿命确定。一般的水利工程，可采用设计水平年和远景水平年两种需水量水平。设计水平年作为水利工程的依据，并按远景水平年进行校核。对于特别重要工程规模的确定，应尽量考虑得更长远一些。水电工程一般采用第一台机组投入后的 5～10 年作为设计水平年。所选设计水平年应与国民经济五年计划分界年份相一致。

综合利用水利枢纽应先论证、拟定各需水部门的设计水平年。对于以发电为主的综合利用枢纽，设计水平年的选择应根据地区的水力资源比重、水库调节性能及水电站的规模等情况综合分析确定。例如对于水力资源不丰富、水电比重小的地区，当设计水电站的规模较大，调节性能较高时，考虑到远景系统调峰的需要，设计水平年应适当选得远一些。承担灌溉任务的水利枢纽，在考虑其设计水平年时，必须结合灌区规划考虑其近期水平及灌区达到最终规模的需水水平。对于航运和给水部门的设计水平年的确定，主要是考虑航运最终发展的客运、货运规模和船只的吨位、城市人口发展和工矿企业的最终生产能力等因素。确定综合利用工程规模应以主要需水部门的设计水平年为依据，并考虑其他需水部门在该水平年的需水要求，然后再结合远景水平年的确定，适当考虑各需水部门的远景需水要求。

二、设计保证率

由于河川径流具有多变性，如果在稀遇的特殊枯水年份也要保证各兴利部门的正常用水需要，势必要加大水库的调节库容和其他水利设施。这样做在经济上是不合理的，在技术上也不一定行得通。为了避免不合理的工程投资，一般不要求在将来水库使用期间能绝对保证正常供水，而允许水库可适当减少供水量。因此，必须研究各用水部门允许减少供水的可能性和合理范围，定出多年工作期间用水部门正常工作得到保证的程度，即正常供水保证率，或简称设计保证率。由此可见，设计保证率是指工程投入运用后的多年期间用水部门的正常用水得到保证的程度，常以百分数表示。

设计保证率通常有年保证率和历时保证率两种形式。

年保证率 $P_设$ 指多年期间正常工作年数（即运行年数与允许破坏年数之差）占总运行年数的百分比，即

$$P_设 = \frac{正常工作年数}{运行总年数} \times 100\% \tag{9-4}$$

所谓破坏年数，包括不能维持正常工作的任何年份，不论该年内缺水时间的长短和缺水数量的多少。

历时保证率 $P'_设$ 是指多年期间正常工作的历时（日、旬或月）占总运行历时的百分比，即

$$P'_设 = \frac{正常工作时间（日、旬或月）}{运行总时间（日、旬或月）} \times 100\% \tag{9-5}$$

采用什么形式的保证率，可视用水特性、水库调节性能及设计要求等因素而定。如灌溉水库的供水保证率常采用年保证率；航运和径流式水电站，由于它们的正常工作是以日

数表示的,故一般采用历时保证率。

设计保证率是水利水电工程设计的重要依据,其选择是一个复杂的技术经济问题。若选得过低,则正常工作遭破坏的机率将会增加,破坏所引起的国民经济损失及其不良影响也就会加重;相反,如选得过高,用水部门的破坏损失虽可减轻,但工程的效能指标就会减小(如库容一定时,保证流量就减小),或工程投资和其他费用就要增加(如用水要求一定时,库容要加大)。所以,应通过技术经济比较分析,并考虑其他影响,合理选定设计保证率。由于破坏损失及其他后果涉及许多因素,情况复杂,难以确定,目前在设计中主要根据生产实践积累的经验,并参照规范选用设计保证率。

选择水电站设计保证率时,要分析水电站所在电力系统的用户组成和负荷特性、系统中水电容量比重、水电站的规模及其在系统中的作用、河川径流特性及水库调节性能,以及保证系统用电可能采取的其他备用措施等。一般地说,水电站的装机容量越大,系统中水电所占比重越大,系统重要用户越多,河川径流变化越剧烈,水库调节性能越高,水电站的设计保证率就应该取大一些。可参照表9-1提供的范围,经分析选定水电站的设计保证率。

表 9-1   水 电 站 设 计 保 证 率

电力系统中水电站容量比重/%	<25	25~50	>50
水电站设计保证率/%	80~90	90~95	95~98

注 表中数据引自 DL/T 5015—1996《水利水电工程水利动能设计规范》。

选择灌溉设计保证率,应根据灌区土地和水利资源情况、农作物种类、气象和水文条件、水库调节性能、国家对该灌区农业生产的要求以及工程建设和经济条件等因素进行综合分析。一般地说,灌溉设计保证率在南方水源较丰富地区比北方地区高,大型灌区比中、小型灌区高,自流灌溉比提水灌溉高,远景规划工程比近期工程高。可参照表9-2,适当选定灌溉设计保证率。

表 9-2   灌 溉 设 计 保 证 率

地区特点	农作物种类	年设计保证率/%
缺水地区	以旱作物为主	50~75
	以水稻为主	70~80
水源丰富地区	以旱作物为主	70~80
	以水稻为主	75~95

注 SDJ 217—84 表中数据引自我国水利部颁布的《灌溉排水渠系设计规范》。

由于工业及城市居民给水遭到破坏时,将会直接造成生产上的严重损失,并对人民生活有极大影响,因此,给水保证率要求较高,一般在95%~99%(年保证率),其中大城市及重要的工矿区可选取较高值。即使在正常给水遭受破坏的情况下,也必须满足消防用水、生产紧急用水及一定数量的生活用水。

航运设计保证率是指最低通航水位的保证程度,用历时(日)保证率表示。航运设计保证率一般按航道等级结合其他因素由航运部门提供。一般一、二级航道保证率为97%~99%,三、四级航道保证率为95%~97%,五、六级航道保证率为90%~95%。

第三节　水库水量损失

水库建成蓄水后，因改变河流天然状况及库内外水力条件而引起额外的水量损失，主要包括蒸发损失和渗透损失，在寒冷地区还有可能有结冰损失。

一、水库的蒸发损失

水库蓄水后，使库区形成广阔水面，原有的陆面蒸发变为水面蒸发。由于流入水库的径流资料是根据建库前坝址附近观测资料整编得出，其中已计入陆面蒸发部分。因此，计算时段 Δt（年、月）水库的蒸发损失是指由陆面面积变为水面面积所增加的额外蒸发量 $\Delta W_{蒸}$（以 m^3 计），即

$$\Delta W_{蒸} = 1000(E_{水} - E_{陆})(F_{库} - f) \qquad (9-6)$$

式中：$E_{水}$ 为计算时段 Δt 内库区水面蒸发强度，以水层深度（mm）计；$E_{陆}$ 为计算时段 Δt 内库区陆面蒸发强度，以水层深度（mm）计；$E_{库}$ 为计算时段 Δt 内水库平均水面面积，km^2；f 为建库以前库区原有天然河道水面及湖泊水面面积，km^2；1000 为单位换算系数，$1mm \cdot km^2 = 10^6/10^3 m^3 = 10^3 m^3$。

水库水面蒸发可根据水库附近蒸发站或气象站蒸发资料折算成自然水面蒸发，即

$$E_{水} = \alpha E_{器} \qquad (9-7)$$

式中：$E_{器}$ 为水面蒸发皿实测水面蒸发，mm；α 为水面蒸发皿折算系数，一般为 $0.65 \sim 0.80$。

陆面蒸发，尚无较成熟的计算方法，在水库设计中常采用多年平均降雨量 h_0 和多年平均径流深 y_0 之差，作为陆面蒸发的估算值。

$$E_{陆} = h_0 - y_0 \qquad (9-8)$$

二、渗漏损失

建库之后，由于水库蓄水，水位抬高，水压力的增大改变了库区周围地下水的流动状态，因而产生了水库的渗漏损失。水库的渗漏损失主要包括以下几个方面：

1）通过能透水的坝身（如土坝、堆石坝等）的渗漏，以及闸门、水轮机等的漏水。

2）通过坝基及绕坝两翼的渗漏。

3）通过库底、库周流向较低的透水层的渗漏。

一般可按渗流理论的达西公式估算渗漏的损失量。计算时所需的数据（如渗漏系数、渗径长度等）必须根据库区及坝址的水文地质、地形、水工建筑物的型式等条件来决定，而这些地质条件及渗流运动均较复杂，往往难以用理论计算的方法获得较好的成果。因此，在生产实际中，常根据水文地质情况，定出一些经验性的数据，作为初步估算渗漏损失的依据。

若以一年或一月的渗漏损失相当于水库蓄水容积的一定百分数来估算时，则采用如下数值：

1）水文地质条件优良（指库床为不渗水层，地下水面与库面接近），每年 $0 \sim 10\%$ 或每月 $0 \sim 1\%$。

2）透水性条件中等，每年 $10\% \sim 20\%$ 或每月 $1\% \sim 1.5\%$。

3）水文地质条件较差，每年 20%～40% 或每月 1.5%～3%。

在水库运行的最初几年，渗漏损失往往较大（大于上述经验数据），因为初蓄时，为了湿润土壤及抬高地下水位需要额外损失水量。水库运行多年之后，因为库床泥沙颗粒间的空隙逐渐被水内细泥或黏土淤塞，渗漏系数变小，同时库岸四周地下水位逐渐抬高，渗漏量减少。

三、结冰损失

结冰损失是指严寒地区冬季水库水面形成冰盖，随着供水期水库水位的消落，一部分库周的冰层将暂时滞留于库周边岸，而引起水库蓄水量的临时损失。这项损失一般不大，可根据结冰期库水位变动范围的面积及冰层厚度估算。

第四节　水库死水位选择

以灌溉为主的水库规划设计中，一般是先确定死水位，然后通过兴利调节计算，求得兴利库容和正常蓄水位。死水位选择时，应考虑如下主要因素。

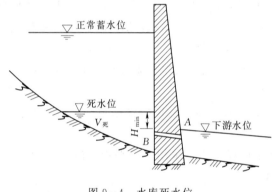

图 9-4　水库死水位

一、保证自流灌溉必要的引水高程

自流灌溉对引水渠首的高程有一定要求（见图 9-4 中的 A 点），这个高程（即水库放水建筑物的下游水位）可根据灌区控制高程及引水渠的纵坡和渠道长度推算而得。根据放水建筑物的型式（有压涵管或无压隧洞）进行水力学计算，推求维持放水建筑物泄放渠道流量的最小水头 H_{min}，加上 A 点高程，就得水库死水位。

二、考虑水库泥沙淤积的需要

1. 库区淹没、浸没

在河流上建造水库将带来库区的淹没和库区附近土地的浸没，使库区原有耕地及建筑物被废弃，居民、工厂和交通线路被迫迁移改建，造成一定的损失。在规划设计水库时，要十分重视水库淹没问题。我国地少人多，筑坝建库所引起的淹没问题往往比较突出，对淹没问题的考虑和处理就更需周密慎重。

淹没通常分为经常性淹没和临时性淹没两类。经常性淹没区域，一般指正常蓄水位以下的库区，由于经常被淹，且持续时间长，因此，在此范围内的居民、城镇、工矿企业、通信及输电线路、交通设施等大多需搬迁、改线，土地也很少能被利用；临时性淹没区域，一般指正常蓄水位以上至校核洪水位之间的区域，被淹没机会较小，受淹时间也短暂，可根据具体情况确定哪些迁移，哪些进行防护，区内的土地资源大多可以合理利用。所有迁移对象或防护措施都将按规定标准给予补偿。此补偿费用和水库淹没范围内的各种资源的损失统称为水库淹没损失，计入水库总投资内。

水库淹没范围的确定，应根据淹没对象的重要性，按不同频率的入库洪水求得不同的库水位，并由回水计算结果从库区地形图上查得相应的淹没范围。淹没范围内淹没对象的种类和数量，应通过细致的实地调查取得。在多沙河流上，水库淹没范围还应计及水库尾部因泥沙淤积水位壅高及回水曲线向上游延伸等的影响。

浸没是指库水位抬高后引起库区周围地区地下水位上升所带来的危害，如可能使农田发生次生盐碱化，不利于农作物生长；可能形成局部的沼泽地，使环境卫生条件恶化；还可能使土壤失去稳定，引起建筑物地基的不均匀沉陷，以致发生裂缝或倒塌。水库周围的浸没范围一般可采用正常蓄水位或一年内持续两个月以上的运行水位为测算依据。

淹没和浸没损失不仅是经济问题，而且是具有一定社会和政治影响的问题，是规划工作中的一个重要课题。

2. 水库的淤积

在天然河流上筑坝建库后，随着库区水位的抬高，水面加宽，水深增大，过水断面扩大，水力坡降变缓，水流速度减小。原河道水力特性的这种变化，降低了水流挟沙能力，也改变了原河道的泥沙运动规律，导致大量泥沙在库区逐渐沉淀淤积。这一情况说明，水库的建造，带来河流泥沙的淤积。我国华北的黄河和海河水系，水流含沙量大，如黄河三门峡水库，多年平均含沙量达 $37.8kg/m^3$，因此自 1960—1970 年间，水库共淤积泥沙 55.5 亿 t，使库水位 335m 以下的库容损失 43%。又如海河流域永定河上的官厅水库，多年平均含沙量高达 $44.2kg/m^3$，水库运用 6 年后，泥沙淤积导致库容损失达 15.2%。即使含沙量较小的长江水系，干支流上修建的水库也有泥沙淤积问题。

泥沙淤积对水库运用和上下游河流产生的不良影响是多方面的。淤积使水库调节库容减少，降低水库调节水量的能力和综合利用的效益。坝前淤积，使电站进水口水流含沙浓度增大，泥沙粒径变粗，引起对过水建筑物和水轮机的磨损，影响建筑物和设备的安全和寿命。库尾淤积体向库区推进的同时，也向上游延伸，即所谓"翘尾巴"，因而抬高库尾水位，扩大库区的淹没和浸没损失。水库下游则由于泄放清水，水流挟沙能力增大，引起对下游河床的冲刷，水位降低，甚至河槽变形。

影响水库淤积的因素很多，主要有水库的入库水流的含沙量多少及其年内分配、库区地形、地质特性以及水库的运用方式等。从已建水库的大量观测资料分析，我国水库泥沙淤积的纵向形态可分为三种基本类型：

（1）三角洲淤积形态。库内泥沙淤积体的纵剖面呈三角形形状的称为三角形淤积。当河流含沙量大时，库区开阔，库容较大，库水位变幅小，泥沙易于在库尾淤积形成三角洲，并且随着水库淤积的发展，三角洲逐渐向坝前靠近，所以这类淤积有相当部分的泥沙淤积是在有效库容内，如官厅水库和刘家峡水库就属于这种类型。

（2）锥形淤积。常见于多沙河流上的中小型水库。由于库区较短，库容小，水深不大，底坡较陡，库内行近流速比较大，泥沙淤积首先靠近大坝，以后淤积逐渐向上游发展，呈锥形淤积。

（3）带状淤积形态。当水库来沙少，库区狭长，水位变幅较大时，淤积从库尾到坝前分布较均匀，呈带状纵剖面，淤积前后河底平均比降变化不大，对有效库容影响较小。如丰满水库就属于这种类型。

以上 3 种水库淤积形态中，带状淤积影响较小；三角洲淤积侵占水库有效库容影响最大；锥体淤积对于坝前淤积高程、进水口工作条件以及粗粒泥沙对过水建筑物和水轮机的磨损影响较为严重。

因此，在多沙河流上修建水库，调节径流，必须考虑泥沙的影响，甚至将其作为一个专门问题在规划设计中加以研究解决。一般河流上修建水库，在规划设计阶段也应认真分析水、沙资料，力求正确地估算沙量，以便确定淤积库容、淤积年限，并尽可能采取对策减轻淤积带来的不利影响。

第五节　水库兴利调节计算原理及调节分类

一、水库兴利调节计算原理

水库兴利调节计算：指利用水库的调蓄作用，将河川径流洪水期（或丰水年）的多余水量蓄存起来，以提高枯水期（或枯水年）的供水量，满足各兴利部门的用水要求所进行的计算，也就是水库蓄水量变化过程的计算。

水库从库空开始，当来水大于用水时水库蓄水，经过一段时间后蓄满；以后当来水小于用水时，水库开始放水，经过一段时间后放空。水库从放空-蓄满-放空的循环时间称为调节周期。

径流调节计算的基本原理是水库的水量平衡。将整个调节周期划分为若干个计算期（一般取月或旬），然后按时历顺序进行逐时段的水库水量平衡计算。某一计算时段 Δt 内水库水量平衡方程式可由式（9-9）表示，即

$$\Delta W_1 - \Delta W_2 = \Delta V \tag{9-9}$$

式中：ΔW_1 为时段 Δt 内的入库水量，m^3；ΔW_2 为时段 Δt 内的出库水量，m^3；ΔV 为时段 Δt 内水库蓄水容积的增减值，m^3。

当用时段平均流量表示时，则式（9-9）可改写为

$$Q_I - Q_P = \Delta V / \Delta t = Q_V$$

或
$$\Delta V = (Q_I - Q_P)\Delta t \tag{9-10}$$

式中：Q_I 为天然入库流量，m^3/s；Q_P 为调节流量，即用水流量，m^3/s；Q_V 为取用或存入水库的平均流量，简称"水库流量"，m^3/s。

上述水库水量平衡公式属最简单的情况。当考虑水库的水量损失，出库水量为几个部门所分用以及当水库已蓄满将产生弃水时，则可进一步表达为：

$$Q_I - \sum Q_L - (Q_{P1} + Q_{P2} + \cdots) - Q_S = \Delta V / \Delta t \tag{9-11}$$

式中：$\sum Q_L$ 为水库水量损失，包括蒸发和渗漏等损失；Q_{P1}，Q_{P2}，$\cdots$ 为各部门分用的调节流量；对于一水多用，详见相关专业课程；Q_S 为水库弃水流量，即通过泄水建筑物弃泄的流量。

二、径流调节的分类

径流调节总体上分为两大类：枯水调节和洪水调节。因来水与用水之间矛盾具体表现形式并不相同，需要作进一步的划分，以便在调节计算中掌握其特点。

（一）按调节周期长短分

1. 日调节

在一昼夜内，河中天然流量一般几乎保持不变（只在洪水涨落时变化较大），而用户的需水要求往往变化较大。如图9-5所示，水平线 Q 表示河中天然流量，曲线 q 为负荷

要求发电引用流量的过程线。对照来水和用水可知，在一昼夜里某些时段内来水有余（见图上横线），可蓄存在水库里；而在其他时段内来水不足（见图上竖线），水库放水补给。这种径流调节，水库中的水位涨落在一昼夜内完成一个循环，即调节周期为24h，故称日调节。

日调节的特点是将均匀的来水调节成变动的用水，以适应电力负荷的需要。所需要的水库调节库容不大，一般小于枯水日来水量的一半。

2. 周调节

在枯水季节里，河中天然流量在一周内的变化也是很小的，而用水部门由于假日休息，用水量减少，因此，可利用水库将周内假日的多余水量蓄存起来，在其他工作日用（见图 9-6）。这种调节称周调节，它的调节周期为一周，它所需的调节库容一般不超过一天的来水量。周调节水库一般也可进行日调节，这时水库水位除了一周内的涨落大循环外，还有日变化。

3. 年调节

在一年内，河川流量有明显的季节性变化，洪水期流量很大，水量过剩，甚至可能造成洪水灾害；而枯水期流量很小，不能满足综合用水的要求。利用水库将洪水期内的一部分（或全部）多余水量蓄存起来，到枯水期放出以提高供水量。这种对年内丰、枯季的径流进行重新分配的调节就叫做年调节，它的调节周期为一年。图 9-7 为年调节示意图。

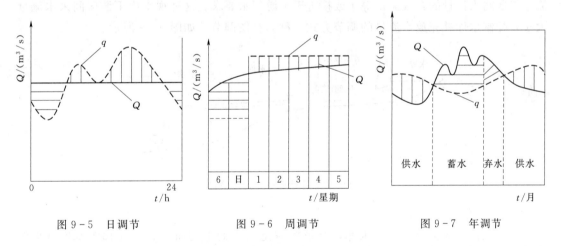

图 9-5　日调节　　　　　　图 9-6　周调节　　　　　　图 9-7　年调节

图 9-7 表明，只需一部分多余水量将水库蓄满（图中横线），其余的多余水量（斜线部分），只能由溢洪道弃掉。图中竖影线部分表示由水库放出的水量，以补充枯水季天然水量的不足，其总水量相当于水库的调节库容。

4. 多年调节

当水库容积大，丰水年份蓄存的多余水量，不仅用于补充年内供水，而且还可用以补充相邻枯水年份的水量不足，这种能进行年与年之间的水量重新分配的调节，叫做多年调节。这时水库可能要经过几个丰水年才蓄满，所蓄水量分配在几个连续枯水年份里用掉（见图 9-8）。因此，多年调节水库的调节周期长达若干年，而且不是一个常数。多年调节水库，同时也进行年调节、周调节和日调节。

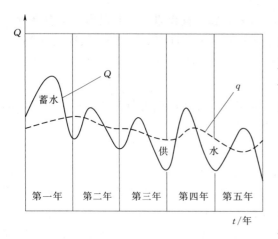

图 9-8　多年调节

水库属何种调节类型，可用水库库容系数 β 来初步判断。水库库容系数 β 为水库兴利调节库容与多年平均年水量 W_0 的比值，即 $\beta = V_兴 / W_0$。具体可参照下列经验系数判断调节类型：

$\beta > 30\%$ 多属多年调节；

$8\% \leqslant \beta < 30\%$ 多属年调节；

$\beta < 3\%$ 属日调节。

（二）按径流利用程度分

（1）完全年调节。完全年调节：将设计年内全部来水量完全按用水要求重新分配而不发生弃水的径流调节。

（2）不完全年调节。不完全年调节：仅能存蓄丰水期部分多余水量的径流调节。

（三）按两水库相对位置和调节方式划分

1. 补偿调节

水库至下游用水部门取水地点之间常见有较大的区间面积，区间入流显著而不受水库控制，为了充分利用区间来水量，水库应配合区间流量变化补充放水，尽可能使水库放水流量与区间入流量的合成流量等于或接近于下游用水要求。这种视水库下游区间来水流量大小，控制水库补充放水流量的调节方式，称为补偿调节，如图 9-9 所示。

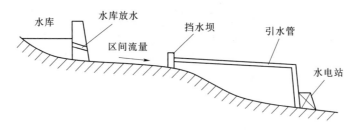

图 9-9　补偿调节水库示意图

2. 梯级调节

布置在同一条河流上多座水库，其形状像是由上而下的阶梯，称为梯级水库（见图 9-10）。梯级水库的特点是水库之间存在着水量的直接联系（对水电站来说有时还有水头的影响，称水力联系），上级水库的调节直接影响到下游各级水库的调节。在进行下级水

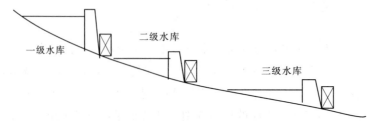

图 9-10　梯级调节水库示意图

库的调节计算时，必须考虑到流入下级水库的来水量是由上级水库调节和用水后而下泄的水量与上下两级水库间的区间来水量两部分组成。梯级调节计算一般自上而下逐级进行。当上级调节性能好，下级水库调节性能差时，可考虑上级水库对下级水库进行补偿调节，以提高梯级总的调节水量。对梯级水库进行的径流调节，简称梯级调节。

3. 径流电力补偿调节

位于不同河流上但属同一电力系统联合供电的水电站群，可以根据它们所在流域的水文特性及各自的调节性能差别，通过电力联系来进行相互之间的径流补偿调节，以提高水库群总的水利水电效益。这种通过电力联系的补偿调节就叫做径流电力补偿调节。

4. 反调节

为了缓解上游水库进行径流调节时给下游用水部门带来的不良影响，在下游适当地点修建水库对上游水库的下泄流量过程进行重新调节，称为反调节，又称再调节。河流综合利用中，经常出现上游水库为水力发电进行日调节造成下泄流量和下游水位的剧烈变化而对下游航运带来不利影响；水电站年内发电用水过程与下游灌溉用水的季节性变化不一致，修建反调节水库有助于缓解这些矛盾。

三、径流调节周期中水库运用情况分析

径流调节周期是指水库从死水位开始蓄水，达到正常蓄水位后又消落到死水位的历时。不同调节性能的水库具有不同的调节周期，如日调节水库的调节周期为一日（24h），年调节水库的调节周期为一年。

必须注意到由于水库来水流量过程 $Q-t$ 与供水流量过程 $q-t$ 配合情况不同，调节周期中水库的蓄水、供水过程有不同的组合。比如说，调节周期中可能只有一次连续蓄水过程和一次供水过程，也可能出现多次蓄水、供水的变化过程。必须分析调节周期水库的运用情况，以便正确确定水库的兴利库容。

1. 水库一次运用

水库在调节周期内只有一次连续蓄水、供水的情况，叫做水库一次运用，如图 9-11 所示。图中 W_1 为余水量，W_2 为缺水量，且 $W_1 \geqslant W_2$，此时所需的水库调节库容 $V_兴 = W_2$。

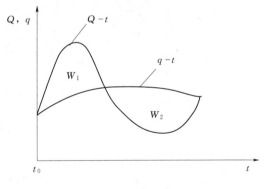

图 9-11 水库一次运用

2. 水库二次运用

当水库在一个调节周期内连续供水、蓄水有二次时，叫做水库二次运用，如图 9-12 所示。假设第一次运用余水量为 W_1，缺水量为 W_2，第二次运用余水量为 W_3，缺水量为 W_4，此时调节库容的确定可分为下列几种情况：

1）当 $W_1 > W_2$，$W_3 > W_4$ 时，表明两次运用之间无水量联系，此时 $V_兴 = \max \{W_2, W_4\}$。

2）当 $W_3 < W_2$，$W_3 < W_4$ 时，表明两次运用之间有水量联系，此时 $V_兴 = W_2 + W_4 - W_3$。

3）当 $W_2 < W_3 < W_4$ 时，表明两次运用之间有水量联系，此时 $V_兴 = W_4$。

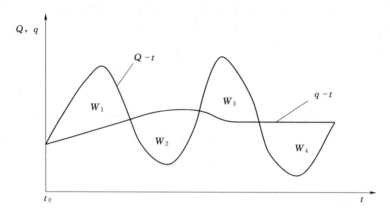

图 9-12　水库二次运用

3. 水库多次运用

水库多次运用情况更为复杂，调节库容的确定难以通过图形表达，通过例子来解释多次运用情况调节库容的确定方法——逆时序最大蓄水量法，它的做法是：初设兴利库容 $V=0$，然后，从最后一个余缺水量开始算起，缺水量相加，余水量相减，若结果为负值，则令其等于零，此计算过程中的最大值即为兴利库容。

【**例 9-1**】　假设图 9-13 中 $W_1=20$ 万 m^3，$W_2=3$ 万 m^3，$W_3=4$ 万 m^3，$W_4=5$ 万 m^3，$W_5=3$ 万 m^3，$W_6=4$ 万 m^3，求兴利库容。

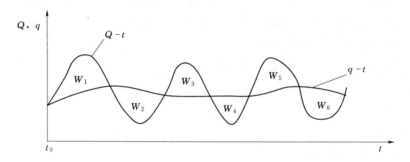

图 9-13　水库多次运用

解：　　　　　$V_1=0$

$$V_2=V_1+W_6=4 \text{ 万 } m^3$$

$$V_3=V_2-W_5=1 \text{ 万 } m^3$$

$$V_4=V_3+W_4=6 \text{ 万 } m^3，\quad V_5=V_4-W_3=2 \text{ 万 } m^3$$

$$V_6=V_5+W_2=5 \text{ 万 } m^3，\quad V_7=V_6-W_1=-15=0 \text{ 万 } m^3$$

故　　　　　　　$V_兴=V_{max}=6 \text{ 万 } m^3$

此例的调节过程，也可借助于二次运用来解释：由于 $W_3>W_2$，用 W_3 完全可以补充 W_2 的缺水，因此，W_2 缺水不影响后面时段的缺水。又由于受兴利库容限制，W_3 也不可能影响后面时段的余缺水。由此可见，W_1、W_4、W_5、W_6 组成新的二次运用情况。由二次运用判断准则，可得：

$$V_{兴} = \max\{W_2, (W_4 + W_6 - W_5)\} = \max\{3, (5+4-3)\} = 6 \text{ 万 m}^3$$

四、径流调节计算研究课题

如前所述，径流调节的任务就是借助水库的调节作用，按用水要求重新分配河川天然径流。调节计算主要是研究天然来水、各部门的用水与水库库容三者之间的关系。调节计算的实质是进行来水和用水的对照和平衡：当来水大于用水时，水库蓄水；当来水小于用水时，水库供水。

从分析水库水量平衡式可以看出，径流调节计算可概括为如下三类课题：

1）根据用水部门的要求，求所需兴利库容。

2）根据已定的兴利库容，求所能提供的保证调节流量。

3）找出天然来水、各部门用水与兴利库容三者之间的关系，或是找出保证率、调节流量与兴利库容三者之间的关系。

五、径流调节计算所需基本资料

为完成径流调节计算任务所需的基本资料有：

1）径流资料，调节计算所需的径流资料，随调节程度的高低有不同要求。日和周调节需要有 10 年左右的历年日平均流量资料；年调节需要有 20 年以上的历年月平均流量和汛期旬平均流量资料；多年调节需要 30 年以上的年、月径流资料，以及年径流频率曲线和统计特征值资料。

2）水库特性资料，即水库水位与水库面积、容积关系曲线。

3）用水资料，包括各部门正常用水保证率，正常用水量及其分配过程。

六、径流调节计算中的常用术语

在径流调节计算中，为简化计算又便于比较，常把来水、用水及调节库容用相对值表示。

1. 调节系数 (α)

调节系数由保证调节流量和多年平均来水流量的比值表示：

$$\alpha = Q_p / Q_0 \tag{9-12}$$

如果调节流量在年内是变动的，则以保证年供水量与多年平均年来水量之比值表示：

$$\alpha = W_p / W_0 \tag{9-13}$$

式中：Q_p 为保证调节流量，m^3/s；Q_0 为多年平均来水流量，m^3/s；W_p 为保证年供水量，m^3；W_0 为多年平均年来水量，或年径流量，m^3。

2. 库容系数 (β)

库容系数以调节库容（或称有效库容、兴利库容）与多年平均年来水量，或年径流量之比值表示：

$$\beta = V_p / W_0 \tag{9-14}$$

式中：V_p 为调节库容，m^3。

3. 年径流量模比系数 (K)

年径流量模比系数（年径流量相对值），表示各年径流量与多年平均年径流量之比：

$$K_i = Q_i / Q_0 \tag{9-15}$$

或

$$K_i = W_i / W_0 \qquad (9-16)$$

式中：Q_i 为第 i 年平均流量，$\mathrm{m^3/s}$；W_i 为第 i 年年径流量，$\mathrm{m^3}$。

4. 径流利用系数（η）

径流利用系数表示径流利用程度，以下式表示：

$$\eta = M / W_0 \qquad (9-17)$$

式中：M 为平均年供水量，$\mathrm{m^3}$。

七、径流调节计算方法

径流调节计算的方法，根据所应用的河川径流特性可分为两大类。第一类是利用径流的时历特性进行计算的方法，叫做时历法；第二类是利用径流的统计（频率）特性进行计算的方法，叫做数理统计法。

时历法采用按时序排列的实测径流系列作为入库径流过程进行水库径流调节计算，其特点是利用已出现的径流过程的时序特性反映未来的径流变化。时历法又分为列表法和模拟计算法：列表法是直接利用过去观测到的径流资料（即流量过程），以列表形式进行计算的方法；模拟计算法则是在电子计算机上进行模拟运行的调节计算法。在水库径流调节计算实践中，广泛地采用时历法。时历法的计算结果，给出调节后的利用流量、水库存蓄水量、弃水量以及水库水位等因素随时序的变化过程。它具有简易直观，便于考虑较复杂的用水过程和计入水量的损失等优点。

数理统计法多用于多年调节计算，计算的结果直接以调节水量、水库存水量、多余和不足水量的频率曲线的形式表示出来。

第六节　年调节水库兴利调节计算

径流调节时历列表计算法是时历法的一种基本方法。它计算简单，实用性强，是规划设计中最常用的方法。列表计算法既可用于年调节计算，也可用于多年调节计算。无论是对设计代表年、设计代表期，还是对长系列的径流调节计算一般都采用列表计算法。

下面讨论不同调节计算课题的列表计算法。本节主要以年调节为对象，所介绍的计算方法也适用于多年调节的径流调节计算。

一、已知用水求库容的列表计算法

根据兴利用水要求确定必需的兴利库容是水库规划的重要内容之一。由于调节流量为已知值，根据天然来水流量不难定出水库补充放水的起止时间（即供水期）。针对供水期逐时段进行水量平衡计算，可求出各时段的不足水量（个别时段可能有余水），然后依次累加供水期不足水量（扣除局部回蓄水量），即可求出该供水期所需兴利库容。

本节以年调节水库为例，具体说明径流调节时历列表计算方法。年调节水库的调节周期为一年，计算时段一般采用月（或旬）。根据已知的调节流量和某年天然来水流量，按水量平衡公式求供水期各月不足水量，累加之，即得所需兴利库容。显然，调节流量一定时，针对不同来水流量，求得的兴利库容是不同的。把各天然来水年份需要的兴利库容按由小到大顺序排列，计算每个库容值的频率，然后绘制库容频率曲线；再根据规定的设计保证率，即可在该库容频率曲线上求出欲求的兴利库容。为了简化计算，可仅对设计枯水年进行调节计算，求出该年满足兴利用水的兴利库容。

（一）不计水量损失的年调节计算

现举例说明不计水量损失的年调节时历列表法的计算。

【例 9-2】 某坝址处的多年平均年径流量为 $1104.6 \times 10^6 \text{m}^3$，多年平均流量为 $35 \text{m}^3/\text{s}$，死库容为 $50 \times 10^6 \text{m}^3$。设计枯水年的天然来水过程及各部门综合用水过程分别列入表 9-3 中第（2）栏、第（3）栏和第（4）栏、第（5）栏。本例年调节水库的调节年度由当年 7 月初始到次年的 6 月末止。其中 7 至 9 月为丰水期，10 月初到次年 6 月末为枯水期，求所需的调节库容。

解： 1）列表计算。时历列表法的计算一般从供水期开始。10 月份天然来水量为 $23.67 \times 10^6 \text{m}^3$，兴利部门综合用水量为 $24.99 \times 10^6 \text{m}^3$，用水量大于来水量，要求水库供水，10 月份不足水量为 $1.32 \times 10^6 \text{m}^3$，将该值填入表 9-3 中第（7）栏，即（7）＝（5）－（3）。依次算出供水期各月不足水量。将 10 月份到次年 6 月份的 9 个月的不足水量累加起来，即求出设计枯水年供水期总不足水量为 $152.29 \times 10^6 \text{m}^3$，填入第（7）栏合计项内。显然，水库必须在丰水期存蓄 $152.29 \times 10^6 \text{m}^3$ 水量，才能补足供水期天然来水之不足，故水库兴利库容应为 $152.29 \times 10^6 \text{m}^3$。由于本例针对设计枯水年天然径流进行调节计算，故求得的兴利库容使各部门用水得到满足的保证程度与设计保证率基本一致。

再对丰水期进行调节计算。7 月份天然流量为 $132.82 \times 10^6 \text{m}^3$，兴利部门综合用水量为 $78.90 \times 10^6 \text{m}^3$，多余水量 $53.92 \times 16^6 \text{m}^3$ 全部存入水库［见第（6）栏］。8 月份来水量为 $264.32 \times 10^6 \text{m}^3$，用水量为 $78.90 \times 10^6 \text{m}^3$，多余水量为 $185.42 \times 10^6 \text{m}^3$，但由于兴利库容 $152.29 \times 10^6 \text{m}^3$ 中到 7 月份末已蓄水 $53.92 \times 10^6 \text{m}^3$，只剩下 $98.37 \times 10^6 \text{m}^3$ 库容待蓄，故 8 月份来水除将兴利库容蓄满外，尚有弃水 $87.05 \times 10^6 \text{m}^3$，填入第（8）栏。9 月份来水量为 $65.75 \times 10^6 \text{m}^3$，这时兴利库容已蓄满，天然来水量虽大于兴利部门需水，但仍小于最大用水量，为减少弃水，水库按天然来水供水（见表 9-3 注解）。

分别累计第（6）、第（7）两栏，并扣除弃水（逐月计算时以水库蓄水为正，供水为负），即得兴利库容内蓄水量变化情况，填入第（10）栏。此算例表明，水库 6 月末放空至死水位，7 月初开始蓄水，8 月份库水位升达正常蓄水位并有弃水，9 月份维持满蓄，10 月初水库开始供水直至次年 6 月末为止，

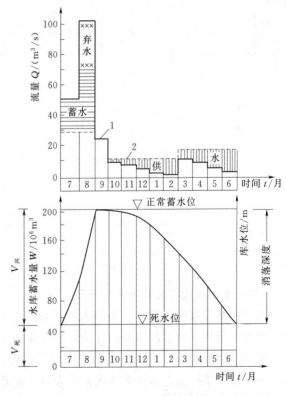

图 9-14　年调节过程

这时兴利库容正好放空，准备迎蓄来年丰水期多余水量。水库兴利库容由空到满，又再放空，正好是一个调节年度。

表9-3中第（11）栏［第（4）、第（8）两栏之和］给出了各时段出库总流量，它就是各时段下游可应用的流量值，同时，由它确定下游水位。

2）水库调节性能的判别。图9-14绘出了水库蓄水年变化过程，图中标明水库死库容为 $50 \times 10^{6} \mathrm{m}^{3}$，兴利库容为 $152.29 \times 10^{6} \mathrm{m}^{3}$。已知坝址处多年平均年径流量 $W_{年}$ 为 $1104.60 \times 10^{6} \mathrm{m}^{3}$，则库容系数为：

$$\beta = V_{兴}/W_{年} = 152.29 \times 10^{6}/1104.60 \times 10^{6} \approx 13.8\%$$

由 β 值可以判断，该水库属于年调节水库。

3）成果图示。

表9-3　　　　　　　　水库年调节时历列表计算（未计水库水量损失）

时段/月		天然来水		各部门综合用水		多余或不足水量		弃水		时段末兴利库容蓄水量/$10^6\mathrm{m}^3$	出库总流量/$(\mathrm{m}^3/\mathrm{s})$	备注
		流量/$(\mathrm{m}^3/\mathrm{s})$	水量/$10^6\mathrm{m}^3$	流量/$(\mathrm{m}^3/\mathrm{s})$	水量/$10^6\mathrm{m}^3$	流量/$(\mathrm{m}^3/\mathrm{s})$	水量/$10^6\mathrm{m}^3$	流量/$(\mathrm{m}^3/\mathrm{s})$	水量/$10^6\mathrm{m}^3$			
(1)		(2)	(3)	(4)	(5)	(6)	(7)	(8)	(9)	(10)	(11)	(12)
丰水期	7	50.5	132.82	30.0	78.90	53.92		0	0	53.92	30.0	水库蓄水
	8	100.5	264.32	30.0	78.90	185.42		87.05	33.1	152.29	63.1	库满有弃水
	9	25.0	65.75	25.0①	65.75					152.29	25.0	保持满库
枯水期	10	9.0	23.67	9.5	24.99		1.32			150.97	9.5	水库供水期，库水位逐月下降。6月末兴利库容放空
	11	7.5	19.73	9.5	24.99		5.26			145.71	9.5	
	12	4.0	10.52	9.5	24.99		14.47			131.24	9.5	
	1	2.6	6.84	9.5	24.99		18.15			113.09	9.5	
	2	1.0	2.63	9.5	24.99		22.36			90.73	9.5	
	3	10.0	26.30	15.0	39.45		13.15			77.58	15.0	
	4	8.0	21.04	15.0	39.45		18.41			59.17	15.0	
	5	4.5	11.84	15.0	39.45		27.61			31.56	15.0	
	6	3.0	7.89	15.0	39.45		31.56			0	15.0	
合计		225.2	593.35	192.5	506.30	239.34	152.29	87.05				
平均		18.8		16.0								

① 9月份原计划要求用水流量为 $20\mathrm{m}^3/\mathrm{s}$，由于库满，可按天然来水运行，提高水量利用率。

注　1.$\sum(3) - \sum(5) = \sum(8)$，可用以校核计算。

　　2.$\sum(6) - \sum(7) = \sum(8)$，可用以校核计算。

（二）考虑水量损失的年调节计算

水库的蒸发损失和渗漏损失与水库水面面积、蓄水量有关；而后二者是随时间变化的。因此，只能采用逐次渐近的方法进行计算。其做法是将不计入损失的计算成果作为第一次近似计算的起点，采用该成果中水库蓄水变化过程作为近似计算水库水量蒸发的依据；然后再以第一次近似计算的成果作为第二次近似计算的起点。循此渐进，直至前后两次计算成果的差异满足允许误差要求。

现以上述算例为例说明计入水量损失的径流调节列表计算过程（见表 9－4）。

表 9－4　　　　　　　　　　　　计入水量损失的年调节列表计算

时段/月	天然来水量 /10⁶m³	用水量 /10⁶m³	时段末水库蓄水量 /10⁶m³	时段平均蓄水量 /10⁶m³	时段内平均水面面积 /10⁶m²	蒸发 深度/mm	蒸发 水量/10⁶m³	渗漏 强度/%	渗漏 水量/10⁶m³	水量损失值 /10⁶m³	毛用水量 /10⁶m³	多余水量 /10⁶m³	不足水量 /10⁶m³	时段末兴利容蓄水量 /10⁶m³	弃水量 /10⁶m³
(1)	(2)	(3)	(4)	(5)	(6)	(7)	(8)	(9)	(10)	(11)	(12)	(13)	(14)	(15)	(16)
			50.00											50.00	
丰水期 7	132.82	78.90	103.92	76.96	9.6	130	1.248		0.770	2.02	80.92	51.90		101.9	0
8	264.32	78.90	202.29	153.10	15.2	115	1.748		1.531	3.28	82.18	182.14		223.84	60.20
9	65.75	63.11	202.29	202.29	17.6	90	1.584		2.023	3.61	65.75			223.84	
枯水期 10	28.67	24.99	200.97	201.63	17.00	75	1.275	按当月库存水量的1%计算	2.016	3.29	28.28		4.61	219.23	
11	19.73	24.99	195.71	198.34	16.40	35	0.574		1.983	2.56	27.55		7.82	211.41	
12	10.52	24.99	181.24	188.48	16.20	20	0.324		1.885	2.21	27.20		16.68	194.73	
1	6.84	24.99	163.09	172.66	16.00	15	0.240		1.727	1.97	26.96		20.12	174.61	
2	2.63	24.99	140.73	151.91	15.15	30	0.455		1.519	1.97	26.96		24.33	150.28	
3	26.3	39.45	127.58	134.15	14.24	80	1.139		1.342	2.48	41.93		15.63	134.65	
4	21.04	39.45	109.17	118.38	13.00	110	1.430		1.184	2.61	42.06		21.02	113.65	
5	11.84	39.45	81.56	95.36	11.00	150	1.650		0.954	2.60	42.05		30.21	83.42	
6	7.89	39.45	50.00	65.78	8.00	150	1.200		0.658	1.86	41.31		33.42	50.00	
合计	593.35	503.66				1000	12.867		17.592	30.46	534.12	234.04	173.84		60.20

【例 9－3】　计入水量损失的列表调节计算

解：表 9－4 共分 16 栏。第（1）至第（6）栏为未计入水量损失的调节计算项目。第（1）至（3）栏可直接填入；第（4）栏为表 9－3 中的第（10）栏加上死库容而得；第（5）栏为第（4）栏月初和月末蓄水量的平均值；第（6）栏为水库各月平均水面面积，由第（5）栏的数值查水库库容曲线、水库面积曲线而得。

第（7）至第（11）栏为损失水量计算项目。第（7）栏为各月蒸发深度；第（8）栏为各月蒸发损失水量，由各月蒸发深度乘相应月份水库平均水面面积而得，即（8）＝（6）×（7）；渗漏损失水量按当月平均库存水量的1%计，即（10）＝（5）×1%；第（11）栏为蒸发损失量与渗漏损失量的合计。

第（12）至第（16）栏为计入水量损失后的调节库容和水库蓄水过程的推算项目。第（12）栏为计入水量损失后的毛用水量，即（12）＝（3）＋（11）；然后逐时段进行水量平衡，将第（2）栏减第（12）栏的正值记入第（13）栏，负值记入第（14）栏；最后累计整个供水期不足水量，即求得所需兴利库容 $V_{兴} = 173.84 \times 10^6 \text{m}^3$，此值比不计水量损失所需兴利库容增加 $21.55 \times 10^6 \text{m}^3$，增值恰等于供水期水量损失之和。应该指出，表 9－4 仍有近似性，这是由于计算水量损失时采用了不计水量损失时的水面面积。为了修正这种误差，可在第一次计算的基础上，按上述同样步骤和方法再算一次。

上述时历列表法计算也可由供水期末开始，采用逆时序进行逐月试算。年调节水库供水期末（本例为 6 月末）的水位应为死水位，这时，先假定月初水位，根据月末死水位及假定的月初水位算出该月平均水位，然后由水库面积特性曲线查出相应的平均水面面积，进而计算月损失水量；再根据该月天然来水量、用水量和损失水量，计算 6 月初水库应有蓄水量及其相应水位，若此水位与假定的月初水位相符，则说明原假定是正确的，否则重新假定，试算到相符为止。然后对供水期倒数第二个月（本例为 5 个月）进行试算。依次逐月递推，便可求出供水期初的水位（即正常蓄水位），该水位和死水位之间的库容即为所求的兴利库容。

在中小型水库的设计工作中，为简化计算，可按下述方法考虑水量损失：首先不计水量损失算出兴利库容，取此库容之半加上死库容，作为水库全年平均蓄水量，从水库特性曲线中查出相应的全年平均水位及平均水面面积，据此求出年损失水量，并平均分配在 12 个月份。不计损失时的兴利库容加上供水期总损失水量，即为考虑水量损失后的兴利库容近似解。

现仍沿用前述表 9-3 的算例加以说明，对应于全年蓄水量 $126.20 \times 10^6 \text{m}^3$ 的水库水面面积为 $13.7 \times 10^6 \text{m}^3$，则年损失水量为 $1720 \times 13.7 \times 10^6 / 1000 = 23.6 \times 10^6 \text{m}^3$，每月损失水量约为 $1.96 \times 10^6 \text{m}^3$，供水期 9 个月总损失水量为 $17.7 \times 10^6 \text{m}^3$。因此，计入水量损失后所需兴利库容为 $(152.29 + 17.70) \times 10^6 = 170 \times 10^6 \text{m}^3$。

二、根据兴利库容确定调节流量

在水库规划设计阶段常拟定若干个正常蓄水位为不同的比较方案。进行方案比较时必须针对任一正常蓄水位初定死水位，得出其相应的兴利库容，并根据已知兴利库容推求其供水期调节流量及其他效益指标，以供方案比较。

在解决这类问题时，由于调节流量为未知值，难以确定蓄水期和供水期，常需通过试算求解。这时，为减少试算工作量可先假定若干个供水期调节流量方案，对每个方案采用上述方法求出所需兴利库容，然后点绘成图 9-15 所示的 $Q_调 - V_兴$ 曲线。在该曲线上根据给定的兴利库容 $V_兴$。即可查定所求的供水期调节流量 $Q_调$。

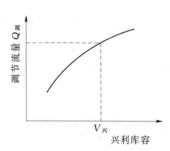

图 9-15　调节流量与兴利库容关系曲线

对于年调节水库，也可直接用下式计算供水期调节流量，即

$$Q_调 = (\sum W_{设供} - \sum \Delta W_{供损} + V_兴) / T_供 \qquad (9-18)$$

式中：$\sum W_{设供}$ 为设计枯水年供水期来水总量，m^3；$\sum \Delta W_{供损}$ 为供水期总水量损失，m^3；$T_供$ 为供水期历时，s。

用上式求已知兴利库容的调节流量，应注意以下两个问题：

（1）水库调节性能问题。首先应确定水库是否属年调节水库，因只有年调节水库的 $V_兴$ 才是当年蓄满且存蓄的水全部用于该调节年度的供水期内。

一般库容系数 $\beta = 3\% \sim 30\%$ 时为年调节水库，$\beta > 30\%$ 为多年调节水库，这些经验数据可作为初步判定水库调节性能的参考。通常还以对设计枯水年按等流量进行完全年调节

所需兴利库容 $V_完$ 为界限，当实际兴利库容大于 $V_完$ 时，水库可进行多年调节，否则为年调节。显然，令各月用水量均等于设计枯水年平均月水量，对设计枯水年进行列表计算，即能求出 $V_完$ 值。按其含义，$V_完$ 也可直接用公式计算，例如：

$$V_完 = \overline{Q}_{设年} \ T_枯 - \sum W_{设枯} \tag{9-19}$$

式中：$\overline{Q}_{设年}$ 为设计枯水年平均天然流量，m^3/s；$\sum W_{设枯}$ 为设计枯水年枯水期来水总量，m^3；$T_枯$ 为设计枯水年枯水期历时，s。

当判断结果水库属于多年调节类型时，则应按径流多年调节计算方法求调节流量。

（2）划定蓄、供水期的问题。应用公式（9-18）计算供水期调节流量时，需正确划分蓄、供水期。前面已经提到，径流调节供水期系指天然来水流量小于用水流量，需由水库补充放水的时期。水库在调节年度内一次充蓄、一次供水的情况下，供水期开始时刻应是天然流量开始小于调节流量之时，而终止时刻则应是天然流量开始大于调节流量之时。可见，供水期长短是相对的，调节流量越大，要求供水的时间越长。但在此课题中，调节流量是待求值，故不能很快地定出供水期，通常需试算。先假定供水期，待求出调节流量后进行核对，如不小于则重新假定后再算。

现通过一个算例介绍公式（9-18）的应用。

【例 9-4】 某拟建水库坝址处多年平均流量为 $\overline{Q}=13.5m^3/s$，多年平均年水量 $\overline{W}_年=710.1\times10^6 m^3$。按设计保证率 $P_设=90\%$ 选定的设计枯水年各月平均流量过程如表9-5所示。初定兴利库容 $V_兴=120\times10^6 m^3$，试计算调节流量和调节系数。

表9-5					设计枯水年流量过程						单位：m^3/s	
月 份	7	8	9	10	11	12	1	2	3	4	5	6
月平均流量	30	50	25	10	8	6	4	4	8	7	6	4

解：（1）判定水库调节性能。水库库容系数 $\beta=120\times10^6/710.1\times10^6\approx0.16$，初步判别定为年调节水库。进一步分析设计枯水年进行完全年调节的情况，以确定完全年调节所需兴利库容，其步骤为：

1）计算设计枯水年平均流量和年水量：$\overline{Q}_{设年}=13.5m^3/s$，$W_{设年}=426.1\times10^6 m^3$。

2）定出设计枯水年枯水期：进行完全调节时，调节流量为 $\overline{Q}_{设年}$，由表9-5可见，其丰、枯水期十分明显，即当年10月至次年6月为枯水期，$T_枯=23.67\times10^6 s$。

3）求设计枯水年枯水期总水量：$\sum W_{设枯}=57\times2.63\times10^6=149.90\times10^6 m^3$。

4）确定设计枯水年进行完全调节所需兴利库容 $V_完$：根据式（9-19）

$$V_完=(13.5\times23.67-149.9)\times10^6=169.6\times10^6 \ (m^3)$$

已知兴利库容小于 $V_完$，最后判定拟建水库是年调节水库。

（2）按已知兴利库容确定调节流量（不计水量损失）。该调节流量一定比 $\overline{Q}_{设年}$ 小，先假定当年11月至次年6月为供水期，由式（9-18）得：

$$Q_调=(120\times10^6+47\times2.63\times10^6)/(8\times2.63\times10^6)\approx11.6 \ (m^3/s)$$

$Q_调$ 大于10月份天然流量，故10月份也应包含在供水期之内，即实际供水期应为9个月。按此供水期再进行计算，得：

$$Q_{调}=(120\times10^6+57\times2.63\times10^6)/(9\times2.63\times10^6)\approx11.4\text{（m}^3\text{/s）}$$

计算得到的 $Q_{调}$ 小于 9 月份天然流量，说明供水期按 9 个月计算是正确的。

调节系数
$$\alpha=\frac{Q_{调}}{Q_0}=\frac{11.4}{22.25}=51.24\%=0.5124$$

三、设计保证率、调节库容与调节流量的关系

按上述方法，对于任一给定的水库兴利库容 $V_{兴}$ 可利用径流系列资料逐年进行计算，求得各年供水期的调节流量，然后按其大小次序排列，推求其经验频率曲线，作出调节流量保证率曲线 $Q_p - P$。改变 $V_{兴}$ 值，通过同样的计算方法，可作出另一条 $Q_p - P$。

因此，以 $V_{兴}$ 为参数（不同的常数），可作出如图 9-16 所示的一组调节流量保证率曲线。

这组曲线综合了调节库容 $V_{兴}$、调节流量 Q_p 和保证率 P 三者之间的关系。当调节库容一定时，提高保证率，则调节流量的保证值减小；当调节流量一定时，提高保证率，则意味着要增加水库的调节库容；当保证率一定时，加大调节库容，则可增大调节流量的保证值。

在给定设计保证率 P_0 条件下在图 9-16 上可得每个 $V_{兴}$ 相应的 Q_p 值，点绘出如图 9-17 所示的 P_0 下的 $V_{兴} - Q_p$ 线。

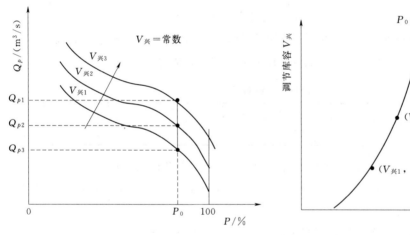

图 9-16　以 $V_{兴}$ 为参数的 $Q_p - P$ 曲线

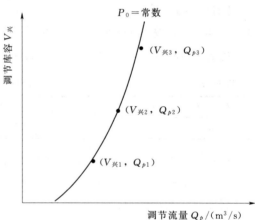

图 9-17　设计保证率条件下的曲线

第七节　多年调节水库兴利调节计算

为了充分利用水资源，当用水量（灌溉、发电、供水等用水要求）超过了设计枯水年的年来水量时，年调节水库就不能满足兴利需要，因此就必须增大兴利库容，将丰水年或丰水年组的余水量蓄存起来，满足枯水年或枯水年组缺水量的要求。这种将丰、枯水年份的年径流量径流年内变化都加以重新分配的调节，称为多年调节。例如某水库，如果灌溉面积由 65 万亩扩大到 120 万亩，则设计年灌溉用水量应为 54300 万 m^3，而设计年径流量却只有 38440 万 m^3，兴建年调节水库显然不能满足用水要求，因此必须兴建多年调节水库。

多年调节计算长系列法的基本原理和步骤与年调节计算相似，即先通过逐年调节计

算，求得每年所需的库容，再进行频率计算，以求得满足设计保证率要求的兴利库容。只是多年调节水库要经过若干个连续丰水年才能蓄满，经过若干个连续枯水年才能放空。因此，完成一次蓄泄循环往往需要很多年。在这种情况下，确定某些年份所需的兴利库容时，不能只以本年度缺水期的不足水量来定库容，还必须联系前一年或前几年的不足水量情况进行分析，即取决于连续枯水年组的总亏水量。为此，用时历法进行多年调节计算时，所需要的水文资料远较年调节为长，一般应具有 30 年以上，且是能较好地代表多年变化情况的径流资料，否则所得结果不可靠。

图 9-18 绘出了多年的来水过程线和相应的用水过程线。由图可知，第 1、2、3 调节年度是丰水年，来水大于用水，各年所需兴利库容分别为 V_2、V_4、V_6，而第 4～7 年为连续枯水年组。确定第 4 年的兴利库容时，应与前面第 3 年的余、亏水情况一起分析考虑。即第 3、第 4 两年组成一个大调节年，然后用相当于两回运用情况的分析，即中间余水期的余水量同时小于前后两个亏水期的亏水量，所以第 4 年的兴利库容为三者（两个亏水量和其中余水量）的代数和，即 $V_{兴4} = V_6 + (V_8 - V_7)$，确定第 5 年的兴利库容，要和前面第 3、第 4 年的余、亏水情况一起考虑，相当于三回运用的情况，其中 V_9 同时小于前后两个亏水量 V_8、V_{10}，所以第 5 年的 $V_{兴5} = V_6 + (V_8 - V_7) + (V_{10} - V_9)$。同理，第 6 年的 $V_{兴6} = V_6 + (V_8 - V_7) + (V_{10} - V_9) + (V_{12} - V_{11})$，第 7 年的 $V_{兴7} = V_6 + (V_8 - V_7) + (V_{10} - V_9) + (V_{12} - V_{11}) + (V_{14} - V_{13})$。

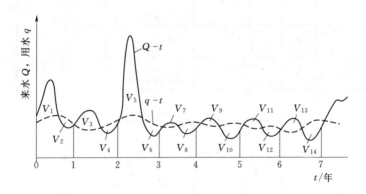

图 9-18　多年来水过程线及其相应的用水过程线

一、计算逐年兴利库容的列表法

【例 9-5】　某水库具有 24 年实测年径流资料，经分析此年径流系列具有一定的代表性。各年余、亏水量的统计数字如表 9-6 所示，其中 1972—1973 年、1974—1975 年、1976—1977 年、1978—1979 年、1979—1980 年、1980—1981 年、1981—1982 年、1984—1985 年、1985—1986 年、1991—1992 年、1993—1994 年为多年调节。

应该注意，调节年度的划分不应硬性规定，须视每年的余、亏水情况分析定出。如 1970—1971 年调节年的蓄泄过程只有 11 个月，其中 1971 年 8—9 月份为缺水段。如 1990—1991 年调节年的蓄泄过程有 13 个月，其中 1991 年 8—9 月份为缺水段。又如 1976—1977 年调节年原为 13 个月，但因该年余水 854.9 万 m³ 小于亏水 10261.9 万 m³，故应将 1975—1976 年一起考虑，并由 1976 年 9 月至 1977 年 11 月这个连续缺水段来计算

该年所需要的库容 $V=10261.9+3279.7-854.9=12686.7$（万 m^3）。但因 1975—1976 年余水量 12334.0 万 m^3 小于此库容的 12686.7 万 m^3，不能满足 1976—1977 年缺水的需要，故仍需往前考虑到 1974—1975 年。因该年余水量也小于亏水量，又需往前考虑到 1973—1974 年。因为 1973—1974 年有剩余水量 $17781.1-2159.2=15621.9$（万 m^3），足够补充以后几年的亏水，故 1973—1977 年为连续四年的多年调节。

把由多年调节计算所得的多年调节库容，填入表 9-6 的第（6）栏，则按此表的库容值，计算并绘制的库容频率曲线就是考虑多年调节后的成果，从中便可求出已知 P 的设计库容 V_P。

表 9-6　　　　　　　　　　某水库逐年余、亏水量统计表

年　份	起讫月份	余水量（+）/万 m^3	亏水量（一）/万 m^3	累积水量/万 m^3	库容/万 m^3
（1）	（2）	（3）	（4）	（5）	（6）
1970—1971	11—7	5744.5		0	
	8—9		974.5	5744.5	974.5
1971—1972	10—5	3722.2		4770.0	
	6—8		3188.0	8492.2	3188.0
1972—1973	9—3	1251.1		5304.2	
	4—10		3365.7	6519.3	5338.6
1973—1974	11—8	17781.1		3153.6	
	9—10		2159.2	20934.7	2159.2
1974—1975	11—8	1523.3		18775.5	
	9—12		4795.2	20298.8	5431.1
1975—1976	1—8	12344.0		15503.6	
	9—10		3279.7	27847.6	3279.7
1976—1977	11—6	854.9		24567.9	
	7—11		10261.9	25332.8	12686.7
1977—1978	12—8	1433.3		15160.9	
	9		2319.3	16594.2	13572.7
1978—1979	10—6	4643.7		14274.9	
	7—10		11278.4	18918.6	20207.4
1979—1980	11—7	6300.4		7640.2	
	8—10		6690.9	13940.6	20597.0
1980—1981	11—3	149.2		7249.7	
	4—10		14903.2	7398.9	35351.9
1981—1982	11—2	659.1		-7504.3	
	3—10		4715.3	-6845.2	
1982—1983	11—8	6932.9		-11560.5	39408.1
	9—10		1611.0	-4627.6	
1983—1984	11—7	6137.3		-6238.5	1611.0
	8—9		3628.5	-101.3	
1984—1985	10—2	1114.3		-3279.8	3628.5
	3—9		6210.7	-2615.5	
1985—1986	10—3	430.0		-8826.2	8724.9
	4—10		12015.2	-8396.2	
1986—1987	11—6	4321.1		-0411.4	48259.0
	7—9		3463.9	-6090.3	

续表

年　份	起讫月份	余水量（＋）/万 m³	亏水量（一）/万 m³	累积水量/万 m³	库容/万 m³
（1）	（2）	（3）	（4）	（5）	（6）
1987—1988	10—7	13718.2		−9554.2	3463.9
	8—10		4338.9	−5836.0	
1988—1989	11—8	11198.9		−0174.9	4338.9
	9—10		639.2	1024	
1989—1990	11—7	10430.1		384.8	639.2
	8		2381.7	10814.9	
1990—1991	9—7	4466.9		8433.2	2381.7
	8—9		3504.0	12900.1	
1991—1992	10—7	3348.2		9396.1	3504.0
	8—9		7297.9	12744.3	
1992—1993	10—9	16044.7		5446.4	7453.7
			0	21491.1	
1993—1994	10—6	7522.8		2149.1	0
	7—10		7831.5	29013.9	
				21182.4	7831.5

二、计算逐年兴利库容的差积曲线法

【**例 9 - 6**】　已知某水库 24 年来水、用水系列（同例 9 - 5），用差积曲线求各年的兴利库容。

解: 1）根据来用水量，将各水利年划分为余水期和亏水期。

2）求各年余水期的余水量和亏水期的亏水量，并按时序计算累积值，如表 9 - 6 中第（5）栏所示。

3）以 ∑（来水量 - 用水量）为纵坐标，以时序为横坐标，点绘水量的差积曲线，如图 9 - 19 所示。图中横坐标 70，71，…，93 分别代表表 9 - 11 中的 1970—1971 年，1971—1972 年，…，1993—1994 年。

4）在差积曲线上，每年从亏水期末向前作水平线与差积曲线第一次相交即停止；在

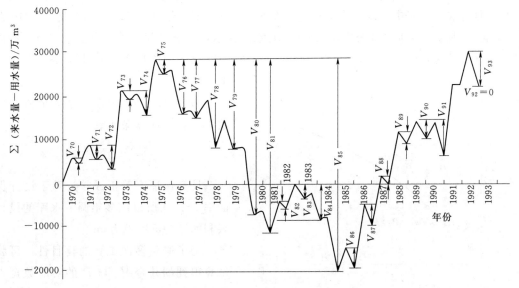

图 9 - 19　多年来、用水量的差积曲线

水平线与差量累积曲线间的最大纵坐标差值，即为该年所需库容。

显然，上述作图步骤就是判别余水量和亏水量的过程，所作水平线与差积曲线交在何处，即表明此处为止，Σ 余水量已大于 Σ 亏水量，不需要再向前考虑，其最大纵坐标差值就是最大累积亏水量。

当然也可不必如表 9-7 那样划分水利年，分析余水期和亏水期，可直接逐月计算和点绘差积曲线，这样做的优点在于可省去判别和分析，缺点是绘制差积曲线的工作量较大。

三、试算法

在多年调节的长系列时历法中，为了避免逐年分析库容的麻烦，除可使用上述差积曲线法外，还可以使用试算法。试算法是先假定一个兴利库容，逐时段连续调节计算，统计用水被破坏的年数来计算保证率，如果计算的保证率与规定的设计保证率相符，则假定的库容就是多年调节的兴利库容。这种方法称为试算法，计算的表格与年调节时历法基本相同。这种计算方法，一般是从水库蓄满（正常蓄水位）或水库放空（死水位）开始，逐月进行水量平衡计算，遇到余水就蓄，蓄满了还有余水就作弃水处理，遇亏水就供水，直到 $V_兴$ 放空时还缺水，就算这年供水不足遭受破坏，然后从下一年的蓄水期开始再继续进行计算，直到全系列操作完，统计出供水被破坏的年数，计算供水保证率 P。

$$P = \frac{\text{计算总年数} - \text{破坏年数}}{\text{计算总年数} + 1} \times 100\% \qquad (9-20)$$

若计算的供水保证率不等于设计保证率，则另假定库容，重复上述计算过程，直到两者相等为止。

【例 9-7】 某多年调节水库，具有 1970 年 7 月至 1993 年 6 月来、用水资料，已知死库容为 7000 万 m^3，用试算法求 $P=75\%$ 的设计兴利库容。

解： 1）将历年来、用水资料按时历列表逐月计算出余水量及亏水量，如表 9-7 中的第（4）、第（5）栏。

2）假定库容为 56600 万 m^3，从 1970 年 7 月初水库蓄水量为 0（即死库容）开始起调，计算各月蓄水量如表中摘录。表 9-7 中 1986 年 5—6 月蓄水为 -2578 万 m^3 及 -10216 万 m^3，即指水库放空后尚差的水量，经 7—8 月水库蓄水，至 9 月库满后还有多余水量，所以产生废弃水量为 54023+4933-56600=2356 万 m^3，填入表 9-12 中第（6）栏，各月蓄水量填入表中第（7）栏。

3）统计 24 年中蓄水量为负值的年数为 5 年，计算保证率：

$$P = \frac{24-5}{24+1} \times 100\% = 76\%$$

计算保证率等于或接近等于设计保证率 75%，所以该多年调节水库的设计兴利库容为 56600 万 m^3。

为了避免多次试算的盲目性，可将试算得到的几个 $V_兴$ 与 P 的对应数据点成如图 9-20 的 $V_兴$-P 曲线，以设计保

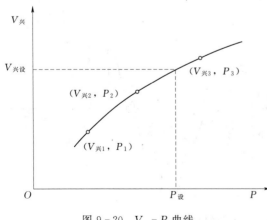

图 9-20　$V_兴$-P 曲线

证率 $P_设$ 查此曲线即得设计兴利库容 $V_{兴,设}$。

表 9-7   长系列时历列表计算法部分计算（摘录）表   单位：万 m^3

日 期	来 水 量	用 水 量	来水量－用水量		弃 水	水库蓄水量	备 注
			余水（＋）	亏水（－）			
(1)	(2)	(3)	(4)	(5)	(6)	(7)	(8)
1985 年 6 月						31070	
1985 年 7 月	448	8215		7767		23303	
1985 年 8 月	7670	7472	198			23501	
1985 年 9 月	921	4838		3917		19584	
1985 年 10 月	780	3711		2931		16653	
1985 年 11 月	383	4155		3772		12881	
1985 年 12 月	220	1976		1576		11305	
1986 年 1 月	130	350		220		11035	
1986 年 2 月	160	350		190		10895	
1986 年 3 月	622	350	272			11167	
1986 年 4 月	170	7079		6309		4258	
1986 年 5 月	113	6949		6836		－2578	供水被破坏
1986 年 6 月	1130	8768		7638		－10216	供水被破坏
1986 年 7 月	50710	8215	42495			42495	
1986 年 8 月	19000	7472	11528			54023	
1986 年 9 月	9771	4838	4933		2356	56600	蓄满弃水
1986 年 10 月	1940	3711		1771		54829	
1986 年 11 月	893	4155		3262		51567	
1986 年 12 月	470	1976		1506		50061	
1987 年 1 月	240	350		110			
1987 年 2 月							

四、多年调节水库水量损失的计算

多年调节水库的水量损失计算，一般采用近似计算法。首先以不计水量损失时初定的兴利库容，计算水库多年平均蓄水容积及多年平均水面面积，并计算出多年平均的逐月蒸发损失和渗漏损失（计算方法与年调节水库基本相同），然后在水库用水系列中，逐年逐月加入这一水量损失，即得历年毛用水系列；最后将来水系列与毛用水系列相配合，逐年计算出水库的兴利库容，再作库容频率曲线，按设计保证率求得计入水量损失的兴利库容。也可在来水中扣除，重新进行调节计算，方法同前。

利用时历法进行多年调节计算的优点是：概念清楚、推理简便，能直接求出多年调节的兴利库容及水库的蓄、泄水过程，适用于不同的用水情况。当具有较长系列（资料年数 $n > 30$ 年）的来、用水资料时，计算成果精度较高。大、中型灌溉水库的规划、设计及管理阶段常采用这种方法，但当资料系列较短或代表性较差时，会产生较大的误差，在这种情况下，可以利用确定性流域水文模型由降雨资料展延各年各月的径流量系列，在考虑灌溉用水时，也利用这些降雨资料，考虑作物生长期的耗水量，推求各年各月的灌溉用水量系列。

第十章 水电站水能计算

第一节 水能利用的基本知识

水能计算主要是确定水电站的动能指标，即保证出力和多年平均年发电量以及相应的主要参数、装机容量和水库的正常蓄水位。水电站的动能指标与主要参数之间互相影响，且出力和发电量还与其在电力系统中的运行方式有关，所以水能计算要与电力系统中的负荷联系起来进行分析。

河道中流动着的水流蕴藏着一定的能量，在天然状况下，这些能量消耗于水流的内部摩擦，克服沿程河床阻力，冲刷河岸和河底以及携带泥沙等方面，可以利用的部分往往很小。如果把从高处流下来的水流所蕴藏的能量加以利用，把水流的落差集中起来，并选择适宜的地点修建水电站，将水能转变为电能。

一、水能计算基本方程

天然河道中的水流，在重力作用下不断从上游流向下游，它所具有的能量，在流动过程中消耗于克服沿程摩阻、冲刷河床及挟带泥沙等。

天然河道水流能量可用伯努里方程来表示。河段纵剖面如图 10-1 所示，水量从断面 1-1 流到断面 2-2 所耗去的能量可用下式计算：

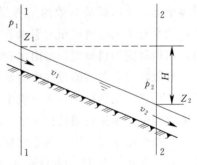

图 10-1 河段纵剖面图

$$E=\left[\left(Z_1+\frac{p_1}{\gamma}+\frac{\alpha_1 v_1^2}{2g}\right)-\left(Z_2+\frac{p_2}{\gamma}+\frac{\alpha_2 v_2^2}{2g}\right)\right]W\gamma \tag{10-1}$$

式中：E 为河段中消耗的能量，J；Z 为断面的水面高程，m；p/γ 为断面的压力水头，m；v 为断面平均流速，m/s；α 为断面流速不均匀系数；γ 为水的容重，通常取 1000kg/m^3；g 为重力加速度；W 为水体体积，m^3。

在实际计算时，当河段较短，两个断面上的大气压强相差甚微，可认为 $p_1=p_2$。如流量一定，两断面面积相差不大，则 $\alpha_1 v_1^2/(2g)$ 与 $\alpha_2 v_2^2/(2g)$ 之差值所占比重很小，可以忽略，因而，上式可写为：

$$E=(Z_1-Z_2)W\gamma=HW\gamma \tag{10-2}$$

其中
$$H=Z_1-Z_2$$

式中：H 为断面 1-1 至断面 2-2 的水位差，亦称水头或落差，m。

式（10-2）表示水量 W 下落 H 距离时所做的功，单位时间所做的功称为功率。在水能利用中通常称为出力，一般用 N 表示。由于 Δt 时段内流过某断面的水量 W（m^3），等于断面流量 Q（m^3/s）与时段 Δt（s）之乘积；lkgf·m/s 的功率等于 0.00981kW，由式

（10－2）可得到：

$$N=\frac{E}{\Delta t}=H\left(\frac{W}{\Delta t}\right)\gamma=\gamma QH=1000\times0.00981QH$$

即
$$N=9.81QH \tag{10-3}$$

式中：N 为出力，kW。

电力工业方面，习惯用"kW·h"（度）为能量单位，因 $T(h)=\frac{1}{3600}\Delta t$（s），于是能量公式可写成：

$$E=NT=9.81QH\left(\frac{\Delta t}{3600}\right)$$

即

$$E=0.00272WH \tag{10-4}$$

式中：E 为电能，kW·h。

当一条河流各河段的落差和多年平均流量为已知时，就可利用式（10－3）估算这条河流各段蕴藏的水力资源。如果知道可利用的水量和落差，就可利用式（10－4）估算其具有的电能。

由上述公式可以看出，水头和流量（或水量）是构成水能的两个基本要素，它们是水电站动力特性的重要参数。

由于河流能量在一般情况下是沿程分散的，为了利用水能，就必须根据河流各河段的具体情况，采用经济有效的工程措施，如水坝、引水渠、隧洞等，将分散的水能集中起来，让水流从上游通过压力引水管、经水轮机、再由尾水管流向下游。当水流冲击水轮机时，水能就变为机械能，再由水轮机带动发电机，将机械能变为电能。

水能转变为电能的过程中，经历了集中能量、输入能量、转换能量、输出能量四个阶段，不可避免地会损失一部分能量，这种损失表现在两个方面：一方面在水流自上游到下游的过程中，水流要通过拦污栅、进水口、引水管道流至水轮机，并经尾水管排至下游河道，在整个流动过程中，由于摩擦和撞击会损失一部分能量，这部分损失通常用水头损失来表示，即从水头 H 中扣除掉水头损失 ΔH，才是作用在水轮机上的有效水头，有效水头又称为净水头，以 $H_净$ 表示：

$$H_净=H-\Delta H$$

另一方面，水轮机、发电机和传动设备在实现能量转换和传递的过程中，由于机械摩擦等原因，也将损失一部分能量，其有效利用的部分，分别用水轮机效率 $\eta_{水机}$、发电机效率 $\eta_{电机}$，及传动设备效率 $\eta_{传动}$ 来表示，如以 η 表示水电机组的总效率，则：

$$\eta=\eta_{水机}\ \eta_{电机}\ \eta_{传动}$$

由于上述两方面的能量损失，所以水电站的实际出力总是小于由式（10－3）计算出的理论出力。水电站的实际出力和电能计算公式应分别为：

$$N=9.81\eta QH_净 \tag{10-5}$$
$$E=0.00272\eta WH_净 \tag{10-6}$$

η 值的大小与设备类型、性能、机组传动方式、机组工作状态等因素有关，同时也受设备生产和安装工艺质量的影响。在进行水电站规划或水电站初步设计方案比较时，由于机电设备资料不全或者没有，可近似地认为总效率 η 是一个常数，则式（10-5）可改写为：

$$N=KQH_{净} \tag{10-7}$$

式中：K 为出力系数，等于 9.81η。

对于大中型水电站，K 值可取为 $8.0\sim8.5$；对于小型水电站的同轴或皮带传动水电机组一般取为 $6.5\sim7.5$，两次传动的水电机组 K 值可取用 6.0。

净水头 $H_{净}=H-\Delta H$，其中水头 $H=Z_{上}-Z_{下}$ 比较容易确定，而水头损失 ΔH 则与流道的长度、截面形状和尺寸、构造材料、铺设方式、施工工艺质量等因素有关，一般需在电站总体布置完成后才能作出比较精确的计算。在初步计算时，可参照已建成的同类型电站估计 ΔH 值，然后再作校核。根据一些工程单位的经验，ΔH 约为 H 的 $3\%\sim10\%$，输水道短的取小值，输水道长的取大值。还需指出，若在初步计算中用 H 代替 $H_{净}$，亦即略去水头损失 ΔH 不计，这时出力系数 K 值应相应减小，否则会使计算成果偏大。

二、水电站开发方式

由上述可知，水电站的出力主要取决于落差和流量两个因素。在大多数情况下，天然河流的落差往往分散在各河段上，只有在少数急滩瀑布处，落差才比较集中。因此，为了获得一定的水头发电，就必须通过适当的工程措施将分散的落差集中起来。根据集中落差的方式不同，水电站的基本开发方式可分为坝式、引水式和混合式三种。

（一）坝式水电站

坝式水电站就是在河道中修建拦河坝，抬高上游水位，形成坝上下游的水位差。坝式水电站又分为坝后式和河床式两种类型。

1. 坝后式

坝后式又称坝下式，这种形式的水电站的厂房修建在拦河坝后（拦河坝的下游侧），它不承受上下游水位差的水压力，全部水压力由坝承受，因而适合高水头的水电站。坝后式水电站往往具有较大的调节库容，如我国的丹江口、新安江和龚咀等水电站就是这种类型。坝后式水电站如图 10-2 和图 10-3 所示。

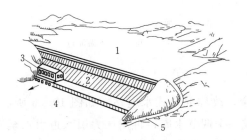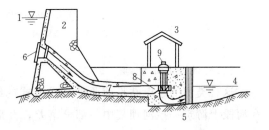

图 10-2　坝后式水电站布置图　　　　图 10-3　坝后式水电站剖面图
1—水库；2—大坝；3—厂房；　　　　1—水库；2—大坝；3—厂房；4—下游河道；
4—下游河道；5—溢洪道　　　　　　5—尾水管；6—拦污栅；7—压力水管；
　　　　　　　　　　　　　　　　　8—水轮机；9—发电机

2. 河床式

河床式水电站一般修建在河流中、下游河道比较平缓的河段中，其适用水头范围，大中型水电站一般在25m以下，小型水电站约为10m以下。中、下游河段由于受地形限制，只能建造不太高的拦河坝，否则会造成过多的淹没损失。河床式水电站的厂房往往和坝（或闸）并列直接建造在河床中，厂房本身承受上游的水压力而成为挡水建筑物的一部分。河床式水电站引用流量一般较大，通常是低水头大流量径流式水电站，如富春江、葛洲坝等水电站都是这种类型。图10-4为河床式水电站示意图。

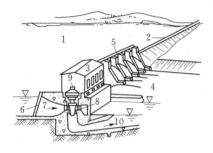

图10-4　河床式水电站示意图

1—水库；2—大坝；3—厂房；4—下游河道；
5—溢流坝；6—拦污栅；7—进水口；
8—水轮机；9—发电机；10—尾水管

（二）引水式水电站

在河流上游坡度比较陡峻的河段上，筑一低坝，通过引水建筑物（如明渠、隧洞、管道等）集中河段的落差，形成发电水头，这种开发方式称为引水式。引水式水电站按其引水建筑物中水流状态，又可分为无压引水式和有压引水式两种。

由于引水式水电站通常不受淹没和筑坝技术上的限制，因而在小型水电站中，引水式比坝式使用更为普遍。引水式水电站一般有较高的水头，没有或仅有很小的调节库容。我国南方许多省都有这种水电站，图10-5为引水式水电站示意图。

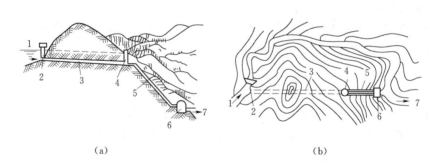

| (a) | (b) |

图10-5　引水式水电站示意图

（a）引水式水电站剖面图；（b）引水式水电站平面图

1—上游河道；2—进水口；3—隧洞；4—调压井；5—引水管；6—厂房；7—下游河道

（三）混合式水电站

这种类型的水电站是前两种开发方式的结合，故称混合式水电站。如图10-6所示，在河段上游筑一拦河坝集中一部分落差，并形成一个调节水库；再用压力引水道引水至河段下游，又集中一部分落差，然后通过压力管将水引入厂房发电。当河段上游坡降平缓而淹没又小，下游坡降较大或有瀑布时，采用这种开发式往往比较经济。江西龙潭水电站，天生桥二级水电站等都是这种形式。

在进行河流或河段的规划设计中，究竟采用哪种开发方式为宜，应根据水文、地形、

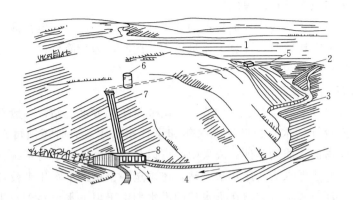

图 10-6　混合式水电站示意图

1—水库；2—大坝；3—溢洪道；4—下游河道；5—进水口；6—调压塔；7—引水管；8—厂房

地质等情况及施工条件，全面考虑各用水部门要求，进行技术、经济分析和综合比较，从而选择技术经济指标最优越的开发方式。

第二节　水电站的设计保证率

一、水电站的设计保证率

由于水电站的出力与流量和水头有关，而河川径流各年各月都是变化的，这就使水电站各年各月的出力和发电量也不相同。水电站在多年工作期间正常工作得到保证的程度，称为水电站的设计保证率。即：

$$P_{设} = \frac{正常供电时间}{总供电时间} \times 100\%$$

年调节和多年调节水电站保证率一般用保证正常供电年数占总年数百分数表示，无调节和日调节水电站则用保证正常供电的相对日数表示。

水电站的设计保证率，主要根据水电站所在电力系统的负荷特性、系统中水电容量的比重并考虑水库的调节性能、水电站的规模、水电站在电力系统中的作用，以及设计保证率以外的时段，出力降低程度和保证系统用电可能采取的措施等因素，可参照表 10-1 选用。

表 10-1　　　　　　　　　水电站设计保证率选用标准　　　　　　　　　%

电力系统中水电容量的比重	<25	25～50	>50
水电站设计保证率	80～90	90～95	95～98

对担负一般地方工业或农村负荷的小型水电站，其装机容量为 1000～12000kW 时，设计保证率可取 80%～85%；如装机容量为 100～1000kW，则设计保证率一般可取 75%～80%。对于更小的水电站，如只负担农村照明和农副产品加工，其设计保证率可以更低。

二、设计代表年及设计代表段的选择

在水能调节计算中，一般应根据长系列的水文资料进行计算，但在规划或初步设计阶段，要反复进行多方案比较时，计算工作量很大。此时，为了简化计算，可选择设计代表年或代表段来进行计算。

（一）设计代表年的选择

在规划及初步设计阶段，对于无调节、日调节及年调节水电站，一般选三个设计代表年来进行计算，即设计枯水年、设计平水年和设计丰水年。有时还须再选一个特别枯水年，因为从这种年份的水能调节计算成果中，可以分析水电站及电力系统在特别枯水年的破坏历时和程度。对于低水头河床式水电站，还须选一个特别丰水年来校核水电站的工作情况，因为低水头河床式水电站，在丰水年的洪水期由于坝下水位猛涨水头降低，也可能使正常工作遭到破坏。选择设计代表年的方法主要有以下两种。

1. 按年水量选择设计代表年

先根据坝址处历年径流资料，绘制（水利年的）年水量频率曲线 $W_年 - P$。再按照水电站的设计保证率 $P_设$ 在 $W_年 - P$ 曲线上查得 W_P，在径流系列中找出年径流与 W_P 相近的一年，作为设计枯水年。同样，按 $P_平 = 50\%$ 及 $P_丰 = 100\% - P_设$ 选出设计平水年及设计丰水年。三个设计代表年的平均年水量、平均洪水期水量及平均枯水期水量应分别与其多年平均值接近。

2. 按枯水期水量选择设计代表年

绘制枯水期水量频率曲线 $W_枯 - P$，然后用 $P_设$、$P_平$ 及 $P_丰$ 在 $W_枯 - P$ 曲线上选出与之相应的年份作为设计枯水年、设计平水年及设计丰水年。当然这三个设计代表年的平均水量也应与多年平均年水量接近。

实际工作中，也有人采用将枯水年按枯水期和全年水量同时控制选择代表年，平水年和丰水年只需按年水量控制进行选择。

（二）设计代表段的选择

在规划阶段及初步设计方案比较阶段，当用时历法求多年调节水库水电站的保证出力和多年平均年发电量时，为了简化计算，也可在长系列水文资料中选取一个设计枯水段（或叫设计枯水年组）和一个设计代表段来计算保证出力和多年平均年发电量。设计枯水年组一般根据水电站设计保证率选择。设计代表段应满足下列条件：

1）在设计代表段内水库至少蓄满一次，放空一次。

2）设计代表段内必须包括有丰水年、平水年及枯水年。

3）设计代表段的平均年水量应与多年平均年水量接近。

三、水能计算的任务和所需的资料

水能计算是水电站规划设计中一项关系全局的关键性工作，其主要任务是：

（1）确定水电站的功能指标。包括保证出力及多年平均发电量。

（2）确定水电站参数以及参数与功能指标之间的关系。参变数主要包括装机容量、正常蓄水位和死水位等。

（3）对水电站的经济效益进行计算和分析。在规划设计阶段，进行多方案比较，确定既经济又合理的设计方案，在运行期间，确定水电站的最优运行方式。

水能计算所需的基本资料有：

（1）水库特性曲线。包括水库面积曲线和库容曲线。

（2）水文资料。包括流域特征、坝址历年流量系列、水电站尾水断面处水位流量关系曲线、历年降雨量和蒸发量等资料。

（3）综合利用资料。包括灌溉、航运、给水等方面的需水资料和上下游防洪任务，以及水电站供电范围内的电力负荷等资料。

第三节 电力系统的负荷及其容量组成

一、电力系统与负荷图

（一）电力系统及其用户特点

所有大中型电站一般都不单独向用户供电，而是把若干电站（包括水电站、火电站及其他类型的电站）联合起来，共同满足各类用户的需电要求。在各电站之间及电站与用户之间用输电线连成一个网络，该网络称为电力系统。各种不同特性的电站联在一起，可以互相取长补短，改善各电站的工作条件，提高供电的可靠性。规划设计水电站时，应首先了解电力系统中各类用户的需电要求以及其他电站组成等情况。

电力系统中有各种用户，它们有着不同的用电要求，通常按其特点，可将用户分为工业用电、农业用电、交通运输及城镇用电四种类型。

（1）工业用电。工业用电在1年之内负荷变化不大，而年际之间则由于工业的发展而增长。在1天之内，三班制生产的工矿企业用电也比较均匀。从产品种类来看，化学及冶金工业的负荷比较平稳，而机械制造工业及炼钢中的轧钢车间的负荷则是间歇性的，需电状况在短时间内有着剧烈的变动。

（2）农业用电。农业用电主要指农业排灌用电，农业耕作用电及农副产品加工用电，其次为农村生活、照明用电。它们都具有明显的季节性变化，特别在排灌季节用电较多，其余时间用电较少。

（3）交通运输用电。目前主要指电气火车用电，随着铁路运输电气化的发展，其用电量不断增长，这种负荷在1年之内和1天之内都很均匀，仅在电气火车起动时，负荷突然增加，才会出现瞬时的高峰负荷。

（4）市政公用事业用电。市政公用事业用电包括市内电车、给排水用电和生活、照明用电等。其中照明负荷在1天内和1年内均有较大变化，如冬季气温低、夜长，则用电较夏季较多；1天内晚间又比白天用电多。

（二）负荷图

如上所述，电力系统的负荷在1日、1月及1年之内都是变化的，其变化程度与系统中的用户组成情况有关。将系统内所有用户的负荷变化过程叠加起来，再加上线路损失和本厂用电，即得系统负荷变化过程线。

1日的负荷变化过程线称日负荷图；1年的负荷变化过程线称年负荷图。

1. 日负荷图

图10-7为一般大中型电力系统的日负荷图。在一天中，一般是2—4时负荷最低；

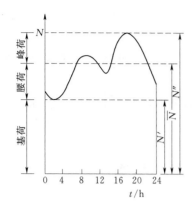

图 10-7 日负荷图

清晨照明负荷增加，随后工厂陆续投入生产，在 8 时左右形成第一用电高峰；12 时左右午休，负荷下降；傍晚到入夜时出现第二用电高峰；深夜以后，某些工厂企业结束生产，负荷再次下降。一日内峰谷大小和出现时间与系统内的生产特性及系统所处的纬度有关，通常用电的第二高峰大于第一高峰。至于各地区的小型电力系统，其日负荷的变化则可能是各式各样的。

（1）日负荷图的分区及特征值。日负荷图的三个特征值为日最大负荷 N''、日平均负荷 $\overline{N}$ 及日最小负荷 N'。日平均负荷图所包围的面积就是日用电量。

$$E_日 = 24\overline{N} \qquad (10-8)$$

式中：$E_日$ 为日用电量，kW·h；$\overline{N}$ 为日平均负荷，kW。

N''、$\overline{N}$ 及 N' 三个特征值将日负荷图划分成三个部分。在最小负荷 N' 以下的部分称为基荷；最小负荷 N' 与平均负荷 $\overline{N}$ 之间称为腰荷；$\overline{N}$ 以上至 N'' 部分称为峰荷。

（2）日负荷特征系数。为了表明日负荷图的变化情况以及便于各日负荷图之间的比较，一般用以下三个特征系数来表示日负荷特性：

基荷指数 α $\alpha = N'/\overline{N}$

日最小负荷率 β $\beta = N'/N''$

日平均负荷率 γ $\gamma = \overline{N}/N''$

α 越大，表示基荷所占比重越大，说明用电户的用电情况比较稳定；β、γ 越大，表示日负荷变化越小，系统负荷比较均匀。大耗电工业占比重较大的系统，一般日负荷变化较均匀，γ 值往往较大；照明负荷占比重较大的系统，γ 值较小。

（3）日电能累积曲线。电力系统日平均负荷曲线下面所包含的面积，代表系统全日所需要的电量 $E_日$。如将日负荷曲线下的面积自下而上分段叠加，如图 10-8 中 ΔE_1、ΔE_2、…、ΔE_n 等。如果图 10-8 中右图纵坐标与左图相同，右图横坐标为电能，取 $\overline{oa} = \Delta E_1$，$\overline{ab} = \Delta E_2$，…，$\overline{cd} = \Delta E_n$。则右图中 ofg 线称为日电能累积曲线，显然 f 点以下为基荷，因而 of 为直线。基荷以上，随着负荷的增长，相应供电

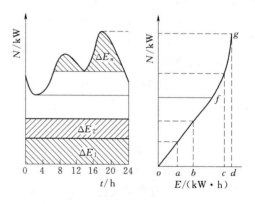

图 10-8 日电能累积曲线示意图

时间越短，电能增量逐渐减小，所以日电能累积曲线，越向上越陡。

2. 年负荷图

年负荷图表示一年内负荷的变化过程，通常以日负荷特征值的年内变化来表示。日最大负荷 N'' 的年变化曲线称为年最大负荷图，如图 10-9（a）所示。年最大负荷反映系统负荷对各电站最大出力或发电设备容量的要求。显然，系统内各电站装机容量的总和至少

应等于电力系统的最大负荷 N''，否则就不能满足系统负荷的要求。日平均负荷 $\overline{N}$〔如图 10-9（b）中虚线〕或各月平均负荷〔如图 10-9（b）中实线〕年过程称为年平均负荷图，它反映系统负荷对各电站平均出力的要求。显然，年平均负荷图所包含的面积相当于系统用户的年需电量，也是系统内各电站年发电量的总和。

需要指出，图 10-9 只是年负荷图的一种典型形式，夏季处于一年的用电低谷，实际上由于经济发展和人民生活水平的提高，近年来夏季用电大幅增长，一些电力系统呈现夏季为负荷高峰的特征。

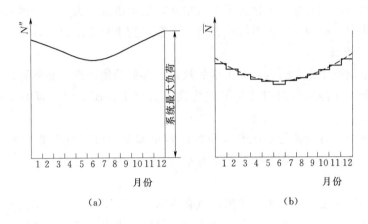

图 10-9　年负荷图

（a）年最大负荷；（b）年平均负荷

二、电力系统容量组成

电站每台机组都有一个额定的发电机铭牌出力，电站的装机容量就是该电站全部机组铭牌出力的总和。电力系统中如果包含有若干个水电站，若干个火电站和其他电站（如核电站、地热电站、抽水蓄能电站、潮汐电站等），则电力系统的装机容量为系统中所有各电站装机容量的总和，即：

$$N_{系装} = N_{火装} + N_{水装} + N_{他装} \qquad (10-9)$$

式中：$N_{系装}$ 为电力系统的装机容量；$N_{火装}$ 为电力系统中火电站装机容量；$N_{水装}$ 为电力系统中水电站装机容量；$N_{他装}$ 为电力系统中水火电站之外的其他电站装机容量。

以任一天为例，为了保证系统中各用户用电，必须同时满足两个条件：①电力系统中各电站当天能够随时投入运行的机电设备容量不小于该天最大的日负荷（见图 10-7 中 N''）；②电力系统中各电站每天储备的水量以及燃料所能发出的电能，必须不小于日负荷图所要求的电量。

同样，在一年内各时刻，也必须满足年负荷图年内各时刻容量和电量要求，这两个条件分别称为容量平衡和电量平衡。年负荷图是确定电力系统中各电站装机容量的主要依据之一。

根据机电设备容量的目的和作用，可将整个电力系统的装机容量划分如下几个部分：

1. 工作容量

为了满足最大负荷要求而设置的容量称为最大工作容量，以 $N_\text{工}$ 表示。它承担负荷图的正常负荷。

2. 负荷备用容量

由于用电户负荷的突然投入和切除（如冶金工厂中大型轧钢机的启动和停机），都会使负荷突然跳动，所以系统的实际负荷是时刻波动而呈锯齿状变化。所以除工作容量外，还要增设一定数量的容量，来应付突然的负荷跳动，此部分容量称负荷备用容量。

3. 事故备用容量

任何一个电站工作过程中，都可能有一个甚至几个机组发生故障而停机。就全系统而言，也可能在某一时刻有几个电站若干个机组同时发生事故。为了避免因机组发生故障而影响系统正常供电，必须在电力系统中设置一定数量的事故备用容量。

4. 检修备用容量

为了保证电站机组正常运行，减少事故及延长设备的使用期，必须有计划地对所有机组进行定期检修。在停机检修时，为了代替检修机组工作而专门设置的容量叫检修备用容量。

在电力系统中，各电站的工作容量和备用容量都是保证系统正常供电所必需的。因而，这两部分容量之和，称为系统的必需容量。

5. 重复容量

水电站必需容量是保证系统正常供电所必需的，它是以设计枯水年的水量作为设计依据的。水电站在丰水年和平水年的全年或汛期若仅以必需容量工作会产生大量弃水。为了利用此部分弃水量来发电，只需要增加一部分机电容量，而且不增加大坝等水工建筑物的规模。显然，此部分容量在枯水期或枯水年组是得不到保证的，其作用完全在于利用部分弃水量来替代和减少火电站煤耗。由于这部分容量并非保证电力系统正常供电所必需的，故称为重复容量。重复容量为水电站所特有。

在设置有重复容量的电力系统中，系统的总装机容量就是必需容量与重复容量之和，如图 10 - 10（a）所示。

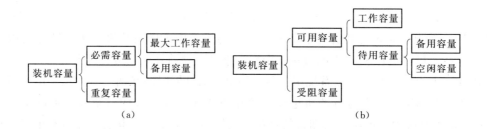

图 10 - 10　装机容量组成

（a）从重复容量设置来划分；（b）从系统运行角度来划分

从运行的观点看，整个系统并不是所有装机任何时候都能投入运行，由于某种原因（如火电站缺乏燃料或水电站的水量、水头不足）不能投入工作的容量，称为受阻容量，以 $N_{阻}$ 表示。除受阻容量之外，其余称为可用容量。可用容量一般并非都投入工作，对于某一时刻来讲，实际运行的只是当时的工作容量，其余的容量称为待用容量，待用容量中一部分是计划中的备用容量，另一部分称之为空闲容量，以 $N_{空}$ 表示。系统总装机容量从运行角度划分如图 10-10（b）所示。

在实际运行时，这些容量的状态和数值是随时间和条件而变的，它们可在不同电站和机组间互相转换，不一定固定在某些机组上。

水火电组成的电力系统中上述各种容量的组成，如图 10-11 所示。

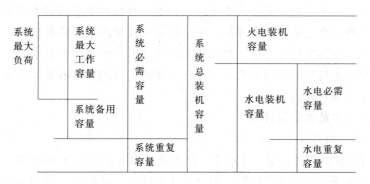

图 10-11　电力系统容量组成示意图

三、水电站的工作特点

由于各类电站均有各自特点，电力系统中的不同电站可以相互取长补短，提高供电的可靠性。鉴于目前我国电力系统，大多以水、火电站为主要电源，因此现以火电站为比较对象，将水电站的工作特点介绍如下。

1）水电站出力和发电量随天然径流情况而变化，一般变化较大，有时甚至会因流量或水头不足，而使正常工作遭到破坏。火电站只要有充足的燃料即可，供电可靠性较高。

2）水电站由于受地形、地质、水文等自然条件的限制，站址和规模常受到制约。火电站可直接兴建在负荷中心。

3）水电站除修建电厂外，尚需修建一系列水工建筑物，同时还要解决水库区的淹没移民问题，一般工程投资较大，施工期较长。火电站投资较少，收效较快。

4）水电站的能源是取之不尽、用之不竭的天然再生能源，不像火电站那样需要燃料，水电站厂内用电也比较少，运行费较低，而且几乎与生产的电能数量无关。

5）水电站水轮发电机组启动和停机迅速，增减负荷灵活，一般从启动到满负荷工作只需几分钟。而火电站从启动到满负荷运行一般要 $2\sim3\mathrm{h}$，火电站发电机组"惯性"很大，不易适应负荷的急速变化，而且当它担任变动负荷时，会增加每度电的燃料消耗，因此水电站在电力系统中比较适应担负峰荷、负荷备用和调节周波的任务。

6）水电站对环境没有污染，而火电站存在这个问题。

第四节　无调节、日调节水电站的水能计算

无调节水电站是指上游没有水库或虽然有水库但库容很小，不能将天然来水进行重新分配的水电站。这类水电站包括山区的引水式水电站、小库容的河床式水电站以及兴利库

容被淤积的水库蓄水式（坝式）水电站等。这种水电站的工作方式较为简单，原因是没有水库调节，水电站在任何时刻的出力均取决于河道内当时的天然流量和水头，而且各时段的出力均彼此无关。

日调节水电站是指利用水库的调节库容使天然来水在一昼夜24h内进行重新分配，将低谷负荷的多余水量蓄存起来，供高峰负荷时使用，这样的水电站称为日调节水电站。这类水电站包括小坝式水电站、混合式水电站，以及具有日调节池的引水式水电站。

无调节和日调节水电站的水能计算，可按已有的长系列水文资料进行，但小型水电站则常采用丰、平、枯三个代表年法。将各年的所有日平均流量由大到小分成若干组，分别统计各年的日平均流量在每组的日数，并统计三年内各组的总日数及累积日数，再按分组日平均流量的平均值计算出力。

一、无调节水电站的水能计算

（一）保证出力的计算

计算水电站出力的基本公式（10-7）包含流量和水头两个主要因素。无调节水电站的引用流量完全取决于天然来水过程。发电水头的确定比较简单，因为河流天然流量在一昼夜变化比较小，因此无调节水电站在各日的引用流量，可以认为等于天然来水的日平均流量（若上游有其他需水部门取水和流量损失，则应将这部分流量从天然来水中扣除）。在此情况下，上游水位基本保持不变；下游水位与下泄流量有关，可以从下游水位-流量关系曲线查得；水头损失可用水力学中的公式估算。因此，无调节水电站的各日净水头也可以认为等于其日平均净水头。

无调节水电站的保证出力是指相应于设计保证率情况下的日平均流量的平均出力，它是水电站的主要动能指标之一。无调节水电站的设计保证率常用 $P_{历时}$ 表示。根据流量资料情况和对计算精度的要求，无调节水电站保证出力的计算方法采用长系列法和代表年法。

1. 长系列法

（1）应用条件。当水电站取水断面处的径流系列较长，且具有较好的代表性时，可采用长系列法。用该方法计算的结果精度较高。

（2）设计思路。

1）根据已有的流量系列资料，取日为计算时段，逐时段计算水电站的平均出力。

$$N_i = K Q_{i电} H_净$$

2）将日平均出力由大到小排列，计算日平均出力的频率（或保证率），然后绘日平均出力的经验频率曲线，如图10-12所示。

3）由选定的设计保证率（一般为历时保证率），在频率曲线上查得保证出力 N_P。

也可用简算法：

1）由大到小将日平均流量分组，统计其出现的日数和累积出现日数，再按分组流量的平均值计算出力。

2）、3）同上。

（3）计算公式分析。

$$N_i = K Q_{i电} H_净 \tag{10-10}$$

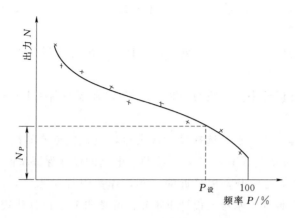

图 10 - 12 日平均出力频率曲线

式中：$Q_{i电}$ 为发电日平均流量，等于分组日平均流量减去其他综合利用部门自河道引出的流量及河道损失流量。

$H_净$ 为对应于 $Q_{i电}$ 的净水头，$H_净 = Z_上 - Z_下 - \Delta H$，其中 $Z_上$ 为对应于 $Q_{i电}$ 的电站上游水位；$Z_下$ 为对应于 $Q_{i电}$ 电站下游水位，由下游水位-流量关系曲线查得；ΔH 为水电站 $Z_上$ 与 $Z_下$ 之间的水头损失，包括沿程和局部损失两种，一般可由水力学中的计算公式估算。

由于一般无调节水电站的水头变化不大，也可根据选定的设计保证率在日平均流量频率曲线（见图 10-13）上查得日平均保证流量 Q_P 后，再用公式 $N_P = KQ_P H_P$ 计算水电站的日平均保证出力，其中 $H_P = Z_{上P} - Z_{下P} - \Delta H_P$。

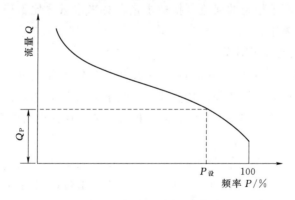

图 10 - 13 日平均流量频率曲线

2. 代表年法

为了简化计算，一般可选择设计代表年进行计算。在规划及初步设计阶段，一般选三个代表年来进行计算，即设计枯水年、设计平水年和设计丰水年。关于选择设计代表年的原则，已在本章第三节中讲过。水能计算通常是按年水量或按枯水期水量来选择设计代表年。

（1）应用条件。资料系列不是很长，或为了简化计算的情况，在规划或初设阶段采用。

（2）设计思路。

1）按丰、平、枯各代表年，将各年所有的日平均流量，由大到小分成若干组，统计各年的日平均流量在每组的个数，并统计3年内各组的总数目及累积总数目，再按分组日平均流量的平均值计算出力。

2）将分组日平均出力由大到小排列，计算日平均出力的频率（或保证率），然后绘日平均出力的经验频率曲线。

3）由选定的设计保证率（一般为历时保证率），在频率曲线上查得保证出力 N_P。

（3）代表年选择方法。

1）按年水量选择。按年水量选择设计代表年，应先根据本站历年径流资料计算并绘制年水量（水利年）频率曲线 $W_年 - P$，再按照水电站的设计保证率曲线上 $P_设$ 对应的 W_P。在径流系列中找出年径流与 W_P 相接近的一年，作为设计枯水年，同样按 $P_平 = 50\%$ 和 $P_丰 = 100\% - P_设$，选设计平水年及设计丰水年。并要求三个设计代表年的平均年来水量、平均洪水期水量及平均枯水期水量分别与其多年平均值接近。

按年水量选择设计代表年的最大缺点是没有考虑到径流年内分配的特性。因为年水量符合设计保证率的枯水年份，其枯水期水量却有可能出现偏大或偏小的情况。若用这样的枯水年去求水电站的保证出力，必然会得到偏大或偏小的结果。因此只有在径流年内分配较稳定的河流，才以年水量为主来选择设计代表年。

2）按枯水期水量选择。按枯水期水量选择设计代表年，应先计算并绘制枯水期水量频率曲线 $W_枯 - P$，然后根据 $P_枯$、$P_平$、$P_丰$ 对应的 $W_枯$、$W_平$、$W_丰$ 在 $W - P$ 曲线上选出与之相应的年份作为设计枯水年、设计平水年及设计丰水年的枯水期的来水量，并要求这三个设计代表年的平均年水量也要与多年平均年水量相接近。

对于径流年内分配不稳定的河流（指枯水量占总来水量之比不稳定），宜以枯水期水量为主来选择设计代表年。

（二）多年平均发电量的计算

前面已经介绍过，多年平均发电量是指水电站多年工作期间平均每年产出的电能（kW·h）。它反映水电站长期工作的功能效益，是水电站重要的动能指标之一。

多年平均发电量受装机容量的影响，而装机容量又受保证出力的影响。

1. 查曲线方法

无调节水电站多年平均发电量的计算可采用绘制代表水电站长期工作状态的出力历时曲线（见图10-14）的办法，利用已绘出的 $N - t$ 曲线求得该曲线与出力、时间坐标轴所包围的全部面积，即为多年平均年发电量的理想值。

如电站装机容量为 $N_装1$，则多年平均年发电量 $\overline{E}_年1$ 如图10-14中阴影面积所示。阴影面积以上虽然表示有可以利用的电能，但由于装机容量的限制只好放弃。如电站装机容量由 $N_装1$ 增加到 $N_装2$（$N_装2 = N_装1 + \Delta N_1$），则多年平均年发电量将由 $\overline{E}_年1$ 增加到了 $\overline{E}_年2$（$\overline{E}_年2 = \overline{E}_年1 + \Delta E_1$）。一般说来，随着装机容量的加大，平均年发电量增长的速度越小。可假设若干装机容量方案，分别计算各方案的多年平均发电量，绘成 $N_装 - \overline{E}_年$ 关系曲线（见图10-15）。在确定了水电站装机容量之后，即可利用该曲线求出多年平均发电量，如图中的虚线及箭头所示。对所设不同装机容量方案的 $\overline{E}_年$ 的计算，也可采用列表法进行。

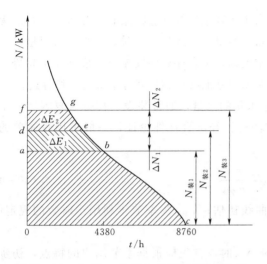

图 10-14 在 N-t 曲线上求多年平均发电量

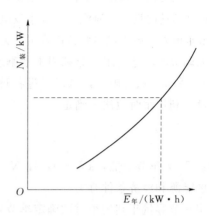

图 10-15 $N_{装}$-$\overline{E}_{年}$ 关系曲线

2. 估算法

在完全缺乏水文资料的情况下，可用下式粗估水电站的 $\overline{E}_{年}$：

$$\overline{E}_{年} = \alpha KQH_{净} \times 8760 \qquad (10-11)$$

式中：α 为径流利用系数，参照类似地区选用；Q 为多年平均流量，m^3/s；其他符号意义同前。

（三）无调节水电站装机容量的确定

装机容量是水电站的重要参数，反映水电站的规模、水力资源的利用程度、电站效益及供电可靠性等重要问题。装机容量的选择，应根据用电负荷要求、河流来水量、电站的落差、水库调节性能、综合利用要求和水电站在地方电力系统的作用等，通过技术经济比较，综合分析，合理确定。机组容量小的小型水电站（例如小于 500kW），或受资料条件限制时，论证工作可适当简化，可以采用简化方法确定水电站的装机容量。

1. 按负荷要求确定装机容量

按负荷要求确定装机容量的基本依据是电力电量平衡，即供需平衡。

（1）无调节水电站并入电网时装机容量的确定。

1）工作位置。在电网中，最大负荷与最大工作容量相等，它将由电网中所有的火电站和水电站分别承担。由于无调节水电站对水能无调节能力，如果工作位置放在电力负荷的尖峰，则只能发出较少的电能（因为有的时间用户不需要电能），这样水会白白流走。所以无调节水电站在设计水平年最大日负荷图和年负荷图上的工作位置最好是基荷，这样才能充分利用水力资源。

2）$N_{装}$ 的确定。由本章第三节可知，水电站的装机容量由下面几部分组成：

$$N_{装} = N_{工} + N_{负} + N_{事} + N_{检} + N_{季}$$

图 10-16 中阴影面积就是在基荷位置时所生产

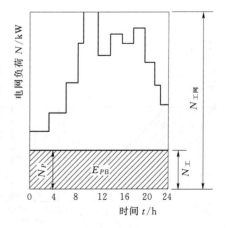

图 10-16 无调节水电站工作位置

的保证电能 E_{PH}，因此，无调节水电站的最大工作容量就等于它的保证出力 $N_T = N_P$。无调节水电站因无法储备水量，故不能承担负荷备用容量和事故备用容量。另外，机组检修一般安排在低负荷时期，在灌溉季节放水发电的水电站，可有计划地安排在非灌溉季节检修，故无调节水电站一般不设检修备用容量。无调节水电站的必需容量就等于最大工作容量。

无调节水电站为了充分利用丰水季或丰水年的水量，通常装设一部分重复容量（季节容量）。季节容量的确定，可以通过各种方法进行经济合理性论证，一般可用较简单的季节容量年利用小时数法来确定：

$$N_季 = \frac{E_季}{h_{季规}} \tag{10-12}$$

式中：$E_季$ 为季节电能，kW·h，查 $N-t$ 曲线初估；$h_{季规}$ 为季节年利用小时数的规定值，与地区能源和经济条件有关。

用季节容量年利用小时数确定季节容量 $N_季$ 时，首先应根据季节用户的特点，初步拟定设计水电站季节容量 $N_季$，并按日平均出力历时曲线计算出相应的季节电能 $E_季$（见图10-17）。

然后计算季节容量年利用小时数 $h_{季规} = \dfrac{E_季}{N_季}$，$h_{季计}$ 必须等于或大于 $h_{季规}$。

根据上述方式求出最大工作容量和季节容量（重复容量），即可初步确定无调节水电站的装机容量。

综合上述过程，无调节水电站的装机容量为

$$N_装 = N_P + N_季 \tag{10-13}$$

（2）无调节水电站单独运行时装机容量的确定。

对于单独运行的无调节水电站，其最大工作容量应等于它所负担的用户的设计水平年最大负荷日的最大负荷值（见图10-18）。由于电站不能对径流进行任何调节，其最大工作容量应大于或等于保证出力。另外，无调节水电站没有调节库容，所以无法设置备用容量。单独运行的水电站也不需在丰水季节代替火电站工作发季节性电能，只是为满足季节用户的要求，装设部分季节容量。所以最大工作容量加上季节容量就是装机容量。

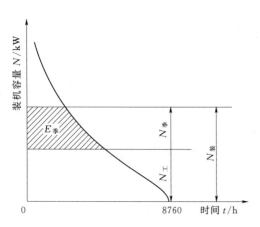

图 10-17　无调节水电站季节容量的确定

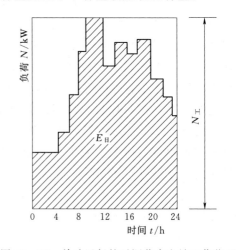

图 10-18　单独运行的无调节水电站工作位置

单独运行的无调节水电站，即使设计枯水日，也可能有弃水现象，水资源不能得到充分利用。

2. 装机容量选择的简化方法

机组容量甚小的小型水电站，或容量虽然较大但设计时缺乏远景负荷资料的小型水电站，就不宜或不能采用电力电量平衡法确定装机容量，这时，可以采用简化方法。装机容量年利用小时数法是最常用的一种。

（1）装机年利用小时数法。此法的基本思路为：水电站多年平均年发电量 $\overline{E}_年$ 除以装机容量 $N_装$，得出机组多年平均的年利用小时数，即一年之内产生的电量相当于全部机组满载运行多少小时，简称年利用小时数，用 $h_年$ 表示，其表达式为

$$h_季 = \frac{\overline{E}_年}{N_装} \qquad (10-14)$$

在一年内，$h_年$ 较大则机组运行时间长，$h_年$ 较小则机电设备利用时间短。如果根据供电对象电力需要的特点以及地区水力资源多寡等具体条件，预先选定水电站应达到的年利用小时数，则可用式（10-15）确定装机容量：

$$N_装 = \frac{\overline{E}_年}{h_{季设}} \qquad (10-15)$$

水电站的多年平均年发电量与装机容量存在着密切关系，先假定若干个装机容量方案，算出每个方案的平均年发电量，再利用式（10-14）计算各个方案的年利用小时数，即可绘制 $N_装-h_年$ 关系曲线（见图 10-19），然后按选定的设计年利用小时数，查出水电站应有的装机容量 $N_装$。

必须注意，此法的关键在于如何确定水电站的设计年利用小时数，其大小与地区的水力资源情况、系统负荷特性、系统内水火电站比重、水库调节性能，本电站的运行方式及综合利用情况等因素有关。小型水电站的设计利用小时数可以在 2000～6000h 之间，根据实际情况分析选定。一般地说，$h_{年设}$ 的确定参考以下几方面的条件：

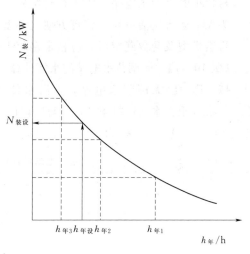

图 10-19 $N_装-h_年$ 关系曲线

1）水力资源丰富地区与水力资源缺乏地区相比，其 $h_{年设}$ 应取较高值。

2）有调节水库的水电站比无调节水库水电站的 $h_{年设}$ 低，且调节性能越好，$h_{年设}$ 越低。这是由于调节性能好的水电站可以适应多种变化的负荷，如联网运行则在峰荷工作的机会和时间较多。

3）当电力系统内水电站较多且部分水电站调节性能较好时，则新设计的水电站可负担较均匀的负荷，其 $h_{年设}$ 取较高值。

4）供工业用电较供农副产品加工和照明用电的 $h_{年设}$ 高些。

5）以灌溉为主的水库，而水电站又仅用灌溉期水量发电时，$h_{年设}$ 可以较低，甚至可

以选在 2000h 以下。

具体求装机容量的步骤如下：

1）列表计算，绘出 $N-t$ 曲线如图 10-17 所示，$N-\overline{E}_年$ 曲线如图 10-15 所示，$N-h_年$ 曲线如图 10-19 所示。$E_累$ 为 $\overline{E}_年$ 时，N 即为 $N_装$，所以 $N-\overline{E}_累$，即为 $N_装-\overline{E}_年$，$N-h_年$ 即为 $N_装-h_年$。

2）查 $h_{年设}$ 时对应的 $N_装$。

3）选择发电机组，最后确定机组台数和电站的设计装机容量 $N_{装设}$。

（2）保证出力倍比法。保证出力倍比法是选择 $N_装$ 的另一种简化方法。根据已知水电站的检验统计，不同特点的水电站，其保证出力 N_P 与装机容量 $N_装$ 之间具有较合理的比例关系。在确定水电站的保证出力后，可以利用这种关系来确定装机容量，即

$$N_装 = CN_P, \quad C = 1.5 \sim 4 \tag{10-16}$$

在选用 C 值时，如水力资源丰富，水量年内分配较均匀的地区，C 值取较小值，反之取较大值。季节性用电多的地区，C 取较大值，反之取较小值。

（3）套用定型机组。不论用什么方法确定装机容量，最后都要考虑机组的设备和生产供应情况。小型水电站的机组设备应根据生产和供应情况，套用现成产品，确定水电站装机容量。机组机型应根据水能计算成果、枢纽或厂房布置，并考虑机组安装台数来确定。除农村特小的小型水电站可用 1 台机组外，为保证水电站检修方便，通常机组不应少于 2 台，为保证运行灵活可靠，管理方便，小型水电站机组台数不宜超过 4 台。

机组机型及台数确定后，应核定多年平均年发电量和年利用小时数。

【例 10-1】 无调节水电站的水能计算。某地区为了解决照明及农副产品加工用电等问题，拟修建一座无调节水电站，上游水位 $Z_上 = 66m$，下游水位（变化很小，可取常数）$Z_下 = 45m$。根据水文资料条件，计算时段以月为单位。水电站处各设计代表年的月平均流量见表 10-2。设计保证率为 65%。出力系数 A 选用 7.0，水电站装机年利用小时数为 4500h。

表 10-2		某水电站设计代表年月平均流量表		单位：m³/s
代 表 年		丰 水 年	平 水 年	枯 水 年
各月平均流量	1	0.9	0.6	0.4
	2	1.05	0.56	0.6
	3	1.35	1.1	0.56
	4	4.2	1.6	1.3
	5	3.6	2.3	2.05
	6	5.2	5	2.5
	7	3.15	3	2.2
	8	4.35	2.05	1.56
	9	2.4	1.7	1.8
	10	1.8	1.75	0.45
	11	1.3	1.05	0.2
	12	0.65	0.5	0.15
年平均流量		2.5	1.77	1.15

解： 1）保证出力计算。根据站址处丰、平、枯代表年的月平均流量资料，以 $0.3\text{m}^3/\text{s}$ 为间隔进行分组，计算各组流量的频率（保证率），列入表 10-3 的第（5）列。以表中第（2）列和第（5）列数据绘成流量频率曲线（图 10-20）。由水电站设计保证率 $P=65\%$，查得保证流量 $Q_P=1.15\text{m}^3/\text{s}$。

略去水头损失，则设计水头为 $H_P=Z_\text{上}-Z_\text{下}=(66-45)\text{m}=21\text{m}$，设水轮机与发电机采用同轴直接连接方式，出力系数 $A=7.0$，则水电站的保证出力为

$$N_P=AQ_PH_P=7.0\times1.15\times21\text{kW}=169\text{kW}.$$

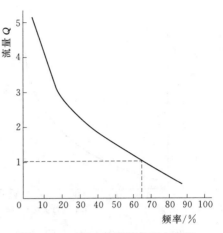

图 10-20 某水电站流量频率曲线

表 10-3　　　　　　　　　**某水电站流量频率计算表**

流量分组/(m³/s)	分组平均流量/(m³/s)	出现次数	累计出现次数	频率 $P=m/(n+1)$
(1)	(2)	(3)	(4)	(5)
5.20～5.49	5.35	1	1	2.7
4.90～5.19	5.05	1	2	5.4
4.60～4.89	4.75	0	2	5.4
4.30～4.59	4.45	1	3	8.1
4.00～4.29	4.15	1	4	10.8
3.70～3.99	3.85	0	4	10.8
3.40～3.69	3.55	1	5	13.5
3.10～3.39	3.25	1	6	16.2
2.80～3.09	2.95	1	7	18.9
2.50～2.79	2.65	1	8	21.6
2.20～2.49	2.35	3	11	24.7
1.90～2.19	2.05	2	13	35.1
1.60～1.89	1.75	5	18	48.6
1.30～1.59	1.45	4	22	59.5
1.00～1.29	1.15	3	25	67.6
0.70～0.99	0.85	1	26	70.3
0.40～0.69	0.55	8	34	91.9
0.10～0.39	0.25	2	36	97.3

2）多年平均年发电量和装机容量的确定。根据表 10-3 中流量频率计算结果，列表计算年利用小对数，见表 10-4。

根据表 10-4 中的数据，绘制 $N_\text{装}-\overline{E}_\text{年}$、$N_\text{装}-h_\text{年}$ 曲线，如图 10-21 和图 10-22 所示。

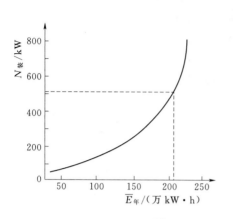

图 10-21　某电站 $N_{装}$-$\overline{E}_{年}$ 曲线

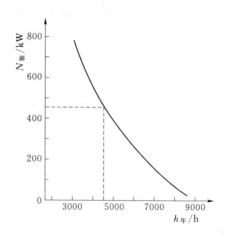

图 10-22　某电站 $N_{装}$-$h_{年}$ 曲线

表 10-4　　　　　　　　　　　　某水电站装机年利用小时数表

分组平均流量 $Q/(m^3/s)$	水头 H/m	出力/kW $(N=7QH)$	出力差 $\Delta N/kW$	频率（保证率）$P/\%$	保证历时/h $(t=8760P)$	电量差 /(kW·h) $\Delta E=\Delta Nt$	累积电量 $E/(kW·h)$	装机年利用小时数/h $(h_{年}=E/N)$
(1)	(2)	(3)	(4)	(5)	(6)	(7)	(8)	(9)
5.35	21	786.45	44.10	2.7	237	10452	2307026	2933
5.05	21	742.35	44.10	5.4	473	20859	2296574	3094
4.75	21	698.25	44.10	5.4	473	20859	2275715	3259
4.45	21	654.15	44.10	8.1	710	31311	2254856	3447
4.15	21	610.05	44.10	10.8	946	41719	2223545	3645
3.85	21	565.95	44.10	10.8	946	41719	2131826	3855
3.55	21	521.85	44.10	13.5	1183	52170	2140107	4101
3.25	21	477.75	44.10	16.2	1419	62578	2087937	4370
2.95	21	423.65	44.10	18.9	1656	73030	2025359	4670
2.65	21	389.55	44.10	21.6	1892	83437	1952329	5012
2.35	21	345.45	44.10	24.7	2602	114748	1868892	5410
2.05	21	301.35	44.10	35.1	3075	135608	1754144	5821
1.75	21	257.25	44.10	48.6	4257	187734	1618536	6292
1.45	21	213.15	44.10	59.5	5212	229849	1430802	6713
1.15	21	169.05	44.10	67.6	5922	261160	1200953	7104
0.85	21	124.95	44.10	70.3	6158	271568	939793	7521
0.55	21	80.85	44.10	91.9	8050	355005	668225	8265
0.25	21	36.75	36.75	97.3	8523	313220	313220	8523

　　根据该水电站的特性，水电站装机年利用小时数为 4500h，由图 10-22 查得装机容量为 460kW。

　　参考附近工厂机组生产情况，选用两台 250kW 的机组，故最后确定水电站的装机容量为 500kW。

由 $N_装 = 500kW$，查图 10-21 $N_装 - \overline{E}_年$ 关系曲线，求得该水电站多年平均发电量为

$$\overline{E}_年 = 212 \text{ 万 kW} \cdot \text{h}$$

二、日调节水电站的水能计算

（一）保证出力的计算

日调节水电站的保证出力计算方法与无调节水电站基本相同。区别仅在于无调节水电站的上游日水位对应日平均流量，所以在一日内按固定不变考虑，而日调节水电站的上游日水位则在正常蓄水位和死水位之间有小幅度变化，在计算时通常用死库容加上日调节库容的一半查库容曲线得出的水位，作为上游日平均水位。即由 $\overline{V} = V_死 + \dfrac{1}{2} V_兴$ 查 $Z-V$ 曲线得到 $Z_上$。

日调节水库的死水位，可根据水轮机允许的最小工作水头和水库淤积要求等条件来确定。水轮机适用的工作水头范围，已由制造厂予以规定。如果事先已考虑这种要求初步选定机型，则可根据该水轮机的最小工作水头再结合考虑泥沙淤积高度来确定水库的死水位。

对于具有日调节池的高水头水电站，如混合式或具有日调节池的引水式水电站，死水位的确定主要是考虑泥沙淤积条件。因为这种水电站的水头通常不会低于水轮机的最小工作水头。

（二）多年平均发电量的计算

日调节水电站的多年平均发电量的计算同无调节水电站的多年平均发电量的计算相同。

（三）装机容量的确定

1. 按负荷要求确定装机容量

（1）日调节水电站并入电网时装机容量的确定。

1）工作位置。

在设计枯水年的枯水期，任何一日内所能生产的电能，与该日天然来水量（扣除其他水利部门用水）所能发出的电能相等。为了使系统中的火电站能在日负荷图上的基荷工作，以降低单位电能的燃料消耗量，原则上在不发生弃水情况下，应尽量让水电站担任系统的峰荷，以充分发挥水轮发电机组能迅速灵活适应负荷变化的优点。在丰水期，为了充分发挥日调节水电站装机容量的作用，就不再使其担任系统的峰荷，而是随着流量的增加，全部装机容量由峰荷转到腰荷与基荷运行。这样，可增加水电站的发电量，相应减少火电站的发电量和总煤耗。

在丰水年，河中来水较多，即使在枯水期，日调节水电站也要担任负荷图中的峰荷和部分腰荷。在丰水期，日调节水电站以全部装机容量担任基荷。

由此可知，为满足设计水平年最大日负荷的要求，日调节水电站在设计时工作位置一般在峰荷。

2）$N_装$ 的确定。

第一步：确定最大工作容量。

① 绘制日电能累积曲线。按电力系统设计水平年冬季最大日负荷图，绘制日电能累积曲线。电网日负荷曲线下所包围的面积，代表电网全日所需要的电能量，如将日负荷曲线下的面积自下而上加以分段，便得 ΔE_1、ΔE_2、ΔE_3 分段内的电能量，再令该图右边的横坐标代表电能累积值，就可以把左边各段的 ΔE 累积值分别绘在右边的 1 点、2 点、3 点等各点上。照此向上逐段累积到负荷最大值，各点的连线便是日电能累积曲线。

值得提出的是：在负荷图的基荷部分，全日 24h 负荷都相等，所以这部分累积曲线 01 为直线。从腰荷到峰荷的顶端，负荷越大，其相应发电的时间越少，也就是每段内的电能量越小。因此，这部位累积曲线呈曲线形，越向上越陡。

② 日调节水电站如担任峰荷，在日电能累积曲线的上右端点 A 向左量取线段 AB，使 $AB = E_{P日} = 24N_P$，再由点 B 向下作垂线与曲线相交 C 点，BC 值即为 $N_工 = N_峰$，由 C 点作水平线与日负荷图相交，可画出阴影面积。

③ 如果日调节水电站下游因灌溉等综合利用要求，需要在一昼夜内均匀泄出一定流量，水电站的部分容量应安排在系统日负荷图的基荷工作，即日调节水电站既在基荷、又在峰荷工作时，最大工作容量由两部分组成：

$$N_工 = N_基 + N_峰 \qquad (10-17)$$

而且

$$E_日 = E_峰 + E_基 = 24N_P \qquad (10-18)$$

$$N_基 = KQ_基 H_P \qquad (10-19)$$

$N_峰$ 的求法：在日电能累积曲线的上右端点 A 向左量取线段 AB，使 $AB = E_峰 = E_日 - E_基 = 24N_P - 24N_基$，如图 10-23 所示。

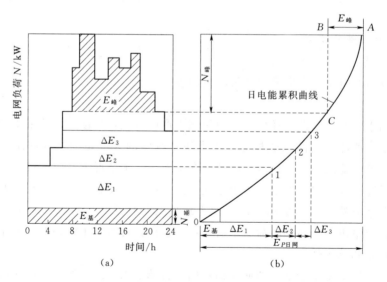

图 10-23　日调节水电站担任峰荷和基荷时最大工作容量的确定

(a) 电网负荷过程图；(b) 电能的累积值

④ 当电力系统中已有第一（或第一批）调峰水电站担任尖峰，而设计的日调节水电站只担任第二调峰时，可将其位置安排在已定的第一调峰电站以下，如图 10-24 所示。在第一调峰电站位置下限 ab 水平线上，由分析曲线左边点 a 取 $ab = E_P$，并作出直线 bc

垂直横坐标，交分析曲线于点 c，则 b 和 c（见图 10-24）水平线之间面积为 E_P，bc 等于 $N_\text{工}$ 即为水电站的装机容量。

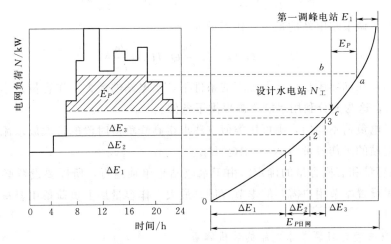

图 10-24　日调节水电站担任第二峰荷时最大工作容量的确定

第二步：确定备用容量。

日调节水电站因有少量的调蓄库容，故可担负一定的负荷备用。由于担负事故备用必须蓄存一定的事故水量，而且要求迅速投入运转，因此日调节水电站同无调节水电站一样，无法担负事故备用。小电网内每台机组在一两年内都要大修一次，为了保证电站机组的正常运行，一般可以安排在低负荷时期有计划地安排检修。则

$$N_\text{备} = N_\text{负}$$

第三步：确定季节容量。

同无调节水电站，可采用季节年利用小时数法。

综合上述过程，日调节水电站的装机容量公式为

$$N_\text{装} = N_\text{工} + N_\text{负} + N_\text{季} \tag{10-20}$$

（2）日调节水电站单独运行时装机容量的确定。

1）最大工作容量的确定。单独运行的日调节水电站，最大工作容量也等于它所负担的用户的设计水平年最大负荷日的最大负荷值。

单独运行的日调节水电站，在无弃水的情况下，一昼夜所发出的电量等于该日天然来水所产生的电能，即一昼夜内的水电站平均出力等于日天然水流出力。但电站最大负荷可大于水流日平均出力，为满足最大负荷要求而装设的最大工作容量就可以大于水流的保证出力，即 $N_\text{工} > N_P$。现以集中发电的情况加以说明。

图 10-25 为日调节水电站在 24h 内集中放水发电 $t_\text{供}$ 小时示意图。在这种情况下，设计枯水日的天然来水 $W_\text{日}$ 被集中在 $t_\text{供}$ 小时内使用。水电站在集中

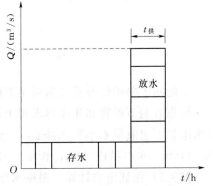

图 10-25　日调节水电站单独运行集中发电示意图

放水时段内的最大流量 Q_m 为

$$Q_m = \frac{W_日}{t_供 \times 3600} = \frac{Q_P \times 24 \times 3600}{t_供 \times 3600} = \frac{24}{t_供} Q_P \qquad (10-21)$$

单独运行日调节水电站的最大工作容量为

$$N_工 = AQH_P = A\frac{24}{t_供}Q_P H_P = \frac{24}{t_供} N_P \qquad (10-22)$$

由此可知，在同样满足设计保证率的条件下，水电站的最大工作容量是不进行日调节时的 $24/t_供$ 倍，这为充分利用水能资源提供了条件。

若全日发电负荷不均匀，则可用类似方法求得高峰负荷时段的最大放水流量，进而求得日调节水电站的工作容量为 $N_工 = AQ_m H_净$。

2）备用容量和装机容量的确定。由于水电站是单独运行，所以要设置必要的负荷备用容量，还需设置季节用户需要的季节容量。最大工作容量加上负荷备用容量和季节容量就是装机容量。

2. 简化方法确定日调节水电站的装机容量

用简化方法确定日调节水电站的装机容量，同无调节水电站一样，可以利用装机年利用小时数法、保证出力倍比法和套用定型机组法等。

【**例 10-2**】　日调节水电站的水能计算。某县拟在河流上修建一座日调节水电站，设计水平年为 2010 年，该年电力系统最大日负荷图如图 10-26 所示。水电站丰、平、枯三个代表年的各日平均流量已知（略）。

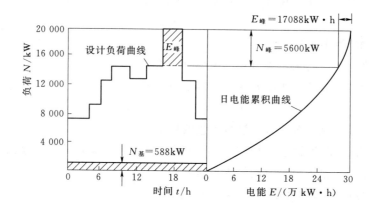

图 10-26　设计日负荷图及工作容量的确定

本电站主要担任峰荷，为满足下游航运及灌溉用水要求，需担任部分基荷。

根据日调节库容和死库容求得上游日平均水位为 $Z_上 = 30\text{m}$，下游航运及灌溉用水要求水电站下泄流量不小于 $6.0\text{m}^3/\text{s}$，此时，由 $Q_泄 = 6.0\text{m}^3/\text{s}$ 查下游水位-流量关系曲线得 $Z_下 = 16\text{m}$。水电站设计保证率为 80%，出力系数取 $A = 7.0$。

解：1）保证出力计算。根据水电站丰、平、枯三个代表年的各日平均流量和日平均水头，计算并绘制水流出力（不受装机容量限制）历时曲线，如图 10-27 所示。按设计保证率 $P = 80\%$（保证历时 $t = 8760 \times 0.8 = 7008\text{h}$）查得保证出力 $N_P = 1300\text{kW}$。

2) 装机容量的确定。采用按负荷要求确定装机容量的方法计算。

① 最大工作容量。水电站日保证电能为

$$E_{P日}=N_P\times24=1300\times24$$
$$=31200kW\cdot h$$

为保证下游供水，相应出力及日电能为

$$N_{基}=AQ_{基}\ H=7.0\times6.0\times(30-16)$$
$$=588kW$$

$$E_{基}=N_{基}\times24=588\times24=14112kW$$

在设计枯水日，水电站担任基荷 588kW，其余容量担任峰荷，则峰荷的日电能为

$$E_{峰}=E_{P日}-E_{基}=(31200-14112)$$
$$=17088kW$$

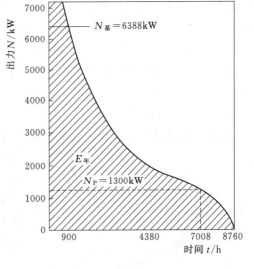

图 10-27　出力历时曲线

将 $E_{峰}$ 放在日负荷图的尖峰部分，由日电能累积曲线求得水电站担任峰荷的工作容量 $N_{峰}=5600kW$。

由此得到水电站的最大工作容量为

$$N_{工}=N_{基}+N_{峰}=588+5600=6188kW$$

② 备用容量的确定。电网总负荷备用容量按最大负荷的 3% 计，则 $N_{备网}=20000kW\times3\%=600kW$。拟建水电站距离负荷中心较近，其装机容量在电网中占 30% 左右，可以担任 1/3 负荷备用容量，则 $N_{备}=200kW$。

由于本电站为日调节，没有储备库容，不宜担任事故备用容量。机组检修可在低负荷期进行，不另设检修备用容量。

③ 季节容量的确定。在出力历时曲线上，相应于 $N_{必}=6388kW$ 以下的阴影面积就是当 $N_{装}=N_{必}$ 时多年平均年发电量，$E_{年}=2420$ 万 $kW\cdot h$。对应的年利用小时数：

$$h_{年}=\frac{\overline{E_{年}}}{N_{装}}=\frac{24200000}{6388}h=3788h$$

本地区同类电站年利用小时的经验数值为 4000h，说明本电站不宜再装设季容量。

根据厂家生产机组型号及厂房布置等条件，选用 2 台 2500kW 和 2 台 700kW 的机组，故水电站实际装机容量为

$$N_{装}=2500\times2+700\times2=6400kW$$

3) 多年平均年发电量计算。由 $N_{装}=6400kW$，对应出力历时曲线围成的面积，即发电量为 2425 万 $kW\cdot h$，则多年平均年发电量为 2425 万 $kW\cdot h$，年利用小时数为 $h_{年}=(24250000/6400)h=3789h$。

第五节　年调节水电站的水能计算

一、年调节水电站保证出力

水电站在长期工作中，供水期所能发出相应于设计保证率的平均出力，称为水电站的

保证出力。例如某水电站设计保证率为 95%，保证出力为 3 万 kW，就表明在多年运行期间平均 100 年中，有 95 年该水电站供水期的平均出力大于 3 万 kW，保证出力是确定水电站装机容量的重要依据，也是水电站运行的一个重要指标。

在水库正常蓄水位和死水位已定的情况下，可用以下方法计算年调节水电站的保证出力。

（一）长系列操作法

对于年调节水电站来说，比较精确的计算方法是利用已有的全部水文资料，通过水能调节计算求出每年供水期的平均出力，然后将这些出力值按大小次序排列，绘成供水期的平均出力频率曲线，如图 10-28 所示。由设计保证率 P 在该曲线上查得相应平均出力值 N_P，即为欲求的保证出力。

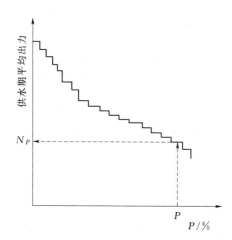

图 10-28　供水期平均出力频率曲线

（二）设计枯水年法

在规划阶段或进行大量方案比较时，为减少计算工作量，也可只计算设计枯水年的供水期平均出力，作为年调节水电站的保证出力，关于如何选择设计枯水年，已在本章第二节中介绍，这里不再重复。

长系列操作法和设计枯水年法都可采用简化等流量法、逐时段等流量法和等出力法计算供水期平均出力，现以设计枯水年法为例，将三种方法分别介绍如下。

1. 简化等流量法

年调节水电站的保证出力，如用设计枯水年供水期的平均出力表示，则可根据设计枯水年供水期的调节流量 Q_P 和供水期的平均水头 $\overline{H}_{供}$ 由下式估算：

$$N_P = KQ_P\overline{H}_{供} \tag{10-23}$$

设计枯水年供水期的调节流量可由下式计算：

$$Q_P = \frac{W_{供} + V_{兴}}{T_{供}} \tag{10-24}$$

式中：Q_P 为设计枯水年供水期的调节流量，m^3/s；$W_{供}$ 为设计枯水年供水期的天然来水量，m^3 或（m^3/s）·月；$V_{兴}$ 为水库的兴利库容，m^3 或（m^3/s）·月；$T_{供}$ 设计枯水年供水期历时，s 或月。

$\overline{H}_{供}$ 可由下式计算：

$$\overline{H}_{供} = Z_{上} - Z_{下} - \Delta H$$

式中：$\overline{H}_{供}$ 为设计枯水年供水期平均水头，m；$Z_{上}$ 为设计枯水年供水期水库上游平均水位，m，可由（$V_{死} + \frac{1}{2}V_{兴}$）之值查水库水位容积曲线求得；$Z_{下}$ 为设计枯水年供水期水电站下游平均水位，m，可由 Q_P 查下游水位流量关系曲线求得；ΔH 为水头损失，m，可根据同类水电站或水力学手册估算。

【例 10 - 3】 某水电站是一座以发电为主的年调节水电站，正常蓄水位为 112.0m，死水位为 91.5m，兴利库容 $V_兴 = 29.7 (\text{m}^3/\text{s}) \cdot$ 月，死库容 $V_死 = 7.0 (\text{m}^3/\text{s}) \cdot$ 月，水电站的设计保证率为 $P = 90\%$，坝址流域面积为 1311km^2，有 30 年水文资料，坝址处多年平均流量为 26.1m^3/s，选定的设计枯水年为 1960 年 4 月至 1961 年 3 月，流量过程见表 10 - 5，试确定该水电站的保证出力 N_P。

表 10 - 5　　　　　　　　　　　　设计枯水年流量过程　　　　　　　　　　单位：m^3/s

月　　份	4	5	6	7	8	9	10	11	12	1	2	3
月平均流量	15.2	42.1	54.4	30.8	2.8	27.7	9.6	8.4	4.7	2.8	3.3	18.3

解： 1) 经试算（具体见第九章相关内容）求得供水期为 10 月至次年 2 月，供水期调节流量为：

$$Q_P = \frac{W_供 + V_兴}{T_供} = \frac{28.8 + 29.7}{5} = 11.7 \ (\text{m}^3/\text{s})$$

2) 因为：

$$V_死 + \frac{1}{2} V_兴 = 7.0 + \frac{29.7}{2} = 21.8 [(\text{m}^3/\text{s}) \cdot \text{月}]$$

通过库容曲线查得 $Z_上 = 106$m。

3) 由 $Q_P = 11.7$m^3/s，在下游水位流量关系曲线上查得 $Z_下 = 59.5$m。

4) 根据该水电站的具体情况取出力系数 $K = 8.0$，水头损失 $\Delta H = 1.0$m。

5) 供水期平均水头为：
$$\overline{H}_供 = Z_上 - Z_下 - \Delta H = 106 - 59.5 - 1.0 = 45.5 \ (\text{m})$$

6) 保证出力为：
$$N_P = K Q_P \overline{H}_供 = 8.0 \times 11.7 \times 45.5 = 4260 \ (\text{kW})$$

2. 逐时段等流量法

简化等流量法，将整个供水期当作一个时段进行水能调节计算，逐时段等流量调节计算原理与简化等流量法基本相同，区别在于逐时段等流量法，考虑了不同时段的水头差别。计算步骤如下：

1) 按式（10-24）计算供水期平均流量 Q_P，各时段（月）的发电流量 $Q_t = Q_P$。

2) 从供水期初 $V_0 = V_兴 + V_死$ 开始，逐时段（顺算）求时段出力 N。

3) 计算供水期平均出力：

$$N_P = \overline{N}_供 = \frac{1}{T_供} \sum_{t=1}^{T_供} N_t$$

式中：$T_供$ 为供水期的时段数。

3. 等出力法

对于水电站来说，实际上并不要求供水期各月流量相等，而是希望出力相等或接近。等出力法在每一时段（例如题中为一个月）进行计算时，不像等流量操作那么简单，因为只知道时段初蓄水位、本时段来水以及所假设的供水期平均出力还不够，还需知道本时段平均发电流量和平均水头，而时段平均发电流量直接影响着时段末水库蓄水量，因此与平均水头有密切相关，所以需要试算。在已知正常蓄水位和死水位，等出力法计算包含着两步试算：①各时段出力等于预先假定值；②供水期末的最低水位为死水位。对于某一特定来水过程，双重试算的计算步骤如下：

1）假定供水期的平均出力 N'。

2）各时段出力为 $N_t = N'$。

3）从供水期初 $V_0 = V_兴 + V_死$ 开始，逐时段顺算求解 V_t，单时段（第 t 时段）试算步骤是：①假定发电流量 q'；②求出 $V_t = V_{t-1} + (Q_t - q')\Delta t$；③由 $\overline{V} = (V_t + V_{t-1})/2$ 查库容曲线得 $Z_{上,t}$，由 q' 查下游水位流量关系曲线得 $Z_{下,t}$；④计算：$N_t' = Kq_t (Z_{上,t} - Z_{下,t} - \Delta H)$；⑤若 $|N_t' - N_t| < \varepsilon$，转下时段；否则：令 $q' \Leftarrow q' - (N_t' - N_t)/K/(Z_{上,t} - Z_{下,t} - \Delta H)$，转步骤②。

4）在整个供水期计算结束后，求供水期末的最小水库蓄水量 $V_{min} = \min\limits_{t \in T_供}\{V_t\}$。

5）若 $|V_{min} - V_死| < \varepsilon$，计算结束，输出供水期平均出力，否则令 $N' \Leftarrow N' + K \times (\overline{Z}_上 - Z_下)(V_{min} - V_死)/T_供$，转步骤2)。其中 $\overline{Z}_上$ 为供水期平均库水位，由（$1/2V_兴 + V_死$）查库容曲线确定，$Z_下$ 供水期发电尾水位，由（$W_供 + V_兴$）/$T_供$ 尾水水位流量关系曲线确定。

以上试算过程工作量大，但计算精度高，可借助计算机完成。

手工计算时，一般算出几点后即可不再试算，而由计算结果根据已知死水位用插值法确定保证出力。为避免每一时段内的试算，减少手工计算工作量，前人已研究出许多水能计算的图解法和半图解法，下面介绍一种较为简便的半图解法，半图解法包括工作曲线绘制与工作曲线应用两步。

绘制水能计算工作曲线。设以 V_1、V_2 代表时段初、时段末水库蓄水量，V 代表时段平均蓄水量，Q 代表入库流量，则水量平衡方程可写成：

$$Q - q = \frac{V_2}{\Delta t} - \frac{V_1}{\Delta t} = \frac{V_2 + V_1}{\Delta t} - \frac{2V_1}{\Delta t} = \frac{2}{\Delta t}(V - V_1)$$

将上式中已知变量移向左端，未知变量移向右端得：

$$\frac{V_1}{\Delta t} + \frac{Q}{2} = \frac{V}{\Delta t} + \frac{q}{2} \tag{10-25}$$

上式中 V 和 q 为未知量，但其和 $V/\Delta t + q/2$ 可以求得，因式（10-25）中左端 V_1 和 Q 均为已知量，如果能求得 $V/\Delta t + q/2$ 和 q 的关系，即可通过 $V/\Delta t + q/2$ 直接求 q，避免试算。$(V/\Delta t + q/2) - q$ 关系曲线称为水能计算工作曲线。

计算保证出力。工作曲线绘出后，可从供水期初正常蓄水位开始进行调节计算，计算前先假定供水期平均出力，然后用半图解法逐月计算，至供水期末。如果水库水位正好为死水位，则所假定的平均出力，就是欲求的保证出力；如供水期末库水位不是死水位，则另假定一个供水期平均出力重新计算，直至正好到达死水位为止。

等流量法的供水期与等出力法的供水期有可能不相同，等出力法的供水期初可能滞后等流量法，供水期末也可能滞后等流量法，在计算过程中，特别是在编程计算时应加以注意。

【例10-4】　用等出力半图解法求例10-3的保证出力。水电站所选设计枯水年不变。水库容积曲线和下游水位流量关系已知，出力系数仍取用 $K = 8.0$，水头损失仍为 $\Delta H = 1.0$m，其余条件可见例10-3说明。

解：（1）计算工作曲线。

1）先根据电站实际情况，假定一组出力值［见表10-6中第（1）栏］；

2）对每一个出力，再假定若干个不同的H值［见表10-6中第（2）栏］，于是可由出力公式$q＝N/KH$计算各H相应的q值（出力系数K已预先给定）；

3）由q查下游水位流量关系，可得相应下游水位$Z_下$，记入表10-6中第（4）栏，同时可根据$Z_上＝Z_下＋H＋\Delta H$求$Z_上$，并记入表10-6中第（5）栏；

4）由$Z_上$在库容曲线上可查出相应的蓄水量V；

5）根据表10-6中第（3）栏和第（6）栏，便可求得第（7）栏相应的$V/\Delta t＋q/2$值；

6）将表10-6中对应的q和$V/\Delta t＋q/2$关系点图，就是欲求的水能计算工作曲线（见图10-29）。

表10-6　　　　　　　　　　　　水能计算工作曲线计算表

出力 N/kW	落差 H/m	发电流量 q /(m³/s)	下游水位 $Z_下$ /m	上游水位 $Z_上$ /m	水库蓄水量 $\dfrac{V}{\Delta t}$ /(m³/s)	$\dfrac{V}{\Delta t}＋\dfrac{q}{2}$ /(m³/s)
(1)	(2)	(3)	(4)	(5)	(6)	(7)
4000	30	16.7	59.73	90.73	6.8	15.2
	35	14.3	59.62	95.62	9.2	16.4
	40	12.5	59.54	100.54	13.8	20.0
	45	11.1	59.46	105.46	20.8	26.4
	50	10.0	59.39	110.39	32.2	37.2
	55	9.1	59.32	115.32	47.2	51.8
5000	30	20.8	59.85	90.85	6.8	17.2
	35	17.9	59.76	95.76	9.3	18.2
	40	15.6	59.68	100.68	14.1	21.9
	45	13.9	59.60	105.60	21.2	28.2
	50	12.5	59.54	110.54	32.7	39.0
	55	11.4	59.47	115.47	47.9	53.6

（2）计算保证出力。表10-7表示半图解计算保证出力的过程。表10-7中第（2）栏为设计枯水年供水期天然入库流量（见表10-5）；第（3）栏第一行数字36.70为正常蓄水位相应的蓄水量［兴利库容为29.7（m³/s）·月，死库容为7.0（m³/s）·月］；第（4）栏系根据第（2）栏和第（3）栏逐月求得，如$36.70＋9.6/2＝41.50$（m³/s）［见式（10-24）］；第（5）栏为假定供水期平均出力，第一次假定$N＝4000$kW；第（6）栏系根据第（4）栏和第（5）栏数

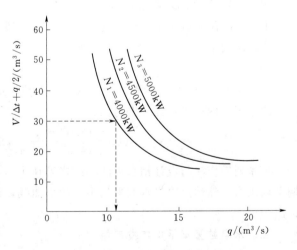

图10-29　水能计算工作曲线

值，由工作曲线查得（见图 10-29）。

表 10-7 水能计算工作曲线计算表

月 份	$Q/(\mathrm{m^3/s})$	V_1 /[(m³/s)·月]	$\dfrac{V_1}{\Delta t}+\dfrac{Q}{2}$/(m³/s)	N/kW	$q/(\mathrm{m^3/s})$	$\dfrac{V}{\Delta t}$/(m³/s)
(1)	(2)	(3)	(4)	(5)	(6)	(7)
		36.70				
10	9.6	36.60	41.50	4000	9.70	36.65
11	8.4	35.24	40.80	4000	9.75	35.92
12	4.7	29.96	37.59	4000	9.98	32.60
1	2.8	22.26	31.36	4000	10.50	26.11
2	3.3	14.02	23.91	4000	11.55	18.14
		36.70				
10	9.6	35.38	41.50	4500	10.92	36.04
11	8.4	32.70	39.58	4500	11.08	34.04
12	4.7	25.94	35.05	4500	11.46	29.32
1	2.8	16.24	27.34	4500	12.50	21.09
2	3.3	3.94	17.89	4500	15.60	10.09

由于 $V/\Delta t+q/2=V_1/\Delta t+Q/2$，因此，表 10-7 中第（7）栏可由第（4）栏和第（6）栏求得，即：

$$\frac{V}{\Delta t}=\left(\frac{V_1}{\Delta t}+\frac{Q}{2}\right)-\frac{q}{2}$$

例如，10 月份的水库平均蓄水量为：

$$41.50-9.70/2=36.65 \quad (\mathrm{m_3/s})$$

因为时段平均蓄水量为时段初与时段末蓄水量之均值，所以表 10-7 中第（3）栏为：

$$V_2=V\times 2-V_1$$

例如，10 月底的水库蓄水量为：$36.65\times 2-36.70=36.60$（m³/s）。

由于本时段末就是下一时段初，因而可逐时段连续演算。

第一次假定 $N=4000\mathrm{kW}$，求得供水期末蓄水量为 14.02（m³/s）·月，大于死库容 7.0（m³/s）·月。

第二次假定 $N=4500\mathrm{kW}$，求得供水期末蓄水量为 3.94（m³/s）·月，小于死库容。

通过直线内插求得保证出力为：

$$N_P=4000+\frac{14.02-7.00}{14.02-3.94}\times 500=4350 \quad (\mathrm{kW})$$

长系列操作法与设计枯水年法不同之处在于，需每年按等流量法或等出力法求其供水期平均出力，然后点绘供水期平均出力频率曲线，最后再根据设计保证率查得水电站的保证出力。

二、水电站多年平均年发电量

多年平均年发电量是水电站的一个重要动能指标，其计算方法分长系列法和代表年法。

1. 长系列法

年调节和多年调节水电站，一般可根据长系列水文资料，逐年逐月按水库调度图（水电站水库调度图如何绘制，可以参考其他相关书籍），进行水能调节计算，求出每个月的平均出力 N_i。

每年的发电量为 12 个月发电量之和，即：

$$E_{年,i} = 730 \sum_{t=1}^{12} N_{i,t} \tag{10-26}$$

式中：$E_{年,i}$ 为第 i 年发电量，$kW \cdot h$；$N_{i,t}$ 为第 i 年第 t 月平均出力；730 为一个月的平均小时数。

系列中各年年发电量的平均值，即为多年平均年发电量，可用下式计算：

$$\overline{E}_{年} = \frac{1}{n} \sum_{t=1}^{n} E_{年,i} \tag{10-27}$$

式中：$\overline{E}_{年}$ 为多年平均年发电量 $kW \cdot h$；n 为系列的年数。

应当注意在装机容量已初步选定情况下，上面计算成果中凡是月平均出力大于装机容量 N_y 的应按 N_y 计算。

2. 代表年法

选择丰、平、枯三个设计代表年，对每个设计代表年进行水能调节计算，求出三个设计代表年的年发电量 $E_{枯}$、$E_{平}$ 和 $E_{丰}$，则多年平均年发电量为：

$$\overline{E}_{年} = \frac{1}{3}(E_{枯} + E_{平} + E_{丰}) \tag{10-28}$$

同样，应注意将超过装机容量的部分扣除，因为超过装机容量的部分是弃水，水电站无法利用，不扣除会使多年平均发电量偏大。

第六节　灌溉水库水电站的水能计算

新中国成立以来，我国各地区修建了大量蓄水灌溉的中小型水库，这些水库为建设稳产高产农田创造了必要的物质条件。根据综合利用的原则，本着一库多用、一水多用的精神，凡是蓄水灌溉的水库，都应尽可能结合发电，充分发挥水库的综合利用效益。对已建成的单纯灌溉水库，经过分析研究，认为有条件建站而又明显有利时，则宜及早配建水电站。至于今后修建以灌溉为主的水库，则必须同时考虑发电的问题，根据各灌溉水库的具体情况和各地的用电票求，可以修建渠首电站、或坝后式电站，或者同时兴建这两类电站。

以灌溉为主的水库调节计算，必须根据灌溉、发电的主次任务，分析确定水库的最优运用方案，正确处理水库的蓄泄关系及发电与灌溉的矛盾，从而经济合理地选出水库和电站的主要参数。当为渠首水电站时，则水库正常蓄水位和死水位的确定，主要取决于灌溉用水量和灌溉引水高程。若为坝后式水电站，而灌溉引水高程又高于电站尾水位时，即发电与灌溉不能结合，则应增加一部分库容，以满足发电的最低要求（如一定的流量或一定的保证出力）。此时水库的死水位主要取决于灌溉的引水高程，而正常蓄水位则取决于灌溉用水量及发电的附加库容。

一、水电站的多年平均年发电量计算

这里讲的主要是指发电与灌溉能结合的坝后式水电站和渠首水电站，对于发电与灌溉不结合的坝后式水电站就不在此论述。当为多年调节水库时，可用长系列的来水和灌溉用水资料列表进行调节计算，而发电流量就等于灌溉流量。只有在水库蓄满后，天然来水大于灌溉用水时，才使发电流量等于天然流量。多年调节计算的时段一般采用月为单位。对于以灌溉为主的年调节水库，通常根据来水和灌溉用水的相关情况及年内分配特点选择三个设计代表年来进行调节计算，计算时段可用旬或月。调节计算的一般原则是：在设计枯水年灌溉期水电站主要按灌溉用水发电，当水库蓄满后，灌溉用水小于天然流量时，就按天然流量发电。若年调节水库的相对库容较小，以致在枯水年都会出现大量弃水时，则在蓄水期也可加大发电流量（即大于该时期的灌溉流量），但必须保证水库蓄满。而在平水年和丰水年，由于天然来水增大而灌溉用水减少，则在灌溉期的大部分时间里都可使发电流量大于灌溉流量。因为各灌溉水库的来水、灌溉期的长短及用水规律都不一样，故设计者对调节计算中的具体问题应善于具体分析。调节计算的步骤和格式见例 10-5。

由于以灌溉为主的渠首水电站，水库死水位较低（对发电而言），一般仅比正常渠首水位高 1~2m，故在发电最低水位（相应于水轮机使用水头范围的下限）以下时就不能发电。当采用三个设计代表年进行水能调节计算时，则多年平均年发电 $\overline{E}_{年}$ 为：

$$\overline{E}_{年} = \left(\sum_{i=1}^{n} N_i / n\right) \times 8760 \text{kW} \cdot \text{h} \tag{10-29}$$

式中：n 为三年的总计算时段，当按月计算时，则 n 为 36，若按旬计算，则 n 为 108；N_i 各月（或旬）的出力，凡出力大于装机容量 N_y 的只取 N_y 值，而水头小于水轮机最小工作水头的出力不应计入（对于灌溉自下游河中取水的坝后式水电站则无此问题）；8760 为一年的小时数。

二、水电站的装机容量选择

以灌溉为主的水库水电站的装机容量选择，一般都采用简化方法，常用装机年利用水时数法。这个方法已在前面第四节里讲过。这里再补充说明两点：第一，由于这类电站主要按灌溉用水要求发电。而灌溉用水具有明显的季节性，故发电流量变化较大，水电站的出力很不均匀，因而装机年利用小时数较低，一般约在 2500~4500h。第二，因为渠首水电站的水库死水位主要按灌溉引水高程来决定，通常比渠首正常水位高 1~2m，所以库水位太低时水电站就不能发电。因此，假定一个装机容量 N_y 后，就不能像第四节那样来计算多年平均年发电量，还需拟定机组台数，根据单机容量及平均水头套用水头变化范围较大的机型，从而得出该机组机型使用水头的上下限，再利用式（10-29）计算水电站的多年平均年发电量 $\overline{E}_{年}$，则得装机年利用小时数 $t_{装} = \overline{E}_{年}/N_y$。如 $t_{装}$ 与原来分析确定的某一个经济合理的 t_0 相差较大，同样再假设一个装机容量，并拟定机组台数，套用已有机型，计算 $\overline{E}_{年}$ 和 $t_{装}$，直到 $t_{装}$ 与 t_0 相接近为止。从而这个假定的装机容量即为最后确定的装机容量。

【例 10-5】 某水库周围属丘陵区，植被较差。其兴建目的是为了下游灌溉，同时为了解决电力排灌、农村副业加工及照明等用电，故拟在水库修建坝后式小型水电站。要求确定兴利库容、水电站的保证出力及多年平均年发电量和装机容量。

解： 1. 设计要求

1）本水库主要任务为灌溉，灌溉面积为 4.7 万亩，适当满足发电要求，需要对设计枯水年进行完全年调节。

2）本水库为单独运行，不考虑其他补偿调节。

3）灌溉设计保证率 $P_{灌}=90\%$，发电设计保证率 $P_{电}=70\%$。

2. 基本数据

（1）水库有关数据。水库坝址以上集水面积 41.5km²。水库水位与容积关系曲线如图 10-30 所示。水库每月的蒸发和渗漏损失按月平均库容的 1.5% 计。根据淤沙需要，确定水库死库容为 1316m³，相应地设计死水位为 39.1m。

（2）水文数据。经用库区实测降雨资料及附近水文站径流资料，分析求得如下数据：

1）多年平均年雨量 $x_0=2140$mm，$C_{v,x}=0.25$。

2）多年平均年径流深 $y_0=1455$mm，$W_0=6033$ 万 m³，$C_{v,y}=0.35$。

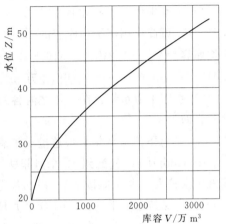

图 10-30 某水库 $Z-V$ 曲线

3）多年平均年蒸发量 $Z_0=1450$mm，多年最大年蒸发量 $Z_M=1610$mm。

（3）设计代表年的来水和供水资料。按 $P=10\%$、50% 和 90% 选择 1952—1953 年、1959—1960 年和 1963—1964 年作为丰、平、枯三个代表年，各年的来水与灌溉供水资料如表 10-8。

表 10-8 　　　　　　　　　　　**某水库代表年来水和灌溉供水资料**　　　　　　　　　单位：万 m³

年　份	丰水年	1952—1953 年	平水年	1959—1960 年	枯水年	1963—1964 年
项目	来水	灌溉水量	来水	灌溉水量	来水	灌溉水量
5	1026	128				
6	1559	0	1821	0	1241	0
7	1191	328	1074	232	766	81
8	1285	29	1137	23	269	171
9	1331	108	949	138	363	236
10	354	303	162	352	206	171
11	81	81	17	108	62	245
12	151	89	16	179	34	192
1	187	129	46	180	180	107
2	325	28	25	217	51	136
3	393	263	322	326	99	545
4	417	121	173	247	9	439
5		279		368	290	271
年总量	8300	1607	6021	2370	3570	2594

3. 兴利库容和正常蓄水位的确定

为了满足灌溉的需要和发电的适当要求，需要对枯水代表年（1963—1964 年）的来、用水过程进行完全调节 [见表 10 - 9 （A）]。

由表 10 - 9 中（A）可得水库兴利库容 $V_{兴}=1654$ 万 m^3。现对（6）栏以前的计算作如下说明：

1）水量损失：包括水库的蒸发与渗漏损失。各月损失水量不必按该月平均库容的 1.5% 计，可简化用年平均库容的 1.5% 计。根据初步分析，先粗估得 $V_{兴}=1700m^3$，则年平均库容 $=V_{死}+1/2V_{兴}=1316+1/2×1700=2166$（$m^3$），故每月损失水量为 $2166×0.015=32.49$（万 m^3），采用 32 万 m^3。

2）水库下泄水量：在一年之内各月下泄水量之和应等于年来水总量与年总损失水量之差，即

$$总下泄量＝年来水总量－年总损失水量＝3570－384＝3186（万 m^3）。$$

把 3186 万 m^3 分配到 12 个月里去。1963 年 9 月、11 月、1964 年 3 月、4 月、5 月，灌溉用水较大，水库即按（3）栏的灌溉水量下泄。其余七个月按均匀下泄分配，即 207 万 m^3。为保持水量平衡，1964 年 2 月增加 1 万 m^3 的下泄量，即 208 万 m^3。

3）水库存放（6）栏＝（2）栏－（4）栏－（5）栏，正值为水库存水，负值为水库放水，这两项分别求和，得 1654 万 m^3，即为进行完全年调节所需的库容。

4）检查原计算的水量损失：

年平均库容 $=1316+1/2×1654=2143$（万 m^3）。

每月损失水量 $=2143×0.015=32.2$（万 m^3），原拟每月损失水量为 32 万 m^3 是合理的。

由以上计算得到 $V_{兴}=1654$ 万 m^3，总库容 $V_{总}=2970$ 万 m^3，查 $Z - V$ 曲线，得正常蓄水位为 50m。

4. 水能调节计算

对丰、平、枯三个代表年进行年调节计算，计算按表 10 - 9 进行。现将表 10 - 9 中（A）第（7）栏以后及（B）、（C）各栏的计算说明如下：

1）各年来水量与灌溉水量均抄自表 10 - 8。

2）各种代表年各月的水量损失采用同一数值，每月的水量损失按年平均库容的 1.5% 计，即 32 万 m^3。

3）水库下泄水量的计算：表 10 - 9 中（B）、（C）下泄水量的计算原则上与表 10 - 9 中（A）相同，即在满足各月灌溉水量的前提下，各月下泄水量尽量均匀。如果按全年均匀下泄、汛期出现水库蓄满必须弃水的情况，则可分成汛期、非汛期两段，分别按各段平均下泄。例如表 10 - 9 中（C）：

汛期（5—9 月）每月下泄水量 $=[（5—9 月总来水量）－（5—9 月总水量损失）－V_{兴}]/5=$ $(6392－160－1654)/5=915$(或 916)（万 m^3）。

非汛期（10 至次年 4 月）每月下泄水量 $=[（10 月至次年 4 月总来水量）－（10 月至次年 4 月总水量损失）+V_{兴}]/7=(1908－224+1654)/7=477$(或 476)（万 m^3）。

在表 10 - 9 中（B）中，非汛期的 1959 年 10 月、1960 年 3 月和 5 月，灌溉用水量较大，计算时应先满足这三个月的灌溉用水要求，其余五个月再按均匀下泄。

表 10-9　　　　　　　　　　　　各代表年的调节计算

代表年	年月	来水量/万 m³	灌溉水量/万 m³	水量损失/万 m³	水库下泄水量/万 m³	水库存放/万 m³ +	水库存放/万 m³ −	月末库容/万 m³	月平均库容/万 m³	月平均水位/m	水头损失/m	月平均水头/m	发电流量/(m³/s)	月平均出力/kW
(0)	(1)	(2)	(3)	(4)	(5)	(6)		(7)	(8)	(9)	(10)	(11)	(12)	(13)
(A)	1963.5								1316					
枯水年	6	1241	0	32	207	1002		2318	1817	43.0	0.5	27.0	0.79	149
	7	766	81	32	207	527		2845	2582	47.4	0.5	31.4	0.79	174
	8	269	171	32	207	30		2875	2860	49.4	0.5	33.4	0.79	185
	9	363	236	32	236	95		2970	2923	49.8	0.5	33.8	0.90	213
	10	206	171	32	207		33	2937	2954	49.9	0.5	33.9	0.79	187
	11	62	245	32	245		215	2722	2830	49.3	0.5	33.3	0.93	217
	12	34	192	32	207		205	2517	2620	48.0	0.5	32.0	0.79	177
	1964.1	180	107	32	207		59	2458	2488	47.3	0.5	31.3	0.79	173
	2	51	136	32	208		189	2269	2364	46.4	0.5	30.4	0.79	168
	3	99	545	32	545		478	1791	2030	44.3	0.5	28.3	2.07	411
	4	9	439	32	439		462	1329	1560	41.0	0.5	25.0	1.63	292
	5	290	271	32	271		13	1316	1323	39.1	0.5	23.1	1.03	167
	总计	3570	2594	384	3186		1654							2513
(B)	1959.5								1316					
平水年	6	1821	0	32	799	990		2306	1811	42.9	0.5	26.9	3.04	572
	7	1074	232	32	800	242		2548	2427	46.9	0.5	30.9	3.04	657
	8	1137	23	32	800	305		2853	2701	48.5	0.5	32.5	3.04	691
	9	949	138	32	800	117		2970	2912	49.7	0.5	33.7	3.04	718
	10	162	352	32	352		222	2748	2859	49.3	0.5	33.3	1.34	313
	11	17	108	32	278		293	2455	2602	47.8	0.5	31.8	1.06	236
	12	16	179	32	278		294	2161	2308	46.1	0.5	30.1	1.06	223
	1960.1	46	180	32	278		264	1897	2029	44.3	0.5	28.3	1.06	210
	2	25	217	32	279		286	1611	1754	42.5	0.5	26.5	1.06	197
	3	322	326	32	326		36	1575	1593	41.3	0.5	25.3	1.24	220
	4	173	247	32	279		138	1437	1506	40.6	0.5	24.6	1.06	183
	5	279	368	32	368		121	1316	1377	39.6	0.5	23.6	1.40	231
	总计	6021	2370	384	5637		1654							4451
(C)	1952.4								1316					
丰水年	5	1026	128	32	915	79		1395	1356	39.5	0.5	23.5	3.48	573
	6	1559	0	32	915	612		2007	1701	42.1	0.5	26.1	3.48	637
	7	1191	328	32	916	243		2250	2129	45.0	0.5	29.0	3.48	706
	8	1285	29	32	916	337		2507	2419	46.8	0.5	30.8	3.48	750
	9	1331	108	32	476	383		2970	2779	48.9	0.5	32.8	3.48	799

续表

代表年	年月	来水量/万 m³	灌溉水量/万 m³	水量损失/万 m³	水库下泄水量/万 m³	水库存放/万 m³ +	水库存放/万 m³ −	月末库容/万 m³	月平均库容/万 m³	月平均水位/m	水头损失/m	月平均水头/m	发电流量/(m³/s)	月平均出力/kW
丰水年	10	354	303	32	477		154	2816	2893	49.5	0.5	33.5	1.82	427
	11	81	81	32	477		428	2388	2602	47.8	0.5	31.8	1.82	405
	12	151	89	32	477		358	2030	2209	45.5	0.5	29.5	1.82	376
	1953.1	187	129	32	477		322	1708	1869	43.2	0.5	27.2	1.82	347
	2	325	28	32	477		184	1524	1616	41.4	0.5	25.4	1.82	324
	3	393	263	32	477		116	1408	1466	40.2	0.5	24.2	1.82	308
	4	417	121	32	477		92	1316	1362	39.5	0.5	23.5	1.82	299
	总计	8300	1607	384	7916		1654							5951

4）月平均库容＝1/2×（上月末库容＋本月末库容）。

5）月平均水位：由（8）栏数据查 Z-V 曲线而得。

6）水头损失：粗估按平均 0.5m 考虑。

7）月平均水头：（11）栏＝（9）栏－15.5－（10）栏。

由于本电站水头较高，在计算月平均水头时采用电站下游平均水位 15.5m，可使计算简化，又不致过多地影响计算精度。

8）发电流量 ＝（水库下泄水量)/(月的秒数）。每月秒数平均按 30.4×86400＝2625400 秒计。

9）月平均出力：按公式 $N=7Q_电 H_净$ 计算。

将表 10-9 计算所得的月平均出力（共 36 个）按大小顺序排队，并用公式 $P=[m/(n+1)]×100\%$ 计算（或查表）各出力的频率（如表 10-10 所示）。

5. 水电站的保证出力

利用表 10-10 的数据，绘制该水电站的月平均出力频率曲线（图略）。再按水电站的设计保证率 $P_电=70\%$；从月平均出力频率曲线图上（或从表 10-10）查得水电站的保证出力 $N_P=210$kW。

表 10-10　　　　水电站月平均出力频率曲线计算表

序　号	出力/kW	频率/%	序　号	出力/kW	频率/%	序　号	出力/kW	频率/%
1	799	2.7	13	376	35.1	25	213	67.6
2	750	5.4	14	347	37.8	26	210	70.3
3	718	8.1	15	324	40.5	27	197	73
4	706	10.8	16	313	43.2	28	187	75.7
5	691	13.5	17	308	46	29	185	78.4
6	657	16.2	18	299	48.6	30	183	81.1
7	637	18.9	19	292	51.4	31	177	83.8
8	573	21.6	20	236	54	32	174	86.5
9	572	24.3	21	231	56.8	33	173	89.2
10	427	27	22	223	59.5	34	168	91.9
11	411	29.7	23	220	62.2	35	167	94.6
12	405	32.4	24	217	64.9	36	149	97.3

6. 水电站的多年平均年发电量和装机容量

按装机年利用小时数法来确定装机容量。

由于本水电站的主要负荷是电力排灌、农副产品加工及农村照明，但该电站位于雨量丰沛的地区，除满足灌溉外，尚有多余水量专供发电，故装机年利用小时数 t_0 可以采用较高的数值，如令 $t_0 = 4500h$。现假设装机容量 $N_y = 700kW$，套用两台出力为 350kW 的本省现有的机组，则计算多年平均年发电量 $\overline{E}_年$ 时，在表 10-10 中凡出力大于 700kW 的都能按 700kW 计算，即

$$\overline{E}_年 = 1/3 \times [(5951 + 4451 + 2513) - (99 + 50 + 18 + 6)] \times 730 = 310.3 \text{（万 kW·h）}$$

由此得 $t_装 = \overline{E}_年 / N_y = 3103000/700 = 4433$（h），这个数值与原分析确定的较经济合理的装机年利用小时数 4500h 接近，故最后确定本水电站的装机容量为 $N_y = 2 \times 350 = 700$（kW），多年平均年发电量 $\overline{E}_年 = 310$ 万 kW·h。

第十一章 防 洪 计 算

第一节 概 述

一、防洪设施及其分类

防洪是一项长期艰巨的工作。目前解决洪水问题，一般都趋向于采取综合治理的方针，合理安排蓄、泄、滞、分的措施。防洪措施是指防止或减轻洪水灾害损失的各种手段和对策，它包括防洪工程措施和防洪非工程措施。

（一）防洪工程措施

防洪工程措施指为控制和抗御洪水以减免洪水灾害损失而修建的各种工程措施，主要包括堤防与防洪墙、分蓄洪工程、河道整治工程、水库水土保持等。

1. 修筑堤防

堤防是古今中外最广泛采用的一种防洪工程措施，这一措施对防御常遇洪水较为经济，容易实行。沿河筑堤，束水行洪，可提高河道渲泄洪水的能力。但是筑堤也会带来一些负面的影响，筑堤后，可能增加河道泥沙淤积，抬高河床，恶化防洪情势，使洪水位逐年提高，堤防需要经常加高加厚；对于超过堤防防洪标准的洪水而言，还可能造成洪水漫堤和溃决，与未修堤时发生这种超标准的洪水自然泛滥的情形相比，溃堤造成的洪水灾害损失将更大。

2. 河道整治

河道整治是流域综合开发中的一项综合性工程措施。可根据防洪、航运、供水等方面的要求及天然河道的演变规律，合理进行河道的局部整治。从防洪意义上讲，靠河道整治提高全河道（或较长的河段）泄洪能力一般是很不经济的，但对提高局部河道泄洪能力、稳定河势、护滩保堤作用较大。例如，对河流天然弯道裁弯取直，可缩短河线，增大水面比降，提高河道过水能力，并对上游临近河段起降低其洪水位的作用；对局部河段采取扩宽或挖深河槽的措施，可扩大河道过水断面，相应地增加其过水能力。

3. 开辟分洪道和分蓄洪工程

在适当地点开辟分洪道行洪，可将超出河道安全泄量的峰部流量绕过重点保护河段后回归原河流或分流入其他河流。分洪道的作用是提高其临近的下游重点保护河段的防洪标准。但应分析研究分洪道对沿程及其承泄区可能产生的不良影响，不能造成将一个地区（河段）的洪水问题转移到另一个地区的后果。分蓄洪工程则是利用天然洼地、湖泊或沿河地势平缓的洪泛区，加修周边围堤、进洪口门和排洪设施等工程措施而形成分蓄洪区。其防洪功能是分洪削峰，并利用分蓄洪区的容积对所分流的洪量起蓄、滞作用。分蓄洪区只在出现大洪水时才应急使用。对于分洪口门下游临近的重点保护河段而言，启用分蓄洪区可承纳河道的超额洪量，提高该重点保护河段的防洪标准。分蓄洪区内一般土地肥沃，而我国人多地少，许多分蓄洪区已形成区内经济过度开发、人口众多的局面，这将导致分洪损失恶性膨胀的严重后果。因此，必须在分蓄洪区内研究采用防洪非工程措施，以确保区内居民可靠避洪或安全撤离，减小分洪损失。

4. 水库拦洪

水库是水资源开发利用的一项重要的综合性工程措施，其防洪作用比较显著。在河流上兴建水库，使进入水库的洪水经水库拦蓄和阻滞作用之后，自水库泄入下游河道的洪水过程大大展平，洪峰被削减，从而达到防止或减轻下游洪水灾害的目的。防洪规划中常利用有利地形合理布置干支流水库，共同对洪水起有效的控制作用。

5. 水土保持

水土保持也可归类于防洪工程措施，它有一定的蓄水、拦沙、减轻洪患的作用。其方法除包括一般的植树、种草等水土保持措施外，还包括在小河上修筑挡沙坝、梯级坝、淤地坝等。

综上所述，防洪工程措施通过对洪水的蓄、泄、滞、分，起到防洪减灾的效果。这种减灾效果包括两方面：其一是提高了江河抗御洪水的能力，减少了洪灾的出现频率；其二是出现超防洪标准的大洪水时，虽不能避免产生洪水灾害，但可在一定程度上减轻洪灾损失。必须强调指出，由于受自然、技术、经济等条件的限制，不能设想可以由防洪工程措施来实现对洪水的完全控制。也就是说，防洪工程措施只能减轻洪灾损失，而不可能根除洪灾。

（二）防洪非工程措施

防洪非工程措施是指为了减少洪泛区洪水灾害损失，采取颁布和实施法令、政策及防洪工程以外的技术手段等方面的措施。如洪泛区管理、避洪安全设施、洪水预报与警报、安全撤离计划、洪水保险等均属于防洪非工程措施。

1. 洪泛区管理

洪泛区管理是减轻洪灾损失的一项重要的措施。根据我国的国情，这里所指的洪泛区主要是分蓄洪区（包括滞洪区及为特大洪水防洪预案安排出路涉及的行洪范围），而不是泛指江河的洪泛平原。必须通过政府颁布法令及政策加强对洪泛区的管理，以实现对洪泛区进行有计划的、合理的，而不是盲目的开发利用。我国人多地少，洪泛区已呈现的过度开发的趋势有增无减，必须对这种不合理开发的现状通过制定政策及下达法令予以限制和调整。如有的国家采用调整税率的政策，对不合理开发的区域征收较高的税率。

2. 建立洪水预报和洪水警报系统

建立洪水预报和洪水警报系统是防洪减灾的有效技术手段。利用水情自动测报系统自动采集和传输雨情、水情信息，及时作出洪水预报；利用洪水预报的预见期，配合洪水调度及洪水演算，预见将出现的分洪、行洪灾情，在洪水来临之前，及时发出洪水警报，以便分洪区居民安全转移。洪水预报越精确，预报预见期越长，减轻洪灾损失的作用越大。

3. 洪水保险

洪水保险作为一项防洪非工程措施主要是由于它有助于洪泛区的管理，对防洪减灾在一定程度上起有利的作用。洪水灾害的发生情况是小洪水年份不出现洪灾，而一旦发生特大洪水，灾区将蒙受惨重的损失，国家也不得不为此突发性灾害付出巨额的救济资金。实行洪水保险是指，洪泛区内的单位和居民必须为灾害投保，每年支付一定的年保险费，若发生洪灾，可用积累的保险费赔偿投保者的洪灾损失。显然，洪水保险对防洪事业具有积极意义，其一表现在它将极不规则的洪灾损失的时序分布，转化为均匀支付的年保险费，从而减小突发性洪灾对国民经济和灾区的严重冲击和不利影响；其二是配合洪泛区管理，对具有不同洪灾风险的区域规定交纳不同的洪水保险费，与调节洪泛区内不同区域的纳税率的政策相似，可以借助于洪水保险对洪泛区的合理利用起促进作用。此项措施在我国目前还处于研究和准备试行阶段。

4. 抗洪抢险

抗洪抢险在一定程度上对防洪减灾起有利作用。指洪灾发生时，数百万军民众志成城，奋起抗洪，一方有难，八方支援，用钢铁般的意志和大无畏的英雄气概，谱写的抗洪壮歌。形成"万众一心，众志成城，不怕困难，顽强拼搏，坚韧不拔，敢于胜利，奋不顾身"的伟大抗洪精神。

二、水库防洪设施及其调洪作用

设计水库时，为使水工建筑物和下游防护地区能抵御规定的洪水，要求水库有防洪设施，即设置一定的防洪库容和泄洪建筑物，使洪水经过调节后，安全通过大坝，还要求下泄流量不超过防护河段的允许泄量，以保证下游防护对象的安全。河道的允许泄量是指防护河段允许通过而不发生泛滥的最大流量。

泄洪建筑物的类型有表面式溢洪道和深水式泄水洞。表面式溢洪道又分为无闸溢洪道和有闸溢洪道。不同型式的泄洪建筑物，调节入库洪水之后，下泄的流量过程线是不相同的，说明它们的调洪作用也不相同。

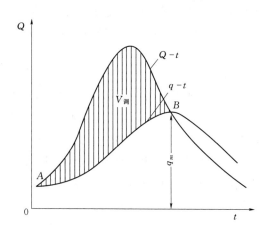

图 11-1 无闸溢洪道泄流过程示意图

无闸溢洪道常称作开敞式溢洪道，当库水位超过溢洪道的堰顶高程时，即自行泄流。假设某次洪水来临时，库水位正好与堰顶齐平，此时，水库即开始溢洪（见图 11-1 中的 A 点）。在溢洪初期，溢洪道堰顶水头较小，其下泄流量小于同一时期的入库流量，因此入库水量部分滞存在堰顶之上的水库容积中，余水不断地蓄于水库中。随着水库蓄水量增加，水位相应升高，下泄流量也随之增大，直至溢洪道的泄流能力与同一时刻的入库流量相等（见图 11-1 的 B 点），水库出现最大的蓄水量及相应的最大下泄流量

q_m。B 点以后，入库流量小于同一时刻的下泄流量，于是水库水位和下泄流量也随之逐渐减小，直至水位消落至堰顶高程为止。图 11-1 中泄流过程线与入库洪水过程线间阴影部分的面积相当于水库的防洪库容。由于水库只能延滞和调节洪水，不能控制洪水和与兴利库容结合，故此防洪库容用 $V_{调}$ 表示。

有闸溢洪道的调洪，由于闸门操作方式不同，增加了调洪演算的复杂性。这里介绍一种一般的情况，借此说明有闸溢洪道的调洪作用。

设有闸门溢洪道的闸门顶高程一般和正常蓄水位齐平，而溢洪道的堰顶高程低于汛前水位。假定下游防洪标准的入库洪水来临时，由于溢流堰顶已具有一定的水头，这时如启闸泄

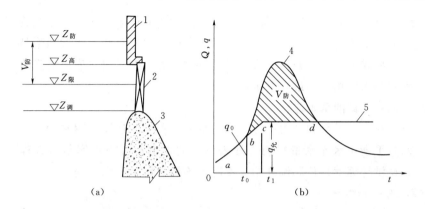

图 11-2　有闸溢洪道泄流过程示意图

(a) 闸前水位；(b) 入库出库流量过程线

1—胸墙；2—闸门；3—溢洪道；4—入库流量过程线 $Q-t$

（相当于下游防洪标准的）；5—出库流量过程线 $q-t$

洪其泄流能力可能超过初期的入库流量。为了保证兴利的要求，不允许泄出汛前水位以下的蓄水量。因此在 t_0［见图 11-2 (b)］以前应人为地控制闸门的开度，使下泄流量等于入库流量，如图 11-2 (b) ab 段所示。到 t_0 以后，入库流量开始大于闸门全部开启的泄流能力，这时为使水库有效地泄洪，应将闸门完全打开，水库逐渐蓄水，泄量也随之增大，如图中的 bc 段所示。到 t_1 时刻，水库下泄能力开始大过下游河道的允许泄量 $q_允$，不能继续敞开泄流，这时应徐徐关小闸门，按 $q=q_允$ 下泄，以保证下游防护对象的安全。图中阴影面积就是水库为保证下游防洪安全所必须设置的防洪库容 $V_防$，与之相应的库水位称防洪高水位，以 $Z_防$ 表示［见图 11-2 (a)］，为明确起见，当入库洪水为大坝设计标准洪水时，水库达到的最高水位为设计洪水位，相应的防洪库容用 $V_设$ 表示。

深水式泄洪洞设于一定水深处，其水流状态属于有压出流。在开始泄洪时，泄洪洞已有较大的作用水头，此时闸门全开时的泄洪能力为 q_0，由 t_0 至 t_1 时刻，必须控制闸门使其下泄流量恰等于入库流量，如图 11-3 中 OA 时段所示。至 t_1 以后，入库流量开始超过底孔闸门全部打开时的泄流能力，这时应将闸门全开，随着水库蓄量的增加，下泄流量亦逐渐增大，泄量至 B 点时，达到最大值 q_m。

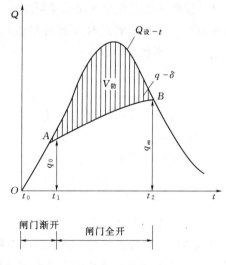

图 11-3　泄洪洞泄洪过程示意图

第二节　水库调洪计算的原理和方法

水库是控制洪水的有效工程措施，其调节洪水的作用在于拦蓄洪水，削减洪峰，延长泄洪时间，使下泄流量能安全通过下游河道。调洪计算的任务是在水工建筑物或下游防护对象的防洪标准一定的情况下，根据已知的设计入库洪水过程线、水库地形特性资料、拟定的泄洪建筑物型式和尺寸、调洪方式，通过调洪计算，推求出水库出流过程、最大下泄流量、防洪库容和水库相应的最高洪水位。

一、水库调洪计算的基本方程

水库调洪是在水量平衡和动力平衡（即圣维南方程组的连续方程和运动方程）的支配下进行的。水量平衡用水库水量平衡方程表示，动力平衡可由水库蓄泄方程（或蓄泄曲线）来表示。调洪计算就是从起调开始，逐时段连续求解这两个方程。

1. 水库水量平衡方程

在某一时段 $\triangle t$ 内，入库水量减去出库水量，应等于该时段内水库增加或减少的蓄水量。水量平衡方程为

$$\frac{Q_1+Q_2}{2}\Delta t - \frac{q_1+q_2}{2}\Delta t = V_2 - V_1 \tag{11-1}$$

式中：Q_1、Q_2 为时段 Δt 始、末的入库流量，m^3/s；q_1、q_2 为时段 Δt 始、末的出库流量，m^3/s；V_1、V_2 为时段水始、末的水库蓄水量，m^3；Δt 为计算时段，s，其长短的选择，应以能较准确地反映洪水过程线的形状为原则。陡涨陡落的，Δt 取短些；反之，取长些。

2. 水库蓄泄方程或水库蓄泄曲线

水库通过溢洪道泄洪，其泄流量大小，在溢洪道型式、尺寸一定的情况下，取决于堰顶水头 H，即 $q=f(H)$。对于无闸或闸门全开的表面式溢洪道，下泄流量可按堰流公式计算，深孔式泄洪孔的下泄流量可按有压管流公式计算。当水库内水面坡降较小，可视为静水面时，其泄流水头 H 只是库中蓄水量 V 的函数，即 $H=f(V)$，故下泄流量 q 成为蓄水量 V 的函数，即

$$q=f(H) \tag{11-2}$$

或

$$q=f(V) \tag{11-3}$$

式（11-3）是假设库水面为水平时的水库泄流方程或称 $q=f(V)$ 曲线。该曲线由静库容曲线和泄流计算公式综合而成。

对于狭长的河川式水库，在通过洪水流量时，由于回水的影响，水面常呈现明显的坡降。在这种情况下，按静库容曲线进行调洪计算常带来较大的误差，因此为了满足成果精度的要求，必须采用动库容进行调洪计算。

二、考虑静库容的调洪计算方法

按静库容曲线进行调洪计算时，系假设水库水面为水平，采用下泄流量与蓄水量的关系 $q=f(V)$ 求解。常用的方法有列表试算法和图解分析法。对于小型水利工程或工程初步设计方案比较阶段，可采用简化计算方法，例如简化三角形法。

（一）列表试算法

此法用列表试算来联立求解水量平衡方程和动力方程，以求得水库的下泄流量过程线，其计算步骤如下：

1）根据库区地形资料，绘制水库水位容积关系曲线 $Z-V$，并根据既定的泄洪建筑物的型式和尺寸，由相应的水力学出流计算公式求得 $q-V$ 曲线。

2）从第一时段开始调洪，由起调水位（即汛前水位）查 $Z-V$ 及 $q-V$ 关系曲线得到水量平衡方程中的 V_1 和 q_1；由入库洪水过程线 $Q(t)$ 查得 Q_1、Q_2；然后假设一个 q_2 值，根据水量平衡方程算得相应的 V_2 值，由 V_2 在 $q-V$ 上查得 q_2，若二者相等，q_2 即为所求。否则，应重设 q_2，重复上述计算过程，直到二者相等为止。

3）将上时段末的 q_2、V_2 值作为下一时段的起始条件，重复上述试算过程，最后即可得出水库下泄流量过程线 $q(t)$。

4）将入库洪水 $Q(t)$ 和计算的 $q(t)$ 两条曲线点绘在一张图上，若计算的最大下泄流量 q_m 正好是二线的交点，说明计算的 q_m 是正确的。否则，计算的 q_m 有误差，应改变时段 Δt 重新进行试算，直至计算的 q_m 正好是二线的交点为止。

5）由 q_m 查 $q-V$ 曲线，得最高洪水位时的总库容 V_m，从中减去堰顶以下的库容，得到防洪库容 $V_防$。由 V_m 查 $Z-V$ 曲线，得最高洪水位 $Z_防$。显然，当入库洪水为设计标准的洪水时，求得的 q_m、$V_防$、$Z_防$ 即为设计标准的最大泄流量 $q_{m,设}$、设计防洪库容 $V_设$ 和设计洪水位 $Z_设$。同理，当入库洪水为校核标准的洪水时，求得的 $V_防$、$Z_防$ 即为 $q_{m,校}$、$V_校$ 和 $Z_校$。

【例 11-1】　某水库泄洪建筑物为无闸溢洪道，其堰顶高程与正常蓄水位齐平为 116m，堰顶宽 $B=45m$，堰流系数 $m_1=1.6$。该水库设有小型水电站，汛期按水轮机过水能力 $Q_电=10m^3/s$ 引水发电。水库库容曲线和设计洪水过程线数值分别列于表 11-1 和表 11-2 中。求水库下泄流量过程线 $q(t)$。

表 11-1　　　　　　　　　　水 库 水 位 库 容 关 系

库水位 Z/m	75	80	85	90	95	100	105	115	125	135
库容 $V/10^6 m^3$	0.5	4.0	10.0	23.0	45.0	77.5	119	234	401	610

表 11-2　　　　　　　　　　设 计 洪 水 过 程 线

时间 t/h	0	12	24	36	48	60	72	84	96
流量 $Q/(m^3/s)$	10	140	710	279	131	65	32	15	10

解： 取计算时段 $\Delta t=12h$。假定洪水到来时，水位刚好保持在溢洪道堰顶，即起调水位为 116m。

1）绘制 $Z-V$ 曲线。按表 11-1 所给数据，绘制库容曲线 $Z-V$，如图 11-4 所示。

2）列表计算 $q-V$ 曲线。在堰顶高程 116m 之上，假设不同库水位 Z [列于表 11-3 第（1）栏]，用它们分别减去堰顶高程 116m，得第（2）栏所示的堰顶水头 H，代入堰流公式

$$q_溢=m_1 BH^{3/2}=1.6\times 45H^{3/2}=72H^{3/2}$$

$$(11-4)$$

从而算出各 H 相应的溢洪道泄流能力，加

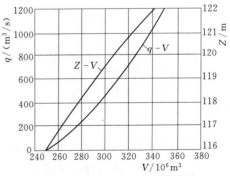

图 11-4　某水库库容曲线及蓄泄曲线

上发电流 $10\mathrm{m}^3/\mathrm{s}$，得 Z 值相应的水库泄流能力 $q=q_溢+q_电$，列于第（3）栏。再由第（1）栏的 Z 值查图 11-4 中的 $Z-V$ 曲线，得 Z 值相应的库容 V，见表 11-3 第（4）栏。

表 11-3   某水库 $q-V$ 关系计算表

库水位 Z/m	(1)	116	118	120	122	124	126
堰顶水头 H/m	(2)	0	2	4	6	8	10
泄流能力 $q/(\mathrm{m}^3/\mathrm{s})$	(3)	10	214	586	1068	1639	2287
库容 $V/10^6\mathrm{m}^3$	(4)	247	276	307	340	378	423

3）绘制 $q-V$ 曲线。由表 11-3 中第（3）、（4）栏对应值，绘制该水库的蓄泄曲线 $q-V$（见图 11-4）。

4）推求下泄流量过程线 $q(t)$。按表 11-4 的格式逐时段进行试算，对于第一时段，按起始条件 $V_1=247\times10^6\mathrm{m}^3$、$q_1=10\mathrm{m}^3/\mathrm{s}$ 和已知值 $Q_1=10\mathrm{m}^3/\mathrm{s}$、$Q_2=140\mathrm{m}^3/\mathrm{s}$ 求 V_2、q_2。假设 $q_2=30\mathrm{m}^3/\mathrm{s}$，由式（10-1）得

$$V_2=\frac{10+140}{2}\times12\times3600-\frac{10+30}{2}\times12\times3600+247\times10^6=249.88\times10^6 \quad(\mathrm{m}^3)$$

依此查图 11-4 中的 $q-V$ 曲线，得 $q_2=20\mathrm{m}^3/\mathrm{s}$，与原假设不符，故需重设 q_2 进行计算。再假设 $q_2=20\mathrm{m}^3/\mathrm{s}$，由式（11-1）得

$$V_2=\frac{10+140}{2}\times12\times3600-\frac{10+20}{2}\times12\times3600+247\times10^6=249.59\times10^6 \quad(\mathrm{m}^3)$$

再依此查 $q-V$ 曲线，得 $q_2=20\mathrm{m}^3/\mathrm{s}$ 与假设相符，故 $q_2=20\mathrm{m}^3/\mathrm{s}$ 和 $V_2=249.59\times10^6\mathrm{m}^3$ 即为所求。分别填入表 11-4 中该时段末的第（6）栏、第（9）栏。

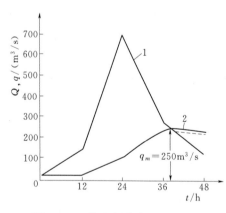

图 11-5 某水库设计洪水过程线
及下泄流量过程线

1—设计洪水过程线 $Q(t)$；

2—下泄流量过程线 $q(t)$

以第一时段所求的 V_2、q_2 作为第二时段初的 V_1、q_1，重复第一时段的试算过程，可求得第二时段的 $V_2=265.26\times10^6\mathrm{m}^3$，$q_2=105\mathrm{m}^3/\mathrm{s}$。如此继续试算下去，即得表 11-4 第（6）栏所示的下泄流量过程 $q(t)$。

5）计算最大下泄流量 q_m。按每时段 $\Delta t=12\mathrm{h}$，取表 11-4 中第（1）、第（3）、第（6）栏的 t、Q、q 值，绘出如图 11-5 的 $Q(t)$ 和 $q(t)$（退水段为虚线）过程线。可见以 $\Delta t=12\mathrm{h}$ 逐时段试算求得的 $q_m=240\mathrm{m}^3/\mathrm{s}$ 不是正好落在 $Q(t)$ 线上，而是在它的偏下方，正确的 q_m 值应比 $240\mathrm{m}^3/\mathrm{s}$ 大一些，出现时间稍晚一些，为此，可根据二曲线相交的趋势，设 $q_m=q_2=250\mathrm{m}^3/\mathrm{s}$，在图 11-5 上查得 $\Delta t=2\mathrm{h}$，该时段初的 $V_1=279.18\times10^6\mathrm{m}^3$，$q_1=240\mathrm{m}^3/\mathrm{s}$，$Q_1=279\mathrm{m}^3/\mathrm{s}$，代入式（11-1）得

$$V_2=\left(\frac{279+250}{2}-\frac{240+250}{2}\right)\times2\times3600+279.18\times10^6=279.32\times10^6 \quad(\mathrm{m}^3)$$

依此在图 11-4 的 $q-V$ 线上查得 $q_2=250\mathrm{m^3/s}$，与假设的 q_2（即 q_m）相符。故 $q_m=250\mathrm{m^3/s}$ 即为所求，其出现时间在第 38 小时。

表 11-4　　　　　　　　　某水库调洪计算表（列表试算法）

时间 t/h	时段 $\Delta t/h$	Q / $(\mathrm{m^3/s})$	$\dfrac{Q_1+Q_2}{2}$ / $(\mathrm{m^3/s})$	$\dfrac{Q_1+Q_2}{2}\Delta t$ /$10^6\mathrm{m^3}$	q /$(\mathrm{m^3/s})$	$\dfrac{q_1+q_2}{2}$ /$(\mathrm{m^3/s})$	$\dfrac{q_1+q_2}{2}\Delta t$ /$10^6\mathrm{m^3}$	V /$10^6\mathrm{m^3}$	Z/m
(1)	(2)	(3)	(4)	(5)	(6)	(7)	(8)	(9)	(10)
0		10			10			247.00	116.9
	12		75	3.24		15	0.65		
12		140			20			249.59	116.2
	12		425	18.36		625	2.70		
24		710			105			265.26	117.2
	12		494.5	21.36		1725	7.45		
36		279			240			269.18	118.2
	2		264.5	1.90		245	1.76		
38		250			250			279.32	118.2
	10		190.5	6.86		240	8.64		
48		131			230			277.54	118.1

以后仍采用与第 4 步同样的方法，对 38～48 小时时段进行试算，求得第 48 小时的 $q=230\mathrm{m^3/s}$，图 11-5 中 38～48 小时用实线绘出的 $q(t)$，代表该时段正确的下泄流量过程。

6）推求设计防洪库容 $V_设$ 和设计洪水位 $Z_设$。按 $q_m=250\mathrm{m^3/s}$ 从图 11-4 的 $q-V$ 线上查得相应的总库容 $V_m=279.32\times10^6\mathrm{m^3}$，减去堰顶高程以下的库容 $247\times10^6\mathrm{m^3}$，即得 $V_设=32.32\times10^6\mathrm{m^3}$；由 V_m 值从图 11-4 的 $Z-V$ 线上查得 $Z_设=118.21\mathrm{m}$。

（二）图解分析法（又称半图解法）

上述列表试算法概念清楚，但试算工作量较大。为了减少计算工作量，不少学者提出了许多其他计算方法，例如图解分析法（又称半图解法）、图解法、概化图形法等，它们的基本原理都是相同的，只是在计算技巧上，或者公式形式上有所改换而已。本文介绍波达波夫的图解分析法，便于读者了解该类方法的性质，应用时可以根据具体情况加以采用及改换。

若将式（11-1）整理移项，可写为

$$\frac{V_2}{\Delta t}+\frac{q_2}{2}=Q_{cp}+\left(\frac{V_1}{\Delta t}-\frac{q_1}{2}\right) \tag{11-5}$$

由式（11-3）可知，V_1 及 V_2 均分别为 q_1 及 q_2 的函数，可写出如下两个函数式：

$$\varphi(q)=\frac{V}{\Delta t}-\frac{q}{2} \tag{11-6}$$

和

$$f(q)=\frac{V}{\Delta t}+\frac{q}{2} \tag{11-7}$$

Q_{cp} 为时段 Δt 内已知的入库平均流量，因此，只要计算出式（11-5）右端的数值，就可以利用左端的函数关系确定 q_2，连续计算下去就可以得到每一时刻的下泄流量。

在计算前可先根据既定的泄洪建筑物的型式和尺寸、库容曲线及计算时段 Δt，绘出与上述式（11-6）、式（11-7）两个函数式相应的辅助曲线（见图11-6）。

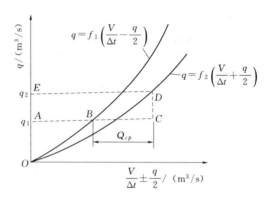

图 11-6　图解分析法辅助曲线

在做好上述辅助曲线后，即可按下列步骤进行图解计算。

1）根据第一时段初出库流量 q_1，在上图纵坐标轴上截取 A 点，使 $OA = q_1$。

2）过 A 点作一平行于水平轴的直线 AC，该线与 $q - (V/\Delta t - q/2)$ 曲线交于 B 点，在直线上由 B 向右边量取 $BC = Q_{cp}$。

3）过 C 点作一平行于纵坐标轴的直线与 $q - (V/\Delta t + q/2)$ 曲线交于 D 点，过 D 点引一平行于水平轴的直线与纵坐标轴交于 E 点，则 $OE = q_2$，即为所求的时段末下泄流量。

上述图解计算的正确性，可证明如下：

图中

$$AB = \frac{V_1}{\Delta t} - \frac{q_1}{2}, \quad BC = Q_{cp}, \quad ED = \frac{V_2}{\Delta t} + \frac{q_2}{2}$$

由图中可见，$ED = AB + BC$，将上述各项右端数值代入，得

$$\frac{V_2}{\Delta t} + \frac{q_2}{2} = Q_{cp} + \left(\frac{V_1}{\Delta t} - \frac{q_1}{2}\right)$$

证明上述图解计算结果与式（11-1）相符。

对下一时段的计算，则可将上一时段求得的 q_2 作为其计算的起始条件 q_1，并用上述同样的方法进行图解计算，求得时段末的出库流量。如此类推，最后求得水库的下泄流量过线 $q(t)$。

【例 11-2】　利用例 11-1 的条件和资料，按图解分析法求水库的下泄流量过程线及防洪库容。

解：1）绘制 $q - (V/\Delta t \pm q/2)$ 辅助曲线。利用水库已有的资料，列表计算 $V/\Delta t \pm q/2$ 数值（见表 11-5）。根据表 11-3 数据，点绘出 $q - (V/\Delta t \pm q/2)$ 关系曲线（见图 11-6）。

2）推求 $q(t)$ 及 q_m。调洪的起始条件同例 11-1，取计算时段 $\Delta t = 12\text{h}$。对于第一个时段，已知 $Q_1 = 10\text{m}^3/\text{s}$，$Q_2 = 140\text{m}^3/\text{s}$，$Q_{cp} = 75\text{m}^3/\text{s}$，$q_1 = 10\text{m}^3/\text{s}$，用 $q_1 = 10\text{m}^3/\text{s}$ 在纵坐标上量得 A 点，过 A 点引水平线与 $q - (V/\Delta t - q/2)$ 曲线交与 B 点；在

AB 延长线上量取 $BC = Q_{cp}75\text{m}^3/\text{s}$；过 C 点引一垂线与 $q - (V/\Delta t \pm q/2)$ 曲线交与 D。该点的纵坐标即为 $q_2 = 10\text{m}^3/\text{s}$。

表 11 - 5 　　　　　　$q - V/\Delta t \pm q/2$ 关系曲线计算表（$\Delta t = 12\text{h}$）

Z/m	H/m	$V/10^6\text{m}^3$	$\dfrac{V}{\Delta t}/$ $(10^3\text{m}^3/\text{s})$	$q/$ (m^3/s)	$1/2q/$ (m^3/s)	$\dfrac{V}{\Delta t}+\dfrac{q}{2}/$ $(10^3\text{m}^3/\text{s})$	$\dfrac{V}{\Delta t}-\dfrac{q}{2}/$ $(10^3\text{m}^3/\text{s})$
116	0	247	5.72	10	5	5.725	5.715
117	1	262	6.06	82	41	6.101	6.019
118	2	276	6.39	214	107	6.497	6.283
119	3	291	6.74	384	192	6.932	6.548
120	4	307	7.11	586	293	7.403	6.817
121	5	322	7.45	816	408	7.858	7.042
122	6	340	7.87	1068	534	8.404	7.336
124	8	378	8.75	1638	819	9.569	7.931
126	10	423	9.79	2280	1140	10.930	8.650

将第一时段 q_2 作为第二时段 q_1，用上述相同的方法计算，即可求得第二时段 q_2，其余时数同理类推。最后求得 $q(t)$ 如表 11 - 6 所示。

表 11 - 6 　　　　　　　　　　　　调 洪 计 算 成 果 表

时间/h	0	12	24	36	48	60	72	84	96	108
$Q/$ (m^3/s)	10	140	710	279	131	65	32	15	10	10
$Q_{cp}/$ (m^3/s)		75	425	495	205	98	49	24	13	10	
$q/$ (m^3/s)	10	20	105	235	225	175	130	100	75	65

按表 11 - 6 中的计算成果绘出 $Q(t)$ 和 $q(t)$ 线（见图 11 - 7）。$q(t)$ 线的峰值 q_m 按趋势绘于 $Q(t)$ 线的退水段上，并量得 $q_m = 250\text{m}^3/\text{s}$。从该图可求得相应 $V_{设} = 32.32 \times 10^6\text{m}^3$。

（三）图解法

上述图解分析法比较简单明了，可以避免试算工作的繁琐，但不能在图上直接绘出下泄流量过程线，而且根据数字在图上量取 Q_{cp} 容易出错，因此也有人采用其他图解法。这里介绍一种较常用的图解法。

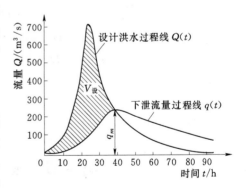

图 11 - 7 　下泄流量过程线

若将式（11 - 1）改写如下：

$$(Q_{cp} - q_1)\Delta t + \left(V_1 + \frac{q_1}{2}\Delta t\right) = \left(V_2 + \frac{q_2}{2}\Delta t\right) \tag{11 - 8}$$

由此可见，等式左端第二项与等式右端的函数形式是相同的，即

$$(Q_{cp} - q_1)\Delta t + f(q_1) = f(q_2) \tag{11 - 9}$$

上式中左端是已知的，右端是未知的，只要利用 $f(q)$ 辅助曲线，按此函数关系即可确定 q_2。

在图解计算之前，先绘出如图 11-8 的有关曲线。图中第一象限为入库洪水过程线，第二象限为利用式（11-9）点绘的 $f(q)$ 曲线及 $Q\Delta t$ 直线。然后，按以下步骤作图。

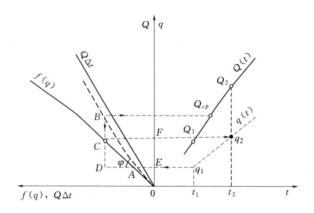

图 11-8　调洪计算图解法

1）第一时刻 t_1 开始，从 q_1 处向左作水平线，交 $f(q)$ 曲线于 A 点。

2）过 A 点作 $Q\Delta t$ 直线的平行线，并由 $Q(t)$ 线第一时段中的 Q_{cp} 处向左作水平线，交上述平行线于 B 点。

3）过 B 点作垂线，交 $f(q)$ 于 C 点。

4）由 C 点向右作水平线与 t_2 时刻垂线相交即为 q_2。

其余时段同理类推，即可在第一象限内点绘出下泄过程线 $q(t)$。

作图的正确性，可证明如下

$$BD = Q_{cp} - q_1$$
$$AD = BD\,\mathrm{ctg}\varphi = (Q_{cp} - q_1)\,\Delta t$$
$$DE = AD + AE = (Q_{cp} - q_1)\,\Delta t + f(q_1)$$

而
$$DE = CF$$

故
$$(Q_{cp} - q_1)\,\Delta t + f(q_1) = f(q_2)$$

与式（11-1）一致，证毕。

第三节　水　库　防　洪　计　算

第二节水库调洪计算的原理和方法讲述了在既定的泄洪建筑物型式和尺寸的情况下，如何利用水量平衡方程和动力方程，由水库入流过程，通过调节作用算出水库下泄流量过程及防洪库容。本节介绍的水库防洪计算（又称水库防洪水利计算）则是叙述如何选择泄洪建筑物型式和尺寸，确定与防洪有关的水库参数（汛前水位、防洪高水位、设计洪水位和校核洪水位）、总库容及坝高。此外，还包括防洪效益估算及水库防洪调度方面的问题。有关防洪调度问题，将在其他课程中专门介绍。

如前所述，泄洪建筑物可分为表面式溢洪道和深水泄洪洞。溢洪道又可分为无闸门控制和有闸门控制两类。对于无闸门溢洪道，水库的泄洪方式属于自由溢流；对于有闸门控制的溢洪道和泄水底孔，其泄流方式可进行人为的控制。在防洪计算时，通常初步拟定泄流方式，并根据洪水特性、水库安全、闸门启闭设备，以及技术经济条件等综合考虑加以论证确定。泄洪建筑物型式的选择必须综合考虑水利枢纽的地形条件、地质条件、水工建筑物的型式、综合利用要求及利用预报泄洪的可能性等条件，最终选定时必须进行技术经济比较论证。

由于无闸溢洪道和有闸溢洪道的泄流方式不同，承担的防洪任务也有区别。因此，本节分别就这两类溢洪道的不同特点，进行水库防洪计算的论述。

一、无闸溢洪道水库的防洪计算

无闸门控制的泄洪建筑物，其溢洪道堰顶高程一般与正常蓄水位重合。水库汛前水位，一般年份可能低于正常蓄水位，但考虑到汛期洪水有连续出现的可能，即后期大洪水来临之前，可能已出现过洪水，并已使水库水位蓄至正常蓄水位。因此，设计计算时为安全起见，取汛前水位与正常蓄水位齐平。

不设闸门的水库，一般属于小型水库，控制流域面积较小，库容不大，难以负担下游防洪任务。因此，一般来说水库下游没有防洪要求。

1. 拟 定 方 案

已知水库下游没有防洪要求，泄流方式、堰顶高程和汛前水位都已确定，根据水库、坝址附近地形、地质条件和洪水情况，拟定几种可能的溢洪道宽度 B，用库容曲线及泄流公式绘制下泄流量与库容的关系曲线 $q=f(V)$ 或 $q=f(V, Q)$，组成若干个不同溢洪道宽度 B 的方案。

2. 调 洪 计 算

针对各个不同溢洪道宽度 B 的方案，用已知的入库洪水过程线，分别按本章第二节讲述的调洪计算方法，进行调洪计算，并将计算成果点绘成 $B-q_m$ 及 $B-V$ 关系曲线（见图 11-9）。同时，按水工建筑物设计规范，确定各方案相应坝顶高程。

3. 选 定 方 案

对各个方案进行投资费用计算，包括大坝投资、上游淹没损失及泄洪建筑物投资费用。前两项费用随 B 的增大而减少，用 u_1 表示该两项费用之和；后一项费用随 B 的增大而增大，用 u_2 表示其费用。计算结果可点绘成 u_1-B 及 u_2-B 关系曲线（见图 11-10）。

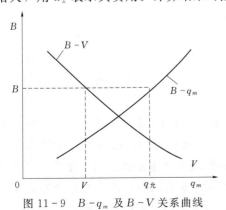

图 11-9 $B-q_m$ 及 $B-V$ 关系曲线

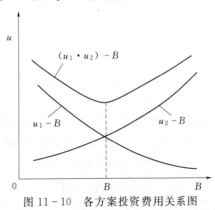

图 11-10 各方案投资费用关系图

最后按投资费用最小的原则,选定泄洪建筑物堰顶宽度 B。但是,在下游无防洪任务而不计入下游防洪费用的情况下,可能总投资费用不出现极小值。在这种情况下,堰顶宽度 B 的合理确定应作综合分析比较,多方论证。

二、有闸溢洪道水库的防洪计算

溢洪道上设置闸门,尽管增加泄洪设施的投资和操作管理工作,但可以比较灵活地按需要控制泄流量和时间,这将给大中型水库的防洪效果和枢纽的综合利用带来很大好处。

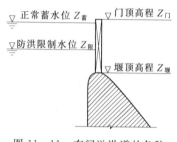

图 11-11 有闸溢洪道的各种
水位及高程

有闸门控制的泄洪建筑物,技术上有可能使防洪库容与兴利库容结合使用,提高综合利用效益,并有控制泄洪的能力,能承担下游的防洪任务。此外,还便于考虑洪水预报,提前腾空库容。

为了保证兴利蓄水的要求,闸门顶高程 $Z_门$ 不能低于正常蓄水位,一般与正常蓄水位齐平;为了使兴利与防洪相结合,可能时,防洪限制水位 $Z_限$ 应小于正常蓄水位,大于堰顶高程 $Z_堰$(见图 11-11)。

有闸溢洪道水库的防洪计算特点是泄流方式属于控制泄流,决定了在防洪计算上与无闸溢洪道的基本区别。

1. 拟定方案

组成有闸溢洪道水库防洪计算的参数很多,除溢洪道宽度 B 之外,还应包括堰顶高程 $Z_堰$、闸门顶高程 $Z_门$、防洪限制水位 $Z_限$ 以及水库下游河道允许泄量 $q_允$。如前所述,一般情况下,闸门顶高程与正常蓄水位齐平,而堰顶高程在水工设计时可以定出,水库下游河道允许泄量由下游防洪任务定出,需要分析研究的是防洪限制水位。因此,在拟定若干个不同溢洪道宽度 B 的方案时,还需确定防洪限制水位。

防洪限制水位 $Z_限$ 是汛期来到之前,水库允许经常维持的上限水位。对于设计条件下,它是调洪的起始水位。该水位反映了兴利库容与防洪库容综合的程度,当防洪限制水位等于正常蓄水位时,表示二者不结合,多数属于无闸门控制的情况。从防洪的要求出发,防洪限制水位定得越低(低于正常蓄水位),就会有越多的兴利库容兼作防洪,一举两得;从兴利用水要求出发,防洪限制水位不能太低,应使汛后回蓄更有保证。为了充分发挥水库的效益,应该把防洪库容与兴利库容尽可能地结合起来。因此,防洪限制水位要根据泄洪建筑物的控制条件、洪水特性和防洪要求等确定。

2. 拟定泄流方式

由于有闸溢洪道水库的泄流方式属于控制泄流,因此,调洪计算时,应先根据水库下游防洪、非常泄洪和是否有可靠的洪水预报等情况拟定泄流方式。泄流方式不同,所造成的调洪作用也不尽一致。

设溢洪道宽为某一数值 B,溢洪道堰顶高程和调洪起始水位 $Z_限$ 已定,下游安全泄量 $q_允$ 为已知,当洪水上涨时,库水位在调洪起始水位,此时闸门前已具有一定的水头,如果打开闸门,则具有较大的泄洪能力。在无预报的情况下,应控制泄洪,逐渐开启闸门使下泄流量与入库流量相等,如图 11-12 的 ab 段所示。b 点以后,入库流量开始大于闸门全部开启时的下泄流量。这时为使水库有效泄洪,应将闸门全部打开,形成自由泄流,如

图 11-12 的 bc 段所示。当下泄流量达到 $q_允$，水库水位仍在继续上涨，为了使下泄流量不超过 $q_允$，必须将闸门逐渐关闭，形成固定泄流方式，如图 11-12 的 cd 段所示。整个泄流过程为 $abcd$ 线段，相应的防洪库容为设计洪水过程线与 $abcd$ 线所包围的面积。

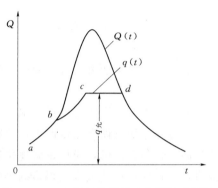

图 11-12　有闸门控制的水库调洪示意图

当溢流堰宽度 B 有若干个方案时，可用上述方法绘出 B-$V_防$ 关系曲线，从而根据水库地形、溢洪道地形条件，并通过经济计算，确定最优的一组 B 和 $V_防$。

上述方法是设想水工建筑物设计洪水标准与下游防护对象设计洪水标准相同的情况。在实际工程设计中，两种设计洪水标准不会完全相同，一般是建筑物的设计洪水标准高于下游防护对象的设计标准。在这种情况下，水库调洪任务应首先满足下游防护对象的安全要求，即根据防护对象的设计洪水使上游水库调洪后的下泄流量不超过 $q_允$，并得相应的防洪库容 $V_{洪1}$（见图 11-13）和相应防洪高水位。然后用水工建筑物的设计洪水进行调洪计算，在水库蓄水达到 $V_{洪1}$ 之前，水库按 $q_允$ 下泄；当水库蓄水达到 $V_{洪1}$ 时，说明这次洪水的大小已超过下游设计洪水标准，下游防洪要求不能满足，但应保证水工建筑物的安全，把闸门全都打开，形成自由溢流，至 e 点泄洪流量达到最大值，所增加的防洪库容 $V_{洪2}$（见图 11-14）。水库的防洪库容 $V_防 = V_{洪1} + V_{洪2}$，它是水库既考虑下游防洪要求又考虑水工建筑物安全所需要的总防洪库容。这种水库防洪的分级调节方法，能在一定程度上实现大水大放，小水小放，有利于洪水调节。

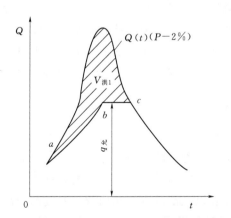

图 11-13　按下游防护对象设计洪水调洪示意图

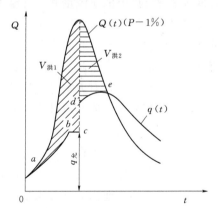

图 11-14　按水工建筑物设计洪水调洪示意图

3. 调洪计算

针对拟定的各个不同溢洪道宽度 B 的方案和选定的防洪限制水位、泄流方式，以及已知的入库洪水过程线和下游河道允许泄量 $q_允$，用列表法按本章第二节介绍的调洪计算方法进行调洪计算，求得下泄流量过程线和相应的防洪库容。有了防洪库容，就可求得相应的设计洪水位。同样，可求得校核库容及相应的校核洪水位。

4. 方案比较和选择

有闸溢洪道尺寸和水库有关参数的方案比较和选择与前述无闸溢洪道的情况基本相同。

三、具有非常泄洪设施水库的防洪计算

1. 非常泄洪设施

有的水库校核洪水比设计洪水大得多，尤其当校核洪水采用可能最大洪水时，二者相差更为悬殊。如只设有正常泄洪建筑物，必将增加工程造价。因此，为了安全又不致使造价过高，若条件许可，应尽量修建位置适当、工程比较简易的非常泄洪建筑物，帮助正常泄洪设置宣泄比设计洪水大得多的洪水。

2. 非常泄洪设施的启用标准

非常泄洪设施属于一种临时的、特殊的防洪设施，应规定在某一种条件下启用，故有一个启用标准问题。目前，多以某一库水位作为启用标准，这个水位称为启用水位（$Z_{启}$）。启用标准较高，虽能减少下游洪水灾害，但会使建筑物规模增大，上游掩没损失增加；启用标准过低，建筑物规模小、造价低，但下游遭受洪水灾害机会增多，损失亦大。因此非常泄洪设施的启用标准必须通过综合技术经济论证来决定。

3. 调洪计算

针对已选定的非常溢洪道宽度、启用水位、校核标准（或可能最大洪水）的入库洪水过程，按无闸溢洪道的自由溢流，采用本章第二节所介绍的方法进行调洪计算，求得非常泄洪情况下的泄流过程线、最大下泄流量，在校核洪水标准下所需的防洪库容，以及校核洪水位和坝顶高程。

必须指出，计算时应使用合成泄流曲线 $Z-q$ 及相应的蓄泄曲线，即启用水位的泄流量应包括正常溢洪道的泄流量和非常溢洪道的泄流量。

通过调洪计算成果，可以看出，当溢洪道宽度不变时，如果降低启用水位，溢洪道将提早泄洪，增大下泄流量和减小所需的防洪库容。在启用条件相同的情况下，非常泄洪设施的尺寸越大泄洪能力也越大，所需的防洪库容也越小。因此，可根据上述的相互关系，以及地区的实际情况，对方案进行优选。

四、洪水预报在水库防洪计算中的应用

在以上各种防洪计算中，都没有考虑到洪水预报对泄洪建筑物尺寸及水库参数选定的影响。因此，当水库出现设计洪水时，设想水库水位已蓄至防洪限制水位，这时只能用防洪限制水位以上的库容来拦蓄洪水。但是在短期洪水预报已具有一定水平的条件下，可预先从兴利库容中适当泄出一部分水量，腾空部分库容以拦蓄洪水，从而减少专设的防洪库容，降低水工建筑物造价。目前有的水库已在运行时采用了洪水预报调度，取得了成效。但是，洪水预报常常有不同程度的误差，如果不考虑预报误差，将有可能招致腾空库容不能回蓄，影响兴利的效益。因此，在水库设计阶段，是否要考虑洪水预报尚无统一的意见。若不考虑预报，则可视为一种偏安全的做法。

至于如何考虑洪水预报的防洪计算问题，可根据预报方案，提前一个预见期来考虑水库的泄流方式。设洪水预报预见期为 t_1，不考虑预报误差，可按预先腾空库容的方法进行调洪。具体做法如图 11-15 所示，水库的下泄流量提前按预见期 t_1 的预报入库流量泄放，

甚至预报入库流量达到下游河道的允许安全泄量 $q_允$ 为止。此后则控制泄洪，使水库泄量维持在 $q_允$。考虑预报泄流过程如图 11-15 中的 $abce$ 线段所示。

由图 11-15 可见，图中曲线 $abcd$ 所包围的面积即为根据预报预泄腾空的库容，用 $V_预$ 表示。当不考虑预报时，水库将按 $adce$ 下泄，这时水库所应蓄的洪水总量为 $V_{防,总}$，在没有预泄的情况下，这部分水量显然应由专设的防洪库容来蓄纳；在考虑预报后，由于事先腾空

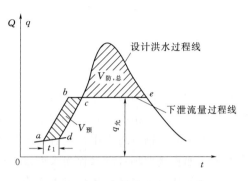

图 11-15 考虑预报调洪计算图

$V_预$，因此可将必须蓄纳的洪水总量 $V_{防,总}$ 的一部分蓄在 $V_预$ 中，从而可减少专设的防洪库容。

第四节 入库洪水计算

一、入库洪水与坝址洪水

在 20 世纪 60 年代以前规划设计水库枢纽时，大都把建库前的坝址设计洪水直接作为建库条件下的入库洪水进行调洪计算。但是，许多已成水库的观测资料表明，坝址洪水与入库洪水并不完全相同，有时二者的差别还很大。例如吉林省丰满水库，建库后洪水从入库站到坝址的时间，只相当于未建库时的 1/10～1/7，入库洪水的洪峰流量较坝址洪水的大 30% 左右。因此，在水库的规划设计和管理运用中，往往需要分析计算入库洪水，另外，现在已学过了河道和水库洪水演算，也有条件进一步掌握入库洪水的计算方法。

1. 入库洪水的含义及组成

坝址洪水是指未建库条件下，在坝址处形成的洪水；入库洪水则是指建库条件下，通过各种途径进入水库的洪水。入库洪水由三部分组成（图 11-16）：①水库回水末端附近干支流水文站（图中的 A、B 断面）的洪水，称入库断面洪水（A、B 断面称入库断面）；②入库断面以下到水库周边以外区间陆面（图中打点的面积）上产生的洪水，称区间陆面洪水；③水库库面（图中的阴影面积）上的降雨形成的洪水，称库面洪水。

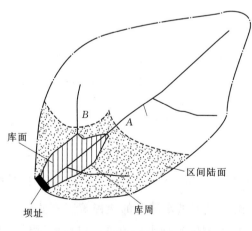

图 11-16 入库洪水组成示意图

2. 入库洪水与坝址洪水的差异

入库洪水和坝址洪水的含义和形成条件均有所不同，从而导致了它们之间的差异。现就其主要方面分析如下，为掌握入库洪水的变化规律打下基础。

1) 坝址洪水可由水文测验测得，入库洪水无实测资料，只能间接方法推求。

2）产流条件的变化和影响：建库后，库区由原来的陆面变成了水面，其上的降雨直接变成了径流，这将使入库洪水的峰和量都有所增加。但通常情况下，库面与流域面积相比很小，这项影响往往不大。

3）调蓄作用的变化和影响：建库后，库区内原河槽和坡面变成了水库容积的一部分，因此，对于以水库周边为"入流断面"的入库洪水来说，它们的调蓄作用已不存在。显而易见，库区内原河槽的调蓄作用越大，由此而引起的坝址洪水和入库洪水的差异也就越大。当库区的河槽调蓄作用很大时，可使入库洪水比坝址洪水的峰有较大的增加。由此不难看出：如直接把坝址洪水作为入库洪水进行调洪计算，则因重复计入了库区的河槽调蓄作用，将使调洪计算的结果偏于不安全。

4）流域汇流时间的变化和影响：建库后，对于入库洪水来说，使原来向坝址断面的汇流变成了向水库周边的汇流，因此流域汇流时间（主要是河网汇流时间）缩短，这将使建库后的洪水遭遇情况发生变化。建库前，由于干、支流及区间来的洪水汇集到坝址，路程远，历时长，有比较多的机会能够相互错开。水库建成后，对于入库洪水来说，库区汇流消失，流域汇流的路程和历时变短，从而增加了各处来的洪水在水库周边遭遇的机会。这种变化，一般将使洪峰流量增大，峰现时间提前，但这并非绝对，个别情况下也可能出现相反的结果，具体影响如何，将随流域情况、暴雨时空分布等因素而定。

5）库区洪水波的变化和影响：建库后，库区水面拓宽，水深加大，水面比降变缓，洪水波进入库区后波形发生急剧变化，库区的波速大大加快，坝址处的峰现时间远远提前。例如上面提到的丰满水库，从入库断面到坝址 156km，天然河道的洪水传播时间为 20h，建库后则缩短为 2～3h。

明确了入库洪水的基本概念之后，即可根据所学水文学知识和调洪计算原理推求入库洪水了。以下重点介绍两种较有代表性的方法，水量平衡法和合成流量法，并简要介绍马斯京根反演算法和暴雨径流法。

二、水库水量平衡法推求入库洪水

该法是根据库水位和出库流量观测资料，利用水库水量平衡方程，反推入库洪水过程的方法，适用于建库后水库有水文观测资料的情况。所得入库洪水可与用合成流量法或马斯京根反演算法求得的建库前入库洪水组成入库洪水系列，以便提供水库防洪能力复核之用；或根据反推的入库洪水编制入库洪水预报方案，供水库调度之用。

水库水量平衡方程可写作如下的形式：

$$\overline{Q}_入 = \overline{Q}_出 + \frac{V_末 - V_初}{\Delta t} + \overline{Q}_损 \qquad (11-10)$$

式中：Δt 为计算时段，根据实际观测时段和天然情况下洪水涨落的快慢等因素选定，h；$\overline{Q}_入$ 为 Δt 内的平均入库流量，m^3/s；$\overline{Q}_出$ 为 Δt 内实测的平均出库流量，包括溢洪道、泄洪洞的泄洪流量及灌溉、发电、工业用水等的放水流量；$V_初$、$V_末$ 为 Δt 时段始、末的水库蓄水量，由记录的库水位查库容曲线而得（当动库容影响较大时，应使用动库容曲线），万 m^3；$\overline{Q}_损$ 为 Δt 内由于蒸发、渗漏而损失的平均流量，m^3/s。

在一次洪水过程中，$\overline{Q}_损$ 所占比重甚小，常可略而不计。这时上式变为：

$$\overline{Q}_{入} = \overline{Q}_{出} + \frac{V_{末} - V_{初}}{\Delta t} \tag{11-11}$$

对于具有观测资料的水库，该式右端全为已知，因此，不难求得入库洪水的时段平均流量，具体计算见表 11-7。

表 11-7　　　　　　　某水库 1970 年 7 月一次洪水入库流量推求表

时间		库水位 Z /m	库容 V /10^6m³	库容变化 $V_{末}-V_{初}$ /10^6m³	时段 Δt /s	$\frac{V_{末}-V_{初}}{\Delta t}$ /(m³/s)	出库流量 $Q_{出}$ /(m³/s)	平均出库流量 $\overline{Q}_{出}$/(m³/s)	平均入库流量 $\overline{Q}_{入}$/(m³/s)
日	时								
11	8	103.12	740.68				79.1		
	20	103.09	738.76	-1.92	43200	-44	78.2	79	35
12	8	103.05	736.20	-2.56	43200	-59	77.3	78	19
	20	103.16	743.24	7.04	43200	163	73.3	75	238
13	2	103.33	754.18	10.94	21600	506	78.4	76	582
	8	104.28	819.04	64.86	21600	3000	78.4	78	3078
	14	104.76	851.68	32.64	21600	1520	78.4	78	1598
	20	104.94	863.92	12.24	21600	567	78.4	78	645
14	2	105.07	872.83	8.91	21600	413	78.4	79	492
	8	105.12	876.28	3.45	21600	160	79.2	79	239
	14	105.18	880.42	4.14	21600	192	404.2	242	434
	20	105.11	875.59	-4.83	21600	-224	459.2	432	208
15	2	105.01	868.69	-6.90	21600	-319	437.6	449	130
	8	104.94	863.92	-4.77	21600	-221	627.6	533	312
	14	104.76	851.68	-12.24	21600	-567	443.6	536	-31
	20	104.67	845.56	-6.12	21600	-283	392.0	418	135

由表 11-7 的首末两栏，可点绘出时段平均入库流量过程线 $\overline{Q}_{入}$-t，如图 11-17 中的阶梯形过程线。因为库水位观测有误差，按式（11-11）计算的 $(V_{末}-V_{初})/\Delta t$ 和 $\overline{Q}_{入}$ 自然也有误差。这种误差属"振荡性"的，有正，有负。例如本时段末的 $V_{末}$ 偏小，将使计算的该时段的 $(V_{末}-V_{初})/\Delta t$ 和 $\overline{Q}_{入}$ 偏小，下个时段的则会偏大。当入库流量较大时，如在洪峰附近，这种误差相对较小，其影响被"淹没"，反映在过程线上不易被察觉；入库流量较小时，如在 $\overline{Q}_{入}$-t 线的尾部，这种误差相对较大，在 $\overline{Q}_{入}$-t 线上明显地表现出上下跳动（"振荡"）的现象，甚至使某些流量为负值。从式（11-11）还可看出，当 Δt 取得较短时，$(V_{末}-V_{初})/\Delta t$ 的误差将更大，这种现象会更加突出，但这不影响整场洪水的水量平衡。鉴于此，应用该法推求入库洪水时，一是 Δt 不要取得过短，再是遵循水量平衡原理，参照降雨过程，对 $\overline{Q}_{入}$-t 进行修匀，如图 11-17 中的实线就是修匀后的入库洪水过程线，它代表的是瞬时流量过程线。

三、合成流量法推求入库洪水

当水库周边附近干流和主要支流均有水文站，控制流域面积占坝址以上的比重较大，

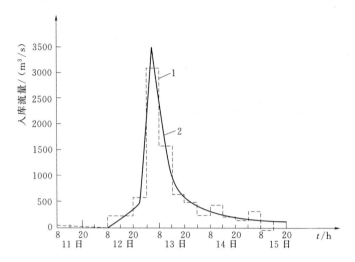

图 11 - 17　某水库 1970 年 7 月 11—15 日入库洪水过程线

1—平均入库流量过程线 $\overline{Q}_\text{入} - t$；2—修匀后的入库洪水过程线 $Q_\text{入} - t$

且资料比较完整可靠时，可用合成流量法推算入库洪水。该法概念明确，对建库前后径流形成条件变化的影响考虑较为周全，只要区间洪水估计得当，一般可以得到比较满意的成果，有条件时，应尽量采用此法。按此法求得的入库洪水用途较广，主要有：①对建库前用此法求入库洪水，供水库规划设计之用；②对建库前后都用此法求入库洪水，供水库防洪能力复核之用；③做入库洪水过程预报，供水库调度使用。

所谓合成流量法，是将入库的干支流控制断面的洪水和区间洪水，以同时到达水库周边为准进行叠加（合成）而得入库洪水。对图 11 - 16 所示情况，当控制站至库周边的河槽调蓄作用可以忽略不计时，按合成流量法原理可写出时刻 t 的入库流量 $Q_{\text{入},t}$ 的组合式为：

$$Q_{\text{入},t} = Q_{A,t-\tau_A} + Q_{B,t-\tau_B} + Q_{\text{区},t-\tau_\text{区}} + Q_{\text{面},t} \qquad (11 - 12)$$

式中：$Q_{A,t-\tau_A}$ 为干流入库站 A 在 $t-\tau_A$ 时刻的流量，τ_A 为 A 站到库周的传播时间；$Q_{B,t-\tau_B}$ 为支流入库站 B 在 $t-\tau_B$ 时刻的流量，τ_B 为 B 站到库周的传播时间；$Q_{\text{区},t-\tau_\text{区}}$ 为入库区间陆面降雨在 $t-\tau_\text{区}$ 时刻形成的流量，$\tau_\text{区}$ 为区间洪水至库周的传播时间；$Q_{\text{面},t}$ 为时刻 t 库面降雨形成的流量。

Q_A、Q_B 为实测值，因此，只要推求出 $Q_\text{面}$、$Q_\text{区}$ 和 τ_A、τ_B、$\tau_\text{区}$，即可按上式合成入库洪水过程。当入库断面更多或区间洪水必须分块计算时，其原理相同，可参见例 11 - 3。

1. 库面洪水过程 $Q_\text{面} - t$ 的计算

暴雨期间，库面蒸发和渗漏损失所占比重甚小，为简化计算，常略而不计，因此，将库面降雨强度过程乘以库面面积，即得库面洪水过程。库面面积可据实际情况，查水位面积曲线确定。如库面面积较小，为简化起见，有时即把库面面积并于区间陆面面积之中，不单独求库面洪水过程。

2. 区间降面入库洪水过程 $Q_\text{区} - t$ 的计算

推求区间陆面入库洪水，可根据区间面积的大小和资料情况，采用适当的计算方法。

但应注意,必须尽可能利用建库前的实测资料对所用方法的可靠性进行检验,以论证区间洪水的计算方法是否正确。具体检验方法是:第一,根据坝址站和干、支流入库站的实测流量过程,拟定未建库条件下天然河道的洪水演算方法和率定其中的有关参数,例如马斯京根法及其中的参数 K、x;第二,选用下述方法之一计算区间洪水;第三,利用第一步确定的河道洪水演算方法,将各入库站洪水和推算的区间洪水都演算到坝址叠加,看这样求得的坝址洪水是否与实测的相符。若基本符合,则说明所采用的区间洪水计算方法和河道洪水演算方法基本上是正确的。否则,应作适当的调整,直到二者吻合为止。由此可见,要做出这种论证,至少建库前应有短期的坝址和各入库站的同期观测资料。至于区间洪水的计算,则主要有下述三种方法。

(1) 由上游各入库断面洪水和坝址洪水推求。此法只适用于建库前的情况。当上游各入库断面和坝址处都有实测资料时,可将干支流入库断面洪水演进到(或不考虑变形推移到)坝址处叠加,然后由坝址洪水减去叠加的干支流洪水,余下的部分即为区间洪水。用这种方法推求的是坝址处的区间洪水,还应把它反演(推)到区间洪水的集中点,如区间支流测站处,或区间面积较集中的位置,等。

(2) 区间单位线法。按上法可以求得区间洪水集中点的区间洪水过程线,由此便可根据区间净雨过程分析出区间单位线。由多次洪水可以求得多条单位线,把它们分型后,即可供选择采用。若区间分块计算,则应推求各块上的单位线。

(3) 放大区间支流测站的洪水过程线。如区间面积上的自然地理条件和暴雨洪水特性比较一致,而其中某一支流又有实测洪水资料,则可根据区间和支流测站流域面积(或暴雨体积,或净雨体积)的比例,放大支流实测洪水,以求得区间洪水。

以上各法,可以单独使用,也可以联合使用,应根据具体情况灵活处理。下面所举的例 11-3 就是一个联合使用的例子。

3. 干支流入库站及区间到库周的传播时间的确定

该项工作分两步进行:第一步,通过分析建库前干、支流入库站和坝址站的实测流量过程,求得未建库条件下各入库站及区间洪水集中点到坝址站的洪水传播时间;第二步,根据各入库站及区间洪水集中点至水库周边的距离,由第一步的成果按距离比(或再考虑河槽比降的变化)估算出它们分别到库周的传播时间。

【例 11-3】 图 11-18 为我国南方某水库的入库区间分块测站分布图,图中 A 为坝址断面,B、C、D 为入库断面,B、C、D 三站控制流域面积占坝址 A 点以上的 92%,E、F 为区间两个主要支流上的水文站。按照自然地理特征、暴雨特征基本一致的原则,将入库区间约 15600km² 的面积划分为如图 11-18 所示的 Ⅰ、Ⅱ、Ⅲ 三个分块。库面面积甚小,故合并在陆面区间中一起考虑。现对 1976 年 7 月的一次入库洪水计算如下。

解: 1) 推求区间各分块的入库洪水过程。统计历次洪水资料,求得 B、C、D 断面的洪水到坝址的传播时间分别为 24h、30h、30h;将该次各入库断面的洪水分别滞后相应的时间进行叠加,得到它们在坝址的总的洪水过程,与坝址洪水相减,得总的区间洪水过程,从而算出区间的洪量为 44061(m³/s)·d。然后依各分块的暴雨体积的比例把它分配给三个分块,求得每个分块的洪量 $W_Ⅰ$、$W_Ⅱ$、$W_Ⅲ$ 分别为 14629(m³/s)·d、11544(m³/s)·d、17888(m³/s)·d。用 $W_Ⅰ$ 放大第 Ⅰ 分块上的代表站 E 站相应的洪水过程,得第 Ⅰ 分块的

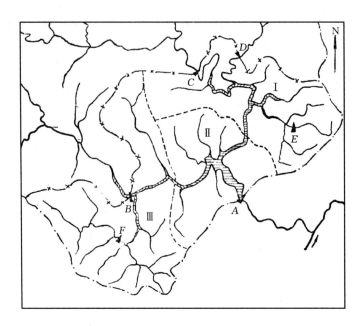

图 11-18 某水库入库区间分块和水文测站分布图

A—坝址站；B、C、D—入库站；E—Ⅰ区代表站；F—Ⅲ区代表站

洪水过程；用 $W_Ⅲ$ 放大第Ⅲ分块上的代表站 F 站相应的洪水过程，得第Ⅲ分块的供水过程；用 $W_Ⅱ$ 放大 E、F 站的平均洪水过程，得第Ⅱ分块的洪水过程，如表 11-8 第（5）、第（6）、第（7）栏所示。

为了检查各分块洪水计算得是否正确，曾将各入库断面和各分块的洪水用马斯京根法演进到坝址，得到计算的坝址洪水，经与实测的比较，洪峰误差仅为 −0.1%，故认为推算的各分块洪水基本正确。

2）确定干支流入库站和区间洪水到水库周边的传播时间。

a）B 断面位于水库回水末端以下 30km 处，按 B 至坝址的距离和洪水平均传播时间，估算得洪水从水库周边到 B 的传播时间为 5h（即 $\tau_B = 5h$）。

表 11-8　　　　　　某水库 1976 年 7 月一次入库洪水计算表　　　　　单位：m^3/s

$t/$（月-日-时）	$Q_{B,t+5}$	$Q_{C,t-6}$	$Q_{D,t-6}$	$Q_{Ⅰ,t}$	$Q_{Ⅱ,t}$	$Q_{Ⅲ,t}$	$Q_{入,t}$	$Q_{坝,t}$
（1）	（2）	（3）	（4）	（5）	（6）	（7）	（8）	（9）
7-7-8	1920	3720	577	2155	1342	1882	11596	5930
7-7-20	6250	8950	1550	1098	1816	3332	22996	7950
7-8-8	12520	12500	2680	973	1383	2477	32533	14700
7-8-20	14180	15600	3370	1264	1058	1670	37142	23700
7-9-8	14420	16200	5330	770	1051	1870	39641	28100
7-9-20	13470	18000	5200	625	742	1286	39323	33200
7-10-8	14500	21600	7980	1412	1092	1678	48262	38200
7-10-14	16500	21600	7980	8276	2891	2477	59724	40200

续表

t /（月-日-时）	$Q_{B,t+5}$	$Q_{C,t-6}$	$Q_{D,t-6}$	$Q_{I,t}$	$Q_{II,t}$	$Q_{III,t}$	$Q_{入,t}$	$Q_{坝,t}$
(1)	(2)	(3)	(4)	(5)	(6)	(7)	(8)	(9)
7-10-20	17080	19600	6820	4202	2278	2956	52936	42200
7-11-8	16500	15600	3660	1865	1612	2572	41809	43400
7-11-20	15200	15600	2910	2354	1466	2054	39584	43100
7-12-8	15000	16000	2680	1518	1054	1552	37804	42000
7-12-20	15420	16900	4070	1802	1195	1725	41112	40500
7-13-8	17950	15000	3480	1412	1369	2258	41469	40200
7-13-20	17700	11600	2420	1054	1059	1764	35597	39900

b）C、D 断面距水库周边的距离皆约 40km，按与 a）相类似的方法，估算得洪水从 C、D 到水库周边的传播时间为 6h（即 $\tau_C = \tau_D = 6h$）。

c）I、III 分块的支流水文站接近水库周边，近似认为各分块（包括 II 分块）洪水到水库周边的传播时间为零（即 $\tau_I = \tau_{II} = \tau_{III} = 0$）。

3）求入库总洪水过程。由合成流量法原理可写出该水库的入库洪水计算式为：

$$Q_{入,t} = Q_{B,t+5} + Q_{C,t-6} + Q_{D,t-6} + Q_{I,t} + Q_{II,t} + Q_{III,t}$$

式中：$Q_{入,t}$ 为 t 时刻的入库总流量；$Q_{B,t+5}$ 为 B 断面（$t+5$）时刻的流量；$Q_{C,t-6}$ 为 C 断面（$t-6$）时刻的流量；$Q_{D,t-6}$ 为 D 断面（$t-6$）时刻的流量；$Q_{I,t}$、$Q_{II,t}$、$Q_{III,t}$ 分别为 I、II、III 分块的洪水 t 时刻在库周边的流量。

按上式即可由各入库断面洪水和计算的各分块洪水求得入库洪水过程，具体计算列于表 11-8 中。该次洪水，由于干、支流和区间洪峰同时在水库周边遭遇，从而使入库洪水的峰值较坝址的增大 37.6%，而此水库在一般情况下仅增加 5%～15%。

四、马斯京根反演算法推求入库洪水

当入库断面到坝址之间区间面积较小，建库前坝址有实测流量资料，入库站有部分同期实测资料时，可用马斯京根法将坝址洪水反演为入库洪水。马斯京根法，是由上断面洪水求下断面洪水，现在正好相反，是由下断面（坝址）洪水求"上断面"（水库周边）的入库洪水，故称"反演"。显然，很容易由"正演"的马斯京根演算方程导出如下的反演算方程：

$$Q_{入,1} = C_0' Q_{坝,2} + C_1' Q_{坝,1} + C_2' Q_{入,2} \tag{11-13}$$

式中：$Q_{坝,1}$、$Q_{坝,2}$ 分别为时段初、末的坝址流量；$Q_{入,1}$、$Q_{入,2}$ 分别为时段初、末入库流量。

C_0'、C_1'、C_2' 的计算式为：

$$\left. \begin{array}{l} C_0' = \dfrac{K - Kx + 0.5\Delta t}{0.5\Delta t + Kx} \\[2mm] C_1' = \dfrac{0.5\Delta t - K + Kx}{0.5\Delta t + Kx} \\[2mm] C_2' = \dfrac{Kx - 0.5\Delta t}{0.5\Delta t + Kx} \end{array} \right\} \tag{11-14}$$

且 $$C'_0 + C'_1 + C'_2 = 1$$

式中：x 为楔蓄形状系数，亦称流量比重因子；K 为具有时间因次的系数。

K、x 的计算方法和 Δt 选择原则与工程水文学中所介绍的一样，可由同期观测的坝址洪水和入库洪水推求，于是可计算出 C'_0、C'_1、C'_2。有了这三个系数，便可对任何一场坝址洪水做逆时序演算，即从坝址洪水过程的末了，取起始流量 $Q_{入,2} = Q_{坝,2}$，向前逐时段推算，即可得到入库洪水过程。

由坝址洪水利用马斯京根法反演算推求入库洪水的方法，在水库规划设计阶段应用较多，它可将坝址洪水系列直接转换成入库洪水系列，但不能用来推求建库后的入库洪水。这是因为建库后坝址洪水已观测不到，所以反演算就失去了基础。但是在建库后的洪水复核计算中，可用它将建库前的坝址洪水资料转换成入库洪水资料。以便与建库后的入库洪水资料组成一个统一的入库洪水系列。

必须指出，此法只适用于区间面积较小的情况。这时，水库周边的入库洪水主要由干支流入库站的洪水计算而得，区间面积上的洪水，像一般马斯京根法一样，只做简单处理。

五、由暴雨资料推求入库洪水

由上述各法求得的入库洪水过程，配合相应的暴雨和前期降雨资料，采用类似于由暴雨资料推求坝址洪水的方法，可求入库洪水单位线及产流计算方案，从而进行入库洪水预报，或由设计暴雨推求设计入库洪水，以提供水库控制运用或规划设计之用。

第五节 溃 坝 洪 水 计 算

兴修水库，对防供、灌溉、发电、航运、养殖都起着很大的作用，一般情况下，必须而且可以确保大坝的安全。但是，由于某些特殊原因、例如战争、地震、超标准洪水、大坝的施工质量不佳、地基不良及水库调度管理不当等，都会使坝体突然遭到破坏，而形成灾难性的溃坝洪水，给下游带来极其严重的危害。例如，1975 年 8 月淮河上游发生特大暴雨洪水，使石漫滩、板桥、田岗三座水库相继溃坝，造成的生命财产损失极为严重。因此，研究和预估溃坝洪水，对于合理确定水库的防洪标准和下游安全措施都是非常必要的。

溃坝可分为瞬时全溃、部分溃和逐渐全溃。不过，由于导致溃坝的因素甚为复杂，难于事先全面考虑，从最不利的结果着想，可以认为溃坝是瞬时完成的。因此，以下仅对瞬时全溃或部分溃的情况进行讨论。所谓全溃，是指坝体全部被冲毁；部分溃则指坝体未完全冲毁，或溃口宽度未及整个坝长，或深度未达坝底，或二者兼有的情况。

实验表明溃坝水流的物理过程如图 11 - 19 所示，溃坝初期，库内蓄水在水压力和重力作用下，奔腾而出，在坝前形成负波，逆着水流方向向上游传播，称为落水逆波；在坝下形成正波，顺着水流方向向下游传播，称为涨水顺波。由于波速（波的传播速度）随水深而增加，所以落水逆波前边的波速总大于后面的波速，使其波形逐渐展平（但并非水平），坝下涨水顺波的变化正相反，因为后面的波速总大于前面的波速，于是形成了后波赶前波的现象，使波峰变陡，成为来势凶猛的立波（不连续波）。例如，1928 年美国圣佛兰西斯坝失事，下游 2.2km 处观测得波峰高达 37m，万吨大的混凝土巨块都被冲走。不过，经过一段河槽调蓄及河床阻力作用之后，立波将逐渐坦化，最终消失。如图 11-20 所示，表示出一次溃坝洪水在坝址及下游各断面的流量过程线，从图上可以看出，坝址处峰形极为尖瘦，溃坝后瞬息之间即达最大值，然后随时间的推移而急速下降，呈乙字形的退水线。随着溃坝洪水向下游的演进，过程线渐渐变缓。

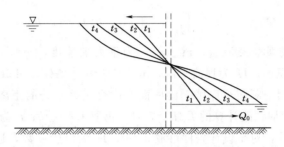

图 11-19　溃坝水流状态示意图

根据对溃坝水流物理过程的试验研究，曾提出许多关于溃坝流量过程计算方法及其向下游传播的演算方法，其中有些在理论上是比较严密的。但这些方法计算工作量大，资料条件要求高，限于溃坝的边界条件难以定准，其计算成果的精度并不一定高。因此，对于中小水库，多采用具有一定精度、且较为简便的半理论半经验公式或经验公式，计算坝址处溃坝最大流量及其向下游的传播。

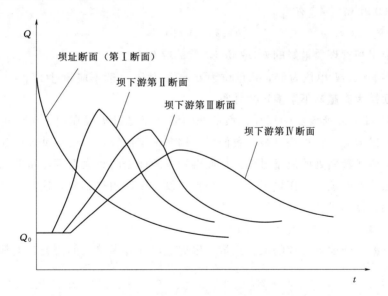

图 11-20　溃坝洪水沿程演进示意图

一、坝址处溃坝最大流量的计算

调查溃坝的情况表明，中小水库的土坝、堆石坝短时间局部溃的较多，刚性坝（如拱坝）和山谷中的土坝容易瞬间溃毁。为安全计，对于设计情况可考虑按瞬间溃坝处理。对瞬间全溃及局部溃的最大流量计算，这里介绍一种铁道部科学研究院 1980 年提出的经验公式。该公式是以溃坝水流理论为指导，在总结国内外各种计算方法的基础上，对所做

600 多次试验资料综合归纳，得到的适合于瞬间全溃或局部溃的坝址处溃坝最大流量计算公式。他们使用 200 多组溃坝试验记录和实际的溃坝资料，对该公式和国内外的其他公式进行检验、表明该公式适用条件广、计算精度高、误差均不超过 $\pm 20\%$。例如事后估测板桥水库溃坝最大流量为 $77400\text{m}^3/\text{s}$，按该式计算的为 $76300\text{m}^3/\text{s}$，相对误差仅为 1.4%。该公式的形式为：

$$Q_m = 0.27\sqrt{g}\left(\frac{L}{B}\right)^{1/10}\left(\frac{B}{b}\right)^{1/3}b(H-K'h)^{3/2} \qquad (11-15)$$

式中：Q_m 为坝址处溃坝最大流量，m^3/s；g 为重力加速度，m/s^2；B 为坝址处的库面宽，m，通常就等于坝长；H 为坝前水深，m，对于设计条件，可取坝高值；L 为库区长度，m，一般可采用坝址断面至库区上游库面宽度突然缩小处的距离，但实验表明：$L > 5B$ 后，其影响不再增加，故计算的 $L/B > 5$ 时，仍取 $L/B = 5$；h 为溃口处残留坝体的平均高度，m，为安全计，对于设计条件可取 $h=0$；K' 为经验系数，近似按 $K' = 1.4\ (bh/BH)^{1/3}$ 估计；b 为溃口的平均宽度，m，最大（全溃时）等于坝长，此值可按以下方法估计。

当溃坝时的蓄水 $V \geqslant 100$ 万 m^3 时，有

$$b = k_1 V^{1/4} B^{1/7} H^{1/2} \qquad (11-16)$$

式中：k_1 为坝体材质系数，对黏土类坝、黏土心墙或斜墙坝和混凝土坝取 1.19，均质壤土坝取 1.98。

当 $V < 100$ 万 m^3 时，有

$$b = k_2\ (VH)^{1/4} \qquad (11-17)$$

式中：坝体施工和管理质量好的 k_2 取 6.6，差的取 9.1。

两式中 B、b、H 单位为 m，V 单位为万 m^3，B/b 一般不应超过 17。

二、溃坝最大流量向下游演进的计算

正如从图 11-20 所看到的那样，坝址处的溃坝流量过程线在向下游演进中，将不断展平，溃坝的最大流量将很快衰减。我们可以用非恒定流解法，由坝址处的溃坝流量过程逐段演算出下游各断面处的流量过程，从而得到各断面处的最大溃坝流量和出现时间。不过，这种做法非常麻烦，工作量很大，中小水库设计中使用得不多，这里只介绍一些使用简便且有一定精度的经验公式方法。

1. 水库下游某断面溃坝最大流量的计算

溃坝在下游某断面处形成的最大流量，根据国内外许多单位的研究，大都采用下面的经验公式计算：

$$Q_{m,\,l} = \cfrac{V}{\cfrac{V}{Q_m} + \cfrac{l}{k_v v}} \qquad (11-18)$$

式中：Q_m 为坝址处的溃坝最大流量，m^3/s；$Q_{m,l}$ 为 Q_m 演进至距坝址 l（m）处的溃坝最大流量，m^3/s；V 为溃坝时的水库有效蓄水容积，m^3；v 为洪水期间河道断面最大平均流速，m/s；k_v 为经验系数。

$k_v v$ 值相当于洪水传播速度。黄河水利委员会水利科学研究院根据实际资料分析，认

为 $k_v v$ 可取下列数值：山区河道 7.15m/s；半山区河道 4.76m/s；平原河道 3.13m/s。

2. 溃坝最大流量到达下游某断面所需时间的计算

除了要知道溃坝之后在下游各断面形成的最大流量外，还需要估计它们在下游各断面什么时候出现，即需要计算溃坝最大流量从坝址到下游某处的传播时间。黄河水利委员会水利科学研究院根据实验求得其计算公式如下：

$$\tau = k_\tau \frac{l^{7/5}}{V^{1/5} H^{1/2} h_m^{1/4}} \tag{11-19}$$

式中：τ 为溃坝最大流量从坝址到下游 l（m）处的传播时间，s；h_m 为下游断面处最大流量时的平均水深，m，可根据式（11-18）计算的 $Q_{m,l}$ 查该断面的水位流量关系曲线和水位平均水深关系曲线求得；k_τ 为经验系数，等于 0.8～1.2，水深小时取小值，大时取大值；H 为溃坝时的坝前水深，m；l、V 与式（11-18）同。

【例 11-4】 某水库位于山区，库容 $V = 2280$ 万 m^3，坝址处的库面宽 B 等于坝长 230m，库长 L 与 B 之比远大于 5，坝高 $H = 18.7m$，黏性土壤。由于洪水漫顶，招致溃坝，溃口深至坝底，平均宽度 $b = 80m$，溃坝洪水最大流量到达下游 38km 处的历时为 4h30min，最大流量 $Q_{m,l} = 2710 m^3/s$，最大水深 7.5m；溃坝洪水最大流量到达下游 68km 处的历时为 7h30min，最大流量 $Q_{m,l} = 1660 m^3/s$，最大水深 7.92m。现用这些资料对上述方法验证如下：

解： 1）求坝址处溃坝最大流量。

a）按 $V \geqslant 100$ 万 m^3 的溃口平均宽度公式 $b = k_1 V^{1/4} B^{1/7} H^{1/2}$ 求得 $b = 77.3m$。

b）求坝址处溃坝最大流量，因溃口深至坝底，残留坝体高度 $h = 0$，又 $L/B > 5$，故取其值等于 5，将上述资料代入式（11-15），求得 $Q_m = 8920 m^3/s$。

2）求下游 38km 处和 68km 处的溃坝最大流量。按公式（11-16）取 $k_v v = 7.15 m/s$；求得 38km 处的 $Q_{m,l} = 2890 m^3/s$，68km 处的 $Q_{m,l} = 1890 m^3/s$。

3）求溃坝最大流量到达下游各断面的历时。按公式（11-17）取 $k_\tau = 1.0$，求得 38km 处的 $\tau = 3.4h$，68km 处的 $\tau = 7.5h$。

以上计算结果表明，与实测值还比较接近，并可看出，溃坝最大流量随着传播距离的增加很快衰减。

第六节 堤防防洪水利计算

（一）堤防的分类和作用

堤防是沿河、渠、湖、海岸边或行洪区、分洪区、围垦区的边缘修筑的挡水建筑物。

堤防按筑堤位置可分为江（河）堤、湖堤、海堤、渠堤及分洪区、行洪区、围垦区的围堤等 7 类；按堤防的功用可分为防洪堤、防涝堤、防浪堤、防潮堤等 4 类；按堤防的重要可分为干堤、支堤、民堤等 3 类；按筑堤材料可分为土堤、钢筋混凝土堤和污工防浪墙等 3 类。

堤防的主要作用是：①约束水流，提高河道的泄洪排沙能力；②限制洪水泛滥，保护人民生命财产安全和工农业生产；③防止风暴潮侵袭陆地；④围垦河湖洼地和海涂。

堤防是世界上最早广为采用的一种重要防洪工程。我国大江大河、主要支流及重要圩垸等重点堤防长约 5.6 万 km。这些堤防是中国精华地带防洪安全的屏障，是全国防洪的重点工程。

（二）堤防设计标准和保证水位

堤防工程的设计标准，可根据防护对象的重要性参照《防洪标准》（GB 50201—94 和 GB 50201—2014）中确定。一般采用实际典型年法（如长江干流堤防常以防御 1954 年洪水为标准）和频率法（防御多少年一遇的洪水）来表示。如果单靠堤防不能满足规定设计标准要求，则应配合采取其他防洪措施。

若河道两岸防护对象的重要性差别较大，两岸堤防可采用不同的设计标准，这样可减小投资，确保主要对象的安全。

校核时应采用比设计标准更高的洪水（或已发生过的更大洪水）作为标准。

保证水位是汛期堤防及其附属工程能保证安全运行的上限洪水位，是体现堤防防洪标准的具体指标。其主要依据工程条件和保护区国民经济情况、洪水特性等因素分析确定，报上级部门核定下达。保证水位多采用河段控制站或重要跨堤建筑物的历年防汛最高洪水位。如长江汉口站的保证水位，1954 年以前定为 28.28m，即 1931 年实测最高洪水位；1954 年以后定为 29.73m，即 1954 年实测最高洪水位。

（三）河道安全泄量

河道安全泄量指不使两岸泛滥成灾的河道最大宣泄流量。河道两岸未修筑堤防时，它表示天然状态下河道的最大宣泄能力；河道两岸修筑有堤防时，它表示保证水位所相应的流量，即现有堤防的防洪能力。

河道安全泄量是规划设计堤防工程、水库担负下游防洪任务以及采取防洪措施的主要依据。

对中小河流，河道安全泄量一般可根据控制站的保证水位查实测水位-流量关系或用水力学方法推算而得。

扩大河道安全泄量的常用措施有：加高加固堤防，加宽堤距，疏浚河槽，裁弯取直等。

（四）堤防设计水位

堤防设计水位是堤防工程设计的一项基本依据。它是堤防工程设计采用的防洪最高水位。在工程设计中，根据选定的防洪标准，拟定设计洪水，再按防洪系统的调度运用规划，推算河道的设计洪水水面线，及河道沿程各代表断面的水面线高程，即为该断面的堤防设计水位。河道洪水水面线的推求，可参见《水力学》及《水文预报》等教材。

在实际工作中，堤防经常是最先修建的防洪工程措施，因此堤防设计水位多采用历史最高洪水位，或在此基础上，考虑上下游关系，通过分析作适当调整。在多沙河流上，由于河床淤积抬高，在河道设计安全泄量不变的情况下，堤防设计水位需要逐步提高。如我国黄河下游控制点花园口站设计流量（或称保证流量）未变，但由于河床淤高，1950—1985 年已 3 次提高堤防设计水位。

堤防保证水位与堤防设计水位密切相关，一般二者相同；但有时不一致，如荆江分洪区围堤下段江堤，二者就不尽相同。此外，在堤防修建或加高、加固过程中，当堤身尚未达到设计水位要求时，保证水位也低于堤防设计水位。

（五）堤防的规划设计

堤防的规划设计包括堤线选择、堤防间距和堤顶高程的确定以及堤防断面设计等。

1. 堤线选择

新建堤防或改建原有堤防，均需全面规划，合理选择堤线。应详细调查研究堤线地区的社会经济状况、土壤地质条件、河道水流泥沙特性等，据此布置堤线。堤线选择需要考虑保护区的范围、地形、土质、河道情况、洪水流向等因素，一般选择堤线应注意：

1）堤线应平顺，河堤应适应河势流向，尽可能与洪水流向平行。避免急弯或局部突出，尽可能少占耕地，少迁村庄。

2）堤线尽量选在地势较高，土质较好的地段，以确保堤基质量。在满足防洪要求的前提下，尽可能减少筑堤的工程量。

3）堤线位置不宜距河岸太近，避免岸坡滑动和坍塌，影响堤身安全。堤线离河岸的距离还要考虑营造防浪林和修堤取土的要求。

2. 堤防间距和堤顶高程的确定

堤防间距与堤顶高程紧密相关，在设计洪水过程线已定的情况下，一般堤防间距越宽，河槽过水断面增大，河槽对洪水的调蓄作用也大一些，因而将使最高洪水位降低，堤顶也可低一些，修堤土方量会有所减少，对防汛抢险也较为有利，但河流两岸农田面积损失将增大；反之，堤防间距越窄，河槽过水断面随之减小，则堤顶要高一些，修堤土方量要大些，但河流两岸损失的农田会少一些。因此，堤防间距和堤顶高程的选择，应在可能的堤线方案的基础上，依据河道地形、地质条件拟定不同堤防间距和堤顶高程的组合方案，并对各方案的工程量、投资、占用土地面积等因素进行综合分析和经济比较，以便从中选择最优方案。在规划局部地区堤防拟订方案时，尚应考虑上、下游河段堤防间距、堤顶高程的实际情况。

堤距设计的目的是保证洪水以最佳的水力状态从两堤之间通过。要根据社会经济、地形、堤基及堤线布置的要求，采用不同方案，经过技术经济比较，选定堤距和堤高。

堤顶高程可按下式计算：

$$Z = Z_1 + h + \Delta \qquad (11-20)$$

式中：Z 为堤顶高程，m；Z_1 为堤防设计水位，m；h 为波浪爬高，m；与堤防的护坡情况、临水面边坡系数及风浪高有关；Δ 为安全超高，土堤一般为 0.5～1.0m。有些设计将 $h+\Delta$ 统称为超高，对于干堤常取 1.5～2.0m。

3. 堤防断面设计

土堤的横断面一般为梯形或复式梯形。其设计内容包括：①断面尺寸的初步拟定；②进行边坡、渗透、抗震稳定的校核计算。首先根据堤防设计标准确定设计流量，根据选定的堤距推算水面线，求出沿程各断面的设计水位，按式（11-20）计算各处的堤顶高程。

堤顶宽度主要考虑防汛抢险，物料堆存和交通运输的要求。通常采用的宽度见表 11-9。

表 11 – 9　　　　　　　　　　　　　　　　堤高与堤顶宽度关系表

堤高/m	堤顶宽度/m	堤高/m	堤顶宽度/m	堤高/m	堤顶宽度/m
<6	3	6~10	4	>10	≥5

主要江河的堤顶还要根据防汛要求加宽。

堤防边坡设计，要根据洪水持续时间进行渗透稳定分析计算。在地震区，还要考虑抗震问题。在工程实践中，通常根据防洪经验来决定堤防的边坡。用壤土或沙壤土修筑堤防，洪水持续时间不长而堤高不超过 5m 时，堤防内外坡均可采用 1∶3，如长江安徽省干堤、淮北大堤、黄河大堤堤坡均采用 1∶3。荆江大堤堤坡则采用 1∶4。

（六）河道洪水演算

沿河若要采取任何防洪措施，研究工程的规模、作用、投资和效益，或进行技术经济比较，都必须知道洪水在河道中的演变情况，因此河道洪水演算是一项基础工作，例如，要进行上述不同堤防间距和堤顶高程的组合方案比较，就必须首先求出河道各控制断面处的水位及流速变化情况。

河道洪水演算方法，这里主要介绍差分方程数值解法。

1. 基本方程

天然河道中水流运动一般为缓变不稳定流运动，描述明渠不稳定流运动的基本微分方程组，首先由法国科学家圣维南于 1871 年提出，其形式为

连续方程

$$\frac{\partial F}{\partial t}+\frac{\partial Q}{\partial x}=0 \tag{11-21}$$

动力方程

$$\frac{\partial Z}{\partial x}+\frac{1}{g}\frac{\partial v}{\partial t}+\frac{v}{g}\frac{\partial v}{\partial x}+\frac{v^2}{C^2 R}=0 \tag{11-22}$$

其中　　　　　　　　　　　　$Q=FV,\ C=\frac{1}{n}R^{1/6}$

式中：Q 为流量，m^3/s；v 为流速，m/s；t 为时间，s；Z 为水位，m；F 为过水断面面积，m^2；x 为距离，m；g 为重力加速度，m/s^2；R 为水力半径；C 为谢才系数；n 为糙率。

该方程是一组拟线性双曲线型偏微分方程，目前仍无法直接求解析解。电子计算机普及以后，使圣维南方程有可能用数值法直接求解，其中以差分法最为方便。差分法一般可分两大类：一类是将原方程直接化为差分形式求解，称为直接差分法；另一类是将方程组先化为特征线方程，然后将特征线方程化为差分形式求解，称为特征差分法。

上述两种方法的差分格式又有显函数形式和隐函数形式之分。显式差分是将非线性微分方程直接化为线性代数方程，并可逐时段求解，计算比较简便。其缺点是这种差分格式稳定性较差，步长限制较严，如步长取得较大，则计算精度不能保证，甚至会使计算无法进行。隐式差分求解虽然比较复杂一些，但稳定性较好，可选用较大的计算步长，计算速度相对较快。

差分方程建立后，可用直接线性化迭代法或牛顿迭代法将圣维南非线性方程组线性化，然后再用追赶法求解线性代数方程组，现将其解法分别说明如下。

具体计算时，首先参照空间步长将整个研究河段 x 分为若干计算河段，按时间步长将

整个洪水过程 t 分为若干计算时段（见图 11-21）；其次，对于每一河段，每一时段写出动力方程和连续方程；最后，再根据边界条件和起始条件求解。

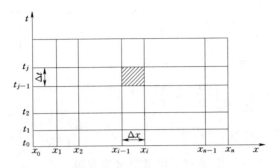

图 11-21　矩形差分网格示意图

2. 差分解法

所谓差分解法，就是用差商近似地代替微商，然后求方程组的数值解。差分格式有多种，现以矩形网格四点中心差分为例说明如下。

为明确起见，将图 11-21 中的某一矩形网格取出，放大绘成如图 11-22 所示，其中 Δt 和 Δx 分别为时间 t 和空间 x 所取的步长。对于任一网格可按四点隐式差分格式写出，即

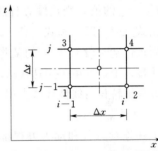

图 11-22　四点中心差分示意图

$$\frac{\Delta A}{\Delta x} = \frac{A_2 - A_1 + A_4 - A_3}{2\Delta x} \tag{11-23}$$

$$\frac{\Delta A}{\Delta t} = \frac{A_3 - A_1 + A_4 - A_2}{2\Delta t} \tag{11-24}$$

$$A_0 = \frac{1}{4}(A_1 + A_2 + A_3 + A_4) \tag{11-25}$$

其中，A 代表某一变量。

按此差分格式，可将圣维南方程组中的连续方程写成

$$\frac{Q_2 - Q_1 + Q_4 - Q_3}{2\Delta x} + B_0 \frac{Z_3 - Z_1 + Z_4 - Z_2}{2\Delta t} = 0$$

经整理可写成

$$c_1 Z_3 + d_1 v_3 + e_1 Z_4 + f_1 v_4 = g_1 \tag{11-26}$$

其中

$$\left.\begin{aligned} c_1 &= e_1 = B_0 \frac{\Delta x}{\Delta t} \\ d_1 &= -F_3 \\ f_1 &= F_4 \\ g_1 &= c_1 (Z_1 + Z_2) + F_1 v_1 - F_2 v_2 \end{aligned}\right\} \tag{11-27}$$

式中：B_0 为河宽，$B_0 = \Delta F / \Delta Z$。

同理，动力方程可表示为

$$\frac{Z_2 - Z_1 + Z_4 - Z_3}{2\Delta x} + \frac{1}{2g\Delta t}(v_3 - v_1 + v_4 - v_2) + \frac{v_0}{2g\Delta x}(v_2 - v_1 + v_4 - v_3) + \frac{|v_0| v_0}{C^2 R} = 0$$

可整理成同样形式，即 $c_2 Z_3 + d_2 v_3 + e_2 Z_4 + f_2 v_4 = g_2$ （11-28）
其中

$$\left. \begin{array}{l} c_2 = -1 \\ d_2 = \dfrac{1}{g}\left(\dfrac{\Delta x}{\Delta t} - v_0\right) \\ e_2 = 1 \\ f_2 = \dfrac{1}{g}\left(\dfrac{\Delta x}{\Delta t} + v_0\right) \\ g_2 = Z_1 - Z_2 + f_2 v_1 - d_2 v_2 - \dfrac{2\Delta x |v_0| v_0}{C^2 R} \end{array} \right\}$$ （11-29）

这里将 v_0^2 写成 $|v_0| v_0$，目的在于可考虑水流方向。

显然，如能确定式（11-26）和式（11-28）中系数 c_1、d_1、e_1、f_1、g_1 和 c_2、d_2、e_2、f_2、g_2 的值，则连续方程和动力方程便成为线性代数方程。

由式（11-27）和式（11-29）可知，这些系数不仅与时段初 $(j-1)$ 的水位、流速有关，而且包括时段末 (j) 的某些参数。为了便于计算，j 时刻的参数可暂用上一次求得的迭代值代替，于是便可采用迭代法求解。至此，通过差分和迭代已将不能直接求解的非线性偏微分方程组转化为线性代数方程组，因而可求其数值解，这就是直接线性化迭代法。

3. 边界条件

上述连续方程和动力方程都是针对任一计算河段的。n 个河段有 n 个连续方程和 n 个动力方程，而 n 个河段有 $n+1$ 个断面，每个段面有水位和流速两个未知数，所以未知数共有 $2(n+1)$ 个，$2n$ 个线性代数方程不能确定 $2(n+1)$ 个未知数，因此需要根据上下游边界条件补充两个方程。

上游边界条件一般为已知入流过程，即 0 断面任一时刻的流量为已知数，对于任一时段用公式表示为

$$Q_{0,j} = g_0$$ （11-30）

上游边界条件有时也可以是已知水位过程，或其他形式。

下游边界条件可有三种表示方法：①已知第 n 断面出流过程；②已知第 n 断面水位过程；③已知第 n 断面水位流量关系。

如以②方法为例，下游边界条件可写成

$$Z_{n,j} = g_n$$ （11-31）

4. 初始条件

计算开始时，t_0 时刻 $(j=0)$ 沿程各断面水位、流量值必须已知，然后方可依次推求 $j=1$，$j=2$，…各时刻的水位、流量值。t_0 时的参数称为计算初始条件，若有实测资料，初始值可采用测站的实测值，未设站的断面则根据实测资料内插。若无实测资料，一般可从稳定流态开始，确定沿程各断面的水位、流量初值。初值误差一般不影响计算成果，它对精度的影响随计算时段增长而逐渐消失。

5. 追赶法

将各河段连续方程和动力方程以及上、下游边界条件，用四点隐式差分格式按河段顺序写出，即

$$Q_{0,j}=g_0 \qquad \text{上游边界条件}$$

$$\left.\begin{array}{l}c_{1,1}Z_{0,j}+d_{1,1}Q_{0,j}+e_{1,1}Z_{1,j}+f_{1,1}Q_{1,j}=g_{1,1}\\c_{1,2}Z_{0,j}+d_{1,2}Q_{0,j}+e_{1,2}Z_{1,j}+f_{1,2}Q_{1,j}=g_{1,2}\end{array}\right\}\text{第一河段}$$

$$\left.\begin{array}{l}c_{2,1}Z_{1,j}+d_{2,1}Q_{1,j}+e_{2,1}Z_{2,j}+f_{2,1}Q_{2,j}=g_{2,1}\\c_{2,2}Z_{1,j}+d_{2,2}Q_{1,j}+e_{2,2}Z_{2,j}+f_{2,2}Q_{2,j}=g_{2,2}\end{array}\right\}\text{第二河段}$$

$$\vdots$$

$$\left.\begin{array}{l}c_{i,1}Z_{i-1,j}+d_{i,1}Q_{i-1,j}+e_{i,1}Z_{i,j}+f_{i,1}Q_{i,j}=g_{i,1}\\c_{i,2}Z_{i-1,j}+d_{i,2}Q_{i-1,j}+e_{i,2}Z_{i,j}+f_{i,2}Q_{i,j}=g_{i,2}\end{array}\right\}\text{第}i\text{河段}$$

$$\cdots$$

$$Z_{n,j}=g_n \qquad \text{下游边界条件}$$

$$(11-32)$$

上述线性代数方程组中 j 时刻各断面的水位和流量 $Z_{0,j}$，$Z_{1,j}$，$\cdots$，$Z_{n-1,j}$；$Q_{1,j}$，$Q_{2,j}$，$\cdots$，$Q_{n,j}$ 为待求变量，其余为常系数，可由 $j-1$ 时刻的水位、流量以及上一次选代值计算。如将等式左边的系数用矩阵表示，即

$$\begin{bmatrix} 1 & & & & & & & & \\ c_{1,1} & d_{1,1} & e_{1,1} & f_{1,1} & & & & & \\ c_{1,2} & d_{1,2} & e_{1,2} & f_{1,2} & 0 & & & & \\ & & c_{2,1} & d_{2,1} & e_{2,1} & f_{2,1} & & & \\ & & c_{2,2} & d_{2,2} & e_{2,2} & f_{2,2} & & & \\ & & & \cdots & & & & & \\ & 0 & & & & & & & \\ & & & & & c_{n,1} & d_{n,1} & e_{n,1} & e_{n,1} \\ & & & & & c_{n,2} & d_{n,2} & e_{n,2} & f_{n,2} \\ & & & & & & & & 1 \end{bmatrix}$$

可以看出，其中每一行最多只有四个非零元素，而且分布在对角线两旁，其余都是零元素，这种方程组用追赶法求解较为便利。

为使表达式一致，上游边界条件可写成如下形式：

$$Q_{0,j}=P_0+S_0Z_{0,j} \qquad (11-33)$$

其中 $\qquad\qquad\qquad P_0=g_0,\ S_0=0$

将式（11-33）带入式（11-32）第一河段的连续方程和动力方程中第二、第三行，则有

$$\left.\begin{array}{l}c_{1,1}Z_{0,j}+d_{1,1}(P_0+S_0Z_{0,j})+e_{1,1}Z_{1,j}+f_{1,1}Q_{1,j}=g_{1,1}\\c_{1,2}Z_{0,j}+d_{1,2}(P_0+S_0Z_{0,j})+e_{1,2}Z_{1,j}+f_{1,2}Q_{1,j}=g_{1,2}\end{array}\right\} \qquad (11-34)$$

将式（11-34）中上式乘以 $f_{1,2}$，下式乘以 $f_{1,1}$，然后相减，消去 $Q_{1,j}$，可得

$$Z_{0,j}=L_1+M_1Z_{1,j}$$

$$L_1=\frac{f_{1,2}\ (g_{1,1}-d_{1,1}P_0)\ -f_{1,1}\ (g_{1,2}-d_{1,2}P_0)}{f_{1,2}\ (c_{1,1}-d_{1,1}s_0)\ -f_{1,1}\ (c_{1,2}-d_{1,2}s_0)}$$

$$M_1=\frac{e_{1,2}f_{1,1}-e_{1,1}f_{1,2}}{f_{1,2}\ (c_{1,1}-d_{1,1}s_0)\ -f_{1,1}\ (c_{1,2}-d_{1,2}s_0)}$$

再将 $Z_{0,j}=L_1+M_1Z_{1,j}$ 代入式（11-34），消去 $Z_{0,j}$ 可得 $Q_{1,j}=P_1+S_1+Z_{1,j}$，写成

一般形式

$$Z_{0,j}=L_1+M_1Z_{1,j} \\ Q_{1,j}=P_1+S_1Z_{1,j}$$
(11-35)

式中：L_1、M_1、P_1 和 S_1 为系数，可由 $j-1$ 时刻（时刻初）参数及上游边界条件求得。

同理，将式（11-35）代入第二河段的连续方程和动力方程可得

$$Z_{1,j}=L_2+M_2Z_{2,j} \\ Q_{2,j}=P_2+S_2Z_{2,j}$$
(11-36)

依次类推直至第 n 河段为

$$Z_{n-1,j}=L_n+M_nZ_{n,j} \\ Q_{n-1,j}=P_n+S_nZ_{n,j}$$
(11-37)

以上由上游段面至下游断面，逐段建立递推关系的过程可称为"追"的过程，因为建立方程时，假定采用的第二种下游边界条件，即 j 时刻 n 断面水位为已知值，所以将 $Z_{n,j}$ 代入式（11-37）便可求得 $Q_{n,j}$ 和 $Z_{n-1,j}$，再根据 $Z_{n-1,j}$，由下游断面向上游断面逐步回代，依次求得 $Q_{n-1,j}$，$Z_{n-2,j}$ 及 $Q_{n-2,j}$，$Z_{n-3,j}$ 等，最后求得 $Z_{0,j}$，这些水位和流量就是所求的近似值。由下游边界条件依次向上游断面回代的过程，可称为"赶"，如求出的近似值不满足精度要求，则需要继续进行迭代，直到全部待求变量都满足精度要求，便可转入下一时段计算，整个计算过程可通过图11-23说明。

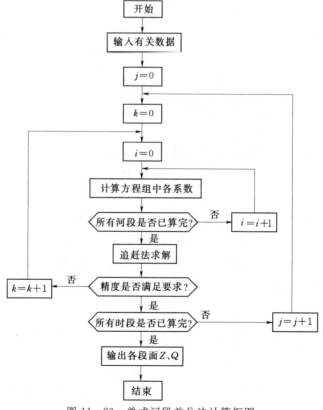

图 11-23 单式河段差分法计算框图

第七节 分（蓄）洪工程水利计算

我国许多江河中下游平原地区人口密集，经济比较发达，这些地区防洪手段主要采取堤防的方式，而现有堤防只能防御一定标准的设计洪水，一旦发生大洪水或特大洪水，必须牺牲部分地区的利益，以确保沿江重要城镇、工矿企业的安全。因此分洪、蓄洪对于江河中下游地区而言，是一项极为重要的战略性防洪措施。

（一）分（蓄）洪工程的规划

分洪、蓄洪工程规划主要包括：分析原有河道泄洪能力；拟定设计分洪标准；选择分洪、蓄洪区；研究分洪、蓄洪工程（进洪闸、排洪闸、分洪道、围堤、安全区等）的合理布局；对各种可行方案进行分析论证和经济比较；最终确定各种工程的规模。图 11-24 为长江某分洪工程示意图，其中扒口是预先计划，并建有适当工程，供紧急过水的地方。

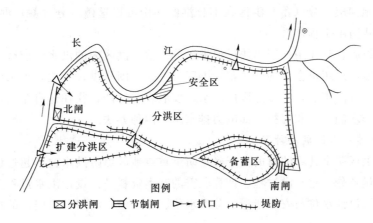

图 11-24　长江某分（蓄）洪工程示意图

一般分洪区的位置应选在被保护区的上游，尽可能邻近被保护区，以便发挥它的最大防护作用。

引洪道和蓄洪区尽量利用湖泊、废垸、坑塘、洼地等，以减少淹没损失和少占耕地。

进洪处最好有控制工程，进洪闸闸址一般选在河岸稳定的凹岸或直段，闸孔轴心尽量与河道水流方向一致。

（二）分（蓄）洪工程的组成

在河道遭遇超标准洪水时，需要使用分（蓄）洪工程措施。

分（蓄）洪工程指用分（蓄）泄河道洪水的办法，以保障防护区安全的防洪措施。根据布局的不同，分（蓄）洪工程可分为两种类型：①以分洪道为主体构成的分（蓄）洪工程。由进洪设施分泄的洪水，经由分洪道直接分流入海、入湖或其他河流，或绕过防洪保护区从其下游返回河道。这类工程也称分洪道或减河。如海河近海地区的减河，滁河马汉河分洪道等；②以分（蓄）洪区为主体构成的分（蓄）洪工程。由进洪设施分泄的洪水直接或经分洪道进入由湖泊或洼地围成的分（蓄）洪区，分（蓄）洪区起蓄洪或滞洪的作用。如长江中游的荆江分洪工程，汉江下游的杜家台分洪工程等。

分（蓄）洪工程由以下工程组成：

（1）进洪设施。设于河道的一侧，用以分泄河道洪水进入分洪道或分（蓄）洪区。进洪设施可分为有控制的、半控制的和无控制的3种。有控制的进洪设施，即在拟定的分洪口门处兴建进洪闸（又称分洪闸），当河道流量大于安全泄量时，按计划开闸分洪。分洪流量由进洪闸控制。半控制的进洪设施，是在进洪口门处修建溢流坝或滚水坝，以其顶面高程控制分洪，河道洪水位超过坝顶高程即自然漫溢分洪，分洪流量随洪水位涨落而增减。无控制的进洪设施，包括临时破口分洪，即在计划分洪口门处修建一段自溃堤。或采用临时破口进洪设施，即一般在计划分洪口门处的堤身内预埋炸药，需要分洪时，临时爆破泄洪。

（2）分洪道。承泄进洪设施分泄的洪水，通常利用天然河道或低洼地带，在两侧筑堤形成。分洪道以洪水分析演算成果确定其断面尺寸及两岸堤距和堤顶高程。

（3）分（蓄）洪区。利用湖泊、洼地滞蓄调节洪水的区域，一般由分（蓄）洪区围堤和避洪安全设施构成。分（蓄）洪区在不分洪的年份可以垦殖。分（蓄）洪区常与堤防、水库等共同组成防洪工程体系。

（4）排洪设施。其作用在于尽快排泄进入分（蓄）洪区内的洪水，使区内群众能恢复生产、重建家园。运用机会多的分（蓄）洪区可建泄洪闸排洪；反之，可采取破围堤排洪的方式。在不分洪的年份，为排除区内渍水，发展农业生产，往往建有排水设施。排水形式有自排（如排水涵洞）和提排（如电力排水站）两种办法。

（三）分（蓄）洪区调洪计算

分（蓄）洪区调洪计算的目的在于确定防洪重点地区堤防洪水位不超过设计水位所需的分（蓄）洪量及分（蓄）洪过程。计算所需的基本资料是：设计洪水过程分（蓄）洪区容积曲线、河道设计水位与安全泄量、分洪水位、分（泄）洪闸（口门）的进（泄）洪能力等。

如果分（蓄）洪区紧靠防洪保护区的上游，其分（蓄）洪量的计算，通常多以河道上某控制点的设计洪水过程为依据，应用一般的洪水演算方法，先将其演算到分洪口门前，求得该处的洪水流量过程线，再与口门下游的河道安全泄量相比较。其超过安全泄量部分的洪水总量，即是所需的分（蓄）洪量。对于重要的分（蓄）洪区，必要时需采用不稳定流方法推求分（蓄）洪量及分（蓄）洪过程。如果分（蓄）洪区位于防洪保护区的下游，则防洪作用主要靠分洪后调整的沿程河道坡降来加大河道泄量和降低防洪保护区段的河道水位，这时需根据推算的河道水面线求得分洪口门以下河道需下泄的流量，并以此进行分（蓄）洪量的计算。

由于受洪水预报精度、分洪时机掌握、口门形成过程等因素制约，一实际分（蓄）洪比上述计算复杂。安排的分（蓄）洪量往往要大于上述计算成果。

我国主要江河通过防洪规划，确定了不同使用机率和适用方式的分（蓄）洪区100多处，总面积约3万 km^2，总滞蓄量约1200亿 m^3，其中居民达1500多万，耕地3000万亩。规划确定的分（蓄）洪区，绝大部分在历史上是洪水经常泛滥和自然滞泄的场所，人稀地广。经过防洪建设，河道行洪能力有很大提高，分（蓄）洪区的使用机会大大减少，分（蓄）洪区内经济发展很快，人口急剧增加。但使用分（蓄）洪区的损失和困难越来越大。

需要加强管理和安全建设。

（四）分（蓄）洪工程水利计算

分洪、蓄洪区的进洪闸和排洪闸，其闸门底板一般为宽顶堰（平底闸也属宽顶堰，它是上、下游堰高为零的宽顶堰）和实用堰。过闸水流状态开始为自由出流，然后逐渐变为淹没出流。当闸门局部开启，过闸水流受闸门控制，上、下游水面不连续时，为闸孔出流；当闸门逐渐开启，过闸水流不受闸门控制，上、下游水面为一光滑曲面时，为堰流。

矩形堰出流计算普遍公式为

$$Q = \sigma \varepsilon m B \sqrt{2g} H_0^{\frac{3}{2}} \tag{11-38}$$

式中：σ 为淹没系数，自由出流时取 $\sigma = 1$；ε 为侧向收缩系数；m 为堰流流量系数；B 为闸孔净宽，m；H_0 为堰上总水头，m。

$H_0 = H + v^2/2g$（见图 12-25），其中 v 为水流速度。

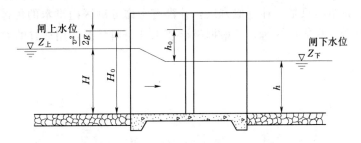

图 11-25 宽顶堰淹没出流示意图

闸孔出流计算普遍公式为

$$Q = \sigma \mu B e \sqrt{2g H_0} \tag{11-39}$$

式中：μ 为闸孔自由出流流量系数；e 为闸门开启度，m。

泄洪闸型式和尺寸选定后，式（11-38）、式（11-39）中的各项系数可根据《水力学手册》选取。为便于进行调节计算，对于自由出流，一般可先绘出闸上水位与流量的关系曲线；对于淹没出流，可先绘出闸上水位-流量-闸下水位关系曲线（见图 11-26）。

扒口流量可按上述堰流公式估算。

进洪闸闸上水位为江河水位，闸下水位为分洪区水位。分洪区水位由计算时段内分洪区蓄水量的变化及分洪区容积曲线确定，像水库调洪计算一样通常需要试求。排洪闸相反，闸上水位为分洪区水位，闸下水位为排入河道的水位。

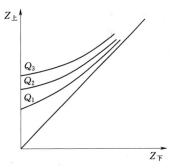

图 11-26 闸上水位-流量-
闸下水位关系曲线

由此可见，当分洪区容积曲线确定后，假定不同进洪闸和排洪闸方案，即可对设计洪水进行分（蓄）洪调节计算，从而求得各方案的水位、流量过程，然后对于满足设计要求的方案进一步作分析论证和经济比较，最后从中找出最佳方案。

【例 11-5】 某分洪区有进洪闸和排洪闸各一座，其闸上水位-流量-闸下水位曲线及分洪区容积曲线均为已知，试述任一时段的计算步骤。

解： 假定时段初进洪闸流入分洪区的流量为 Q_1，时段初排洪闸排出分洪区流量为 q_1，时段初分洪区水位为 Z_1，计算时这三个数值均为已知，时段末进洪闸闸上水位和排洪闸闸下水位若为已知，则可先假定时段末分洪区水位 Z_2。

知道时段末分洪区水位后，便可根据进洪闸泄流曲线查得时段末进入分洪区的流量 Q_2，同时可根据排洪闸泄流曲线查得时段末分洪区的排洪量 q_2。

由水量平衡公式计算时段末分洪区蓄水量为

$$V_2 = V_1 + \frac{Q_1 + Q_2}{2} \Delta t - \frac{q_1 + q_2}{2} \Delta t$$

由 V_2 查分洪区容积曲线，看查得的水位是否与假定的 Z_2 值相等，若不相等时，需重新假定 Z_2 值进行计算，直至计算结果满足精度要求为止。

由于本时段 Q_2、q_2、Z_2 即为下一时段的 Q_1、q_1、Z_1，因而可连续演算。

当然，以上介绍的只是一种近似方法，并没有考虑分洪区内洪水的传播情况，实际分洪也许比本例复杂，具体计算时，可根据设计要求和资料情况选用适宜的方法。

习　　题

第一章　绪　　论

（一）填空题

1. 水文学的含义是研究自然界各种水体的_____的变化规律。

2. 水文水利计算包括_____和_____两部分。

3. 水文学发展的历程包括____、____、____和_____四个阶段。

4. 水文现象变化的基本规律可分为两个方面，它们是：_____和_____。

5. 根据水文现象变化的基本规律，水文计算的基本方法可分为：____、____、____和_____。

（二）选择题

1. 水文现象的发生（　　）。

a. 完全是偶然性的 　　　　　　b. 完全是必然性的

c. 完全是随机性的 　　　　　　d. 既有必然性也有随机性

2. 水文现象的发生、发展，都具有偶然性，因此，它的发生和变化（　　）。

a. 杂乱无章 　　　　　　b. 具有统计规律

c. 具有完全的确定性规律 　　　　　　d. 没有任何规律

3. 水文分析与计算，是预计水文变量在（　　）的概率分布情况。

a. 任一时期内 　　b. 预见期内 　　c. 未来很长的时期内 　　d. 某一时刻

4. 水资源是一种（　　）。

a. 取之不尽、用之不竭的资源 　　　　b. 再生资源

c. 非再生资源 　　　　　　d. 无限的资源

5. 水文现象的发生、发展，都是有成因的，因此，其变化（　　）。

a. 具有完全的确定性规律 　　　　b. 具有完全的统计规律

c. 具有成因规律 　　　　　　d. 没有任何规律

（三）问答题

1. 中国的水资源有哪些特点？

2. 水文水利计算在水利工程规划、建设和管理中的作用是什么？

3. 水文分析计算经常采用哪些研究方法？

第二章　水　文　现　象

（一）填空题

1. 产生水循环的外因是_____，内因是_____。

2. 影响水文循环的四大因素是_____。

3. 降水三要素是指_____、_____、_____。

4. 按照不同的规模和过程，水文循环可以分为_____循环和_____循环。

5. 对在一定的时间和区域内，其水量平衡方程可以表示为_____。

6. 地面分水线与地下分水线在水平投影面上重合的流域称为_____流域。

7. 在闭合流域中，流域蓄水量变化多年平均值近似为_____。

8. 流域蒸发包括___、_____和___。

9. 河川径流的形成过程可以分为_____过程和_____过程。

10. 流域内河流总长度与流域面积的比值称之为_____。

（二）选择题

1. 水资源之所以具有再生性是因为（　）。

a. 水文循环　　　b. 径流　　　　c. 降水　　　　d. 蒸发

2. 通常将海洋和陆地之间的水文循环称之为（　）。

a. 小循环　　　b. 大循环　　　c. 内陆水循环　　d. 海洋水循环

3. 由于水文循环的存在使得水资源具有（　）。

a. 随机性　　　b. 可再生性　　c. 非可再生性　　d. 区域性

4. 流域面积的含义是（　）。

a. 河流某断面以上地面分水线所包围的面积

b. 河流某断面以上地面分水线和地下分水线包围的面积之和

c. 河流某断面以上地下分水线所包围的面积

d. 河流某断面以上地面分水线所包围的水平投影面积

5. 日降水量 $25\sim50$mm 的降水称为（　）。

a. 小雨　　　　b. 中雨　　　　c. 大雨　　　　d. 暴雨

6. 影响蒸发和大气降水的四种基本气象条件是（　）。

a. 温度、水汽压、露点、湿度　　　b. 气压、露点、绝对湿度、温度

c. 气压、露点、气温、相对湿度　　d. 气温、气压、湿度、风

7. 流域的总蒸发包括（　）。

a. 水面蒸发、土壤蒸发和陆面蒸发　　b. 水面蒸发、陆面蒸发和植物蒸散发

c. 植物蒸散发、陆面蒸发和土壤蒸发　　d. 水面蒸发、植物蒸散发和土壤蒸发

8. 土壤含水量处于土壤断裂含水量和田间持水量之间时，此时土壤蒸发量与土壤蒸发能力相比（　）。

a. 二者相等　　b. 前者大于后者　c. 前者小于后者　d. 前者大于或等于后者

9. 对于比较干燥的土壤，在充分供水条件下，下渗物理过程可以依次分为以下哪三个阶段（　）。

a. 渗透阶段、渗润阶段、渗漏阶段　　b. 渗漏阶段、渗润阶段、渗透阶段

c. 渗润阶段、渗漏阶段、渗透阶段　　d. 渗润阶段、渗透阶段、渗漏阶段

10. 土壤稳定下渗阶段，降水补给地下径流的水分主要是（　）。

a. 毛管水　　　b. 重力水　　　c. 薄膜水　　　d. 吸着水

11. 下渗能力曲线的含义是（　　）。

a. 降雨期间的土壤下渗过程线

b. 干燥的土壤在充分供水条件下的下渗过程线

c. 充分湿润后的土壤在降雨期间的下渗过程线

d. 土壤的下渗累积过程线

12. 一次降雨后，形成径流的损失包括（　　）。

a. 植物截留、填洼、补充土壤水分缺失和蒸发

b. 植物截留、填洼和蒸发

c. 植物截留、填洼、补充土壤毛管水和蒸发

d. 植物截留、填洼、补充土壤吸着水和蒸发

13. 某闭合流域多年平均降水量为 1000mm，多年平均径流深为 500mm，则多年平均年蒸发量为（　　）。

a. 550mm   b. 500mm   c. 1500mm   d. 1000mm

14. 水量平衡方程 $P-R-E=\Delta W$（P、R、E 和 ΔW 分别表示一定时间内流域的降水量、径流量、蒸发量和蓄水量变化）可以适用于（　　）。

a. 非闭合流域的任意时段情况   b. 闭合流域多年平均情况

c. 非闭合流域多年平均情况   d. 闭合流域任意时段情况

15. 下渗率通常是（　　）。

a. 等于下渗能力　b. 大于下渗能力　c. 小于下渗能力　d. 小于、等于下渗能力

（三）问答题

1. 闭合流域和非闭合流域两者的区别是什么？

2. 影响蒸发的主要因素有哪些？

3. 流域蒸散发量的计算方法主要有哪些？流域蒸散发能力如何确定？

4. 常用的土壤含水率的主要表达形式有哪些？水文计算中使用较多是哪种？

5. 下渗的物理过程包含哪几个阶段？

6. 径流的形成可以概括为哪两个过程？请简述这两个过程的形成。

7. 影响径流形成和变化的因素主要有哪些？

8. 什么是水文循环？产生水文循环的原因是什么？

9. 蒸发器折算系数 K 值受哪些因素的影响？

10. 土壤蒸发与水面蒸发相比，各自有什么特点？

11. 常见的土壤含水率表达方式有哪些？

12. 请从流域水量平衡方程的角度分析流域蒸发对该流域径流的影响。

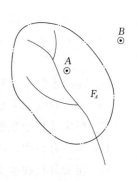

（四）计算题

1. 某流域如题图 2-1 所示，流域面积 $F=200\text{km}^2$，在流域内及其附近有 A、B 两个雨量站。一次降雨后，两站测得的雨量分别为 200.150mm，试分别利用算术平均法和泰森多边形法计算该次降雨的平均降雨量。

题图 2-1

2. 某雨量站实测一次降雨的各时段降雨量如题表 2 - 1 所示，请计算并绘制出该次降雨的时段平均降雨强度过程线和累积降雨过程线。

题表 2 - 1　　　　　　　　　　某站一次降雨实测各时段降雨量

时间 t/h	0—8	8—12	12—14	14—16	16—20	20—24
雨量 $\Delta p_i/mm$	10.0	38.2	50.6	56.0	32.0	8.8

3. 某闭合流域流域面积 $F = 2000 km^2$，该流域多年平均径流量 $W = 13 \times 10^8 m^3$，多年平均降水量 $P = 1200mm$，则该流域的多年平均蒸发量是多少？

4. 某闭合流域，流域面积 $F = 1000 km^2$，多年平均降水量 $P = 1500mm$，多年平均流量 $Q = 15 m^3/s$，蒸发器测得多年平均水面蒸发为 $2000mm$，蒸发器折算系数 K 为 0.8，水面面积为 $F_水 = 100 km^2$，试求多年陆面蒸发量 $E_陆$。

第三章　水文统计的基本方法

(一) 填空题

1. 概率是指＿＿＿＿＿＿＿＿＿＿＿＿＿＿＿＿＿＿＿＿＿＿＿＿＿＿＿。

2. 频率是指＿＿＿＿＿＿＿＿＿＿＿＿＿＿＿＿＿＿＿＿＿＿＿＿＿。

3. 两个互斥事件 A、B 出现的概率 $P(A+B)$ 等于 ＿＿＿＿＿＿＿＿＿＿＿＿＿＿＿。

4. 两个独立事件 A、B 共同出现的概率 $P(AB)$ 等于 ＿＿＿＿＿＿＿＿＿＿＿＿＿＿＿。

5. x、y 两个系列的变差系数分别为 C_{vx}、C_{vy}，已知 $C_{vx} > C_{vy}$，说明 x 系列较 y 系列的离散程度＿＿＿＿＿＿＿。

6. 正态频率曲线中包含的两个统计参数分别是＿＿＿＿＿、＿＿＿＿＿。

7. P - Ⅲ 型频率曲线中包含的三个统计参数分别是＿＿＿＿＿＿＿＿、＿＿＿＿＿＿＿＿＿＿＿ 和＿＿＿＿＿＿＿＿＿。

8. 计算经验频率的数学期望公式为＿＿＿＿＿＿＿＿。

9. 设计频率是指＿＿＿＿＿＿＿＿，设计保证率是指＿＿＿＿＿＿＿＿＿＿。

10. 重现期是指＿＿＿＿＿＿＿＿＿＿。

11. 百年一遇的洪水是指＿＿＿＿＿＿＿＿＿＿＿＿＿＿＿。

12. 十年一遇的枯水年是指＿＿＿＿＿＿＿＿＿＿＿＿＿＿＿。

13. 发电年设计保证率为 95%，相应重现期则为＿＿＿＿＿年。

14. 频率计算中，用样本估计总体的统计规律时必然产生＿＿＿＿＿＿＿＿，统计学上称之为＿＿＿＿＿＿＿＿。

15. 在洪水频率计算中，总希望样本系列尽量长些，其原因是＿＿＿＿＿＿＿＿＿＿。

16. 对于我国大多数地区，频率分析中配线时选定的线型为＿＿＿＿＿＿＿＿。

17. 频率计算中配线法的实质是＿＿＿＿＿＿＿＿＿＿。

18. 相关分析中，两变量的关系有＿＿＿＿＿＿、＿＿＿＿＿＿ 和＿＿＿＿＿＿＿三种情况。

19. 相关分析在水文分析计算中主要用于＿＿＿＿＿＿＿＿。

20. 水文分析计算中，相关分析的先决条件是＿＿＿＿＿＿＿＿。

（二）选择题

1. 水文现象是一种自然现象，它具有（　　）。

a. 不可能性 　　　　　　　　　　b. 偶然性

c. 必然性 　　　　　　　　　　　　d. 既具有必然性，也具有偶然性

2. 水文统计的任务是研究和分析水文随机现象的（　　）。

a. 必然变化特性 　b. 自然变化特性 　c. 统计变化特性 　d. 可能变化特性

3. 在一次随机试验中可能出现也可能不出现的事件叫做（　　）。

a. 必然事件 　　　b. 不可能事件 　　c. 随机事件 　　　d. 独立事件

4. 一棵骰子投掷一次，出现 4 点或 5 点的概率为（　　）。

a. 1/3 　　　　　　b. 1/4 　　　　　　c. 1/5 　　　　　　d. 1/6

5. 一阶原点矩就是（　　）。

a. 算术平均数 　　b. 均方差 　　　　c. 变差系数 　　　d. 偏态系数

6. 二阶中心矩就是（　　）。

a. 算术平均数 　　b. 均方差 　　　　c. 方差 　　　　　d. 变差系数

7. 偏态系数 $C_s > 0$，说明随机变量 x（　　）。

a. 出现大于均值 $\bar{x}$ 的机会比出现小于均值 $\bar{x}$ 的机会多

b. 出现大于均值 $\bar{x}$ 的机会比出现小于均值 $\bar{x}$ 的机会少

c. 出现大于均值 $\bar{x}$ 的机会和出现小于均值 $\bar{x}$ 的机会相等

d. 出现小于均值 $\bar{x}$ 的机会为 0

8. 水文现象中，大洪水出现机会比中、小洪水出现机会小，其频率密度曲线为（　　）。

a. 负偏 　　　　　b. 对称 　　　　　c. 正偏 　　　　　d. 双曲函数曲线

9. 在水文频率计算中，我国一般选配皮尔逊-Ⅲ型曲线，这是因为（　　）。

a. 已从理论上证明它符合水文统计规律

b. 已制成该线型的 Φ 值表供查用，使用方便

c. 已制成该线型的 k_p 值表供查用，使用方便

d. 经验表明该线型能与我国大多数地区水文变量频率分布配合良好

10. 正态频率曲线绘在频率格纸上为一条（　　）。

a. 直线 　　　　　b. S 形曲线 　　　c. 对称的铃型曲线 　　d. 不对称的铃型曲线

11. $P = 5\%$ 的丰水年，其重现期 T 等于（　　）年。

a. 5 　　　　　　　b. 50 　　　　　　c. 20 　　　　　　d. 95

12. $P = 95\%$ 的枯水年，其重现期 T 等于（　　）年。

a. 95 　　　　　　b. 50 　　　　　　c. 5 　　　　　　d. 20

13. 百年一遇洪水，是指（　　）。

a. 大于等于这样的洪水每隔 100 年必然会出现一次

b. 大于等于这样的洪水平均 100 年可能出现一次

c. 小于等于这样的洪水正好每隔 100 年出现一次

d. 小于等于这样的洪水平均 100 年可能出现一次

14. P-Ⅲ型频率曲线的三个统计参数 $\bar{x}$、C_v、C_s 值中，为无偏估计值的参数是（　）。

a. $\bar{x}$　　　　　b. C_v　　　　　c. C_s　　　　　d. C_v 和 C_s

15. 减少抽样误差的途径是（　）。

a. 增大样本容量　b. 提高观测精度　c. 改进测验仪器　d. 提高资料的一致性

16. 权函数法属于单参数估计，它所估算的参数为（　）。

a. $\bar{x}$　　　　　b. σ　　　　　c. C_v　　　　　d. C_s

17. 如题图 3-1，为两条皮尔逊-Ⅲ型频率密度曲线，它们的 C_s（　）。

a. $C_{s1}<0$，$C_{s2}>0$　　　　　　　b. $C_{s1}>0$，$C_{s2}<0$

c. $C_{s1}=0$，$C_{s2}=0$　　　　　　　d. $C_{s1}=0$，$C_{s2}>0$

18. 如题图 3-2，为不同的三条概率密度曲线，由图可知（　）。

a. $C_{s1}>0$，$C_{s2}<0$，$C_{s3}=0$　　　　b. $C_{s1}<0$，$C_{s2}>0$，$C_{s3}=0$

c. $C_{s1}=0$，$C_{s2}>0$，$C_{s3}<0$　　　　d. $C_{s1}>0$，$C_{s2}=0$，$C_{s3}<0$

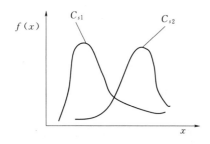

题图 3-1　P-Ⅲ型频率曲线

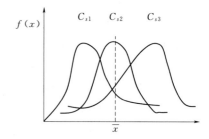

题图 3-2　概率密度曲线

19. 某水文变量频率曲线，当 $\bar{x}$、C_s 不变，增加 C_v 值时，则该线（　）。

a. 将上抬　　　　　　　　　b. 将下移

c. 呈顺时针方向转动　　　　　d. 呈反时针方向转动

20. 某水文变量频率曲线，当 $\bar{x}$、C_v 不变，增大 C_s 值时，则该线（　）。

a. 两端上抬、中部下降　　　　b. 向上平移

c. 呈顺时针方向转动　　　　　d. 呈反时针方向转动

21. 已知 y 倚 x 的回归方程为：$y=\bar{y}+r\dfrac{\sigma_y}{\sigma_x}(x-\bar{x})$，则 x 倚 y 的回归方程为（　）。

a. $x=\bar{y}+r\dfrac{\sigma_y}{\sigma_x}(y-\bar{x})$　　　　　b. $x=\bar{y}+r\dfrac{\sigma_y}{\sigma_x}(y-\bar{y})$

c. $x=\bar{x}+r\dfrac{\sigma_x}{\sigma_y}(y-\bar{y})$　　　　　d. $x=\bar{x}+\dfrac{1}{r}\dfrac{\sigma_x}{\sigma_y}(y-\bar{y})$

22. 相关系数 r 的取值范围是（　）。

a. $r>0$；　　　b. $r<0$　　　c. $r=-1\sim1$　　　d. $r=0\sim1$

（三）问答题

1. 何谓水文统计？它在工程水文中一般解决什么问题？

2. 概率和频率有什么区别和联系？

3. 什么叫总体？什么叫样本？为什么能用样本的频率分布推估总体的概率分布？

4. 统计参数 $\overline{x}$、σ、C_v、C_s 的含义如何？

5. 正态分布的密度曲线的特点是什么？

6. 水文计算中常用的"频率格纸"的坐标是如何分划的？

7. 皮尔逊-Ⅲ型概率密度曲线的特点是什么？

8. 何谓经验频率？经验频率曲线如何绘制？

9. 重现期（T）与频率（P）有何关系？$P=90\%$ 的枯水年，其重现期（T）为多少年？含义是什么？

10. 什么叫无偏估计量？样本的无偏估计量是否就等于总体的同名参数值？为什么？

11. 简述三点法的具体做法与步骤。

12. 何谓抽样误差？如何减小抽样误差？

13. 现行水文频率计算配线法的实质是什么？简述配线法的方法步骤。

14. 统计参数 $\overline{x}$、C_v、C_s 含义及其对频率曲线的影响如何？

15. 何谓相关分析？怎样进行水文相关分析？它在水文上解决哪些问题？

（四）计算题

1. 在 1000 次化学实验中，成功了 50 次，成功的概率和失败的概率各为多少？两者有何关系？

2. 掷一颗骰子，出现 3 点、4 点或 5 点的概率是多少？

3. 一个离散型随机变量 X，可能取值为 10，3，7，2，5，9，4，并且取值是等概率的。每一个值出现的概率为多少？大于等于 5 的概率为多少？小于等于 4 的概率为多少？

4. 随机变量 X 系列为 10，17，8，4，9，试求该系列的均值 x、模比系数 k、均方差 σ、变差系数 C_v、偏态系数 C_s？

5. 设有一水文系列：300，200，185，165，150，试用无偏估值公式计算均值 $\overline{x}$、均方差 σ、离势系数 C_v、偏态系数 C_s？

6. 某站年雨量系列符合 P-Ⅲ型分布，经频率计算已求得该系列的统计参数：均值 $P=900\text{mm}$，$C_v=0.20$，$C_s=0.60$。试结合题表 3-1 推求百年一遇年雨量？

题表 3-1　　　　　　　　　　　　　P-Ⅲ型曲线 ϕ 值表

C_s ＼ $P/\%$	1	10	50	90	95
0.30	2.54	1.31	−0.05	−1.24	−1.55
0.60	2.75	1.33	−0.10	−1.20	−1.45

7. 某水库，设计洪水频率为 1%，设计年径流保证率为 90%，分别计算其重现期并说明两者含义的差别？

8. 根据某水文站 32 年的年平均流量资料（题表 3-2），计算其经验频率，并用矩法进行配线，并求相应于 10 年一遇的丰水年平均流量和 10 年一遇的枯水年平均流量。

题表 3 - 2　　　　　　　　　　　某水文站历年年平均流量资料

年份	流量/（m³/s）	年份	流量/（m³/s）	年份	流量/（m³/s）	年份	流量/（m³/s）
1965	1676	1974	614	1981	343	1989	1029
1966	601	1974	490	1982	413	1990	1463
1967	562	1975	990	1983	493	1991	540
1968	697	1976	597	1984	372	1992	1077
1969	407	1977	214	1985	214	1993	571
1970	2259	1978	196	1986	1117	1994	1995
1971	402	1979	929	1987	761	1995	1840
1972	777	1980	1828	1988	980	1996	1028

9. 根据某山区年平均径流深 R（mm）及流域平均高度 H（m）的观测数据，计算后得到均值 $\overline{R} = 697.9$mm，$\overline{H} = 328.6$m；均方差 $\sigma_R = 251.2$，$\sigma_H = 169.9$；相关系数 $r = 0.97$，已知流域平均高程 $H = 360$m，此处的年平均径流深 R 为多少？

10. 已知某河甲、乙两站的年径流模数 M（题表 3 - 3），甲、乙两站的年径流量在成因上具有联系。试用相关分析法推求回归方程及相关系数，并由甲站资料展延乙站资料。

题表 3 - 3　　　　　　　　　　某河甲、乙两站的年径流模数 M

年份	甲站年径流模数/ $[10^{-3}m^3/(s \cdot km^2)]$	乙站年径流模数/ $[10^{-3}m^3/(s \cdot km^2)]$	年份	甲站年径流模数/ $[10^{-3}m^3/(s \cdot km^2)]$	乙站年径流模数/ $[10^{-3}m^3/(s \cdot km^2)]$
1975	3.5	5.4	1983	3.0	4.6
1976	4.6	6.5	1984	4.0	6.1
1977	3.3	5.0	1985	3.9	5.6
1978	2.9	4.0	1986	3.2	5.0
1979	3.1	4.9	1987	2.6	
1980	3.8	5.6	1988	4.8	
1981	3.0	4.5	1989	5.0	
1982	2.8	4.2	1990	4.3	

第四章　由流量资料推求设计洪水

（一）填空题

1. 设计洪水的标准按保护对象的不同分为两类：第一类为保障_____的防洪标准；第二类为确保水库大坝等水工建筑物自身安全的洪水标准。

2. 设计洪水的标准高时，其相应的洪水数值就____；则水库规模亦_____，造价亦____；水库安全所承担风险则____。

3. 目前我国的防洪规划及水利水电工程设计中采用先选定_____，再推求与此____相应的洪峰、洪量及洪水过程线。

4. 设计永久性水工建筑物需考虑____及____两种洪水标准，通常称前者为设计标准，后者为校核标准。

5. 通常用_____、_____及_____三要素描述洪水过程。

6. 洪水资料系列有两种情况：一是系列中没有特大洪水值，称____系列；二是系列中有特大洪水值，称为____系列

7. 在设计洪水计算中，洪峰及各时段洪量采用不同倍比，使放大后的典型洪水过程线的洪峰及各历时的洪量分别等于设计洪峰和设计洪量值，此种放大方法称为_____法。

8. 对特大洪水进行处理时，洪水经验频率计算的方法有____和____。

9. 在洪水峰、量频率计算中，洪水资料的选样采用____法。

10. 同一个测站，1d 洪量系列的值 C_v，一般____于 3d 洪量系列的 C_v 值。

11. 采用典型洪水过程线放大的方法推求设计洪水过程线，两种放大方法是____和____。

12. 典型洪水同频率放大法推求设计洪水，其放大的先后顺序是____、____、____。

13. 入库洪水过程线较坝址洪水过程线，洪峰变____，峰现时间____。

14. 分期洪水的选样是采用_____。

15. 分期洪水系列的 C_v 值比年最大洪水系列的 C_v 值_____。

（二）选择题

1. 一次洪水中，涨水期历时比落水期历时（　　）。

a. 长　　　　　　　b. 短　　　　　　　c. 一样长　　　　　　d. 不能肯定

2. 设计洪水是指（　　）。

a. 符合设计标准要求的洪水　　　　　b. 设计断面的最大洪水

c. 任一频率的洪水　　　　　　　　　d. 历史最大洪水

3. 设计洪水的三个要素是（　　）。

a. 设计洪水标准、设计洪峰流量、设计洪水历时

b. 洪峰流量、洪水总量和洪水过程线

c. 设计洪峰流量、1d 洪量、3d 洪量

d. 设计洪峰流量、设计洪水总量、设计洪水过程线

4. 大坝的设计洪水标准比下游防护对象的防洪标准（　　）。

a. 高　　　　　　　b. 低　　　　　　　c. 一样　　　　　　d. 不能肯定

5. 在洪水峰、量频率计算中，洪峰流量选样的方法是（　　）。

a. 最大值法　　　　　　　　　　　　b. 年最大值法

c. 超定量法　　　　　　　　　　　　d. 超均值法

6. 在洪水峰、量频率计算中，洪量选样的方法是（　　）。

a. 固定时段最大值法　　　　　　　　b. 固定时段年最大值法

c. 固定时段超定量法　　　　　　　　d. 固定时段超均值法

7. 确定历史洪水重现期的方法是（　　）。

a. 根据适线确定   b. 按暴雨资料确定

c. 按国家规范确定   d. 由历史洪水调查考证确定

8. 某一历史洪水从发生年份以来为最大，则该特大洪水的重现期为 （ ）。

a. $N=$ 设计年份－发生年份   b. $N=$ 发生年份－设计年份＋1

c. $N=$ 设计年份－发生年份＋1   d. $N=$ 设计年份－发生年份－1

9. 某河段已查明在 N 年中有 a 项特大洪水，其中 l 个发生在实测系列 n 年内，在特大洪水处理时，对这种不连续系列的统计参数均值 Q 和 C_v 的计算，我国广泛采用包含特大值的矩法公式。该公式包括的假定是 （ ）。

a. $\overline{Q}_{N-a}=\overline{Q}_{n-l}$；$\sigma_{N-a}=\sigma_{n-l}$ b. $C_{vN}=C_{vn}$；$\sigma_{n-a}=\sigma_{n-l}$

c. $Q_{N-a}=\overline{Q}_{n-l}$；$C_{vN}=C_{vn}$ d. $Q_{N-a}=\overline{Q}_{n-l}$；$C_{sN}=C_{sn}$

10. 对特大洪水进行处理的内容是 （ ）。

a. 插补展延洪水资料   b. 代表性分析

c. 经验频率和统计参数的计算   d. 选择设计标准

11. 资料系列的代表性是指 （ ）。

a. 是否有特大洪水   b. 系列是否连续   c. 能否反映流域特点

d. 样本的频率分布是否接近总体的概率分布

12. 对设计站历年水位流量关系曲线对比分析的目的是 （ ）。

a. 检查洪水的一致性   b. 检查洪水的可靠性

c. 检查洪水的代表性   d. 检查洪水的大小

13. 对设计流域自然地理、水利化措施历年变化情况调查研究的目的是 （ ）。

a. 检查系列的一致性   b. 检查系列的可靠性

c. 检查系列的代表性   d. 检查系列的长短

14. 对设计流域洪水资料长短系列的统计参数相互对比的目的是 （ ）。

a. 检查系列的一致性   b. 检查系列的可靠性

c. 检查系列的代表性   d. 检查系列的长短

15. 在同一气候区，河流从上游向下游，其洪峰流量的 C_v 值一般是 （ ）。

a. $C_{v上}>C_{v下}$ b. $C_{v上}<C_{v下}$ c. $C_{v上}=C_{v下}$ d. $C_{v上}\leqslant C_{v下}$

16. 选择典型洪水的原则是"可能"和"不利"，所谓不利是指 （ ）。

a. 典型洪水峰型集中，主峰靠前   b. 典型洪水峰型集中，主峰居中

c. 典型洪水峰型集中，主峰靠后   d. 典型洪水历时长，洪量较大

17. 用典型洪水同倍比法 （按峰的倍比） 放大推求设计洪水，则 （ ）。

a. 峰等于设计洪峰、量等于设计洪量

b. 峰等于设计洪峰、量不一定等于设计洪量

c. 峰不一定等于设计洪峰、量等于设计洪量

d. 峰和量都不等于设计值

18. 用典型洪水同倍比法 （按量的倍比） 放大推求设计洪水，则 （ ）。

a. 峰等于设计洪峰、量等于设计洪量

b. 峰等于设计洪峰、量不一定等于设计洪量

c. 峰不一定等于设计洪峰、量等于设计洪量

d. 峰和量都不等于设计值

19. 典型洪水同频率放大的次序是（　　）。

a. 短历时洪量、长历时洪量、峰　　　b. 峰、长历时洪量、短历时洪量

c. 短历时洪量、峰、长历时洪量　　　d. 峰、短历时洪量、长历时洪量

20. 用典型洪水同频率放大法推求设计洪水，则（　　）。

a. 峰不一定等于设计洪峰、量等于设计洪量

b. 峰等于设计洪峰、量不一定等于设计洪量

c. 峰等于设计洪峰、各历时量等于设计洪量

d. 峰和量都不等于设计值

21. 对放大后的设计洪水进行修匀是依据（　　）。

a. 过程线光滑　　　　　　　　　　　b. 过程线与典型洪水相似

c. 水量平衡　　　　　　　　　　　　d. 典型洪水过程线的变化趋势

22. 入库洪水包括（　　）。

a. 入库断面洪水、区间洪水、库面洪水

b. 洪峰流量、洪量、洪量水过程线

c. 地面洪水、地下洪水、库面洪水

d. 上游洪水、中游洪水、下游洪水

23. 入库洪水过程线较坝址洪水过程线（　　）。

a. 峰值相同、同时出现　　　　　　　b. 峰值变小、提前出现

c. 峰值变大、提前出现　　　　　　　d. 峰值变小、推后出现

24. 分期洪水的选样是采用（　　）。

a. 各分期年最大值法　　　　　　　　b. 全年年最大值法

c. 各月年最大值法　　　　　　　　　d. 季度年最大值法

25. 洪水地区组成的计算方法有（　　）。

a. 同倍比法和同频率法　　　　　　　b. 典型年法

c. 同频率法　　　　　　　　　　　　d. 典型年法和同频率法

（三）问答题

1. 什么叫设计洪水，设计洪水包括哪三个要素？

2. 大坝的设计洪水标准与下游防护对象的防洪标准有什么异同？

3. 按工程性质不同，设计洪水可分为哪几种？

4. 水库枢纽工程防洪标准分为几级？各是什么含义？

5. 在什么情况下可用流量资料推求设计洪水？

6. 洪水的峰、量频率计算中，如何选择峰、量样本系列？

7. 什么叫特大洪水？特大洪水的重现期如何确定？为什么要对特大洪水进行处理？如何处理？

8. 水文资料的"三性审查"指的是什么？如何审查洪水资料的代表性？

9. 从哪几方面分析论证设计洪水成果的合理性？

10. 选择典型洪水的原则是什么？

11. 典型洪水放大有哪几种方法？它们各有什么优缺点？

12. 设计洪水过程线的同频率放大法和同倍比放大法各适用于什么条件？

13. 用同频率放大法推求设计洪水过程线有何特点？写出各时段的放大倍比计算公式？放大的次序是？

14. 简述有长期流量资料（其中有特大洪水）时，推求设计洪水过程线的方法步骤？

15. 什么叫分期设计洪水？在划定分析洪水时，如何进行分期划分？

（四）计算题

1. 某水库属中型水库，已知年最大洪峰流量系列的频率计算结果为 $\bar{Q}=1650\text{m}^3/\text{s}$、$C_v=0.6$，$C_s=3.5C_v$。试确定大坝设计洪水标准，并计算该工程设计和校核标准下的洪峰流量。P-Ⅲ型曲线 K_P 值见题表 4-1。

题表 4-1   **P-Ⅲ型曲线模比系数 K_P 值表**

$P/\%$ $\diagdown$ C_v	0.1	1	2	10	50	90	95	99
0.60	4.62	3.20	2.76	1.77	0.81	0.48	0.45	0.43
0.70	5.54	3.68	3.12	1.88	0.75	0.45	0.44	0.43

2. 某水库坝址断面处有 1958 年至 1996 年的年最大洪峰流量资料，其中最大的三年洪峰流量分别为 7500m³/s、4900m³/s 和 3800m³/s。由洪水调查知道，自 1836 年到 1957 年间，发生过一次特大洪水，洪峰流量为 9700m³/s，并且可以肯定调查期内没有漏掉7000m³/s 以上的洪水，试计算各次洪水的经验频率，并说明理由。

3. 某水库坝址处有 1960—1998 年实测洪水资料，其中最大的三次洪峰流量为1480m³/s、1250m³/s 和 5100m³/s。此外洪水资料如下：①经实地洪水调查，1935 年曾发生过流量为 5480m³/s 的大洪水，1896 年曾发生过流量为 4800m³/s 的大洪水，依次为近 150 年以来的两次最大的洪水；②经文献考证，1802 年曾发生过流量为 6500m³/s 的大洪水，为近 200 年以来的最大一次洪水。试用独立样本法和统一样本法推求上述各项洪峰流量的经验频率。

4. 已知某坝址断面 32 年的洪峰流量实测值见题表 4-2，根据历史调查得知 1910 年和 1924 年曾发生过特大洪水，推算得洪峰流量分别为 11600m³/s 和 10000m³/s。试推求200 年一遇洪峰流量。

题表 4-2   **某坝址断面实测洪峰流量表**

年份	流量/（m³/s）	年份	流量/（m³/s）	年份	流量/（m³/s）	年份	流量/（m³/s）
1950	4010	1954	3500	1958	6780	1962	5420
1951	2940	1955	5250	1959	7780	1963	6980
1952	4520	1956	3910	1960	2590	1964	4620
1953	5290	1957	3620	1961	5200	1965	3440

年份	流量/（m³/s）	年份	流量/（m³/s）	年份	流量/（m³/s）	年份	流量/（m³/s）
1966	8000	1970	3880	1974	4830	1978	5340
1967	5840	1971	4860	1975	2960	1979	6520
1968	4380	1972	6640	1976	4100	1980	3810
1969	5200	1973	5800	1977	3780	1981	6970

5. 已求得某站洪峰流量频率曲线，其统计参数为：$\overline{Q}=500\mathrm{m^3/s}$，$C_v=0.60$，$C_s=3C_v$，线型为 P-Ⅲ型，并选得典型洪水过程线如题表 4-3，并给出 P-Ⅲ型曲线模比系数 K_P 值表见题表 4-4，试按洪峰同倍比放大法推求百年一遇设计洪水过程线。

题表 4-3　　　　　　　　　　　　某站典型洪水过程线

时段 $\Delta t=6\mathrm{h}$	0	1	2	3	4	5	6	7	8
流量 $Q/（\mathrm{m^3/s}）$	20	150	900	850	600	400	300	200	120

题表 4-4　　　　　　　P-Ⅲ型曲线模比系数 K_P 值表（$C_s=3C_v$）

C_v ＼ $P/\%$	1	2	10	20	50	90	95	99
0.60	3.10	2.71	1.79	1.38	0.83	0.44	0.39	0.35
0.70	3.29	2.90	1.94	1.50	0.85	0.27	0.18	0.08

6. 已求得某站 3 天洪量频率曲线为 $\overline{W}_{3d}=2460$（$\mathrm{m^3/s \cdot d}$）、$C_v=0.60$、$C_s=2C_v$，选得典型洪水过程线见题表 4-5，试按量的同倍比法推求千年一遇设计洪水过程线。

题表 4-5　　　　　　　　　　　　某站典型洪水过程线

时段 $\Delta t=12\mathrm{h}$	0	1	2	3	4	5	6
流量 $Q/（\mathrm{m^3/s}）$	680	1220	6320	3310	1430	1180	970

7. 已求得某站百年一遇洪峰流量和 1 天、3 天、7 天洪量分别为：$Q_{m,p}=2680\mathrm{m^3/s}$、$W_{1d,p}=1.20$ 亿 $\mathrm{m^3}$，$W_{3d,p}=1.97$ 亿 $\mathrm{m^3}$，$W_{7d,p}=2.55$ 亿 $\mathrm{m^3}$。选得典型洪水过程线，并计算得典型洪水洪峰及各历时洪量分别为：$Q_m=2180\mathrm{m^3/s}$、$W_{1d}=1.06$ 亿 $\mathrm{m^3}$、$W_{3d}=1.48$ 亿 $\mathrm{m^3}$、$W_{7d}=1.91$ 亿 $\mathrm{m^3}$。试按同频率放大法计算放大倍比。

8. 已求得某站千年一遇洪峰流量和 1 天、3 天、7 天洪量分别为：$Q_{m,p}=2790\mathrm{m^3/s}$、$W_{1d,p}=2.160$ 亿 $\mathrm{m^3}$，$W_{3d,p}=3.843$ 亿 $\mathrm{m^3}$，$W_{7d,p}=5.58$ 亿 $\mathrm{m^3}$。选得典型洪水过程线，见题表 4-6，试按同频率放大法推求千年一遇设计洪水过程线。

题表 4-6　　　　　　　　　　　　典型洪水过程线

时间/h	0	12	24	36	48	60	72	84	96	108	120	132	144	156	168
流量/（m³/s）	250	276	724	1160	1540	2380	2020	1050	810	480	370	260	250	165	180

第五章　由暴雨资料推求设计洪水

（一）填空题

1. 设计暴雨的设计频率一般假定与相应的＿＿＿具有相同的频率。

2. 暴雨点面关系是＿＿＿＿＿＿，它用于由设计点雨量推求＿＿＿＿＿＿＿。

3. 由暴雨资料推求设计洪水时，假定设计暴雨与设计洪水频率＿＿＿。

4. 推求设计暴雨过程时，典型暴雨过程的放大计算一般采用＿＿＿法。

5. 判别暴雨资料是否为特大值时，一般的方法是＿＿＿。

6. 由暴雨资料推求设计洪水的一般步骤是＿＿＿＿＿、＿＿＿、＿＿＿。

7. 暴雨资料的插补延展方法有＿＿＿。

8. 流域内测站分布均匀时，可采用＿＿＿＿＿计算面雨量。

9. 流域内侧站分布不均匀时，宜采用＿＿＿计算面雨量。

10. 一般情况下，用泰森多边形法计算流域平均雨量比用算术平均法合理些，但在＿＿＿＿＿＿情况下，两种方法可获得相同的结果。

11. 暴雨频率分析，我国一般采用＿＿＿法确定其概率分布函数及统计参数。

12. 暴雨点面关系有两种，其一是＿＿＿＿＿＿；其二＿＿＿＿＿＿。

13. 设计面雨量的时程分配通常选取＿＿＿作为典型，经放大后求得。

14. 对暴雨影响最大的气象因子，包括＿＿＿和＿＿＿两大类。

15. 用 W_m 折算法（$P_{a,p} = RW_m$）计算设计暴雨的前期影响雨量 P_a 时，在湿润地区，当设计标准较高时，R 应取较＿＿＿值；在干旱地区，当设计标准较低时，R 应取较＿＿＿＿＿值。

16. 由设计暴雨推求设计净雨时，要处理的主要问题有＿＿＿的确定和＿＿＿的拟定。

17. 设计条件下 P_a（前期影响雨量）的计算方法有＿＿＿、＿＿＿和＿＿＿等。

18. 某一地区产生暴雨的主要物理条件有＿＿＿＿＿＿和＿＿＿＿＿＿。

（二）选择题

1. 由暴雨资料推求设计洪水时，一般假定（　　）。

a. 设计暴雨的频率大于设计洪水的频率

b. 设计暴雨的频率小于设计洪水的频率

c. 设计暴雨的频率等于设计洪水的频率

d. 设计暴雨的频率大于、等于设计洪水的频率

2. 用暴雨资料推求设计洪水的原因是（　　）。

a. 用暴雨资料推求设计洪水精度高　　　b. 用暴雨资料推求设计洪水方法简单

c. 流量资料不足或要求多种方法比较　　　d. 大暴雨资料容易收集

3. 由暴雨资料推求设计洪水的方法步骤是（　　）。

a. 推求设计暴雨、推求设计净雨、推求设计洪水

b. 暴雨观测、暴雨选样、推求设计暴雨、推求设计净雨

c. 暴雨频率分析、推求设计净雨、推求设计洪水

d. 暴雨选样、推求设计暴雨、推求设计净雨、选择典型洪水、推求设计洪水

4. 暴雨资料系列的选样是采用（　　）。

a. 固定时段选取年最大值法　　　　　　b. 年最大值法

c. 年超定量法　　　　　　　　　　　　d. 与大洪水时段对应的时段年最大值法

5. 对于中小流域，其特大暴雨的重现期一般可通过（　　）。

a. 现场暴雨调查确定　　　　　　　　　b. 对河流洪水进行观测

c. 查找历史文献灾情资料确定

d. 调查该河特大洪水，并结合历史文献灾情资料确定

6. 对雨量观测仪器和雨量记录进行检查的目的是（　　）。

a. 检查暴雨的一致性　　　　　　　　　b. 检查暴雨的大小

c. 检查暴雨的代表性　　　　　　　　　d. 检查暴雨的可靠性

7. 对设计流域历史特大暴雨调查考证的目的是（　　）。

a. 提高系列的一致性　　　　　　　　　b. 提高系列的可靠性

c. 提高系列的代表性　　　　　　　　　d. 使暴雨系列延长一年

8. 若设计流域暴雨资料系列中没有特大暴雨，则推求的暴雨均值、离势系数 C_v 可能会（　　）

a. 均值、离势系数 C_v 都偏大　　　　b. 均值、离势系数 C_v 都偏小

c. 均值偏小、离势系数 C_v 偏大　　　c. 均值偏大、离势系数 C_v 偏小

9. 暴雨定点定面关系是（　　）。

a. 固定站雨量与其相应流域洪水之间的相关关系

b. 流域出口站暴雨与流域平均雨量之间的关系

c. 流域中心点暴雨与流域平均雨量之间的关系

d. 各站雨量与流域平均雨量之间的关系

10. 暴雨动点动面关系是（　　）。

a. 暴雨与其相应洪水之间的相关关系

b. 不同站暴雨之间的相关关系

c. 任一雨量站雨量与流域平均雨量之间的关系

d. 暴雨中心点雨量与相应的面雨量之间的关系

11. 某一地区的暴雨点面关系，对于同一历时，点面折算系数 α（　　）。

a. 随流域面积的增大而减小　　b. 随流域面积的增大而增大

c. 随流域面积的变化时大时小　　d. 不随流域面积而变化

12. 某一地区的暴雨点面关系，对于同一面积，折算系数 α（　　）。

a. 随暴雨历时增长而减小　　　　b. 随暴雨历时增长而增大

c. 随暴雨历时的变化时大时小　　d. 不随暴雨历时而变化

13. 选择典型暴雨的原则是"可能"和"不利"，所谓不利是指（　　）。

a. 典型暴雨主雨峰靠前　　　　　b. 典型暴雨主雨峰靠后

c. 典型暴雨主雨峰居中　　　　　d. 典型暴雨雨量较大

14. 用典型暴雨同倍比放大法推求设计暴雨，则（　　）。

a. 各历时暴雨量都等于设计暴雨量　　b. 各历时暴雨量都不等于设计暴雨量

c. 各历时暴雨量可能等于、也可能不等于设计暴雨量

d. 所用放大倍比对应的历时暴雨量等于设计暴雨量，其他历时暴雨量不一定等于设计暴雨量

15. 用同频率法计算设计暴雨相应的前期影响雨量 $P_{a,p}$，其计算公式为（　　）。

a. $P_{a,p} = (x+P_a)_p - x_p = I_m$　　　　b. $P_{a,p} = (x+P_a)_p - x_p \leqslant I_m$

c. $P_{a,p} = (x+P_a)_p - x_p \geqslant I_m$　　　d. $P_{a,p} = (x+P_a) - x_p \leqslant I_m$

（三）问答题

1. 为什么要用暴雨资料推求设计洪水？由暴雨资料推求设计洪水的基本假定是什么？

2. 由暴雨资料推求设计洪水，主要包括哪些计算环节？

3. 如何判断大暴雨资料是否属于特大值？如何确定特大暴雨的重现期？

4. 什么叫定点定面关系？如何建立一个流域的定点定面关系？

5. 使用"动点动面暴雨点面关系"包含了哪些假定？

6. 选择典型暴雨的原则是什么？

7. 写出典型暴雨同频率放大法推求设计暴雨过程的放大公式。

（四）计算题

1. 某水库属大（2）型水库，大坝为土石坝，已知年最大7d暴雨系列的频率计算结果为：$\bar{x} = 432\text{mm}$，$C_v = 0.45$，$C_s = 3C_v$。试确定大坝设计标准，并计算该工程7d设计暴雨。P-Ⅲ型曲线模比系数 K_P 值见题表 5-1。

题表 5-1　　　　　　　　**P-Ⅲ型曲线模比系数 K_P 值表（$C_s = 3C_v$）**

$P/\%$ C_v	0.1	0.2	2	10	50	90	95	99
0.45	3.26	3.03	2.21	1.60	0.90	0.53	0.47	0.39
0.50	3.62	3.34	2.37	1.67	0.88	0.49	0.44	0.37

2. 已知百年一遇的设计暴雨 $P_{1\%} = 420\text{mm}$，其过程线见题表 5-2，径流系数 $a = 0.85$，后损 $\bar{f} = 1.55\text{mm/h}$，试用初损、后损法确定初损 I_0 及设计净雨过程。

题表 5-2　　　　　　　　　**某流域百年一遇的设计暴雨过程**

时段 $\Delta t = 6h$	1	2	3	4	5	6
雨量/mm	6.4	5.6	176	99	82	51

3. 某流域雨量站测得 1985 年 7 月 10—21 日雨量分别为 99.5mm、0mm、0mm、25.8mm、0mm、18mm、75.5mm、11.2mm、0mm、0mm、0mm、88.0mm，暴雨径流系数为 0.75。试求最大 1 天、3 天、7 天雨量及其净雨量各为多少？

4. 经对某流域降雨资料进行频率计算，求得该流域频率 $p = 1\%$ 的中心点设计暴雨，并由流域面积 $F = 44\text{km}^2$，查随文手册得相应的点面折算系数 a_F，一并列入题表 5-3，选择某站 1967 年 6 月 23 日开始的 3 天暴雨作为设计暴雨的过程分配典型，见题表 5-4，试用同频率放大法推求 $p = 1\%$ 的 3 天设计面暴雨过程。

题表 5 - 3　　　　　　　　　　　**某流域设计雨量及其点面折算系数**

时段	6h	1d	3d
设计雨量/mm	192.3	306.0	435.0
折算系数 a_F	0.912	0.938	0.963

题表 5 - 4　　　　　　　　　　　**某流域典型暴雨过程线**

时段 $\Delta t = 6h$	1	2	3	4	5	6	7	8	9	10	11	12	合计
雨量/mm	4.8	4.2	120.5	75.3	4.4	2.6	2.4	2.3	2.2	2.1	1.0	1.0	222.8

5. 已知某流域设计频率为 $P = 1\%$ 的 24h 暴雨过程见题表 5 - 5，设计暴雨初损 $I_0 = 30mm$，单位线见题表 5 - 6，后期平均下渗能力 $\overline{f} = 2.0mm/h$，设计情况下基流为 $10m^3/s$，求该流域 $P = 1\%$ 的 24h 设计洪水过程线。

题表 5 - 5　　　　　　　　　　　**某流域暴雨洪水过程**

时段 $\Delta t = 6h$	1	2	3	4	合计
雨量/mm	20	60	105	10	195

题表 5 - 6　　　　　　　　　　　**某设计流域的 6h10mm 单位线**

时段 $\Delta t = 6h$	0	1	2	3	4	5	6	7	0	合计
单位线 $q/(m^3/s)$	0	14	26	39	23	18	12	7	0	139

第六章　小流域设计洪水计算

（一）填空题

1. 小流域推求设计暴雨采用的步骤是：①_____；②_____；③_____。

2. 小流域设计洪水计算中，常见的暴雨公式形式有_____、_____。

3. 小流域设计洪峰流量计算一般采用方法有：_____、_____、_____。

（二）选择题

1. 推理公式中的损失参数 μ，代表（　）内的平均下渗率。

a. 降雨历时　　　b. 产流历时　　　c. 后损历时　　　d. 不能肯定

2. 经验公式法计算设计洪水，一般（　）。

a. 仅推求设计洪峰流量　　　　　　b. 仅推求设计洪量

c. 推求设计洪峰和设计洪量　　　　d. 仅推求设计洪水过程线

3. 小流域设计洪水的计算方法概括起来有（　）。

a. 推理公式法、经验单位线法、瞬时单位线法

b. 流域水文模型法、产汇流计算法、综合瞬时单位线法

c. 水文手册法、水文图集法、暴雨径流查算图表法

d. 推理公式法、地区经验公式法、调查洪水法

4. 用经验法（$P_{a,p} = KIm$）确定设计暴雨的前期影响雨量 $P_{a,p}$ 时，在湿润地区设计标准越高，一般（　）。

　　a. K 越大　　　　　b. K 越小　　　　　c. K 不变　　　　　d. K 值可大可小

5. 用经验法（$P_{a,p}=KIm$）确定设计暴雨的前期影响雨量 P_a 时，湿润地区的 K 值，一般（　　）。

　　a. 小于干旱地区的 K 值　　　　　　b. 大于干旱地区的 K 值

　　c. 等于干旱地区的 K 值　　　　　　d. 不一定

（三）简答题

1. 简述小流域推理公式的基本原理和基本假定？

2. 小流域设计暴雨的特点有哪些？怎样建立暴雨强度公式？

3. 简述推理公式法计算设计洪峰流量的方法步骤。

4. 怎样推求小流域的设计洪量和设计洪水过程线？试举一种方法说明之。

（四）计算题

　　某小流域如题图 6-1 所示，其流域面积为 $3.0\mathrm{km}^2$ 等流时面积（$f_1=0.5\mathrm{km}^2$，$f_2=2.5\mathrm{km}^2$，），流域汇流时间 $\tau_n=3\mathrm{h}$，而 $\tau_{AB}=\tau_{BC}=1.5\mathrm{h}$，设计暴雨公式 $i=120/T_{0.7}$（mm/h），其中 T 为历时（h），设计暴雨损失率 $\mu=10\mathrm{mm/h}$，试按公式 $Q_m=0.278(i-\mu)f$（f 为洪峰 Q_m 的汇流面积）计算全面汇流和仅 f_2 部分汇流的洪峰流量，并比较之。

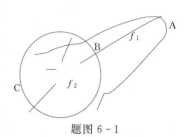

题图 6-1

第七章　可能最大暴雨和可能最大洪水的估算

（一）填空题

1. 可能最大暴雨是 _____。

2. 可能最大洪水是 _____。

3. 可降水量是指 _____ 在气柱底面上形成的液态水深度。

4. _____ 不但是古代洪水的物证，而且还能提供古洪水的水位（流量）和发生年代，这是水文学中未曾利用的洪水信息载体，也是一个新的洪水资料库，其中很久远年代的特大洪水资料，_____ 洪水设计资料长度，解决了频率曲线外延问题，对于洪水频率分析十分有利。

5. 通过古洪水研究，可以取得几千年甚至上万年前的洪水资料。但为了保持洪水资料在统____ 计学上的 _____（气候、植被、河道），一般认为仅宜采用 _____（距今 2500～3000 年）的洪水资料。

（二）选择题

1. 可降水量（　　）。

　　a. 随暴雨历时增长而减小　　　　　b. 随暴雨历时增长而增大

　　c. 随暴雨历时的变化时大时小　　　d. 不随暴雨历时而变化

2. 某一地点某日降雨对应的可降水量（　　）。

　　a. 等于该日的实际降水量　　　　　b. 一定大于该日的实际降水量

　　c. 一定小于该日实际降水量　　　　d. 以上答案都不对

3. 选取代表性露点时，还要有一定的持续时间，一般采用持续（　　）。

a. 1 小时最大露点　　　　　　　　b. 8 小时最大露点

c. 12 小时最大露点　　　　　　　　d. 24 小时最大露点

4. 可能最大暴雨是指（　　）。

a. 流域上发生过的最大暴雨　　　　b. 调查到的历史最大暴雨

c. 特大洪水对应的暴雨　　　　　　d. 现代气候条件下一定历时内的最大暴雨

5. 可能最大洪水是指（　　）。

a. 流域上发生过的最大洪水　　　　b. 可能最大暴雨对应的洪水

c. 历史上的特大洪水　　　　　　　d. 稀遇设计频率的洪水

6. 调查到了古洪水的水位和比降，就可利用水力学模型或稳定的水位流量关系推求古洪水流量，但无论是用模型还是水位流量关系推算，都要利用（　　）洪水通过的断面，这是提高古洪水流量计算精度所必须研究的。

a. 现今　　　　b. 以后　　　　c. 当时　　　　d. 不能确定

7. 古洪水重现期与流量测算结果均有一定的误差。古洪水测年约有（　　）的误差，但古洪水的考证期是几千年，只要不影响排位，其具体年份不是重要的。

a. 几十年　　　　b. 一二百年　　　　c. 几千年　　　　d. 近万年

（三）简答题

1. 什么是 PMP、PMF？

2. 某流域缺少典型大暴雨，怎样推求 PMP？试举出一种方法，并说明计算的基本步骤。

3. 在什么情况下才能对暴雨进行移植，简述暴雨移植法的步骤？

4. 试以典型暴雨水汽放大法，说明推求 PMP 的方法与步骤？

5. 由 PMP 推求 PMF？扼要说明 PMF 的推求步骤。

6. 古洪水研究工作的主要目的和意义是什么？

（四）计算题

已知某流域地面高程 500m，测得地面露点为 26℃（已化算至 1000hPa 地面），要求计算该地面至水汽顶界（200hPa 等压面）的可降水量。

第八章　设计年径流分析计算

（一）填空题

1. 描述河川径流变化特性时可用＿＿＿＿＿＿变化和＿＿＿＿＿＿＿＿＿＿变化来描述。

2. 对同一条河流而言，一般年径流流量系列 Q_i（m³/s）的均值从上游到下游是＿＿＿＿＿＿。

3. 对同一条河流而言，一般年径流量系列 C_v 值从上游到下游是＿＿＿＿＿＿＿＿＿＿。

4. 湖泊和沼泽对年径流的影响主要反映在两个方面，一方面由于增加了＿＿＿＿＿＿，使年径流量减少；另一方面由于增加了＿＿＿＿＿＿，使径流的年内和年际变化趋缓。

5. 根据水文循环周期特征，使年降雨量和其相应的年径流量不被分割而划分的年度称为＿＿＿＿＿＿。

6. 为方便兴利调节计算而划分的年度称为＿＿＿＿＿＿＿。

7. 水文资料的"三性"审查是指对资料的＿＿＿＿＿＿、＿＿＿＿＿＿和＿＿＿＿＿＿进行审查。

8. 当年径流系列一致性遭到破坏时，必须对受到人类活动影响时期的水文资料进行＿＿＿＿＿＿＿计算，使之＿＿＿＿＿＿状态。

9. 流域的上游修建引水工程后，使下游实测资料的一致性遭到破坏，在资料一致性改正中，一定要将资料修正到引水工程建成＿＿＿＿＿＿＿＿的同一基础上。

10. 当缺乏实测径流资料时，可以基于参证流域用＿＿＿＿＿＿法来推求设计流域的年、月径流系列。

11. 在干旱半干旱地区，年雨量与年径流量之间的关系不密切，若引入＿＿＿＿＿＿＿为参数，可望改善年雨量与年径流量的关系。

12. 推求设计代表年年径流量的年内分配时，选择典型年的原则有二：①＿＿＿＿＿＿＿＿＿＿；②＿＿＿＿＿＿＿＿＿＿。

13. 在典型年的选择中，当选出的典型年不止一个时，对水电工程，应该选取＿＿＿＿＿＿＿。

14. 实际代表年法选取典型年后，该典型年的各月径流量＿＿＿＿＿＿＿＿。

15. 在进行频率计算时，枯水流量常采用＿＿＿＿＿＿＿＿＿＿＿＿。

（二）选择题

1. 我国年径流深分布的总趋势基本上是（　）。

a. 自东南向西北递减　　　　　　b. 自东南向西北递增

c. 分布基本均匀　　　　　　　　d. 自西向东递增

2. 径流是由降水形成的，故年径流与年降水量的关系（　）。

a. 一定密切　　　　　　　　　　b. 一定不密切

c. 在湿润地区密切　　　　　　　d. 在干旱地区密切

3. 人类活动（例如修建水库、灌溉、水土保持等）通过改变下垫面的性质间接影响年径流量，一般说来，这种影响使得（　）。

a. 蒸发量基本不变，从而年径流量增加

b. 蒸发量增加，从而年径流量减少

c. 蒸发量基本不变，从而年径流量减少

d. 蒸发量增加，从而年径流量增加

4. 一般情况下，对于大流域由于下述原因，从而使径流的年际、年内变化减小（　）。

a. 调蓄能力弱，各区降水相互补偿作用大

b. 调蓄能力强，各区降水相互补偿作用小

c. 调蓄能力弱，各区降水相互补偿作用小

d. 调蓄能力强，各区降水相互补偿作用大

5. 在年径流系列的代表性审查中，一般将（　）的同名统计参数相比较，当两者大致接近时，则认为设计变量系列具有代表性。

a. 参证变量长系列与设计变量系列

b. 同期的参证变量系列与设计变量系列

c. 参证变量长系列与设计变量同期的参证变量系列

d. 参证变量长系列与设计变量非同期的参证变量系列

6. 绘制年径流频率曲线，必须已知（　　）。

a. 年径流的均值、C_v、C_s 和线型　　　　b. 年径流的均值、C_v、线型和最小值

c. 年径流的均值、C_v、C_s 和最小值　　　　d. 年径流的均值、C_v、最大值和最小值

7. 频率 p 为 90% 的枯水年的年径流量为 $Q_{90\%}$，则十年一遇枯水年是指（　　）。

a. 不小于 $Q_{90\%}$ 的年径流量每隔十年必然发生一次

b. 不小于 $Q_{90\%}$ 的年径流量平均十年可能出现一次

c. 不大于 $Q_{90\%}$ 的年径流量每隔十年必然发生一次

d. 不大于 $Q_{90\%}$ 的年径流量平均十年可能出现一次

8. 频率为 $p=10\%$ 的丰水年的年径流量为 $Q_{10\%}$，则十年一遇丰水年是指（　　）。

a. $Q_{10\%}$ 的年径流量每隔十年必然发生一次；

b. 不小于 $Q_{10\%}$ 的年径流量每隔十年必然发生一次；

c. 不小于 $Q_{10\%}$ 的年径流量平均十年可能出现一次；

d. 不大于 $Q_{10\%}$ 的年径流量平均十年可能出现一次。

9. 甲乙两河，通过实测年径流资料的分析计算，得各自的年径流量均值 $Q_甲$、$Q_乙$ 和均方差 $\sigma_甲$、$\sigma_乙$ 如下甲河：$Q_甲=100\mathrm{m^3/s}$，$\sigma_甲=42$；乙河：$Q_乙=1000\mathrm{m^3/s}$，$\sigma_乙=200$ 两河相比，可知（　　）。

a. 乙河水资源丰富，径流量年际变化小　　b. 乙河水资源丰富，径流量年际变化大

c. 甲河水资源丰富，径流量年际变化大　　d. 甲河水资源丰富，径流量年际变化小

10. 中等流域的年径流 C_v 值一般较邻近的小流域的年径流值 C_v（　　）。

a. 大　　　　　　　　b. 小　　　　　　　　c. 相等　　　　　　　　d. 大或相等

11. 某流域根据实测年径流系列资料，经频率分析计算（配线）确定的频率曲线如题图 8-1 所示，则推求出的二十年一遇的设计枯水年的年径流量为（　　）。

a. Q_1　　　　　　　b. Q_2　　　　　　　c. Q_3　　　　　　　d. Q_4

12. 衡量径流的年际变化常用（　　）。

a. 年径流偏态系数　　b. 多年平均径流量　　c. 年径流变差系数　　d. 年径流模数

13. 用多年平均径流深等值线图，求题图 8-2 所示的设计小流域的多年平均径流深

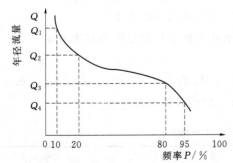

题图 8-1　某流域年径流的频率曲线

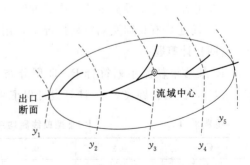

题图 8-2　多年平均径流深等值线图

y_0 为 （　　）。

  a. $y_0 = y_1$ b. $y_0 = y_3$ c. $y_0 = y_5$ d. $y_0 = 1/2（y_1 + y_5）$

14. 在设计年径流的分析计算中，把短系列资料展延成长系列资料的目的是 （　　）。

  a. 增加系列的代表性   b. 增加系列的可靠性

  c. 增加系列的一致性   d. 考虑安全

15. 在典型年的选择中，当选出的典型年不止一个时，对灌溉工程应选取 （　　）。

  a. 灌溉需水期的径流比较枯的年份   b. 非灌溉需水期的径流比较枯的年份

  c. 枯水期较长，且枯水期径流比较枯的年份   d. 丰水期较长，但枯水期径流比较枯的年份

16. 枯水径流变化相当稳定，是因为它主要来源于 （　　）。

  a. 地表径流   b. 地下蓄水   c. 河网蓄水   d. 融雪径流

17. 在进行频率计算时，说到某一重现期的枯水流量时，常以 （　　）。

  a. 大于该径流的概率来表示   b. 大于和等于该径流的概率来表示

  c. 小于该径流的概率来表示   d. 小于和等于该径流的概率来表示

（三）问答题

1. 何谓年径流？它的表示方法和度量单位是什么？

2. 某流域下游有一个较大的湖泊与河流连通，后经人工围垦湖面缩小很多。试定性地分析围垦措施对正常年径流量、径流年际变化和年内变化有何影响？

3. 人类活动对年径流有哪些方面的影响？其中间接影响如修建水利工程等措施的实质是什么？如何影响年径流及其变化？

4. 何谓保证率？若某水库在运行 100 年中有 85 年保证了供水要求，其保证率为多少？破坏率又为多少？

5. 日历年度、水文年度、水利年度的涵义各如何？

6. 简述年径流年内、年际变化的主要特性？

7. 水文资料的"三性"审查指的是什么？如何审查资料的代表性？

8. 如何分析判断年径流系列代表性的好坏？怎样提高系列的代表性？

9. 怎样选择参证站？单站（一个站）的年雨量能否作为展延年径流系列的参证变量？

10. 为什么年径流的 C_v 值可以绘制等值线图？从图上查出小流域的 C_v 值一般较实际值偏大还是偏小？

11. 展延年径流系列的关键是选取参证变量，简述参证变量应具备的条件？

12. 推求设计年径流量的年内分配时，应遵循什么原则选择典型年？

13. 简述具有长期实测资料情况下，用设计代表年法推求年内分配的方法步骤？

（四）计算题

1. 某站年径流系列符合 P-Ⅲ型分布，已知该系列的 $\overline{R} = 650\text{mm}$，$\sigma = 162.55\text{mm}$，$C_s = 2C_v$，试结合题表 8-1 计算设计保证率 $P = 90\%$ 时的设计年径流量？

题表 8-1   P-Ⅲ型曲线离均系数 φ 值表 （$P = 90\%$）

C_s	0.2	0.3	0.4	0.5	0.6
φ	−1.26	−1.24	−1.23	−1.22	−1.20

2. 某水库有 24 年实测径流资料，经频率计算已求得频率曲线为 P-Ⅲ型，统计参数为：多年平均径流深 $R=711.0$mm，$C_v=0.30$，$C_s=2C_v$，试结合题表 8-2 推求该水库十年一遇丰水年的年径流深？

题表 8-2　　　　　　　　P-Ⅲ型曲线离均系数 Φ 值表

C_s ＼ $P/\%$	1	10	50	90	95
0.60	2.755	1.329	−0.099	−1.200	−1.458
0.65	2.790	1.331	−0.108	−1.192	−1.441

3. 某水文站多年平均流量 $Q=328$m³/s，$C_v=0.25$，$C_s=0.60$，试结合题表 8-3 在 P-Ⅲ型频率曲线上推求设计频率 $P=95\%$ 的年平均流量？

题表 8-3　　　　　　　P-Ⅲ型频率曲线离均系数 Φ_P 值表

C_s ＼ $P/\%$	20	50	75	90	95	99
0.60	3.60	3.13	−0.72	−1.20	−1.45	−1.88

4. 某水库多年平均流量 $Q=15$m³/s，$C_v=0.25$，$C_s=2.0C_v$，年径流理论频率曲线为 P-Ⅲ型。

（1）按题表 8-4 求该水库设计频率为 90% 的年径流量？

（2）按题表 8-5 径流年内分配典型，求设计年径流的年内分配？

题表 8-4　　　　P-Ⅲ型频率曲线模比系数 K_P 值表（$C_s=2.0C_v$）

C_v ＼ $P/\%$	20	50	75	90	95	99
0.20	1.16	0.99	0.86	0.75	0.70	0.89
0.25	1.20	0.98	0.82	0.70	0.63	0.52
0.30	1.24	0.97	0.78	0.64	0.56	0.44

题表 8-5　　　　　　　　枯水代表年年内分配典型

月份	1	2	3	4	5	6	7	8	9	10	11	12	平均
年内分配/（m³/s）	2.0	5.3	10.5	13.2	18.7	39.6	10.3	6.9	4.5	4.1	3.8	2.3	10.1

5. 某水文站的年平均流量系列如表 8-6 所示，要求用配线法推求设计频频率 $P=90\%$ 的年平均流量。

题表 8-6　　　　　　某水文站年平均流量表（水利年度）

年份	流量 $Q/$（m³/s）	年份	流量 $Q/$（m³/s）	年份	流量 $Q/$（m³/s）
1950	4010	1955	5250	1960	2590
1951	2940	1956	3910	1961	5200
1952	4520	1957	3620	1962	5420
1953	5290	1958	6780	1963	6980
1954	3500	1959	7780	1964	4620

续表

年份	流量 $Q/(m^3/s)$	年份	流量 $Q/(m^3/s)$	年份	流量 $Q/(m^3/s)$
1965	3440	1968	4380	1971	4860
1966	8000	1969	5200	1972	6640
1967	5840	1970	3880	1973	5800

6. 设有甲乙 2 个水文站，设计断面位于甲站附近，但只有 1971—1990 年实测径流资料。其下游的乙站却有 1961—1990 年实测径流资料，见题表 8 - 7。两站 10 年同步年径流观测资料对应关系较好，试将甲站 1961—1970 年缺测的年径流插补出来？

题表 8 - 7　　　　　某河流甲乙两站年径流资料　　　　　单位：m^3/s

年份	1961	1962	1963	1964	1965	1966	1967	1968	1969	1970
乙站	1400	1050	1370	1360	1710	1440	1640	1520	1810	1410
甲站										
年份	1971	1972	1973	1974	1975	1976	1977	1978	1979	1980
乙站	1430	1560	1440	1730	1630	1440	1480	1420	1350	1630
甲站	1230	1350	1160	1450	1510	1200	1240	1150	1000	1450
年份	1981	1982	1983	1984	1985	1986	1987	1988	1989	1990
乙站	1230	1460	1540	1630	1730	1340	1680	1520	1380	1430
甲站	1360	1380	1360	1470	1410	1160	1340	1250	1200	1350

第九章　水库的兴利调节计算

（一）填空题

1. 反映水库_____的曲线称为水库特性曲线，它分为_____和_____。

2. 从_____至_____之间的容积称为防洪库容。

3. 水库在汛期允许兴利蓄水的上限水位称为_____。

4. 当兴利库容一定时，用水流量越大，其保证率越_____。

5. 库容系数是_____与_____的比值。

6. 径流调节总体上可分为_____和_____。

7. 水库的水量损失主要包括_____、_____、_____。

8. 设计保证率的表达形式有_____、_____。

（二）选择题

1. 水库在运用时，汛期到来之前库水位应降到（　）。

a. 死水位　　　b. 正常蓄水位　　c. 防洪限制水位　d. 防洪高水位

2. （　）时，防洪库容与兴利库容部分结合。

a. 防洪限制水位与正常蓄水位重合　b. 防洪限制水位与防洪高水位重合

c. 防洪限制水位低于正常蓄水位，防洪高水位高于正常蓄水位

d. 防洪限制水位高于死水位，防洪高水位与正常蓄水位重合

3. 多年调节水库可进行以下周期的调节（　　）。

a. 年调节　　　　　b. 季调节　　　　　c. 多年调节　　　　d. 日调节

4. 按（　　）分，年调节可分为完全年调节和不完全年调节。

a. 调节周期长短　b. 水量利用程度　c. 库容大小　　　d. 库水位的高低

5. 防洪设计标准包括（　　）。

a. 水工建筑物防洪设计标准　　　　　b. 下游防护对象的防洪标准

c. 水库上游淹没标准　　　　　　　　d. 水电站防洪设计标准

（三）问答题

1. 水库特征水位及其相应库容示意图。

2. 设计保证率的含义是什么？设计保证率有几种表示形式？如何确定拟建的设计保证率？

3. 什么叫径流调节？兴利调节计算的基本原理是什么？

4. 径流调节的计算方法有哪些？叙述其主要区别？

5. 水库二次运用情况下，如何确定其兴利库容？

6. 什么是水库的调节周期？按调节周期分类，径流调节有几种类型？

7. 长周期调节水库为什么可以完成短周期调节任务？

8. 库容系数与调节系数各表示什么意义，其数值大小有哪些影响因素？

（四）计算题

1. 某拟建水库坝址处多年平均径流量为 $1100 \times 10^6 \mathrm{m}^3$，多年平均流量为 $96 \mathrm{m}^3/\mathrm{s}$。属于年调节水库，6—8月为丰水期，9月到次年5月为枯水期。不计水库水量损失，其他已知数据如题表9-1。求 $V_兴$。

题表 9 - 1　　　　　　　某水库天然来水及各部门综合用水情况表

时段/月		天然来水		各部门综合用水	
		流量/（m³/s）	水量/10⁶m³	流量/（m³/s）	水量/10⁶m³
丰水期	6	155.86	410	79.86	210
	7	144.49	380	83.65	220
	8	174.90	460	76.05	200
枯水期	9	79.85	210	83.65	220
	10	72.24	190	83.65	220
	11	68.44	180	87.45	230
	12	77.90	210	83.65	220
	1	76.05	200	83.65	220
	2	83.65	220	95.06	250
	3	60.84	160	87.45	230
	4	57.03	150	91.25	240
	5	57.03	150	87.45	230

2. 已知某坝址设计枯水年（1971—1972 年）各月的余缺水量（见题表 9-2），求所需的兴利库容。

题表 9-2　　　　　　　　某水库来、用水量调节计算表　　　　　　　单位：（m³/s）·月

月份	11	12	1	2	3	4
余缺水量	0.53	0.46	0.33	1.2	1.53	0.68
月份	5	6	7	8	9	10
余缺水量	−0.16	2.78	0	−1.62	−0.16	0.46

3. 已知将建水库的来用水过程见题图 9-1，其中，$W_1 = 18$ 万 m³，$W_2 = 5$ 万 m³，$W_3 = 7$ 万 m³，$W_4 = 8$ 万 m³，$W_5 = 5$ 万 m³，$W_6 = 3$ 万 m³，求兴利库容。

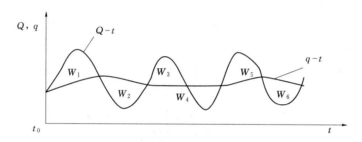

题图 9-1　水库多次运用

4. 已知 $V_{兴} = 89.1$ （m³/s）·月，设计枯水年来水过程如题表 9-3，求供水期调节流量及蓄水期可用流量（不计水量损失）。

题表 9-3　　　　　　　　某水库设计枯水年来水过程　　　　　　　单位：m³/s

月份	3	4	5	6	7	8	9	10	11	12	1	2
Q	23.1	73.2	65	90.8	53.2	65.6	12.4	9.2	7.2	6.4	10.2	15.5

5. 年调节水库计算

要求：据已给资料求兴利库容和正常蓄水位。

资料：（1）设计代表年（$P = 75\%$）径流年内分配如题表 9-4 第二行。

（2）综合用水过程如题表 9-4 第三行。

（3）蒸发损失月分配如题表 9-4 第四行。

（4）渗漏损失以相应月库容的 1% 计。

（5）水库库容特性曲线如题表 9-5。

（6）死库容 $V_{死} = 300$ 万 m³。

题表 9-4　　　　　　　　水库来、用水及蒸发资料

月份	1	2	3	4	5	6	7	8	9	10	11	12
来水/万 m³	410	381	1273	428	404	1126	3988	4994	997	474	181	170
用水/万 m³	210	210	465	1980	1650	1840	1240	2000	543	210	985	1246
蒸发量/mm	9	11	24	49	65	70	75	79	73	32	15	10

题表 9 - 5　　　　　　　　　　水库库容特性曲线表

水位/m	850	852	854	856	858	860	862	864	866	868	870
水面面积/km²	0	0.3	0.62	0.93	1.22	1.68	2.08	2.43	2.90	3.35	3.95
容积/万 m³	0	100	300	1500	2400	3200	3900	4500	4900	5300	5600

第十章　水电站水能计算

(一) 填空题

1. 按集中落差的方式分，水能的基本开发方式可分为＿＿＿＿＿、＿＿＿＿＿＿和＿＿＿＿＿＿＿＿。

2. 年最大负荷图反映＿＿＿＿＿＿＿。

3. 电站的装机容量一般由＿＿＿＿＿＿、＿＿＿＿＿＿＿及＿＿＿＿＿＿组成。

4. 水电站最大工作容量确定的原则为＿＿＿＿＿＿＿。

5. 从设计的角度看，系统的总装机容量一般由＿＿＿＿＿＿、＿＿＿＿＿＿＿及＿＿＿＿＿＿组成。

6. 水能蕴藏量发电出力计算公式为＿＿＿＿＿＿＿＿＿＿中，各参数的单位是＿＿＿＿＿＿＿＿。

7. 水电站出力计算公式为＿＿＿＿＿＿＿＿＿＿中，各参数的单位是＿＿＿＿＿＿＿。

8. 水能计算的目的在规划阶段是＿＿＿＿＿＿＿＿＿＿＿＿＿＿＿；在运行阶段则是＿＿＿＿＿＿＿＿＿＿＿＿＿＿＿。

9. 无调节、日调节及年调节水电站保证出力的计算时段分别为＿＿＿＿＿＿＿＿＿。

10. 水库水电站设计参数包括＿＿＿＿＿＿、＿＿＿＿＿＿、＿＿＿＿＿＿＿。

(二) 选择题

1. 某日调节水电站下游有航运要求，且在系统中起调峰作用，其在日负荷图中的工作位置应为（　）。

a. 峰荷　　　　　　b. 基荷　　　　　c. 基荷和峰荷　　d. 腰荷

2. 年调节水电站保证出力的计算时段为（　）。

a. 年　　　　　　　b. 供水期　　　　c. 月　　　　　　d. 用水期

3. （　）不能承担负荷备用容量。

a. 日调节水电站　b. 无调节水电站　c. 年调节水电站　d. 周调节水电站

4. 年平均负荷图反映（　）。

a. 电能要求　　　b. 出力要求　　　c. 出力和电能要求　　d. 装机容量

(三) 问答题

1. 计算水电站出力时应考虑哪些损失？

2. 无调节水电站能否承担事故备用容量？为什么？

3. 年调节水电站保证出力计算的方法有几种？试论述各种方法的主要内容。

4. 年调节水电站多年平均发电量计算的方法有几种？试论述各种方法的主要内容。

5. 按等出力调节方式计算年调节水电站的保证出力的步骤。

6. 什么叫保证出力？不同调节性能的水库其保证出力含意是什么？

7. 什么叫电力系统的日负荷图，其特征值和特征区各有什么特点？它们把日负荷图分成哪几部分？如何推求日用电量？

8. 简述水电站装机容量确定的方法和步骤。

9. 河中的水流落差如果不集中起来，能不能发电？集中落差的方式有哪些？

10. 在计算水电站出力时，应考虑哪些损失？这些损失是怎样产生的？

11. 小型水电站水能计算的任务、所需资料各是什么？设计保证率有几种？各用在什么情况？

12. 电力系统的负荷及容量组成是什么？

13. 无调节水电站装机容量有哪几部分？各种容量的意义是什么？当水电站为日调节时，在电网负荷图中能担负的负荷有哪些？

14. 无调节水电站用代表年法求保证出力如何选年型？

15. 简述无调节、日调节水电站长系列法求保证出力的步骤。

16. 日电能累积曲线如何绘制，用途是什么？

17. 日调节水电站按年利用小时数法求装机容量的思路是什么？

18. 在小型年调节水电站的水能计算中，为什么通常采用代表年法？装机容量确定后，如何计算多年平均发电量？

19. 以发电为主的年调节水电站的保证出力是什么？如何推求设计代表年枯水期调节流量？

20. 以发电为主的年调节水电站正常蓄水位如何选择？

（四）计算题

1. 某水电站的正常蓄水位为180m，某年供水期各月平均的天然来水量 $Q_天$、各种流量损失 $Q_损$、下游各部门用水流量 $Q_用$ 和发电需要流量 $Q_电$ 分别见题表10-1。9月份为供水期起始月，水位为正常蓄水位。此外，水库水位与库容的关系，见题表10-2。水库下游水位与流量的关系，见题表10-3。水电站效率 $A=0.85$。试求水电站各月平均出力及发电量。

题表 10-1　　　　　　　　水电站出力及发电量计算给定数据　　　　　　　单位：m^3/s

月份	(1)	9	10	11	12	1	2
天然来水流量 $Q_天$	(2)	115	85	70	62	56	52
各种流量损失 $Q_损$	(3)	20	15	10	9	8	8
下游各部门用水流量 $Q_用$	(4)	100	92	125	60	70	78
发电需要流量 $Q_电$	(5)	150	150	154	159	150	150

题表 10-2　　　　　　　　　　水库水位-库容关系曲线

水位 Z/m	168	170	172	174	176	178	180
库容 $V/10^8 m^3$	3.71	6.34	9.14	12.20	15.83	19.92	25.20

题表 10-3　　　　　　　　水电站下游水位与流量的关系

流量/（m³/s）	130	140	150	160	170	180
下游水位/m	115.28	116.22	117.00	117.55	118.06	118.50

2. 某电力系统为水电站和火电站混合电力系统，设计水平年系统最大负荷为 280 万 kW，系统中最大一台机组的容量为 30 万 kW，设置 10 万 kW 的重复容量，不设检修备用，系统中火电站的装机容量为 200 万 kW，求系统中水电站的装机容量为多少？

3. 某以发电为主的年调节水电站，设计兴利库容为 20（m³/s）·月，已知设计保证率的年内各月来水量，并且供水期 11 月份至次年 3 月份平均来水流量为 2m³/s。出力系数为 7，净水头 5m，保证出力倍比系数 C＝3.0。求：

（1）供水期调节流量；

（2）水电站的保证出力；

（3）3 月份发电量；

（4）装机容量（已知发电机功率为 50kW 的倍数）。

4. 某以发电为主的年调节水电站，其设计枯水年各月来水量如题表 10-4 所示，该水库的兴利库容为 110（m³/s）·月，供水期上游平均水位 40m，下游平均水位 20m，A＝7，出力倍比系数 C＝3.0。每月可按 30.4d 计算。

（1）推求水库供水期和蓄水期的调节流量（不计损失）；

（2）该水电站保证出力时多少？

（3）水电站的装机容量是多少（100kW 的倍数）？

（4）3 月份发电量是多少？

题表 10-4　　　　　　　设计枯水年河流各月平均来水流量表

月份	6	7	8	9	10	11	12	1	2	3	4	5
流量/（m³/s）	70	80	80	20	10	5	5	5	5	5	5	10

第十一章　防　洪　计　算

（一）填空题

1. 设闸溢洪道的堰顶高程 $Z_堰$ 与闸门顶高程 $Z_门$ 之间的关系为＿＿＿＿＿；防洪限制水位 $Z_限$ 与正常蓄水位 $Z_蓄$ 及 $Z_堰$ 间的关系是＿＿＿＿＿。

2. 对于设闸门泄洪建筑物且下游有防洪要求时，在无预报情况下，涨洪开始阶段应控制闸门开度，使＿＿＿＿＿相等，水库水位维持在＿＿＿＿＿不变。当库水位超过防洪高水位 $Z_防$ 时，闸门应＿＿＿＿＿泄流。

3. 考虑短期洪水预报，能使必需的防洪库容（$V_专防$）＿＿＿＿＿，提高防洪与兴利的＿＿＿＿＿程度。

4. 当水库泄流至防洪控制点的洪水传播时间大于区间洪水至防洪控制点的洪水传

时间，则可进行防洪补偿调节的条件是＿＿＿＿＿。

5. 水库对下游进行防洪补偿调节，提高了下游防护区的安全性，增加了防洪库容，其总防洪库容 $V_{防,总}=$ ＿＿＿＿＿。

6. 溃坝可分为＿＿＿＿＿＿、＿＿＿＿＿＿＿和逐渐全溃，所谓全溃，是指坝体全部被冲毁；部分溃则是指＿＿＿＿＿＿，或溃口宽度未及整个坝长，或深度未达坝底，或两者兼有。

7. 溃坝初期，库内蓄水在水压力和重力作用下，奔腾而出，在坝前形成＿＿＿＿＿＿，逆着水流方向向上游传播，称为＿＿＿＿＿；在坝下形成正波，顺着水流方向向下游传播，称为＿＿＿＿＿。

8. 坝下游涨水顺波的变化正相反，因为后面的波速总＿＿＿＿＿前面的波速，于是形成了后波赶前波的现象，使波峰变陡，成为来势凶猛的＿＿＿＿＿（不连续波）。

9. 堤防工程设计标准的选定，一般采用＿＿＿＿＿和＿＿＿＿＿（防御多少年一遇的洪水）两种表示方法。

10. 在设计洪水过程线已定的情况下，一般堤防间距＿＿＿＿＿，河槽过水断面＿＿＿＿＿，河槽对洪水的调蓄作用也大一些，因而将使最高洪水位＿＿＿＿＿，堤顶也可低一些，修堤土方量会有所减少，对防汛抢险也较为有利，但河流两岸农田面积损失将增大。

11. 引洪道和蓄洪区尽量利用＿＿＿＿＿、＿＿＿＿＿、＿＿＿＿＿、＿＿＿＿＿等，以减少淹没损失和少占耕地。

12. 分洪、蓄洪区的进洪闸和排洪闸，其闸门底板一般为＿＿＿＿＿和＿＿＿＿＿。

13. 当闸门局部开启，过闸水流受闸门控制，上、下游水面不连续时，为＿＿＿＿＿；当闸门逐渐开启，过闸水流不受闸门控制，上、下游水面为一光滑曲面时，为＿＿＿＿＿。

（二）选择题

1. 水库调洪计算，按照库容曲线的不同分为（　　）。

a. 静库容调洪计算　　　　　　　b. 考虑动库容的调洪计算

c. 概化图形法　　　　　　　　　d. 试算估算法

2. 考虑短期洪水预报，可以（　　）。

a. 减少专门防洪库容　　　　　　b. 增加专门防洪库容

c. 专门防洪库容不变　　　　　　d. 防洪库容不变

3. 下游防洪要求 $q_m < q_安$ 是指：（　　）。

a. 遇下游防护对象防洪标准时　　b. 遇设计标准洪水时

c. 任何频率洪水时　　　　　　　d. 校核洪水

4. 水库调洪计算的半图解法适用于（　　）时进行调洪计算。

a. 计算时段发生变化　　　　　　b. 泄洪建筑物开度发生变化

c. 计算时段和泄洪建筑物开度均不发生变化

d. 计算时段发生变化而泄洪建筑物开度不发生变化

5. 水库调度方法可以分为（　　）两大类。

a. 水库供水计划和水库调度图　　b. 数据采集和数据计算

c. 单库发电调度和梯级联合发电调度

d. 常规调度和优化调度

6. 堤防间距越窄，河槽过水断面随之（　　），则堤顶要高一些，修堤土方量要大些，但河流两岸损失的农田会少一些。

　　a. 增大　　　　　b. 减小　　　　　c. 不变　　　　　d. 不能确定

7. 一般分洪区的位置应选在被保护区的（　　），尽可能邻近被保护区，以便发挥它的最大防护作用。

　　a. 上游　　　　　b. 下游　　　　　c. 任意位置均可　　d. 不能确定

8. 堤线应短直平顺，尽可能与洪水流向平行。堤线位置不应距河槽（　　），以保证堤身安全。在满足防洪要求的前提下，尽可能减少工程量。

　　a. 太远　　　　　b. 太近　　　　　c. 任意位置均可　　d. 不能确定

9. 由于波速随水深而增加，所以落水逆波前边的波速总（　　）后面的波速，使其波形逐渐展平（但并非水平）。

　　a. 大于　　　　　b. 小于　　　　　c. 等于　　　　　c. 不等于

（三）问答题

1. 防洪有哪几类措施？各类措施包括哪些？

2. 水库调洪计算的基本原理是什么？调洪计算的主要方法有哪些？

3. 调洪计算的目的是什么？

4. 什么是水库调洪计算的水量平衡方程式？为什么只有水量平衡方程式还不能进行调洪计算，还需补充什么条件？

5. 下游有防洪任务的水库，防洪标准低于水库设计标准，且水库溢洪道设闸，当遇到设计洪水时，如何进行调洪计算？试绘其下泄洪水过程线，并作简要说明。

6. 溃坝分哪几种类型？简述溃坝水流的物理过程。

7. 堤防工程堤线选择一般需要注意哪些问题？简述堤防间距与堤顶高程的关系。

8. 简述分蓄洪工程的重要性。分洪、蓄洪工程规划主要包括哪些内容？

（四）计算题

1. 水库调洪演算

要求：①推求防洪库容；②最大下泄流量 q_{max} 及相应时刻；③水库最高蓄水位；④绘出来水与下泄流量过程线。

资料：开敞式溢洪道设计洪水过程线如题表 11-1 所示，水库特征曲线如题表 11-2 所示。堰顶高程 140m，相应库容 $305 \times 10^4 m^3$，顶宽 10m，流量系数 $m=1.6$，汛期水电站水轮机过水流量 $Q_T = 5 m^3/s$，计算时段 Δt 采用 1h 或 0.5h。

题表 11-1　　　　　　　　　　　　洪水过程线（P=1%）

时间 t/h	0	1	2	3	4	5	6	7
流量 $Q/(m^3/s)$	5.0	30.3	55.5	37.5	25.2	15.0	6.7	5.0

题表 11-2　　　　　　　　　　　　水　库　特　性　曲　线

库水位 H/m	140	140.5	141	141.5	142	142.5	143
库容 $V/(10^4 m^3)$	305	325	350	375	400	425	455

2. 水库调洪演算

要求：推求最大库水位，最大下泄流量，分别绘制过程线。

资料（见题表 11-3～题表 11-5）：有闸门控制、堰顶高程为 126m，堰顶净宽 60m，分 6 孔，每孔净宽 10m，高 9m，正常蓄水位与闸门齐平，135m，相应最大泄量为 3390m^3/s，起调水位 135m（洪水来临时的水位）。当 Q<3390m^3/s 时控制闸门开度，来多少泄多少，水位持续在 135m 不变；当 Q>3390m^3/s 时，闸门全开，为自由泄流状态。

题表 11-3   水 库 库 容 曲 线 表

水位/m	95	100	105	110	115	120	125	130	135	140
库容/亿 m^3	0	0.125	0.5	1.12	1.995	3.185	4.77	6.86	9.66	13.34

题表 11-4   水 位 与 泄 量 关 系

水位/m	126	128	130	132	134	135	136	139	140
水头/m	0	2	4	6	8	9	10	12	14
q/（m^3/s）	0	356	1002	1830	2820	3390	3960	5196	6540

题表 11-5   百 年 一 遇 设 计 洪 水 过 程

历时/h	流量/（m^3/s）	历时/h	流量/（m^3/s）	历时/h	流量/（m^3/s）
0	600	60	5000	120	1560
12	1040	72	3980	132	1200
24	2000	84	2980	144	910
36	3390	96	2550	156	680
48	5500	108	2000	168	600

3. 一个水库的库容 V=5680 万 m^3，坝址处的库面宽 B 等于坝长 360m，库长 L 与 B 之比等于 26，坝高 H=29.3m，由于上游突发大暴雨，导致洪水漫顶而溃坝，溃口深至坝底，根据公式求：①坝址处溃坝最大流量；②求下游 40km 处和 60km 处的溃坝最大流量；③求溃坝最大流量到达下游 40km 处和 60km 处断面的历时。

附　　表

P-Ⅲ型频率曲线的离均系数 Φ_P 值表

$P/\%$ C_s	0.01	0.1	0.2	0.33	0.5	1	2	5	10	20	50	75	90	95	99	$P/\%$ C_s
0.0	3.72	3.09	2.88	2.71	2.58	2.33	2.05	1.64	1.28	0.84	0.00	−0.67	−1.28	−1.64	−2.33	0.0
0.1	3.94	3.23	3.00	2.82	2.67	2.40	2.11	1.67	1.29	0.84	−0.02	−0.68	−1.27	−1.62	−2.25	0.1
0.2	4.16	3.38	3.12	2.92	2.76	2.47	2.16	1.70	1.30	0.83	−0.03	−0.69	−1.26	−1.59	−2.18	0.2
0.3	4.38	3.52	3.24	3.03	2.86	2.54	2.21	1.73	1.31	0.82	−0.05	−0.70	−1.24	−1.55	−2.10	0.3
0.4	4.61	3.67	3.36	3.14	2.95	2.62	2.26	1.75	1.32	0.82	−0.07	−0.71	−1.23	−1.52	−2.03	0.4
0.5	4.83	3.81	3.48	3.25	3.04	2.68	2.31	1.77	1.32	0.81	−0.08	−0.71	−1.22	−1.49	−1.96	0.5
0.6	5.05	3.96	3.60	3.35	3.13	2.75	2.35	1.80	1.33	0.80	−0.10	−0.72	−1.20	−1.45	−1.88	0.6
0.7	5.28	4.10	3.72	3.45	3.22	2.82	2.40	1.82	1.33	0.79	−0.12	−0.72	−1.18	−1.42	−1.81	0.7
0.8	5.50	4.24	3.85	3.55	3.31	2.89	2.45	1.84	1.34	0.78	−0.13	−0.73	−1.17	−1.38	−1.74	0.8
0.9	5.73	4.39	3.97	3.65	3.40	2.96	2.50	1.86	1.34	0.77	−0.15	−0.73	−1.15	−1.35	−1.66	0.9
1.0	5.96	4.53	4.09	3.76	3.49	3.02	2.54	1.88	1.34	0.76	−0.16	−0.73	−1.13	−1.32	−1.59	1.0
1.1	6.18	4.67	4.20	3.86	3.58	3.09	2.58	1.89	1.34	0.74	−0.18	−0.74	−1.10	−1.28	−1.52	1.1
1.2	6.41	4.81	4.32	3.95	3.66	3.15	2.62	1.91	1.34	0.73	−0.19	−0.74	−1.08	−1.24	−1.45	1.2
1.3	6.64	4.95	4.44	4.05	3.74	3.21	2.67	1.92	1.34	0.72	−0.21	−0.74	−1.06	−1.20	−1.38	1.3
1.4	6.87	5.09	4.56	4.15	3.83	3.27	2.71	1.94	1.33	0.71	−0.22	−0.73	−1.04	−1.17	−1.32	1.4
1.5	7.09	5.23	4.68	4.24	3.91	3.33	2.74	1.95	1.33	0.69	−0.24	−0.73	−1.02	−1.13	−1.26	1.5
1.6	7.31	5.37	4.80	4.34	3.99	3.39	2.78	1.96	1.33	0.68	−0.25	−0.73	−0.99	−1.10	−1.20	1.6
1.7	7.54	5.50	4.91	4.43	4.07	3.44	2.82	1.97	1.32	0.66	−0.27	−0.72	−0.97	−1.06	−1.14	1.7
1.8	7.76	5.64	5.01	4.52	4.15	3.50	2.85	1.98	1.32	0.64	−0.28	−0.72	−0.94	−1.02	−1.09	1.8
1.9	7.98	5.77	5.12	4.61	4.23	3.55	2.88	1.99	1.31	0.63	−0.29	−0.72	−0.92	−0.98	−1.04	1.9
2.0	8.21	5.91	5.22	4.70	4.30	3.61	2.91	2.00	1.30	0.61	−0.31	−0.71	−0.895	−0.949	−0.989	2.0
2.1	8.43	6.04	5.33	4.79	4.37	3.66	2.93	2.00	1.29	0.59	−0.32	−0.71	−0.869	−0.914	−0.945	2.1
2.2	8.65	6.17	5.43	4.88	4.44	3.71	2.96	2.00	1.28	0.57	−0.33	−0.70	−0.844	−0.879	−0.905	2.2
2.3	8.87	6.30	5.53	4.97	4.51	3.76	2.99	2.00	1.27	0.55	−0.34	−0.69	−0.820	−0.849	−0.867	2.3
2.4	9.08	6.42	5.63	5.05	4.58	3.81	3.02	2.01	1.26	0.54	−0.35	−0.68	−0.795	−0.820	−0.831	2.4
2.5	9.30	6.55	5.73	5.13	4.65	3.85	3.04	2.01	1.25	0.52	−0.36	−0.67	−0.772	−0.791	−0.800	2.5
2.6	9.51	6.67	5.82	5.20	4.72	3.89	3.06	2.01	1.23	0.50	−0.37	−0.66	−0.748	−0.764	−0.769	2.6
2.7	9.72	6.79	5.92	5.28	4.78	3.93	3.09	2.01	1.22	0.48	−0.37	−0.65	−0.726	−0.736	−0.740	2.7
2.8	9.93	6.91	6.01	5.36	4.84	3.97	3.11	2.01	1.21	0.46	−0.38	−0.64	−0.702	−0.710	−0.714	2.8
2.9	10.14	7.03	6.10	5.44	4.90	4.01	3.13	2.01	1.20	0.44	−0.39	−0.63	−0.680	−0.687	−0.690	2.9
3.0	10.35	7.15	6.20	5.51	4.96	4.05	3.15	2.00	1.18	0.42	−0.39	−0.62	−0.658	−0.665	−0.667	3.0
3.1	10.56	7.26	6.30	5.59	5.02	4.08	3.17	2.00	1.16	0.40	−0.40	−0.6	−0.639	−0.644	−0.645	3.1

续表

$P/\%$ C_s	0.01	0.1	0.2	0.33	0.5	1	2	5	10	20	50	75	90	95	99	$P/\%$ C_s
3.2	10.77	7.38	6.39	5.66	5.08	4.12	3.19	2.00	1.14	0.38	−0.40	−0.59	−0.621	−0.625	−0.625	3.2
3.3	10.97	7.49	6.48	5.74	5.14	4.15	3.21	1.99	1.12	0.36	−0.40	−0.58	−0.604	−0.606	−0.606	3.3
3.4	11.17	7.60	6.56	5.80	5.20	4.18	3.22	1.98	1.11	0.34	−0.41	−0.57	−0.587	−0.588	−0.588	3.4
3.5	11.37	7.72	6.65	5.86	5.25	4.22	3.23	1.97	1.09	0.32	−0.41	−0.55	−0.57	−0.571	−0.571	3.5
3.6	11.57	7.83	6.73	5.93	5.30	4.25	3.24	1.96	1.08	0.30	−0.41	−0.54	−0.555	−0.556	−0.556	3.6
3.7	11.77	7.94	6.81	5.99	5.35	4.28	3.25	1.95	1.06	0.28	−0.42	−0.53	−0.54	−0.541	−0.541	3.7
3.8	11.97	8.05	6.89	6.05	5.40	4.31	3.26	1.94	1.04	0.26	−0.42	−0.52	−0.525	−0.526	−0.526	3.8
3.9	12.16	8.15	6.97	6.11	5.45	4.34	3.27	1.93	1.02	0.24	−0.41	−0.506	−0.512	−0.513	−0.513	3.9
4.0	12.36	8.25	7.05	6.18	5.50	4.37	3.27	1.92	1.00	0.23	−0.41	−0.495	−0.500	−0.500	−0.500	4.0
4.1	12.55	8.35	7.13	6.24	5.54	4.39	3.28	1.91	0.98	0.21	−0.41	−0.484	−0.488	−0.488	−0.488	4.1
4.2	12.74	8.45	7.21	6.30	5.59	4.41	3.29	1.90	0.96	0.19	−0.41	−0.473	−0.476	−0.476	−0.476	4.2
4.3	12.93	8.55	7.29	6.36	5.63	4.44	3.29	1.88	0.94	0.17	−0.41	−0.462	−0.465	−0.465	−0.465	4.3
4.4	13.12	8.65	7.36	6.41	5.68	4.46	3.30	1.87	0.92	0.16	−0.40	−0.453	−0.455	−0.455	−0.455	4.4
4.5	13.30	8.75	7.43	6.46	5.72	4.48	3.30	1.85	0.90	0.14	−0.40	−0.444	−0.444	−0.444	−0.444	4.5
4.6	13.49	8.85	7.50	6.52	5.76	4.50	3.30	1.84	0.88	0.13	−0.40	−0.435	−0.435	−0.435	−0.435	4.6
4.7	13.67	8.95	7.56	6.57	5.80	4.52	3.30	1.82	0.86	0.11	−0.39	−0.426	−0.426	−0.426	−0.426	4.7
4.8	13.85	9.04	7.63	6.63	5.84	4.54	3.30	1.80	0.84	0.09	−0.39	−0.417	−0.417	−0.417	−0.417	4.8
4.9	14.04	9.13	7.70	6.68	5.88	4.55	3.30	1.78	0.82	0.08	−0.38	−0.408	−0.408	−0.408	−0.408	4.9
5.0	14.22	9.22	7.77	6.73	5.92	4.57	3.30	1.77	0.80	0.06	−0.379	−0.400	−0.400	−0.400	−0.400	5.0
5.1	14.40	9.31	7.84	6.78	5.95	4.58	3.30	1.75	0.78	0.05	−0.374	−0.392	−0.392	−0.392	−0.392	5.1
5.2	14.57	9.40	7.90	6.83	5.99	4.59	3.30	1.73	0.76	0.03	−0.369	−0.385	−0.385	−0.385	−0.385	5.2
5.3	14.75	9.49	7.96	6.87	6.02	4.60	3.30	1.72	0.74	0.02	−0.363	−0.377	−0.377	−0.377	−0.377	5.3
5.4	14.92	9.57	8.02	6.91	6.05	4.62	3.29	1.70	0.72	0.00	−0.358	−0.37	−0.37	−0.37	−0.37	5.4
5.5	15.10	9.66	8.08	6.96	6.08	4.63	3.28	1.68	0.70	−0.01	−0.353	−0.364	−0.364	−0.364	−0.364	5.5
5.6	15.27	9.74	8.14	7.00	6.11	4.64	3.28	1.66	0.67	−0.03	−0.349	−0.357	−0.357	−0.357	−0.357	5.6
5.7	15.45	9.82	8.21	7.04	6.14	4.65	3.27	1.65	0.65	−0.04	−0.344	−0.351	−0.351	−0.351	−0.351	5.7
5.8	15.62	9.91	8.27	7.08	6.17	4.67	3.27	1.63	0.63	−0.05	−0.339	−0.345	−0.345	−0.345	−0.345	5.8
5.9	15.78	9.99	8.32	7.12	6.20	4.68	3.26	1.61	0.61	−0.06	−0.334	−0.339	−0.339	−0.339	−0.339	5.9
6.0	15.94	10.07	8.38	7.15	6.23	4.68	3.25	1.59	0.59	−0.07	−0.329	−0.333	−0.333	−0.333	−0.333	6.0
6.1	16.11	10.15	8.43	7.19	6.26	4.69	3.24	1.57	0.57	−0.08	−0.325	−0.328	−0.328	−0.328	−0.328	6.1
6.2	16.28	10.22	8.49	7.23	6.28	4.70	3.23	1.55	0.55	−0.09	−0.32	−0.323	−0.323	−0.323	−0.323	6.2
6.3	16.45	10.30	8.54	7.26	6.30	4.70	3.22	1.53	0.53	−0.10	−0.315	−0.317	−0.317	−0.317	−0.317	6.3
6.4	16.61	10.38	8.60	7.30	6.32	4.71	3.21	1.51	0.51	−0.11	−0.311	−0.313	−0.313	−0.313	−0.313	6.4

附表 2　　　　　　　　P－Ⅲ型频率曲线的离均系数 K_p 值表

(1) $C_s = 2C_v$

P/% \ C_v	0.01	0.1	0.2	0.33	0.5	1	2	5	10	20	50	75	90	95	99	P/% \ C_s
0.05	1.20	1.16	1.15	1.14	1.13	1.12	1.11	1.08	1.06	1.04	1.00	0.97	0.94	0.92	0.89	0.10
0.10	1.42	1.34	1.31	1.29	1.27	1.25	1.21	1.17	1.13	1.08	1.00	0.93	0.87	0.84	0.78	0.20
0.15	1.67	1.54	1.48	1.46	1.43	1.38	1.33	1.26	1.20	1.12	0.99	0.90	0.81	0.77	0.69	0.30
0.20	1.92	1.73	1.67	1.63	1.59	1.52	1.45	1.35	1.26	1.16	0.99	0.86	0.75	0.70	0.59	0.40
0.22	2.04	1.82	1.75	1.70	1.66	1.58	1.50	1.39	1.29	1.18	0.98	0.84	0.73	0.67	0.56	0.44
0.24	2.16	1.91	1.83	1.77	1.73	1.64	1.55	1.43	1.32	1.19	0.98	0.83	0.71	0.64	0.53	0.48
0.25	2.22	1.96	1.87	1.81	1.77	1.67	1.58	1.45	1.33	1.20	0.98	0.82	0.70	0.63	0.52	0.50
0.26	2.28	2.01	1.91	1.85	1.80	1.70	1.60	1.46	1.34	1.21	0.98	0.82	0.69	0.62	0.50	0.52
0.28	2.40	2.10	2.00	1.93	1.87	1.76	1.66	1.50	1.37	1.22	0.97	0.79	0.66	0.59	0.47	0.56
0.30	2.52	2.19	2.08	2.01	1.94	1.83	1.71	1.54	1.40	1.24	0.97	0.78	0.64	0.56	0.44	0.60
0.35	2.86	2.44	2.31	2.22	2.13	2.00	1.84	1.64	1.47	1.28	0.96	0.75	0.59	0.51	0.37	0.70
0.40	3.20	2.70	2.54	2.42	2.32	2.16	1.98	1.74	1.54	1.31	0.95	0.71	0.53	0.45	0.30	0.80
0.45	3.59	2.98	2.80	2.65	2.53	2.33	2.13	1.84	1.60	1.35	0.93	0.67	0.48	0.40	0.26	0.90
0.50	3.98	3.27	3.05	2.88	2.74	2.51	2.27	1.94	1.67	1.38	0.92	0.64	0.44	0.34	0.21	1.00
0.55	4.42	3.58	3.32	3.12	2.97	2.70	2.42	2.04	1.74	1.41	0.90	0.59	0.40	0.30	0.16	1.10
0.60	4.85	3.89	3.59	3.37	3.20	2.89	2.57	2.15	1.80	1.44	0.89	0.56	0.35	0.26	0.13	1.20
0.65	5.33	4.22	3.89	3.64	3.44	3.09	2.74	2.25	1.87	1.47	0.87	0.52	0.31	0.22	0.10	1.30
0.70	5.81	4.56	4.19	3.91	3.68	3.29	2.90	2.36	1.94	1.50	0.85	0.49	0.27	0.18	0.08	1.40
0.75	6.33	4.93	4.52	4.19	3.93	3.50	3.06	2.46	2.00	1.52	0.82	0.45	0.24	0.15	0.06	1.50
0.80	6.85	5.30	4.84	4.47	4.19	3.71	3.22	2.57	2.06	1.54	0.80	0.42	0.21	0.12	0.04	1.60
0.90	7.98	6.08	5.51	5.07	4.74	4.15	3.56	2.78	2.19	1.58	0.75	0.35	0.15	0.08	0.02	1.80

(2) $C_s = 3C_v$

P/% \ C_v	0.01	0.1	0.2	0.33	0.5	1	2	5	10	20	50	75	90	95	99	P/% \ C_s
0.20	2.02	1.79	1.72	1.67	1.63	1.55	1.47	1.33	1.27	1.16	0.98	0.86	0.76	0.71	0.62	0.60
0.25	2.35	2.05	1.95	1.88	1.82	1.72	1.61	1.46	1.34	1.20	0.97	0.82	0.71	0.65	0.56	0.75
0.30	2.72	2.32	2.19	2.10	2.02	1.89	1.75	1.56	1.40	1.23	0.96	0.78	0.66	0.60	0.50	0.90
0.35	3.12	2.61	2.46	2.33	2.24	2.07	1.90	1.66	1.47	1.26	0.94	0.74	0.61	0.55	0.46	1.05
0.40	3.56	2.92	2.73	2.58	2.46	2.26	2.05	1.76	1.54	1.29	0.92	0.70	0.57	0.50	0.42	1.20
0.42	3.75	3.06	2.85	2.69	2.56	2.34	2.11	1.81	1.56	1.31	0.91	0.69	0.55	0.49	0.41	1.26
0.44	3.94	3.19	2.97	2.80	2.66	2.42	2.17	1.85	1.59	1.32	0.91	0.67	0.54	0.47	0.40	1.32
0.45	4.04	3.26	3.03	2.85	2.70	2.46	2.21	1.87	1.60	1.32	0.90	0.67	0.53	0.47	0.39	1.35
0.46	4.14	3.33	3.09	2.90	2.75	2.50	2.24	1.89	1.61	1.33	0.90	0.66	0.52	0.46	0.39	1.38
0.48	4.34	3.47	3.21	3.01	2.85	2.58	2.31	1.93	1.65	1.34	0.89	0.65	0.51	0.45	0.38	1.44
0.50	4.55	3.62	3.34	3.12	2.96	2.67	2.37	1.98	1.67	1.35	0.88	0.64	0.49	0.44	0.37	1.50

P/%＼Cv	0.01	0.1	0.2	0.33	0.5	1	2	5	10	20	50	75	90	95	99	P/%＼Cs
0.52	4.76	3.76	3.46	3.24	3.06	2.75	2.44	2.02	1.69	1.35	0.87	0.62	0.48	0.42	0.36	1.56
0.54	4.98	3.91	3.60	3.36	3.16	2.84	2.51	2.06	1.72	1.36	0.86	0.61	0.47	0.41	0.36	1.62
0.55	5.09	3.99	3.66	3.42	3.21	2.88	2.54	2.08	1.73	1.36	0.86	0.60	0.46	0.41	0.36	1.65
0.56	5.20	4.07	3.73	3.48	3.27	2.93	2.57	2.10	1.74	1.37	0.85	0.59	0.46	0.40	0.35	1.68
0.58	5.43	4.23	3.86	3.59	3.38	3.01	2.64	2.14	1.77	1.38	0.84	0.58	0.45	0.40	0.35	1.74
0.60	5.66	4.38	4.01	3.71	3.49	3.10	2.71	2.19	1.79	1.38	0.83	0.57	0.44	0.39	0.35	1.80
0.65	6.26	4.81	4.36	4.03	3.77	3.33	2.88	2.29	1.85	1.40	0.80	0.53	0.41	0.37	0.34	1.95
0.70	6.90	5.23	4.73	4.35	4.06	3.56	3.05	2.40	1.90	1.41	0.78	0.50	0.39	0.36	0.34	2.10
0.75	7.57	5.68	5.12	4.69	4.36	3.80	3.24	2.50	1.96	1.42	0.76	0.48	0.38	0.35	0.34	2.25
0.80	8.26	6.14	5.50	5.04	4.66	4.05	3.42	2.61	2.01	1.43	0.72	0.46	0.36	0.34	0.34	2.40

(3) $C_s = 3.5 C_v$

P/%＼Cv	0.01	0.1	0.2	0.33	0.5	1	2	5	10	20	50	75	90	95	99	P/%＼Cs
0.20	2.06	1.82	1.74	1.69	1.64	1.56	1.48	1.36	1.27	1.16	0.98	0.86	0.76	0.72	0.64	0.70
0.25	2.42	2.09	1.99	1.91	1.85	1.74	1.62	1.46	1.34	1.19	0.96	0.82	0.71	0.66	0.58	0.88
0.30	2.82	2.38	2.24	2.14	2.06	1.92	1.77	1.57	1.40	1.22	0.95	0.78	0.67	0.61	0.53	1.05
0.35	3.26	2.70	2.52	2.39	2.29	2.11	1.92	1.67	1.47	1.26	0.93	0.74	0.62	0.57	0.50	1.23
0.40	3.75	3.04	2.82	2.66	2.58	2.31	2.08	1.78	1.53	1.28	0.91	0.71	0.58	0.53	0.47	1.40
0.42	3.95	3.18	2.95	2.77	2.63	2.39	2.15	1.82	1.56	1.29	0.90	0.69	0.57	0.52	0.46	1.47
0.44	4.16	3.33	3.08	2.88	2.73	2.48	2.21	1.86	1.59	1.30	0.89	0.68	0.56	0.51	0.46	1.54
0.45	4.27	3.40	3.14	2.94	2.79	2.52	2.25	1.88	1.60	1.31	0.89	0.67	0.55	0.50	0.45	1.58
0.46	4.37	3.48	3.21	3.00	2.84	2.56	2.28	1.90	1.61	1.31	0.88	0.66	0.54	0.50	0.45	1.61
0.48	4.60	3.63	3.35	3.12	2.94	2.65	2.35	1.95	1.64	1.32	0.87	0.65	0.53	0.49	0.45	1.68
0.50	4.82	3.78	3.48	3.24	3.06	2.74	2.42	1.99	1.66	1.32	0.86	0.64	0.52	0.48	0.44	1.75
0.52	5.06	3.95	3.62	3.36	3.16	2.83	2.48	2.03	1.69	1.33	0.85	0.63	0.51	0.47	0.44	1.82
0.54	5.30	4.11	3.76	3.48	3.28	2.91	2.55	2.07	1.71	1.34	0.84	0.61	0.50	0.47	0.44	1.89
0.55	5.41	4.20	3.83	3.55	3.34	2.96	2.58	2.10	1.72	1.34	0.84	0.60	0.50	0.46	0.44	1.92
0.56	5.55	4.28	3.91	3.61	3.39	3.01	2.62	2.12	1.73	1.35	0.83	0.60	0.49	0.46	0.43	1.96
0.58	5.80	4.45	4.05	3.74	3.51	3.10	2.69	2.16	1.75	1.35	0.82	0.58	0.48	0.46	0.43	2.03
0.60	6.06	4.62	4.20	3.87	3.62	3.20	2.76	2.20	1.77	1.35	0.81	0.57	0.48	0.45	0.43	2.10
0.65	6.73	5.08	4.58	4.22	3.92	3.44	2.94	2.30	1.83	1.36	0.78	0.55	0.46	0.44	0.43	2.28
0.70	7.43	5.54	4.98	4.56	4.23	3.68	3.12	2.41	1.88	1.37	0.75	0.53	0.45	0.44	0.43	2.45
0.75	8.16	6.02	5.38	4.92	4.55	3.92	3.30	2.51	1.92	1.37	0.72	0.50	0.44	0.43	0.43	2.62
0.80	8.94	6.53	5.81	5.29	4.87	4.18	3.49	2.61	1.97	1.37	0.70	0.49	0.44	0.43	0.43	2.80

(4) $C_s = 4 C_v$

P/%＼Cv	0.01	0.1	0.2	0.33	0.5	1	2	5	10	20	50	75	90	95	99	P/%＼Cs
0.20	2.10	1.85	1.77	1.71	1.66	1.58	1.49	1.37	1.27	1.16	0.97	0.85	0.77	0.72	0.65	0.80
0.25	2.49	2.13	2.02	1.94	1.87	1.76	1.64	1.47	1.34	1.19	0.96	0.82	0.72	0.67	0.60	1.00

续表

C_v \ $P/\%$	0.01	0.1	0.2	0.33	0.5	1	2	5	10	20	50	75	90	95	99	$P/\%$ \ C_s
0.30	2.92	2.44	2.30	2.18	2.10	1.94	1.79	1.57	1.40	1.22	0.94	0.78	0.68	0.63	0.56	1.20
0.35	3.40	2.78	2.60	2.45	2.34	2.14	1.95	1.68	1.47	1.25	0.92	0.74	0.64	0.59	0.54	1.40
0.40	3.92	3.15	2.92	2.74	2.60	2.36	2.11	1.78	1.53	1.27	0.90	0.71	0.60	0.56	0.52	1.60
0.42	4.15	3.30	3.05	2.86	2.70	2.44	2.18	1.83	1.56	1.28	0.89	0.70	0.59	0.55	0.52	1.68
0.44	4.38	3.46	3.19	2.98	2.81	2.53	2.25	1.87	1.58	1.29	0.88	0.68	0.58	0.55	0.51	1.76
0.45	4.49	3.54	3.25	3.03	2.87	2.58	2.28	1.89	1.59	1.29	0.87	0.68	0.58	0.54	0.51	1.80
0.46	4.62	3.62	3.32	3.10	2.92	2.62	2.32	1.91	1.61	1.29	0.87	0.67	0.57	0.54	0.51	1.84
0.48	4.86	3.79	3.47	3.22	3.04	2.71	2.39	1.96	1.63	1.30	0.86	0.66	0.56	0.53	0.51	1.92
0.50	5.10	3.96	3.61	3.35	3.15	2.80	2.45	2.00	1.65	1.31	0.84	0.64	0.55	0.53	0.50	2.00
0.52	5.36	4.12	3.76	3.48	3.27	2.90	2.52	2.04	1.67	1.31	0.83	0.63	0.55	0.52	0.50	2.08
0.54	5.62	4.30	3.91	3.61	3.38	2.99	2.59	2.08	1.69	1.31	0.82	0.62	0.54	0.52	0.50	2.16
0.55	5.76	4.39	3.99	3.68	3.44	3.03	2.63	2.10	1.70	1.31	0.82	0.62	0.54	0.52	0.50	2.20
0.56	5.90	4.48	4.06	3.75	3.50	3.09	2.66	2.12	1.71	1.31	0.81	0.61	0.53	0.51	0.50	2.24
0.58	6.18	4.67	4.22	3.89	3.62	3.19	2.74	2.16	1.74	1.32	0.80	0.60	0.53	0.51	0.50	2.32
0.60	6.45	4.85	4.38	4.03	3.75	3.29	2.81	2.21	1.76	1.32	0.79	0.59	0.52	0.51	0.50	2.40
0.65	7.18	5.34	4.78	4.38	4.07	3.53	2.99	2.31	1.80	1.32	0.76	0.57	0.51	0.50	0.50	2.60
0.70	7.95	5.84	5.21	4.75	4.39	3.78	3.18	2.41	1.85	1.32	0.73	0.55	0.51	0.50	0.50	2.80
0.75	8.76	6.36	5.65	5.13	4.72	4.03	3.36	2.50	1.88	1.32	0.71	0.54	0.51	0.50	0.50	3.00
0.80	9.62	6.90	6.11	5.53	5.06	4.30	3.55	2.60	1.91	1.30	0.68	0.53	0.50	0.50	0.50	3.20

附表 3　　　　　三点法用表——S 与 C_s 关系表

（1）$P＝1\%-50\%-99\%$

S	0	1	2	3	4	5	6	7	8	9
0.0	0.00	0.03	0.05	0.07	0.10	0.12	0.15	0.17	0.20	0.23
0.1	0.26	0.28	0.31	0.34	0.36	0.39	0.41	0.44	0.47	0.49
0.2	0.52	0.54	0.57	0.59	0.62	0.65	0.67	0.70	0.73	0.76
0.3	0.78	0.81	0.84	0.86	0.89	0.92	0.94	0.97	1.00	1.02
0.4	1.05	1.08	1.10	1.13	1.16	1.18	1.21	1.24	1.27	1.30
0.5	1.32	1.36	1.39	1.42	1.45	1.48	1.51	1.55	1.58	1.61
0.6	1.64	1.68	1.71	1.74	1.78	1.81	1.84	1.88	1.92	1.95
0.7	1.99	2.03	2.07	2.11	2.16	2.20	2.25	2.30	2.34	2.39
0.8	2.44	2.50	2.55	2.61	2.67	2.74	2.81	2.89	2.97	3.05
0.9	3.14	3.22	3.33	3.46	3.59	3.73	3.92	4.14	4.44	4.90

例：当 $S＝0.43$ 时，$C_s＝1.13$。

（2）　$P=3\%-50\%-97\%$

S	0	1	2	3	4	5	6	7	8	9
0.0	0.00	0.04	0.08	0.11	0.14	0.17	0.20	0.23	0.26	0.29
0.1	0.32	0.35	0.38	0.42	0.45	0.48	0.51	0.54	0.57	0.60
0.2	0.63	0.66	0.70	0.73	0.76	0.79	0.82	0.86	0.89	0.92
0.3	0.95	0.98	1.01	1.04	1.08	1.11	1.14	1.17	1.20	1.24
0.4	1.27	1.30	1.33	1.36	1.40	1.43	1.46	1.49	1.52	1.56
0.5	1.59	1.63	1.66	1.70	1.73	1.76	1.80	1.83	1.87	1.90
0.6	1.94	1.97	2.00	2.04	2.08	2.12	2.16	2.20	2.23	2.27
0.7	2.31	2.36	2.40	2.44	2.49	2.54	2.58	2.63	2.68	2.74
0.8	2.79	2.85	2.90	2.96	3.02	3.09	3.15	3.22	3.29	3.37
0.9	3.46	3.55	3.67	3.79	3.92	4.08	4.26	4.50	4.75	5.21

（3）　$P=5\%-50\%-95\%$

S	0	1	2	3	4	5	6	7	8	9
0.0	0.00	0.04	0.08	0.12	0.16	0.20	0.24	0.27	0.31	0.35
0.1	0.38	0.41	0.45	0.48	0.52	0.55	0.59	0.63	0.66	0.70
0.2	0.73	0.76	0.80	0.84	0.87	0.90	0.94	0.98	1.01	1.04
0.3	1.08	1.11	1.14	1.18	1.21	1.25	1.28	1.31	1.35	1.38
0.4	1.42	1.46	1.49	1.52	1.56	1.59	1.63	1.66	1.70	1 74
0.5	1.78	1.81	1.85	1.88	1.92	1.95	1.99	2.03	2.06	2.10
0.6	2.13	2.17	2.20	2.24	2.28	2.32	2.36	2.40	2.44	2.48
0.7	2.53	2.57	2.62	2.66	2.70	2.76	2.81	2.86	2.91	2.97
0.8	3.02	3.07	3.13	3.19	3.25	3.32	3.38	3.46	3.52	3.60
0.9	3.70	3.80	3.91	4.03	4.17	4.32	4.49	4.72	4.94	5.43

（4）　$P=10\%-50\%-90\%$

S	0	1	2	3	4	5	6	7	8	9
0.0	0.00	0.05	0.10	0.15	0.20	0.24	0.29	0.34	0.38	0.43
0.1	0.47	0.52	0.56	0.60	0.65	0.69	0.74	0.78	0.83	0.87
0.2	0.92	0.96	1.00	1.04	1.08	1.13	1.17	1.22	1.26	1.30
0.3	1.34	1.38	1.43	1.47	1.51	1.55	1.59	1.63	1.67	1.71
0.4	1.75	1.79	1.83	1.87	1.91	1.95	1.99	2.02	2.06	2.10
0.5	2.14	2.18	2.22	2.26	2.30	2.34	2.38	2.42	2.46	2.50
0.6	2.54	2.58	2.62	2.66	2.70	2.74	2.78	2.82	2.86	2.90
0.7	2.95	3.00	3.04	3.08	3.13	3.18	3.24	3.28	3.33	3.38
0.8	3.44	3.50	3.55	3.61	3.67	3.74	3.80	3.87	3.94	4.02
0.9	4.11	4.20	4.32	4.45	4.59	4.75	4.96	5.20	5.56	—

附表 4　　　　　　　　　　三点法用表——C_s 与有关 Φ 值的关系表

C_s	$\Phi_{50\%}$	$\Phi_{1\%}-\Phi_{99\%}$	$\Phi_{3\%}-\Phi_{97\%}$	$\Phi_{5\%}-\Phi_{95\%}$	$\Phi_{10\%}-\Phi_{90\%}$
0.0	0.000	4.652	3.762	3.290	2.564
0.1	−0.017	4.648	3.756	3.287	2.560
0.2	−0.033	4.645	3.750	3.284	2.557
0.3	−0.055	4.641	3.743	3.278	2.550
0.4	−0.068	4.637	3.736	3.273	2.543
0.5	−0.084	4.633	3.732	3.266	2.532
0.6	−0.100	4.629	3.727	3.259	2.522
0.7	−0.116	4.624	3.718	3.246	2.510
0.8	−0.132	4.620	3.709	3.233	2.498
0.9	−0.148	4.615	3.692	3.218	2.483
1.0	−0.164	4.611	3.674	3.204	2.468
1.1	−0.179	4.606	3.656	3.185	2.448
1.2	−0.194	4.601	3.638	3.167	2.427
1.3	−0.208	4.595	3.620	3.144	2.404
1.4	−0.223	4.590	3.601	3.120	2.380
1.5	−0.238	4.586	3.582	3.090	2.353
1.6	−0.253	4.586	3.562	3.062	2.326
1.7	−0.267	4.587	3.541	3.032	2.296
1.8	−0.282	4.588	3.520	3.002	2.265
1.9	−0.294	4.591	3.499	2.974	2.232
2.0	−0.307	4.594	3.477	2.945	2.198
2.1	−0.319	4.603	3.469	2.918	2.164
2.2	−0.330	4.613	3.440	2.890	2.130
2.3	−0.340	4.625	3.421	2.862	2.095
2.4	−0.350	4.636	3.403	2.833	2.060
2.5	−0.359	4.648	3.385	2.806	2.024
2.6	−0.367	4.660	3.367	2.778	1.987
2.7	−0.376	4.674	3.350	2.749	1.949
2.8	−0.383	4.687	3.333	2.720	1.911
2.9	−0.389	4.701	3.318	2.695	1.876
3.0	−0.395	4.716	3.303	2.670	1.840
3.1	−0.399	4.732	3.288	2.645	1.806
3.2	−0.404	4.748	3.273	2.619	1.772
3.3	−0.407	4.765	3.259	2.594	1.738
3.4	−0.410	4.781	3.245	2.568	1.705

C_s	$\Phi_{50\%}$	$\Phi_{1\%}-\Phi_{99\%}$	$\Phi_{3\%}-\Phi_{97\%}$	$\Phi_{5\%}-\Phi_{95\%}$	$\Phi_{10\%}-\Phi_{90\%}$
3.5	−0.412	4.796	3.225	2.543	1.670
3.6	−0.414	4.810	3.216	2.518	1.635
3.7	−0.415	4.824	3.203	2.494	1.600
3.8	−0.416	4.837	3.189	2.470	1.570
3.9	−0.415	4.850	3.175	2.446	1.536
4.0	−0.414	4.863	3.160	2.422	1.502
4.1	−0.412	4.876	3.145	2.396	1.471
4.2	−0.410	4.888	3.130	2.372	1.440
4.3	−0.407	4.901	3.115	2.348	1.408
4.4	−0.404	4.914	3.100	2.325	1.376
4.5	−0.400	4.924	3.084	2.300	1.345
4.6	−0.396	4.934	3.067	2.276	1.315
4.7	−0.392	4.942	3.050	2.251	1.286
4.8	−0.388	4.949	3.034	2.226	1.257
4.9	−0.384	4.955	3.016	2.200	1.229
5.0	−0.379	4.961	2.997	2.174	1.200
5.1	−0.374		2.978	2.148	1.173
5.2	−0.370		2.960	2.123	1.145
5.3	−0.365			2.098	1.118
5.4	−0.360			2.072	1.090
5.5	−0.356			2.047	1.063
5.6	−0.350			2.021	1.035

附表 5　　1000hPa 地面到指定高度（高出地面米数）间饱和假绝热大气中的
可降水量（mm）与 1000hPa 露点（℃）函数关系表

高度/m	1000hPa 露点/℃														
	0	1	2	3	4	5	6	7	8	9	10	11	12	13	14
200	1	1	1	1	1	1	1	2	2	2	2	2	2	2	2
400	2	2	2	2	2	3	3	3	3	3	4	4	4	4	5
600	3	3	3	3	4	4	4	4	5	5	5	6	6	6	7
800	3	3	4	4	4	5	5	5	6	6	7	7	8	8	9
1000	4	4	4	5	5	6	6	6	7	7	8	9	9	10	10
1200	4	5	5	6	6	7	7	8	8	9	9	10	11	11	12
1400	5	5	6	6	7	7	8	8	9	10	10	11	12	13	14
1600	5	6	6	7	7	8	9	9	10	11	11	12	13	14	15
1800	6	6	7	7	8	9	9	10	11	12	12	13	14	15	17

高度/m	1000hPa露点/℃														
	0	1	2	3	4	5	6	7	8	9	10	11	12	13	14
2000	6	7	7	8	9	9	10	11	11	12	13	14	16	17	18
2200	7	7	8	8	9	10	10	11	12	13	14	15	16	18	19
2400	7	8	8	9	9	10	11	12	13	14	15	16	17	19	20
2600	7	8	8	9	10	11	11	12	13	14	16	17	18	20	21
2800	7	8	9	9	10	11	12	13	14	15	16	18	19	21	22
3000	8	8	9	10	10	11	12	13	14	15	17	18	20	21	23
3200	8	8	9	10	11	12	13	14	15	16	17	19	20	22	24
3400	8	8	9	10	11	12	13	14	15	16	18	19	21	23	24
3600	8	9	9	10	11	13	13	14	15	17	18	20	22	23	25
3800	8	9	10	10	11	13	13	14	16	17	19	20	22	24	26
4000	8	9	10	11	11	13	14	15	16	17	19	21	22	24	26
4200	8	9	10	11	12	13	14	15	16	18	19	21	23	25	27
4400	8	9	10	11	12	13	14	15	16	18	20	21	23	25	27
4600	8	9	10	11	12	13	14	15	17	18	20	22	24	25	28
4800	8	9	10	11	12	13	14	15	17	18	20	22	24	26	28
5000	8	9	10	11	12	13	14	16	17	19	20	22	24	26	28
5200	8	9	10	11	12	13	14	16	17	19	20	22	24	26	29
5400	8	9	10	11	12	13	14	16	17	19	20	22	24	26	29
5600	8	9	10	11	12	13	14	16	17	19	21	22	24	27	29
5800	8	9	10	11	12	13	14	16	17	19	21	22	25	27	29
6000	8	9	10	11	12	13	15	16	17	19	21	23	25	27	30
6200	8	9	10	11	12	13	15	16	17	19	21	23	25	27	30
6400	8	9	10	11	12	13	15	16	18	19	21	23	25	27	30
6600	8	9	10	11	12	13	15	16	18	19	21	23	25	27	30
6800	8	9	10	11	12	13	15	16	18	19	21	23	25	27	30
7000	8	9	10	11	12	14	15	16	18	19	21	23	25	28	30
7200	8	9	10	11	12	14	15	16	18	19	21	23	25	28	30
7400	8	9	10	11	12	14	15	16	18	19	21	23	25	28	30
7600	8	9	10	11	12	14	15	16	18	19	21	23	25	28	30
7800	8	9	10	11	12	14	15	16	18	19	21	23	25	28	30
8000	8	9	10	11	12	14	15	16	18	19	21	23	26	28	30
8200	8	9	10	11	12	14	15	16	18	19	21	23	26	28	30
8400	8	9	10	11	12	14	15	16	18	19	21	23	26	28	30
8600	8	9	10	11	12	14	15	16	18	19	21	23	26	28	30
8800	8	9	10	11	12	14	15	16	18	19	21	23	26	28	30

高度/m	1000hPa露点/℃														
	0	1	2	3	4	5	6	7	8	9	10	11	12	13	14
9000	8	9	10	11	12	14	15	16	18	19	21	23	26	28	31
9200	8	9	10	11	12	14	15	16	18	19	21	23	26	28	31
9400						14	15	16	18	19	21	23	26	28	31
9600						14	15	16	18	19	21	23	26	28	31
9800						14	15	16	18	19	21	23	26	28	31
10000						14	15	16	18	19	21	23	26	28	31
11000											21	23	26	28	31
12000															
13000															
14000															
15000															
16000															
17000															

高度/m	1000hPa露点/℃														
	15	16	17	18	19	20	21	22	23	24	25	26	27	28	29	30
200	2	3	3	3	3	3	4	4	4	4	4	5	5	5	6	6
400	5	5	5	6	6	6	7	7	8	8	9	9	10	10	11	12
600	7	7	8	8	9	10	10	11	11	12	13	14	15	15	16	17
800	9	10	10	11	12	13	13	14	15	16	17	18	19	20	21	22
1000	11	12	13	13	14	15	16	17	18	20	21	22	23	25	26	28
1200	13	14	15	16	17	18	19	20	21	23	24	26	27	29	31	32
1400	15	16	17	18	19	20	22	23	24	26	28	29	31	33	35	37
1600	16	17	19	20	21	23	24	25	27	29	31	33	35	37	39	41
1800	18	19	20	22	23	25	26	28	30	32	34	36	39	41	43	46
2000	19	20	22	24	25	27	29	31	33	35	37	39	42	44	47	50
2200	20	22	24	25	27	29	31	33	35	37	40	42	45	48	51	54
2400	22	23	25	27	29	31	33	35	37	40	43	45	48	51	54	57
2600	23	24	26	28	30	32	35	37	40	42	45	48	51	55	58	61
2800	24	26	27	30	32	34	36	39	42	45	48	51	54	58	61	65
3000	25	27	29	31	33	35	38	41	44	47	50	53	57	61	64	68
3200	26	28	30	32	34	37	40	42	45	49	52	56	59	63	67	71
3400	26	29	31	33	36	38	41	44	47	51	54	58	62	66	70	74
3600	27	29	32	34	37	39	42	45	49	52	56	60	64	68	73	77
3800	28	30	32	35	38	41	44	47	50	54	58	62	66	70	75	80
4000	28	31	33	36	39	42	45	48	52	56	60	64	68	73	78	83
4200	29	31	34	37	40	43	46	49	53	57	61	66	70	75	80	85

续表

高度/m	1000hPa露点/℃															
	15	16	17	18	19	20	21	22	23	24	25	26	27	28	29	30
4400	29	32	34	37	40	44	47	51	54	58	63	67	72	77	82	87
4600	30	32	35	38	41	44	48	52	56	60	64	69	74	79	84	90
4800	30	33	36	39	42	45	49	53	57	61	65	70	75	81	86	92
5000	31	33	36	39	42	46	50	54	58	62	67	72	77	82	88	94
5200	31	34	37	40	43	47	50	54	59	63	68	73	78	84	90	96
5400	31	34	37	40	44	47	51	55	60	64	69	74	80	86	92	98
5600	32	35	38	41	44	48	52	56	60	65	70	76	81	87	93	100
5800	32	35	38	41	45	48	52	57	61	66	71	77	82	88	95	101
6000	32	35	38	42	45	49	53	57	62	67	72	78	84	90	96	103
6200	32	35	38	42	45	49	54	58	63	68	73	79	85	91	98	104
6400	33	35	39	42	46	50	54	58	63	68	74	80	86	92	99	106
6600	33	36	39	42	46	50	54	59	64	69	74	80	87	93	100	107
6800	33	36	39	42	46	50	55	60	65	70	75	81	87	94	101	108
7000	33	36	39	43	46	51	55	60	66	70	76	82	88	95	102	110
7200	33	36	39	43	47	51	55	60	66	71	76	82	89	96	103	111
7400	33	36	39	43	47	51	56	61	66	71	77	83	90	97	104	112
7600	33	36	39	43	47	51	56	61	66	72	77	83	90	98	105	113
7800	33	36	39	43	47	51	56	61	66	72	78	84	91	98	106	114
8000	33	36	40	43	47	52	56	61	67	72	78	85	92	99	107	115
8200	33	36	40	43	47	52	57	62	67	73	78	85	92	100	108	115
8400	33	36	40	43	47	52	57	62	67	73	79	85	92	100	108	116
8600	33	36	40	43	47	52	57	62	68	73	79	86	93	101	109	117
8800	33	36	40	43	47	52	57	62	68	73	79	86	93	101	109	118
9000	33	36	40	43	47	52	57	62	68	74	80	86	94	102	110	118
9200	33	36	40	43	48	52	57	62	68	74	80	87	94	102	110	119
9400	33	36	40	44	48	52	57	62	68	74	80	87	94	102	110	119
9600	33	36	40	44	48	52	57	63	68	74	80	87	94	102	111	120
9800	33	36	40	44	48	52	57	63	68	74	80	87	95	103	111	120
10000	33	37	40	44	48	52	57	63	68	74	80	87	95	103	112	121
11000	33	37	40	44	48	52	57	63	68	74	81	88	96	104	113	122
12000	33	37	40	44	48	52	57	63	68	74	81	88	96	106	114	123
13000						52	57	63	68	74	81	88	97	106	114	124
14000						52	57	63	68	74	81	88	97	106	115	124
15000											81	88	97	106	115	124
16000											81	88	97	106	115	124
17000												88	97	106	115	124

参 考 文 献

［1］ 叶守泽．水文水利计算．北京：中国水利水电出版社，2008．
［2］ 梁忠民，等．水文水利计算．北京：中国水利水电出版社，2008．
［3］ 吴明远，詹道江，叶守泽．工程水文学．北京：水利电力出版社，1987．
［4］ 刘洪波，等．水文水利计算，郑州：黄河水利出版社，2006．
［5］ 张子贤，等．工程水文及水利计算．北京：中国水利水电出版社，2008．
［6］ 钱正英，张光斗．中国可持续发展水资源战略研究综合报告及各专题报告，北京：中国水利水电出版社，2001．
［7］ 国家防汛抗旱总指挥部办公室，水利部南京水文水资源研究所．中国水旱灾害．北京：中国水利水电出版社，1997．
［8］ 叶秉如．水利计算及水资源规划．北京：中国水利水电出版社，1995．
［9］ 刘光文．水文分析与计算．北京：水利电力出版社，1989．
［10］ 国家技术监督局，中华人民共和国建设部．防洪标准（GB 50201—94）．北京：水利电力出版社，1994．
［11］ 李芳英．城镇防洪．北京：中国建筑出版社，1983．
［12］ 芮孝芳．水文学原理．北京：中国水利水电出版社，2004．
［13］ 沈冰，黄红虎．水文学原理．北京：中国水利水电出版社，2008．
［14］ 叶守泽，詹道江．工程水文学．北京：中国水利水电出版社，1999．
［15］ 任树梅．工程水文学与水利计算基础．北京：中国农业大学出版社，2008．
［16］ 季山，周侗．水利计算及水利规划．北京：中国水利水电出版社，1998．
［17］ 成都科技大学，华东水利学院，武汉水利电子学院．工程水文及水利计算．北京：水利电力出版社，1983．
［18］ 叶秉如．水利计算．北京：水利电力出版社，1985．
［19］ 袁作新．水利计算．北京：水利电力出版社，1987．
［20］ 周之豪，沈曾源，施熙灿，等．水利水能规划．北京：中国水利水电出版社，1997．
［21］ 长江流域规划办公室水文处．水利工程实用水文水力计算．北京：水利电力出版社，1983．
［22］ 范世香，程银才，高雁．洪水设计与防治．北京：化学工业出版社，2008．
［23］ 宋星原，雒文生，赵英林，等．工程水文学题库及题解．北京：中国水利水电出版社，2003．